国家级线下一流本科课程配套教材
国家级精品课程配套教材

空气动力学实验基础

刘沛清　主编

科学出版社
北　京

内 容 简 介

空气动力学是研究空气处于平衡和机械运动状态下的力学规律及其应用的学科,其主要任务是研究飞行器(飞机、导弹等)在不同飞行条件下流场与气动力的规律。而实验空气动力学作为空气动力学的主要分支,主要基于相对飞行原理,借助风洞和水洞设备,实验测量绕过物理模型的物理量变化规律,此外还有自由飞实验和高速轨道车实验等。本书围绕空气动力学理论课程的主要内容,以空气动力学的基本原理和机翼空气动力特性为主线,重点对基础性实验、综合性实验和进阶性实验的原理、方法与实验步骤给出阐述。特别是针对国家级精品/一流课程空气动力学课程的配套教材内容,重点介绍了实验空气动力学的基本理论与误差分析、空气动力学实验设备与测试技术以及基础性实验、综合性实验和进阶性实验科目。以便为初学者掌握空气动力学基本原理和方法提供参考。

本书可作为飞行器设计、工程力学、空气动力学、飞行力学等航空航天工程类专业本科生、研究生、教师、科研人员和工程技术人员的实验参考教材。

图书在版编目(CIP)数据

空气动力学实验基础 / 刘沛清主编. -- 北京:科学出版社,2025. 1. -- ISBN 978-7-03-079784-1

Ⅰ.V211-33

中国国家版本馆CIP数据核字第2024EE2027号

责任编辑:赵敬伟 郭学雯 / 责任校对:高辰雷
责任印制:张 伟 / 封面设计:无极书装

科学出版社 出版
北京东黄城根北街16号
邮政编码:100717
http://www.sciencep.com

北京中科印刷有限公司印刷
科学出版社发行 各地新华书店经销

*

2025年1月第 一 版 开本:720×1000 1/16
2025年1月第一次印刷 印张:24 3/4
字数:498 000
定价:188.00元
(如有印装质量问题,我社负责调换)

编委会名单

主　编：刘沛清

副主编：潘　翀　郭　辉

成　员：胡天翔　肖应超　郭　昊　周　越

屈秋林　吴宗成　高振勋　冯立好

刘彦鹏　徐　杨　齐中阳　白　涛

前　言

实验空气动力学是空气动力学的主要分支，是用实验方法研究空气运动或物体在空气中相对运动时的宏观运动规律和力学行为，以便为揭示流动规律、建立理论、实际应用等提供依据。其一方面是人们定性认知物理现象的重要手段，另一方面也是确定物理量之间定量关系以及建立和验证理论正确性的重要途径。

古希腊科学家阿基米德建立了物体浮力定理和浮体稳定性的液体平衡理论，奠定了流体静力学的基础。同时代我国李冰父子在岷江上建成了都江堰分流引水工程。直到 15 世纪，意大利科学家达·芬奇对湍流、管流、水力机械和鸟的飞行等现象进行了定性观察，并用画笔记录了许多观察到的现象。到公元 17 世纪后，质点力学与微积分的结合，通过构建经典连续介质力学，建立起质点运动速度、加速度、压强等物理概念与流体质量、动量、能量三大守恒定律，实验流体力学才得以快速发展。意大利物理学家伽利略首次演示了在空气中物体运动所受到的阻力，意大利流体力学家托里拆利通过实验提出孔口出流速度、重力加速度与水头落差之间的关系，法国物理学家帕斯卡通过实验提出流体静压力传递定理并制成水压机，英国物理学家牛顿在实验研究的基础上提出流体内摩擦定律，法国工程师皮托发明了一种测量流体总压的装置(皮托管)，意大利物理学家文丘里发明了用于测量管道流量的收缩扩张型管道，英国物理学家雷诺完成了圆管流态转捩实验，德国流体力学家普朗特在大量实验观察的基础上提出了著名的边界层理论概念。

在空气动力学实验中，主要包括实验理论和实验方法与技术两个方面。对于实验理论，是指相似理论和误差分析理论。空气动力学实验分为一般性实验、实物实验和模型实验。一般性实验是指对抽象知识理论所做的现实操作，用来证明它正确或者推导出新的结论。而模型实验是对具体事物或现象所做的一种检测性的操作，用来检测物理现象的发展过程等。实物实验虽然不会出现模型和环境模拟失真的问题，一直是最后鉴定实物流动和观测流场的手段，但实验费用昂贵，实验条件难以控制。为使模型实验结果能够应用于真实情况，必须使模型和实物两种流动相似，作用于它们上面的各种力对应成比例(动力相似)，这就提出了由不同力比值形成的无量纲数相似参数，例如，马赫数、雷诺数、弗劳德数、韦伯数和斯特劳哈尔数等。在一项模型实验中，要使所有参数都与真实物体完全相等是难以做到的，有时甚至是矛盾的。常常保证主要参数相似即可。为了建立模型实验和实物实验的相似关系，英国力学家与数学家斯托克斯在几何相似和运动相似的条件下，首先从微分方程组出发提出了动力相似性理论。美国物理学家布金汉基于量纲分析法提出著名的π定理，为相似性实验奠定了理论基础。该理论是保证原型和模型物理现象相似的定律，是揭示自然现象中特殊性与一般性的关系法则。相似理论为模拟实验提供理论指导，确定模型尺度的缩小或放大比例。对于误差分析理论，为了通过实验和测量能使人们对事物获得定性概念和定量关系，以便发现事物发展的一般规律性，就必然要仔细审查物理量测量的准确性和精确性，由此引出了测量误差问题。因受实验设备、方法、环境、测量仪器、测量程序等方面的限制，任何物理量的测量值和真实值之间总是不可避免地存在一定的差异。人们常用绝对误差、相对误差或有效数字来说明一个近似值的准确程度。为了评定实验数据的精确性，分析误差的来源及其影响是必要的。由此判定哪些因素是影响实验精确度的主要方面，从而在实验中进一步改进实验方案，缩小实验测量值和真值之间的差值，提高实验的精确性和准确性。

对于实验方法与技术，主要包括流动显示和流动测量两类。流动显示是指使流动过程可视化，而流动测量是指获取流动过程定量化信息，它们相辅相成，是空气动力学实验的主要组成部分。通过各种流动显示与测量实验，不仅可以探索物理机制和规律，而且也是解决实际问题的重要手段。可以说，在空气动力学发展过程中每一次理论上的突破及其应用几乎都是从对流动现象的观察开始的。如1880年的雷诺转捩实验，1888年的马赫激波现象实验，1904年普朗特提出的边界层概念，1912年冯·卡门的圆柱体绕流涡街理论等，无一不是以流动显示和测量的结果为基础。

本书作为国家级精品/一流课程空气动力学课程的配套教材，共7章，包括：绪论；第1章介绍空气动力学基本理论，重点阐述空气动力学的基本原理；第2章介绍空气动力学实验原理与误差分析；第3章介绍空气动力学实验设备与测试技术，重点介绍流动显示、速度、压强、密度、温度、气动力和力矩等物理量的测量原理和技术；第4章介绍空气动力学的基础性实验；第5章介绍空气动力学的综合性实验；第6章介绍空气动力学的进阶性实验。

本书在内容的取材和论述过程中，从直观易懂的物理概念入手，将空气动力学基本原理和实验测量相结合，用通俗易懂的语言和循序渐进的手段介绍了实验空气动力学的基础性实验、综合性实验和进阶性实验。

感谢科学出版社赵敬伟编辑和其他同志们为本书的出版付出的辛勤劳动。

鉴于水平有限，本书中存在的不当之处敬请大家批评指正，我们万分感激。

作　者

于北京航空航天大学

2024年2月

目　录

绪论 ··· 1
　0.1　空气动力学实验的目的和任务 ··· 1
　0.2　空气动力学实验的历史 ·· 1
　0.3　空气动力学实验的基本理论 ··· 5
　0.4　空气动力学实验的基本方法 ··· 6

第1章　理论基础 ·· 12
　1.1　连续方程 ·· 12
　　　1.1.1　流体运动的描述 ·· 12
　　　1.1.2　流线、流管与流量 ·· 16
　　　1.1.3　散度、旋度与势函数 ··· 18
　　　1.1.4　微分形式连续方程 ·· 21
　　　1.1.5　积分形式连续方程 ·· 22
　1.2　动量方程 ·· 26
　　　1.2.1　理想流体微分形式动量方程及其伯努利积分方程 ············· 26
　　　1.2.2　黏性流体微分形式动量方程及其伯努利积分方程 ············· 30
　　　1.2.3　积分形式动量方程 ·· 36
　1.3　能量方程 ·· 38
　　　1.3.1　微分形式能量方程 ·· 38
　　　1.3.2　积分形式能量方程 ·· 40
　　　1.3.3　高速可压缩一维定常绝热流动能量方程 ·························· 42
　1.4　层流和湍流 ··· 43
　　　1.4.1　黏性流体作用力特征与影响 ··· 43
　　　1.4.2　黏性流体的层流和湍流流态 ··· 44
　　　1.4.3　黏性流体流态的判定与雷诺数 ······································ 44
　　　1.4.4　黏性流体层流、湍流流动损失 ······································ 45
　　　1.4.5　湍流的基本特征 ·· 46
　　　1.4.6　湍流的描述方法 ·· 47
　1.5　边界层、流动分离和旋涡 ··· 48
　　　1.5.1　旋涡的基本概念及定理 ·· 48

1.5.2　边界层 57
　　　1.5.3　流动分离 62
　1.6　激波和膨胀波 64
　　　1.6.1　基本概念及一维绝热流动能量方程 64
　　　1.6.2　马赫波 67
　　　1.6.3　膨胀波 68
　　　1.6.4　激波 69
　1.7　翼型的气动特性 74
　　　1.7.1　翼型的几何参数 74
　　　1.7.2　翼型迎角和空气动力系数 76
　　　1.7.3　低速翼型气动特性 78
　　　1.7.4　亚声速、跨声速和超声速翼型气动特性简介 82
　　　1.7.5　翼型气动特性实验 86
第2章　实验原理与误差分析 89
　2.1　流体力学相似理论 89
　　　2.1.1　原型实验和模拟实验 89
　　　2.1.2　流体力学相似和相似参数 89
　　　2.1.3　量纲分析 93
　　　2.1.4　π定理的应用 97
　2.2　实验设计 101
　　　2.2.1　DOE介绍 102
　　　2.2.2　DOE的统计学原理 104
　　　2.2.3　DOE的操作步骤 105
　　　2.2.4　实验策略与计划 106
　2.3　实验误差分析 108
　　　2.3.1　基本概念 108
　　　2.3.2　误差理论与误差处理方法 111
　　　2.3.3　间接测量误差的处理 117
　　　2.3.4　实验数据处理的基本方法 120
第3章　实验设备与测试技术 124
　3.1　风洞基础知识 124
　　　3.1.1　风洞及其发展简介 124
　　　3.1.2　风洞工作原理和分类 126
　　　3.1.3　风洞性能和流场品质 127
　　　3.1.4　风洞结构及其功能 128

		3.1.5 风洞实验来流条件调整和测量 ········· 131
3.2	北京航空航天大学主要实验设备 ··· 131
	3.2.1	低速风洞 ··· 133
	3.2.2	高速风洞 ··· 136
	3.2.3	多用途低速水洞 ····································· 137
3.3	流动显示实验方法 ··· 138
	3.3.1	流动显示及其发展历史 ····························· 138
	3.3.2	流动显示方法分类 ·································· 140
3.4	参数测量实验方法 ··· 143
	3.4.1	速度测量 ··· 144
	3.4.2	压强测量 ··· 147
	3.4.3	温度和热流测量 ····································· 150
	3.4.4	密度测量 ··· 151
	3.4.5	壁面剪切应力测量 ·································· 152
	3.4.6	气动力和力矩测量 ·································· 153
	3.4.7	非定常气动力和压强测量 ························· 154
	3.4.8	气动声学测量 ······································· 156

第4章 基础性实验 ··· 164

4.1	二维物体绕流烟风洞流动显示实验 ··· 164
	4.1.1 实验目的 ··· 164
	4.1.2 实验原理 ··· 164
	4.1.3 实验装置和实验方法 ····························· 168
	4.1.4 实验内容和步骤 ·································· 169
	4.1.5 思考和讨论 ······································· 170
4.2	升力环量定理实验(马格纳斯效应) ··· 170
	4.2.1 实验目的 ··· 170
	4.2.2 实验原理 ··· 171
	4.2.3 实验装置和实验方法 ····························· 172
	4.2.4 实验内容和步骤 ·································· 173
	4.2.5 思考和讨论 ······································· 174
4.3	风洞三角翼表面油流显示实验 ··· 175
	4.3.1 实验目的 ··· 175
	4.3.2 实验原理 ··· 175
	4.3.3 实验设备和实验装置 ····························· 178
	4.3.4 实验方法和操作 ·································· 179

  4.3.5 实验报告 ·· 180
  4.3.6 思考和讨论 ·· 180
4.4 水槽三角翼前缘涡染色液流动显示实验 ··· 181
  4.4.1 实验目的 ·· 181
  4.4.2 实验原理 ·· 181
  4.4.3 实验设备 ·· 183
  4.4.4 实验参数 ·· 185
  4.4.5 实验内容和步骤 ·· 185
  4.4.6 实验报告要求 ·· 185
  4.4.7 思考和讨论 ·· 186
4.5 动量方程实验 ·· 186
  4.5.1 实验目的 ·· 186
  4.5.2 实验装置 ·· 186
  4.5.3 实验原理 ·· 188
  4.5.4 实验步骤 ·· 189
  4.5.5 实验数据 ·· 189
  4.5.6 思考讨论 ·· 190
  4.5.7 注意事项 ·· 190
4.6 能量方程(伯努利方程)实验 ·· 190
  4.6.1 实验目的 ·· 190
  4.6.2 实验装置 ·· 190
  4.6.3 实验原理 ·· 192
  4.6.4 实验步骤 ·· 192
  4.6.5 实验数据 ·· 193
  4.6.6 思考讨论 ·· 194
  4.6.7 注意事项 ·· 194
4.7 雷诺实验 ·· 194
  4.7.1 实验目的 ·· 194
  4.7.2 实验装置 ·· 194
  4.7.3 实验原理 ·· 195
  4.7.4 实验步骤 ·· 196
  4.7.5 实验数据 ·· 197
  4.7.6 思考讨论 ·· 197
  4.7.7 注意事项 ·· 198
4.8 平板边界层内速度分布测量实验 ·· 198

4.8.1　实验目的 …………………………………………………………… 198
　　　4.8.2　实验原理 …………………………………………………………… 198
　　　4.8.3　实验装置和实验方法 ……………………………………………… 199
　　　4.8.4　实验内容和步骤及注意事项 ……………………………………… 204
　　　4.8.5　实验报告要求 ……………………………………………………… 204
　　　4.8.6　思考和讨论 ………………………………………………………… 205
　　附录　平板边界层速度测量实验数据记录 ……………………………………… 205
4.9　翼型表面压强分布测量实验 ……………………………………………………… 208
　　　4.9.1　实验目的 …………………………………………………………… 208
　　　4.9.2　实验原理 …………………………………………………………… 208
　　　4.9.3　实验装置及实验方法 ……………………………………………… 209
　　　4.9.4　实验内容和步骤及注意事项 ……………………………………… 212
　　　4.9.5　实验报告要求 ……………………………………………………… 213
　　　4.9.6　思考与讨论 ………………………………………………………… 213
　　附录　翼型表面压强测量实验数据及处理结果 ………………………………… 213
4.10　超声速风洞激波观测实验 ……………………………………………………… 216
　　　4.10.1　实验目的 ………………………………………………………… 216
　　　4.10.2　实验设备 ………………………………………………………… 216
　　　4.10.3　实验原理 ………………………………………………………… 218
　　　4.10.4　实验步骤 ………………………………………………………… 220
　　　4.10.5　实验数据 ………………………………………………………… 221
　　　4.10.6　思考讨论 ………………………………………………………… 222
　　　4.10.7　注意事项 ………………………………………………………… 222

第5章　综合性实验 ………………………………………………………………… 223
5.1　机翼模型机械式天平测力实验 …………………………………………………… 223
　　　5.1.1　实验目的 …………………………………………………………… 223
　　　5.1.2　实验原理 …………………………………………………………… 223
　　　5.1.3　实验设备及工作原理简介 ………………………………………… 225
　　　5.1.4　实验步骤 …………………………………………………………… 231
　　　5.1.5　实验报告要求 ……………………………………………………… 231
　　　5.1.6　思考和讨论 ………………………………………………………… 232
　　　5.1.7　实验数据记录 ……………………………………………………… 232
5.2　全机模型应变式天平测力实验 …………………………………………………… 234
　　　5.2.1　实验目的 …………………………………………………………… 234
　　　5.2.2　实验设备及工作原理 ……………………………………………… 234

5.2.3 实验步骤 …………………………………………………………… 240
5.2.4 实验报告要求 ………………………………………………………… 240
5.2.5 思考和讨论 …………………………………………………………… 240
5.2.6 实验数据记录 ………………………………………………………… 240
5.3 合成射流速度场测量实验 …………………………………………………… 242
5.3.1 背景和意义 …………………………………………………………… 242
5.3.2 实验原理 ……………………………………………………………… 243
5.3.3 实验设备仪器和实验过程 …………………………………………… 245
5.3.4 典型实验结果和分析 ………………………………………………… 246
5.3.5 思考和讨论 …………………………………………………………… 250
5.4 风洞实验段流场品质测量实验 ……………………………………………… 250
5.4.1 风洞流场品质研究 …………………………………………………… 250
5.4.2 流场数据实验分析方法 ……………………………………………… 251
5.4.3 实验设备及风洞 ……………………………………………………… 252
5.4.4 典型结果分析 ………………………………………………………… 256
5.4.5 小结 …………………………………………………………………… 259
5.5 多段翼表面压强分布测量实验 ……………………………………………… 259
5.5.1 增升装置简介 ………………………………………………………… 259
5.5.2 实验装置及模型 ……………………………………………………… 260
5.5.3 多段翼表面压力系数测量结果 ……………………………………… 262
5.5.4 小结 …………………………………………………………………… 263
5.6 细长旋成体绕流速度场 PIV 实验 …………………………………………… 263
5.6.1 背景和意义 …………………………………………………………… 263
5.6.2 实验原理 ……………………………………………………………… 264
5.6.3 实验设备仪器和实验过程 …………………………………………… 265
5.6.4 典型实验结果和分析 ………………………………………………… 267
5.6.5 思考题 ………………………………………………………………… 269
5.7 螺旋桨气动与噪声特性风洞实验 …………………………………………… 269
5.7.1 螺旋桨研究现状 ……………………………………………………… 269
5.7.2 螺旋桨风洞实验相似准则 …………………………………………… 271
5.7.3 实验装置与模型 ……………………………………………………… 272
5.7.4 实验步骤 ……………………………………………………………… 277
5.7.5 实验数据处理 ………………………………………………………… 277
5.7.6 实验结果 ……………………………………………………………… 279
5.7.7 思考题 ………………………………………………………………… 282

5.8 多段翼气动噪声实验 ································· 282
5.8.1 增升装置气动噪声研究现状 ····················· 282
5.8.2 麦克风阵列测试原理 ··························· 283
5.8.3 实验装置及模型 ······························· 285
5.8.4 多段翼气动噪声测量结果 ······················· 287
5.8.5 小结 ··· 291

第6章 进阶性实验 ······································· 292
6.1 昆虫扑翼运动学观测实验 ····························· 292
6.1.1 背景和意义 ····································· 292
6.1.2 实验原理 ······································· 294
6.1.3 实验设备仪器和实验过程 ························· 296
6.1.4 典型实验结果和分析 ····························· 297
6.1.5 思考题 ··· 300
6.2 空腔流动热线测速实验 ······························· 300
6.2.1 空腔流动研究意义 ······························· 300
6.2.2 实验装置及模型 ································· 300
6.2.3 空腔剪切层测量 ································· 302
6.2.4 小结 ··· 306
6.3 机翼俯仰振荡迟滞环动力学测量实验 ··················· 306
6.3.1 机翼俯仰振荡研究背景 ··························· 306
6.3.2 气动力迟滞原理 ································· 308
6.3.3 实验设置 ······································· 309
6.3.4 数据采集及处理过程 ····························· 310
6.3.5 测量结果 ······································· 312
6.3.6 思考题 ··· 313
6.4 微流动 Micro-PIV 测量实验 ·························· 313
6.4.1 背景和意义 ····································· 313
6.4.2 实验原理 ······································· 314
6.4.3 实验设备仪器和实验过程 ························· 315
6.4.4 典型实验结果及分析 ····························· 319
6.4.5 思考题 ··· 323
6.5 油膜干涉法测量壁面摩擦应力实验 ····················· 323
6.5.1 背景和意义 ····································· 323
6.5.2 实验原理 ······································· 323
6.5.3 实验设备仪器和实验过程 ························· 324

6.5.4 典型实验结果和分析 ··· 327
6.5.5 思考和讨论 ··· 329

6.6 压敏漆压力分布测量实验 ··· 329
6.6.1 背景和意义 ··· 329
6.6.2 实验原理 ·· 330
6.6.3 实验设备仪器和实验过程 ·· 330
6.6.4 典型实验结果和分析 ··· 333
6.6.5 思考和讨论 ··· 335

6.7 起落架气动噪声特性与控制实验 ·· 335
6.7.1 起落架气动噪声的研究背景 ·· 335
6.7.2 实验装置及模型 ·· 336
6.7.3 简化前起落架噪声测量结果 ·· 338
6.7.4 小结 ·· 343

6.8 射流撞击壁面的磷光热成像测温实验 ································· 344
6.8.1 背景和意义 ··· 344
6.8.2 实验原理 ·· 345
6.8.3 实验设备仪器和实验过程 ·· 346
6.8.4 典型实验结果和分析 ··· 349
6.8.5 思考题 ··· 350

6.9 液滴冲击平板实验 ··· 350
6.9.1 背景和意义 ··· 350
6.9.2 实验原理 ·· 351
6.9.3 实验设备仪器和实验过程 ·· 351
6.9.4 典型实验结果和分析 ··· 354
6.9.5 思考题 ··· 357

6.10 超疏水涂层圆球减阻实验 ··· 357
6.10.1 实验目的 ··· 357
6.10.2 实验原理 ··· 357
6.10.3 实验装置和实验方法 ·· 358
6.10.4 实验内容、步骤及注意事项 ····································· 360
6.10.5 实验数据记录和图像处理 ·· 361
6.10.6 思考与讨论 ··· 361

6.11 翼型地面效应风洞实验 ·· 361
6.11.1 背景和意义 ··· 361
6.11.2 实验原理 ··· 362

  6.11.3 实验设备仪器和实验过程 ……………………………………………… 363

  6.11.4 典型实验结果和分析 …………………………………………………… 365

  6.11.5 思考题 …………………………………………………………………… 366

6.12 机身滑水水槽拖曳实验 ……………………………………………………… 366

  6.12.1 背景和意义 ……………………………………………………………… 366

  6.12.2 实验原理 ………………………………………………………………… 367

  6.12.3 实验设备仪器及实验过程 ……………………………………………… 368

  6.12.4 典型实验结果和分析 …………………………………………………… 371

  6.12.5 思考题 …………………………………………………………………… 374

参考文献 ………………………………………………………………………………… 375

绪 论

0.1 空气动力学实验的目的和任务

按照定义,空气动力学是研究空气处于平衡和机械运动规律及其应用的学科。空气动力学是流体力学的一个分支,其主要任务是研究飞行器(飞机、导弹等)在不同飞行条件下流场与气动力规律的学科。主要研究方法包括理论分析、实验研究和数值计算三种方法。其中,理论分析方法是利用基本的概念、定律和数学工具,抓住问题的主要因素,通过某种抽象出来的模型做定量分析,从而揭示规律。实验研究方法主要基于相对飞行原理,借助于风洞和水洞设备,实验测量绕过模型的物理量变化,此外还有自由飞实验和高速轨道车实验等。数值计算方法主要利用数值离散方法(有限差分法、有限元法等),数值模拟流动现象。理论分析、实验研究和数值计算三种方法各有利弊,相辅相成,互相促进。

本书围绕国家级精品课/一流课程空气动力学理论课程的内容,以空气动力学的基本原理和机翼空气动力特性为主线,重点对基础实验、综合性实验和进阶性实验的基本原理、方法与实验步骤给出阐述。特别是对 8 项实验科目,包括不可压缩流体定常流能量方程、不可压缩流体定常流动量定律、雷诺流态转捩实验、不可压缩流体平板边界层测量、拉瓦尔喷管沿程 Ma 分布实验、圆柱和三角翼绕流显示实验、翼型压强分布和机翼纵向气动力风洞实验,给出详细的介绍。

0.2 空气动力学实验的历史

实验流体力学的发展,可以追溯到公元前 250 年,古希腊科学家阿基米德建立了物体浮力定理和浮体稳定性的液体平衡理论,为流体静力学奠定了基础。同时代我国李冰父子在岷江上游完成了都江堰分流引水工程的建设,至今仍然发挥作用。直到 15 世纪,意大利科学家达·芬奇,对湍流、管流、水力机械和鸟的飞行等现象进行了定性观察,并用画笔记录了许多观察到的现象,如图 0.1 所示为达·芬奇湍流图画。

图 0.1 达·芬奇湍流图画

到公元 17 世纪后，质点力学与微积分的结合，通过构建经典连续介质力学，建立起质点运动速度、加速度、压强等物理概念与流体质量、动量、能量三大守恒定律，实验流体力学才得以发展。1632 年意大利物理学家伽利略首次演示了在空气中物体运动所受到的阻力。1643 年意大利流体力学家托里拆利通过实验提出孔口出流速度 v、重力加速度 g 与水头落差 h 之间的关系 $V=\sqrt{2gh}$，后称为托里拆利定理。1653 年法国物理学家帕斯卡通过实验提出流体静压力传递定理并制成水压机(图 0.2)。

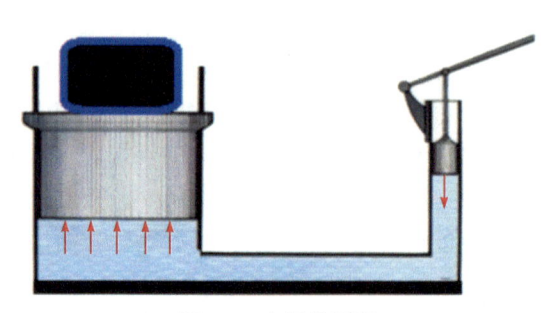

图 0.2 水压机原理

1686 年英国物理学家牛顿在实验研究的基础上，提出了流体内摩擦定律，1687 年用摆和垂直落球在水和空气中进行了绕流阻力实验。1732 年法国工程师皮托发明了一种测量流体总压的装置，即皮托管。1797 年意大利物理学家文丘里发明了用于测量管道流体流量的收缩扩张型管道，即文丘里管(图 0.3)。后来 1905 年德国流体力学大师普朗特将其发展成为可同时测量流体总压和静压的装置，发明了普朗特风速管(也叫皮托管)，如图 0.4 所示。1915 年英国力学家泰勒发明了测量流体静压强分布的多管压力计。

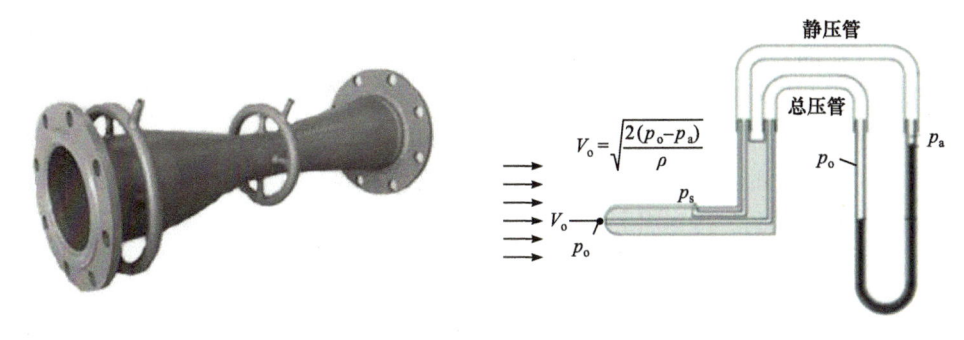

图 0.3　文丘里管　　　　　　图 0.4　皮托管测速仪

1839 年德国流体力学家汉根进行了圆管水流特性实验。1872 年英国流体力学家弗劳德首次建造了供船舶实验用的拖曳水池，实验测量了船模和平板的阻力，并将船舶总阻力分为表面阻力、行波阻力和旋涡阻力三部分。1880 年英国物理学家雷诺完成了圆管流态转捩实验(图 0.5)，1883 年提出层流和湍流的概念。1904 年德国流体力学家普朗特在大量实验观察的基础上，提出著名的边界层理论概念(图 0.6)。

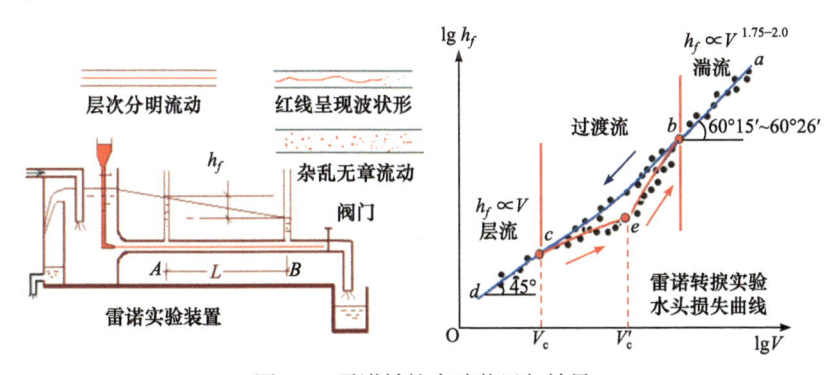

图 0.5　雷诺转捩实验装置与结果

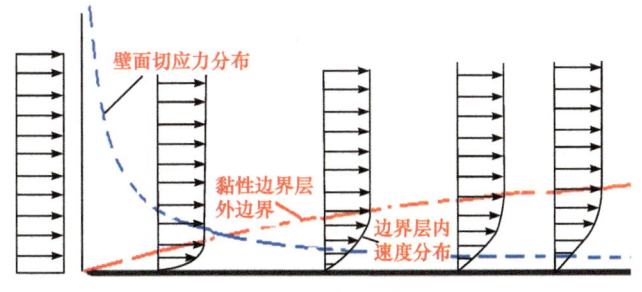

图 0.6　在零压梯度下的层流边界层

风洞设备是空气动力学的理论及其应用的主要实验设备。为了满足各种空气动力学实验要求,在20世纪中叶建造了大量各种不同类型的风洞设备。风洞按照实验段气流的马赫数(或速度)分类,有低速风洞、亚声速风洞、跨声速风洞、超声速风洞、高超声速风洞和超高声速风洞等。

世界上第一座风洞是英国人韦纳姆于1869年至1871年建成的,主要用来测量物体在空气中的运动阻力。1917年普朗特将等截面洞身变成变截面形式,接近现在的单回流风洞。1914年法国工程师艾菲尔(Eiffel,1832—1923)建造了没有回路的开式风洞。第一次世界大战以后,由于使用了金属结构材料,飞机出现了单翼机,发动机功率有了较大提高,飞机速度得到很大提高,此时针对螺旋桨效率和阻力等提出一系列空气动力学的基本问题。欧美等发达国家和地区的常规低速风洞建设主要集中在20世纪20~50年代,主要解决飞机和螺旋桨的气动力及其效率,也包括飞机的气动布局。1931年5月27日,全球首个全尺寸风洞在弗吉尼亚州汉普顿附近的兰利研究中心投入使用(图0.7),其实验段截面大小是宽18.28m(60ft,1ft=3.048×10^{-1}m)、高9.144m(高30ft),被用于从第二次世界大战战斗机、太空舱到潜水艇、现代喷气机的各种空气动力学测试。1980年美国国家航空航天局埃姆斯(NASA Ames)研究中心将一座旧的低速风洞进行改造,形成实验截面尺寸为24.4m(宽)×12.2m(高)的美国最大的全尺寸低速风洞。这个风洞建成后又增加了一个36.6m×24.4m的新实验段,风扇电机功率也由原来的25MW提高到100MW。这种大型风洞可以为真实飞机和全尺寸的缩比模型提供流场条件,研究飞行器各部件的气动力等。1944年建成的英国皇家航空航天研究院(RAE)的3.5m×2.6m低速风洞基本上满足了当时型号研制的需要。

1932年瑞士科学家阿克莱特(G.Ackeret)为了解决炮弹的气动力问题和超声速流动的一般规律,建造了一座实验段马赫数为2的连续式的超声速风洞。为了解决驱动功率不足的问题,该风洞采用了低于大气压力的工作状态。进入20世纪50年代,由于出现了大推力的喷气发动机,飞机的发展跨过了"声障",进入了低超声速发展时期。在此期间,航空发达的国家为了满足飞机型号研制的需要,相应地建造了一批跨超声速风洞,如1956年美国NASA Ames研究中心建成了世界上最大的超声速风洞,实验段截面尺寸4.88m×4.88m,马赫数Ma=0.8~4.0。俄罗斯1952年建成的T-106型风洞为实验段直径2.48m的亚跨声速风洞。1953年建成的T-109型风洞是一座实验段截面尺寸2.25m×2.25m的暂冲式亚跨超声速风洞。1957年英国RAE建成实验段截面直径2.5m的跨超声速风洞,1961年法国国家航空航天研究院(ONERA)的S2-MA型风洞为实验段截面尺寸1.94m×1.75m的亚跨声速风洞。

从20世纪60年代以来,随着第三代战斗机和大型客机的出现,绕飞机的流动越来越复杂,雷诺数(Re)效应成为一大难题,从而促进了高Re风洞的发展,包括低温风洞和增压风洞。前者的典型例子是美国国家跨声速风洞(NTF)和欧洲跨声速风洞(ETW)，后者的典型例子是法国 ONERA 的 F1 风洞和英国 RAE 的 5m 增压风洞。20 世纪 70 年代以来，因雷诺数修正和气动噪声问题，世界上相继建成并投入使用的典型生产型风洞是，1979 年建成的德荷风洞联合体(DNW)的 LLF(航空气动声学风洞)、1982 年建成的美国 NTF(低温跨声速风洞)和 1993 年建成的欧洲 ETW(低温跨声速风洞)。

0.3　空气动力学实验的基本理论

空气动力学实验的基本理论是指相似理论和误差分析理论。空气动力学实验分为一般性实验、实物实验和模型实验等方面。一般性实验是指对抽象知识理论所做的现实操作，用来证明它正确或者推导出新的结论。而实物实验和模型实验是对具体事物或现象所做的一种检测性的操作，用来检测物理现象的发展过程等。实物实验虽然不会出现模型和环境模拟失真的问题，一直是最后鉴定实物流动和观测流场的手段，但实验费用昂贵，实验条件难以控制。但模型实验(风洞实验)采用与真实物体几何相似的缩比模型，在风洞流场条件下进行，如图 0.7 的风洞模型实验所示。

图 0.7　风洞模型实验

为使模型实验结果能够应用于真实情况，必须使模型和实物两种流动相似，作用于它们上面的各种力对应成比例(动力相似)，这就提出了由不同力比值形成的无量纲数的相似参数。相似参数很多，如马赫数、雷诺数、弗劳德数、韦伯数和斯特劳哈尔数等。在一项模型实验中，要使所有参数都与真实物体完全相等是难以做到的，有时甚至是矛盾的。常常是保证主要参数相似即可。为了建立模型实验和实物实验的相似关系，早在 1851 年英国力学家与数学家斯托克斯，在几何相似和运动相似的条件下，首先从微分方程组出发提出了动力相似性理论，后来 1873 年德国流体力学家亥姆霍兹进一步论证了这一理论。1892 年和 1904 年，英国物理学家瑞利利用量纲分析方法提出了两个流动相似的动力相似性参数。1914

年美国物理学家布金汉基于量纲分析法提出著名的 π 定理，为相似性实验奠定了理论基础。该定律表明：当任一物理现象由 n 个物理量的函数关系来表达，且这些物理量中含有 m 种基本量纲时，通过量纲分析能得到 $(n-m)$ 个无量纲相似参数判据。该理论是保证原型和模型物理现象相似的定律，是揭示自然现象中特殊性与一般性的关系法则。相似理论从现象发生和发展的内部规律性(数理方程)和外部条件(定解条件)出发，以这些数理方程所固有的在量纲上的齐次性以及数理方程的正确性不受测量单位制选择的影响等为大前提，通过线性变换等数学演绎手段而得到结论。相似理论的特点是高度的抽象性与应用性相结合。相似理论为模拟实验提供指导，确定模型尺度的缩小或放大比例。

对于误差分析理论，为了通过实验和测量能使人们对事物获得定性概念和定量关系，以便发现事物发展的一般规律性，就必然要仔细审查物理量测量的准确性和精确性，由此引出了测量误差问题。因受实验设备、方法、环境、测量仪器、测量程序等方面的限制，任何物理量的测量值和真实值之间总是不可避免地存在一定的差异。人们常用绝对误差、相对误差或有效数字来说明一个近似值的准确程度。为了评定实验数据的精确性，分析误差的来源及其影响是必要的。由此判定哪些因素是影响实验精确度的主要方面，从而在实验中进一步改进实验方案，缩小实验观测值和真值之间的差值，提高实验的精确性和准确性，如图 0.8 所示，给出测量值的精确度和准确度的关系。根据误差的性质和产生的原因，一般分为系统误差、随机误差、过失误差三类。系统误差是指在测量和实验中未确认的因素所引起的误差，一般是一个客观上的恒定值，容易修正；随机误差是测量中出现或正或负的误差，一般服从统计概率规律，误差的大小可以通过统计概率评估；过失误差是一种显然与事实不符的误差，往往是由实验人员粗心和操作不当等原因引起的，此类误差无规则可循，只要加强责任感和细心操作，过失误差是可以避免的。

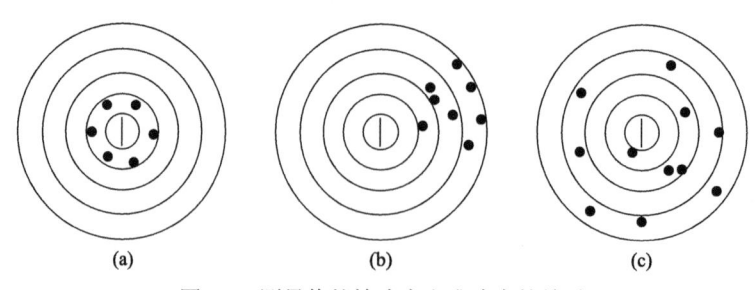

图 0.8 测量值的精确度和准确度的关系

0.4 空气动力学实验的基本方法

空气动力学实验的基本方法主要包括流动显示和流动测量两类。流动显示是指使流动过程可视化,而流动测量是指获取流动过程定量化信息,它们相辅相成,是空气动力学实验的主要组成部分。通过各种流动显示与测量实验,不仅可以探索物理机制和规律,而且也是解决实际问题的重要手段。可以说,在空气动力学发展过程中每一次理论上的突破及其应用,几乎都是从对流动现象的观察开始的。如 1880 年的雷诺转捩实验,1888 年的马赫激波现象实验,1904 年普朗特提出边界层的概念,1912 年冯·卡门的圆柱体绕流涡街理论等,无一不是以流动显示和测量的结果为基础,以下分别叙述之。

1. 流动显示

在科学技术的推动下,流动显示方法和技术发展较快,通常分成常规和现代的两大类。在传统方法中,包括壁面显迹法、丝线法、示踪法和光学法。光学流动显示方法主要是利用光的折射效应或利用不同光线相对的相位移形成图像,显示如激波、旋涡、边界层转捩、激波边界层干扰等物理现象。如图 0.9 所示为风洞烟线绕流实验。

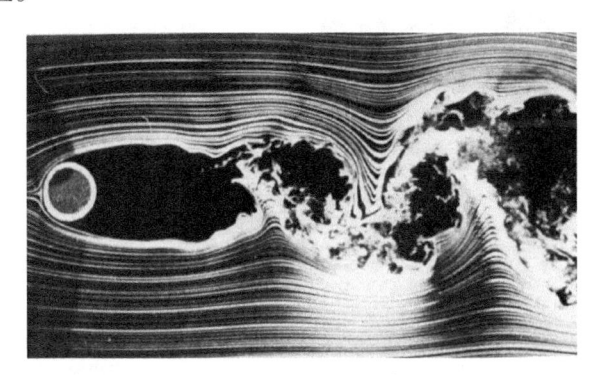

图 0.9 烟线法的圆柱绕流

2. 速度测量

流场中任意点平均速度值常用皮托管测量,其是单点接触式测量,对被测流场扰动较大。后来发展的多孔探针不仅可以测量速度大小,也可以同时测量速度方向,常见的有三孔、五孔和七孔探针。由于三孔探针所测流动角度范围偏小,目前常用的是五孔或七孔探针。五孔或七孔探针是单点接触式测量三维流场平均速度和压力的装置,解决了皮托管速度方向的问题。在现代大型飞机上,也采用皮托管测量飞机空速大小,如图 0.10 所示。

对速度场随时间的变化过程或湍流脉动过程的测量,常用的测速仪器是热线风速仪,其借助于放在流场中的热线对流传热变化量来测量速度,如图 0.11 所示。这种仪器特别适用于测定流场的脉动值过程。其他两种常用的测速仪器是激光多

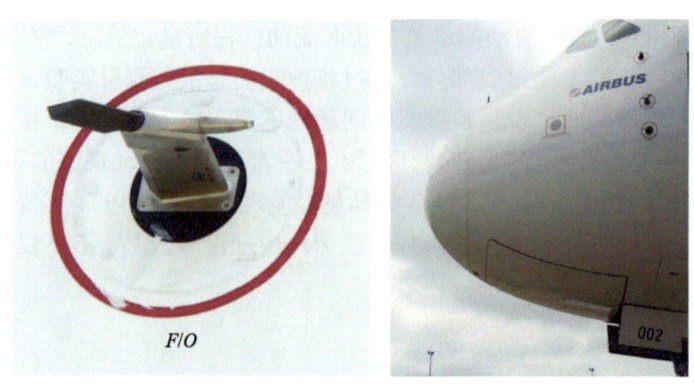

图 0.10　大型客机 A380 上使用的皮托管和迎角测量仪

普勒测速计和粒子图像测速仪(图 0.12)，它们是根据光在气流中的多普勒频移的量值与气流速度成正比的原理来测量的。在进行这种测量时，必须利用在气流中自然存在的或人工加入的散射粒子，易于进行二维和三维的测量。

图 0.11　热线风速仪

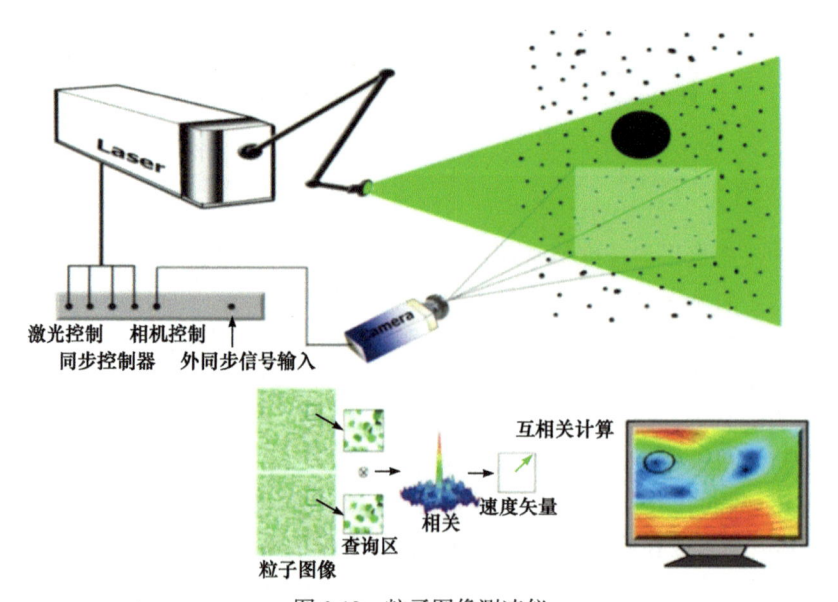

图 0.12　粒子图像测速仪

3. 压强测量

在实验室中测量压强最早是采用液体压力计,如 U 形管压力计,测量气流总压和静压也常用皮托管。在超声速气流中,皮托管前产生正激波,所以只能测量波后总压。现在广泛采用压强传感器来测量压强。压强传感器的种类很多,按变换原理可以分成电阻应变式、电容式、电感式、振膜式、固态压阻式和压电式等。在高超声速风洞中遇到非常低的压强时,多采用振膜式或固态压阻式传感器。压电传感器主要用于脉冲式风洞或用于测量瞬态压强。测量多点压强时则广泛使用压强传感器和压力扫描阀组成的测压系统或者电子扫描压力测量系统(图 0.13)。

图 0.13 PSI9816 电子式压力扫描阀系统

4. 温度和热流测量

对于高速气流,需要测量气流的总温和静温。气流总温低于 2000K 时,可用总温探针来测量。而气流静温一般根据总温和马赫数来推算。总温探针的测温元件在温度较低时可用热敏电阻,温度较高时用铜-康铜、镍铬-镍铝热电偶,铂-铂铑热电偶可测高达 2000K 的温度。物面温度除用热电偶测量外,还可用感温涂料或相变涂料作为敏感元件,其测量范围从室温到数百开尔文。采用红外照相技术可测量从室温到 1200K 范围内的表面温度分布,这种方法不会干扰流场而且信息量大。对于 1200~4000K 范围内的气流温度和表面温度,通常采用辐射高温计、光电高温计、比色高温计等光学测量仪器测量。对于风洞传热实验,一般可以采用测量温度随时间的变化率来测量热流。不同类型的风洞往往采用不同形式的量热计。常规高超声速风洞常用薄壁量热计,电弧风洞常用零点量热计,激波风洞常用薄膜电阻量热计。

5. 密度测量

一般采用光学方法来测量气流的密度。用阴影法、纹影法、干涉法等仅能进行密度的定性测量,而用激光全息照相可以对风洞流场的三维密度分布进行定量测量。全息法是把两列干扰光波(信号波和参考波)所形成的干涉图形用照相方法记录下来,事后只要适当照明全息照片,就能再现"流场"的光波。全息法记录了流场的全部信息,事后可对再现的光波进行细致的定量测量。

6. 力和力矩测量

作用于模型上的气动力和气动力矩通常采用天平直接测量(如图 0.14 所示的风洞测力用的六分量天平)。对于在风洞中的自由飞测力,常借助于高速相机记录模型在风洞中自由飞行的运动轨迹和确定加速度,再由牛顿第二定律计算得到。如果要测量模型上气动力和气动力矩对角位移时间变化率的导数(动导数),在风洞中可通过自由振动或强迫振动的天平来测量,也可以通过模型自由飞实验来反推。

图 0.14　风洞测力用的六分量天平

7. 表面摩擦测量

研究物面近区的黏性流动时常要测量表面剪切应力,除间接方法外还可采用摩擦天平直接测量,摩擦天平常采用差动变压器或应变传感器、热膜和普瑞斯登管等。

8. 流动显示和定量测量的联合技术

在电子技术和计算机技术推动下,实验流体力学借助于激光、计算机和信息处理等先进技术,在流动显示与定量测量方面得到快速的发展,从 20 世纪 80 年代起先后提出了流动显示和定量测量不同的联合技术,如激光多普勒测速(laser Doppler velocimetry,LDV)技术、粒子图像测速(particle image velocimetry,PIV)技术、激光诱导荧光(laser induced fluorescence,LIF)技术、层析技术(computed tomography,CT)和光学表面测压(optical surface pressure measurement technique,OSPMT,如图 0.15 所示)技术等,它们能够兼有定性显示和定量测量的功能,从而极大地推动了复杂流动的研究进展。

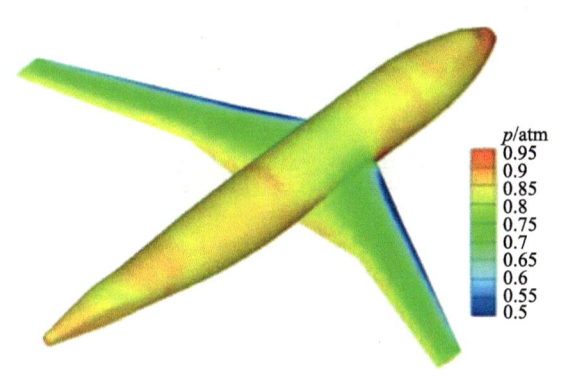

图 0.15　某型飞机模型表面压力敏感涂料风洞实验
1 atm = 1.01325×10⁵Pa

第1章 理 论 基 础

1.1 连 续 方 程

1.1.1 流体运动的描述

根据连续介质假设，流体是由质点组成的，无空隙地充满所占据的空间。对于无数多的流体质点，当发生运动时，如何正确描述和区分各流体质点的运动是流体运动学必须回答的问题。描述流体运动的方法有拉格朗日方法和欧拉方法两种。

拉格朗日方法是拉格朗日于1781年提出的，在拉格朗日方法中，观察者着眼于个别流体质点的运动，通过跟踪每个质点的运动历程，获得整个流场的运动规律。拉格朗日方法也称为质点法，如图 1.1 所示，观察者着眼于个别流体质点，所获取的第一手资料是流体质点的轨迹，用如下方程描述质点(a,b,c)的轨迹

$$\begin{cases} x(a,b,c,t) \\ y(a,b,c,t) \\ z(a,b,c,t) \end{cases}$$

其中，a、b、c 为流体质点标识符，用于区分和识别各质点，一般可用质点的初始坐标表示；t 表示时间；a、b、c、t 称为拉格朗日变数。a、b、c 给定，表示指定质点的轨迹，t 给定，表示在给定时刻不同质点的空间位置。在质点(a, b, c)位置随时间变化的方程中，消去时间 t 可得轨迹方程。

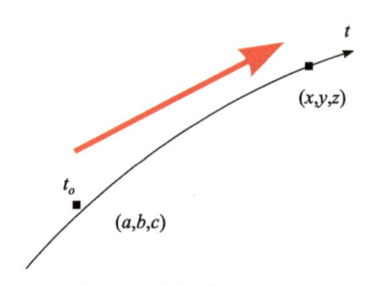

图 1.1 流体质点的运动

质点坐标位置是时间 t 的函数，根据质点运动学，对于给定的流体质点(a,b,c)，其速度分量表达为

$$\begin{cases} u = \dfrac{\partial x(a,b,c,t)}{\partial t} \\ v = \dfrac{\partial y(a,b,c,t)}{\partial t} \\ w = \dfrac{\partial z(a,b,c,t)}{\partial t} \end{cases}$$

其加速度分量表达为

$$\begin{cases} a_x = \dfrac{\partial^2 x(a,b,c,t)}{\partial t^2} \\ a_y = \dfrac{\partial^2 y(a,b,c,t)}{\partial t^2} \\ a_z = \dfrac{\partial^2 z(a,b,c,t)}{\partial t^2} \end{cases}$$

使用偏导数是因为坐标同时是时间和质点标号的函数,对于质点运动,对时间求导时要求 a、b、c 固定不变,即求导针对同一流体质点。流体质点的其他物理量也都是 a、b、c、t 的函数。明确是在给定质点坐标位置对时间求导的情况下,也可将上述导数写为

$$\begin{cases} u = \dfrac{dx}{dt}, \\ v = \dfrac{dy}{dt}, \\ w = \dfrac{dz}{dt}, \end{cases} \quad \begin{cases} a_x = \dfrac{d^2 x}{dt^2} \\ a_y = \dfrac{d^2 y}{dt^2} \\ a_z = \dfrac{d^2 z}{dt^2} \end{cases}$$

迹线是同一质点不同时刻的轨迹线,如图 1.2 所示。于是迹线方程为

$$\begin{cases} dx = u dt \\ dy = v dt \\ dz = w dt \end{cases}$$

$$\frac{dx}{u} = \frac{dy}{v} = \frac{dz}{w} = dt$$

对时间 t 积分后可得迹线的表达式。

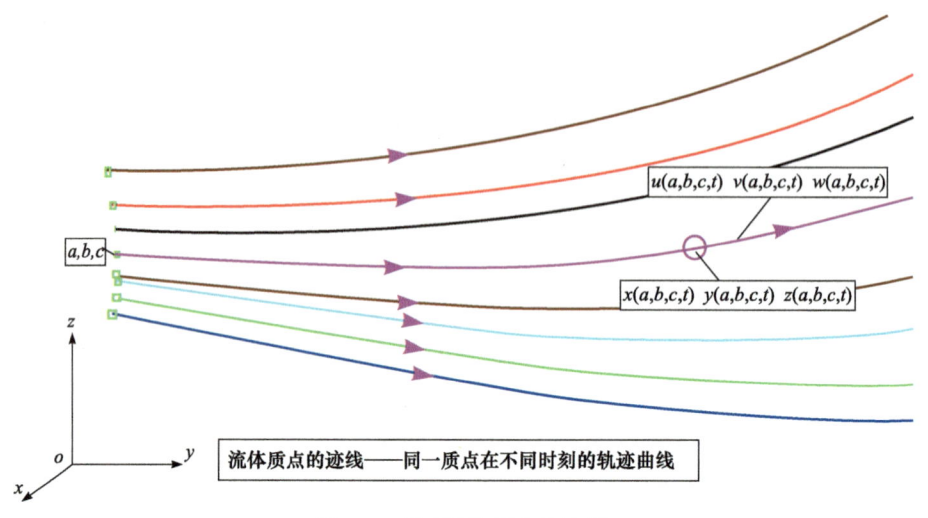

图 1.2　运动流体质点的迹线

欧拉方法是欧拉于 1753 年提出的，在欧拉方法中，着眼点不是流体质点而是空间点。考察不同流体质点通过空间固定点的流动行为，通过记录不同空间点流体质点经过的运动情况，获得整个流场的流动规律。欧拉方法不同时刻在固定空间点看到的是不同流体质点的运动，无法像拉格朗日方法那样直接记录同一质点的运动历程。在固定空间点(x, y, z)很容易记录不同时刻流过的不同质点的速度

$$\begin{cases} u(x,y,z,t) \\ v(x,y,z,t) \\ w(x,y,z,t) \end{cases}$$

其中，x、y、z 为空间点的坐标；t 表示时间。x、y、z、t 称为欧拉变数，是四个相互独立的变量。x、y、z 给定，t 变化，表示不同时刻不同流体质点通过同一空间点的速度。t 给定，x、y、z 变化，表示给定时刻不同流体质点通过不同空间点的速度，给定速度场。

欧拉方法既描述了某一瞬间各点的流动情况，也描述了不同瞬间的流动参数在各点的分布情况。

需要注意的是，x、y、z、t 是四个独立变数。如果不赋以特定的物理意义，不能有 dx/dt 和 d^2x/dt^2 这类的表达。布满了某种物理量的空间称为场，欧拉方法下速度场的速度本质上指的是某瞬时通过各空间点的流体微团所具有的速度。即使没有解析表达式，只要有离散的数据点，也可以描绘出流场。例如，用某时刻下速度的空间分布描绘出的离散速度场如图 1.3 所示。

图 1.3 离散速度场

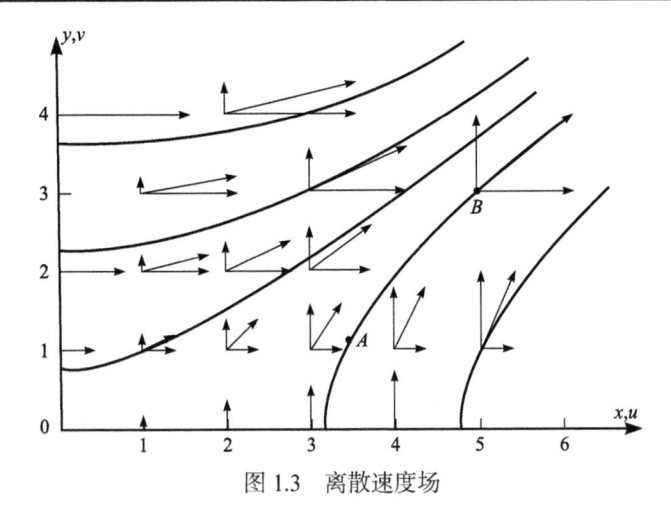

除速度场之外，还有压强场，在高速流动时，气流密度和温度也随流动变化，那就还有密度场和温度场，这都包括在流场的概念之内

$$\begin{cases} p(x,y,z,t) \\ \rho(x,y,z,t) \\ T(x,y,z,t) \end{cases}$$

如果场量只是空间坐标的函数而与时间无关，则称为定常场，否则称为非定常场。关于欧拉方法下的流场加速度表达，从欧拉方法来看，流体质点速度的变化包含两方面的贡献，其一是流场的不均匀性，其二是流场的非定常性。所以欧拉方法下流体质点的全加速度为

$$a = \frac{DV}{Dt} = \frac{\partial V}{\partial t} + u\frac{\partial V}{\partial x} + v\frac{\partial V}{\partial y} + w\frac{\partial V}{\partial z} = \frac{\partial V}{\partial t} + (V \cdot \nabla)V$$

其中

$$\nabla = \frac{\partial}{\partial x}i + \frac{\partial}{\partial y}j + \frac{\partial}{\partial z}k$$

等式右边第 1 项表示速度对时间的偏导数，是由流场的非定常性引起的，称为局部加速度，或当地加速度，第 2 项表示因流体质点位置迁移而引起的加速度，称为迁移加速度，或对流加速度，二者的合成称为全加速度，或随体加速度。算子如下

$$\frac{D}{Dt} = \frac{\partial}{\partial t} + u\frac{\partial}{\partial x} + v\frac{\partial}{\partial y} + w\frac{\partial}{\partial z}$$

常用符号 D/t 表示，称为跟随流体质点的导数，或称随体导数、实质导数或物质

导数,必须满足跟随性。随体加速度可以写为

$$\begin{cases} a_x(x,y,z,t) = \dfrac{Du}{Dt} = \dfrac{\partial u}{\partial t} + u\dfrac{\partial u}{\partial x} + v\dfrac{\partial u}{\partial y} + w\dfrac{\partial u}{\partial z} \\ a_y(x,y,z,t) = \dfrac{Dv}{Dt} = \dfrac{\partial v}{\partial t} + u\dfrac{\partial v}{\partial x} + v\dfrac{\partial v}{\partial y} + w\dfrac{\partial v}{\partial z} \\ a_z(x,y,z,t) = \dfrac{Dw}{Dt} = \dfrac{\partial w}{\partial t} + u\dfrac{\partial w}{\partial x} + v\dfrac{\partial w}{\partial y} + w\dfrac{\partial w}{\partial z} \end{cases}$$

仍然是空间坐标和时间坐标四个独立变量(x,y,z,t)的函数。随体导数

$$\dfrac{D}{Dt} = \dfrac{\partial}{\partial t} + u\dfrac{\partial}{\partial x} + v\dfrac{\partial}{\partial y} + w\dfrac{\partial}{\partial z}$$

对流场中其他变量也成立。例如,对于压强有

$$\dfrac{Dp}{Dt} = \dfrac{\partial p}{\partial t} + u\dfrac{\partial p}{\partial x} + v\dfrac{\partial p}{\partial y} + w\dfrac{\partial p}{\partial z}$$

表示质点压强在运动过程中的时间变化率,这个变化率写为当地变化率和迁移变化率之和,称为随体导数。欧拉方法下,流场速度和加速度实质上显然是指该瞬时恰好通过该点的流体质点所具有的速度和加速度,欧拉方法与拉格朗日方法表示的加速度实质上是一致的,随体导数与全导数实质上是瞬时统一的,前者采用场表示方法,后者采用质点运动学表示方法。

1.1.2 流线、流管与流量

在某一瞬间看流场的话,从某点出发,顺着这一点的速度指向画一个微小的距离到达邻点,接着再按邻点在同一瞬间的速度指向再画一个微小距离,一直画下去便得到一条曲线,如图 1.4(a)所示。这条某瞬时的空间曲线,其切线都和该点的微团速度指向相一致,参见图 1.4(b)。这样的空间曲线称为流线。在任何瞬时,在流场中可绘制无数条这样的流线。流线的引入,对定性刻画流场具有重要意义。

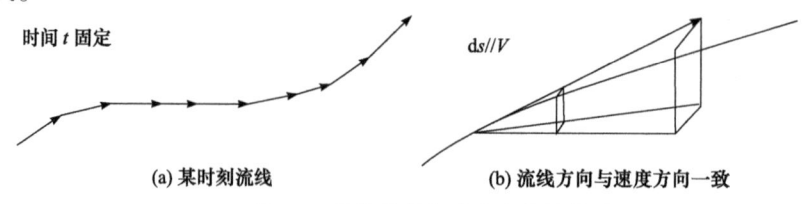

(a) 某时刻流线 (b) 流线方向与速度方向一致

图 1.4 流线及其与速度方向的关系

流线微元向量

$$d\boldsymbol{r} = dx\boldsymbol{i} + dy\boldsymbol{j} + dz\boldsymbol{k}$$

流线速度向量

$$\boldsymbol{V} = u\boldsymbol{i} + v\boldsymbol{j} + w\boldsymbol{k}$$

流线微元与速度方向一致

$$d\boldsymbol{r} \times \boldsymbol{V} = 0$$

流线上的切线方向的三个余弦 dx/ds、dy/ds、dz/ds 与流速分量和合速度组成的三个方向余弦相同，有微分关系

$$\frac{dx}{u} = \frac{dy}{v} = \frac{dz}{w}$$

这就是流线微分方程。

　　流线是反映流场某瞬时流速方向的曲线。其是同一时刻，由不同流体质点组成的。与迹线相比，迹线是同一质点不同时刻的轨迹线。根据流线的定义，可知流线具有以下性质(图 1.5)：①在定常流动中，流体质点的迹线与流线重合。在非定常流动中，流线和迹线一般是不重合的。②在定常流动中，流线是流体不可跨越的曲线。③在常点处，流线不能相交、分叉、汇交、转折，流线只能是一条光滑的曲线。也就是，在同一时刻，一点处只能通过一条流线。④在奇点和零速度点例外。

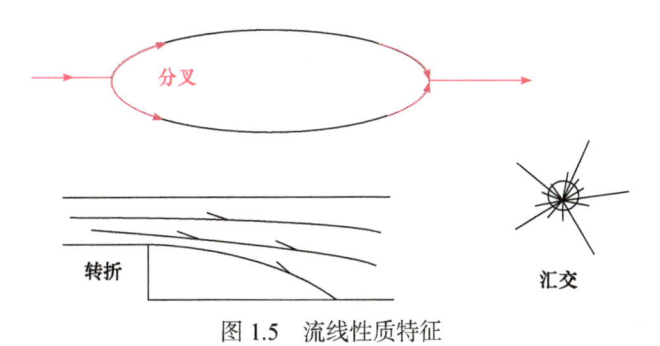

图 1.5　流线性质特征

　　相应于迹线和流线概念，还有一个重要的概念就是脉线，脉线指的是从某时刻开始，连续不断地经过流场中某空间位置的所有流体质点形成的线。定常情况下，脉线、迹线、流线三者具有重合特征，非定常情况下，三者呈现不同。

　　流管是由一系列相邻的流线围成的。在三维流动里，经过一条有流量穿过的封闭曲线的所有流线围成的封闭管状曲面称为流管。如图 1.6(a)所示，经过围线 ABCDA(非流线)的各条流线便围成一条流管。由流线所围成的流管也正像一根具有实物管壁的管子，管内的流体不会越过流管流出来，管外的流体也不会越过管壁流进去，如图 1.6(b)所示。

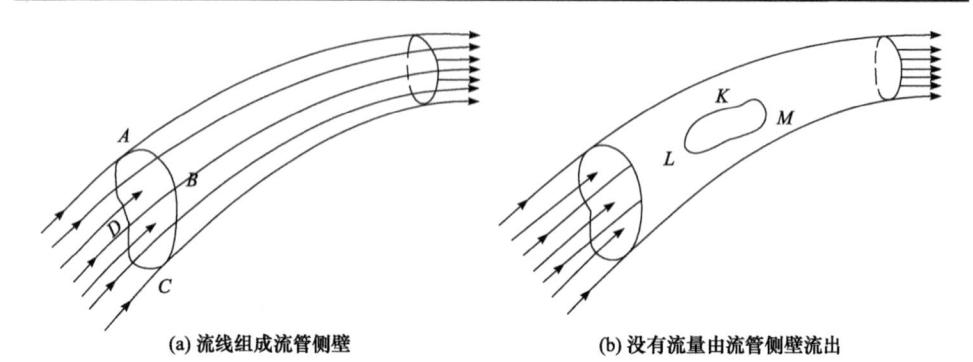

(a) 流线组成流管侧壁　　　　　　(b) 没有流量由流管侧壁流出

图 1.6　流管及其特性

流面是由许多相邻的流线连成的一个曲面,这个曲面不一定合拢成一根流管。当然流管的侧表面也是一个流面。不管合拢不合拢,流面都是流动不会穿越的面。流量是单位时间内穿过指定截面的流体量,穿过上述流管中任意截面 S 的体积流量、质量流量和重量流量可分别表示为

$$\dot{Q} = \iint_S (\boldsymbol{V} \cdot \boldsymbol{n}) \mathrm{d}S$$

$$\dot{m} = \iint_S \rho(\boldsymbol{V} \cdot \boldsymbol{n}) \mathrm{d}S$$

$$\dot{G} = \iint_S \rho g(\boldsymbol{V} \cdot \boldsymbol{n}) \mathrm{d}S$$

其中,$\boldsymbol{V}$ 是速度向量,ρ 是密度,$\boldsymbol{n}$ 是微元面积法线向量。

1.1.3　散度、旋度与势函数

在流体力学中,研究对象是流体质点和不断变化形状与大小的流体微团变形体,就变形体而言,其运动形式除包括刚体的平动和转动运动形式外,还有变形运动。变形运动包括两种,首先是边长伸缩线变形运动,另外就是引起体积形状变化的角变形运动。由此可得变形体的基本运动形式包括:①平动;②转动;③线变形运动;④角变形运动。三维流体微团运动形式可分为平动、转动和变形运动,具体表达为如下。

微团平动速度

$$\begin{cases} u(x,y,z,t) \\ v(x,y,z,t) \\ w(x,y,z,t) \end{cases}$$

微团线变形速率

$$\begin{cases} \varepsilon_{xx} = \dfrac{\partial u}{\partial x} \\ \varepsilon_{yy} = \dfrac{\partial v}{\partial y} \\ \varepsilon_{zz} = \dfrac{\partial w}{\partial z} \end{cases}$$

微团角变形速率(剪切变形速率)

$$\begin{cases} \varepsilon_{xy} = \dfrac{1}{2}\left(\dfrac{\partial v}{\partial x} + \dfrac{\partial u}{\partial y}\right) \\ \varepsilon_{yz} = \dfrac{1}{2}\left(\dfrac{\partial w}{\partial y} + \dfrac{\partial v}{\partial z}\right) \\ \varepsilon_{zx} = \dfrac{1}{2}\left(\dfrac{\partial u}{\partial z} + \dfrac{\partial w}{\partial x}\right) \end{cases}$$

流体微团旋转角速度

$$\begin{cases} \omega_x = \dfrac{1}{2}\left(\dfrac{\partial w}{\partial y} - \dfrac{\partial v}{\partial z}\right) \\ \omega_y = \dfrac{1}{2}\left(\dfrac{\partial u}{\partial z} - \dfrac{\partial w}{\partial x}\right) \\ \omega_z = \dfrac{1}{2}\left(\dfrac{\partial v}{\partial x} - \dfrac{\partial u}{\partial y}\right) \end{cases}$$

实际流体微团的运动可以是一种或几种运动的组合。例如：①对于匀速直线运动，流体微团只有平动，无转动和变形运动。②对于无旋流动，流体微团存在平动、变形运动，但无转动。③旋转容器内的流体运动，流体微团存在平动和转动，但无变形运动。

根据流体微团的运动形式，很容易得到流体微团的速度分解形式，刚体的速度分解和流体微团的速度分解除了变形运动差别外，还有一个重要的差别。刚体速度分解定理是对整个刚体都成立，因此它是整体性定理；而流体速度分解定理只是对流体微团成立，因此它是局部性定理。刚体的角速度是刻画整个刚体转动的整体特征量，在刚体上任意一点都是不变的，而流体的旋转角速度是刻画局部流体微团转动的一个局部性特征量，在不同点处微团的旋转角速度不同。刚体质点一般无旋转角速度概念，而流体微团则可能有旋转角速度。

流体微团各方向的线变形率之和在向量分析中称为速度向量的散度，即

$$\mathrm{div}\boldsymbol{V} = \frac{\partial u}{\partial x} + \frac{\partial v}{\partial y} + \frac{\partial w}{\partial z} = \nabla \cdot \boldsymbol{V}$$

散度在流动问题中的意义是微团的相对体积膨胀率(单位体积在单位时间内的增长量)。可以证明任何形状微团的相对体积膨胀率均为上式。流体微团在运动中不论它的形状怎么变，体积怎么变，它的质量总是不变的。而质量等于体积乘密度，所以在密度不变的不可压缩流动里，其速度的散度必为零

$$\nabla \cdot \boldsymbol{V} = \mathrm{div}\boldsymbol{V} = \frac{\partial u}{\partial x} + \frac{\partial v}{\partial y} + \frac{\partial w}{\partial z} = 0$$

如果是密度有变化的流动，散度一般不等于零。

流体微团绕自身轴的旋转角速度的三个分量为 ω_x、ω_y 和 ω_z，合角速度可用矢量表示为

$$\boldsymbol{\omega} = \omega_x \boldsymbol{i} + \omega_y \boldsymbol{j} + \omega_z \boldsymbol{k}$$

这个值在向量分析里记为 $\frac{1}{2}\mathrm{rot}\boldsymbol{V}$

$$\boldsymbol{\omega} = \omega_x \boldsymbol{i} + \omega_y \boldsymbol{j} + \omega_z \boldsymbol{k} = \frac{1}{2}\mathrm{rot}\boldsymbol{V} = \frac{1}{2}\nabla \times \boldsymbol{V}$$

$\nabla \times \boldsymbol{V}$ 称为速度的旋度：

$$\nabla \times \boldsymbol{V} = \left(\frac{\partial w}{\partial y} - \frac{\partial v}{\partial z}\right)\boldsymbol{i} + \left(\frac{\partial u}{\partial z} - \frac{\partial w}{\partial x}\right)\boldsymbol{j} + \left(\frac{\partial v}{\partial x} - \frac{\partial u}{\partial y}\right)\boldsymbol{k}$$

如果流场各处 $\boldsymbol{\omega}$ 都等于零，这样的流场称为无旋流场，其流动称为无旋流。否则为有旋流场，其流动称为有旋流。

根据数学上的斯托克斯定律

$$\oint_L \boldsymbol{V} \cdot \mathrm{d}\boldsymbol{r} = \iint_A \mathrm{rot}\boldsymbol{V} \cdot \mathrm{d}\boldsymbol{A}$$

如果是无旋流场，那么其旋度为零，由此得到

$$\oint_L \boldsymbol{V} \cdot \mathrm{d}\boldsymbol{r} = \iint_A \mathrm{rot}\boldsymbol{V} \cdot \mathrm{d}\boldsymbol{A} = 0$$

说明速度场的曲线积分与路径无关，仅是坐标位置的函数。在数学上表示下列微分代表某个函数的全微分

$$\mathrm{d}\varphi = \boldsymbol{V} \cdot \mathrm{d}\boldsymbol{r} = u\mathrm{d}x + v\mathrm{d}y + w\mathrm{d}z$$

$$\oint_L \boldsymbol{V} \cdot \mathrm{d}\boldsymbol{r} = \oint_L \mathrm{d}\varphi = 0$$

上式中这个函数称为速度势函数，存在的充分必要条件是无旋流动。速度势函数

仅是坐标位置和时间的函数

$$\varphi = \varphi(x,y,z,t)$$

速度势函数与速度分量的关系为

$$\begin{cases} u = \dfrac{\partial \varphi}{\partial x} \\ v = \dfrac{\partial \varphi}{\partial y} \\ w = \dfrac{\partial \varphi}{\partial z} \end{cases}$$

说明速度势函数在某个方向的偏导数等于速度矢量在那个方向的分量。对于无旋流，沿一条连接 A、B 两点的曲线进行速度的线积分

$$\int_A^B (u\mathrm{d}x + v\mathrm{d}y + w\mathrm{d}z) = \int_A^B \mathrm{d}\varphi = \varphi_B - \varphi_A$$

结果只与二端点的 φ 值之差有关而与积分路径无关。

1.1.4 微分形式连续方程

连续方程是质量守恒定律在流体力学中的具体数学表达形式。由于连续方程仅是运动行为，与动力无关，因此适用于理想流体和黏性流体。针对微分六面体推导微分形式的连续方程。现在流场中划定一个边长分别为 dx、dy、dz 的矩形六面体，这个体的空间位置相对于坐标系是固定的，不随时间变化，被流体所通过，如图 1.7 所示。

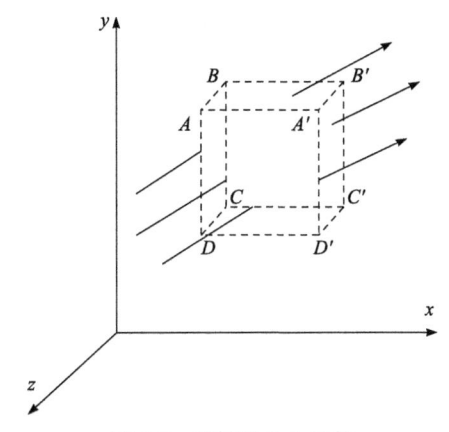

图 1.7 流体微分六面体

根据质量守恒定律，得到微分形式的连续方程为

$$\frac{\partial \rho}{\partial t} + \frac{\partial (\rho u)}{\partial x} + \frac{\partial (\rho v)}{\partial y} + \frac{\partial (\rho w)}{\partial z} = 0$$

$$\frac{\partial \rho}{\partial t} + \nabla \cdot (\rho V) = 0$$

$$\frac{\partial \rho}{\partial t} + u\frac{\partial \rho}{\partial x} + v\frac{\partial \rho}{\partial y} + w\frac{\partial \rho}{\partial z} + \rho\frac{\partial u}{\partial x} + \rho\frac{\partial v}{\partial y} + \rho\frac{\partial w}{\partial z} = 0$$

$$\frac{\partial \rho}{\partial t} + V \cdot \nabla \rho + \rho \nabla \cdot V = 0$$

$$\frac{\mathrm{D}\rho}{\mathrm{D}t} + \rho \nabla \cdot V = 0$$

连续方程 $\frac{\partial \rho}{\partial t} + \nabla \cdot (\rho V) = 0$ 的物理意义是：流体微元控制体内密度的局部增长率与微元控制体单位体积流出的质量流量之和等于零。连续方程 $\frac{\mathrm{D}\rho}{\mathrm{D}t} + \rho \nabla \cdot V = 0$ 的物理意义是：流体微元的相对密度增加率与相对体积膨胀率之和为零。对于不可压缩流动，连续方程变为

$$\nabla \cdot V = \frac{\partial u}{\partial x} + \frac{\partial v}{\partial y} + \frac{\partial w}{\partial z} = 0$$

不可压缩流动连续方程的物理意义是：不可压缩流动流体微元的相对体积膨胀率保持为零，或从微元控制体流出的单位体积流量为零。

不可压缩指的是每个质点的密度在流动过程中不变，但是这个流体质点和其他流体质点的密度可以不同，即流体可以是非均值，因此不可压缩流体密度并不一定处处都是常数，定常变密度平行流动就是如此。均值即密度在空间上处处均匀，但不能保证随时间不变化。只有既为不可压缩流体，同时又均值时密度才处处都是同一常数，即密度既不随时间变化也没有迁移变化。连续方程是流动首先应该满足的基本关系。

1.1.5 积分形式连续方程

流体动力学研究产生流体运动的原因，须解决三个方面的问题：①流体的运动学问题；②作用于流体上各种力的特征；③流体运动的普遍规律(质量守恒、牛顿第二定律(动量守恒)、动量矩守恒、能量守恒等)。流体动力学方程是将这些描述物质运动的普遍规律应用于流体运动的物理现象中，从而得到联系流体运动各物理量之间的关系式，这些关系式就是流体动力学的基本方程。如果关系式是以微分形式给出，则称为微分方程。如果是以积分形式给出，则称为流体动力学积分方程。

根据描述方法的不同，流体动力学积分方程包括针对流体系统的拉格朗日型积分方程和针对空间控制体的欧拉型积分方程。拉格朗日型积分方程特点是：研究对象是质量确定的封闭系统 τ_0，方程中均含有封闭系统中某物理量对时间的变化率。流体系统 τ_0 的大小和形状均随时间而改变，长时间追踪系统有困难。此外要确切表达系统中物理量随时间的变化率也不容易。有许多流体力学问题往往只关心物体附近确定区域内的速度和作用力等，并不关心具体流体系统运动的时间历程，拉格朗日型积分方程对于分析、研究流场来说并不方便，实用的是以控制体为研究对象的欧拉型积分方程。

系统是指包含着确定不变物质的任何集合体，称为系统，如图 1.8 所示。在流体力学中，系统是指由任何确定流体质点组成的团体，其基本特点：①系统边界随流体一起运动；②系统边界上没有质量交换；③系统边界上受到外界表面力；④系统边界上存在能量交换。系统对应于拉格朗日观点，即以确定流体质点系统作为研究对象，研究系统各物理量的关系。相对于某个坐标系而言，流体流过的任何固定不变的空间体称为控制体。控制体的边界称为控制面。控制体是不变的但占据控制体的流体质点随时间是变化的。控制体的形状可根据需要而定，基本特点是：①控制体的边界相对于坐标系而言是固定的；②控制面上可以发生质量交换，流体可以流进、流出控制面；③控制面上受到外界作用于控制体内流体上的力；④控制面上存在能量交换。控制体对应欧拉观点，研究控制体内流体物理量的关系。

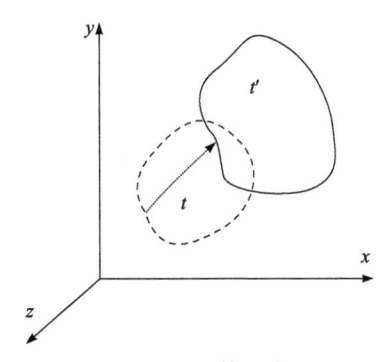

图 1.8 流体系统

表达质量守恒定律的拉格朗日型积分方程(连续方程)为

$$\frac{\mathrm{D}m}{\mathrm{D}t} = \frac{\mathrm{D}}{\mathrm{D}t}\iiint_\tau \rho \mathrm{d}\tau = 0$$

其中，τ 为体积。拉格朗日型积分形式连续方程的物理含义：在系统内不存在源和汇的情况下，系统质量不随时间变化。

为了方便，需要把适用于流体系统的拉格朗日型积分方程转化为适用于控制体的欧拉型积分方程，联系系统分析方法和控制体方法之间的桥梁就是雷诺输运方程。系统中的物理量 N(可以是质量、动量、动量矩、能量等物理量)随时间的变化率 dN/dt，可以用关于控制体的描述方法表达出来。对于系统 τ 中的物理量 N，假设单位质量物理量为 σ，有

$$\sigma = \frac{dN}{dm} = \frac{dN}{\rho d\tau}$$

系统 τ 中的物理量 N 可以用体积分(三重积分)表示为

$$N = \iiint_\tau \sigma\rho d\tau$$

当 $\sigma=1$ 时，$N=m$ 代表系统的质量；当 $\sigma=V$ 时，$N=K$ 代表系统的动量；当 $\sigma=r \times V$ 时，$N=M_r$ 代表系统的动量矩；当 $\sigma=e+\frac{1}{2}V^2$ 时，$N=E$ 代表系统的能量。雷诺输运方程表达为

$$\frac{DN}{Dt} = \frac{\partial}{\partial t}\iiint_\tau \sigma\rho d\tau + \iint_S \sigma\rho(V \cdot n)dS$$

右端两项的物理意义分别为：①表示控制体内物理量随时间的变化率，表征流场的非定常特性；②表示单位时间内，通过控制面流出物理量的净增量，是由于流场的不均匀性引起的。综合起来，雷诺输运表示系统中的物理量的随体导数等于单位时间内控制体内物理量随时间的增量与通过控制面流出物理量的净增量之和。雷诺输运方程将针对系统的表达转化为针对控制体的表达，在研究流动问题时带来了极大方便，尤其是在定常流动情况下，只需写出流过控制面上的物理量流量

$$\iint_S \sigma\rho(V \cdot n)dS$$

当 $\sigma=1$ 时，代表质量流量；当 $\sigma=V$ 时，代表动量流量；当 $\sigma=r \times V$ 时，代表动量矩流量；当 $\sigma=e+\frac{1}{2}V^2$ 时，代表能量流量。

给出描述物理定律的拉格朗日型积分方程，利用雷诺输运方程，可很容易获得相应欧拉型积分方程。表达质量守恒定律的欧拉型积分方程(连续方程)为

$$\frac{\partial}{\partial t}\iiint_\tau \rho d\tau + \iint_S \rho(V \cdot n)dS = 0$$

物理意义为：在控制体内无源和汇的情况下，单位时间内从控制体流出的质量等于控制体内质量的减小量。连续方程描述流体的质量守恒条件，与流体是否受力无关，与流体属性是否有黏性也无关。欧拉型积分连续方程不描述单独空间点的

细节，用在控制体上，允许控制体内含有流动不连续，如物体、激波等。用于几种典型的流动情况的讨论如下。

(1) 对于常密度不可压缩流动

$$\frac{\partial}{\partial t}\iiint_\tau \rho \mathrm{d}\tau = 0$$

$$\iint_S \rho(\boldsymbol{V}\cdot\boldsymbol{n})\mathrm{d}S = 0$$

$$\iint_S (\boldsymbol{V}\cdot\boldsymbol{n})\mathrm{d}S = 0$$

流出控制体的体积流量

$$\dot{Q} = \dot{Q}_\text{出} - \dot{Q}_\text{入} = 0$$

$$\dot{Q}_\text{出} = \dot{Q}_\text{入}$$

物理含义是：当流动为常密度不可压缩流动时，流入控制体的体积流量与流出的体积流量相等。

(2) 对于定常流动

$$\frac{\partial}{\partial t}\iiint_\tau \rho \mathrm{d}\tau = 0$$

$$\iint_S \rho(\boldsymbol{V}\cdot\boldsymbol{n})\mathrm{d}S = 0$$

流出控制体的质量流量

$$\dot{m} = \dot{m}_\text{出} - \dot{m}_\text{入} = 0$$

$$\dot{m}_\text{出} = \dot{m}_\text{入}$$

物理含义是：流动为定常流动时，流入控制体的质量流量与流出的质量流量相等。

(3) 对于一维常密度不可压缩流动（图 1.9）

$$\dot{Q}_\text{出} = \dot{Q}_\text{入}$$

$$V_2 A_2 = V_1 A_1$$

$$VA = C$$

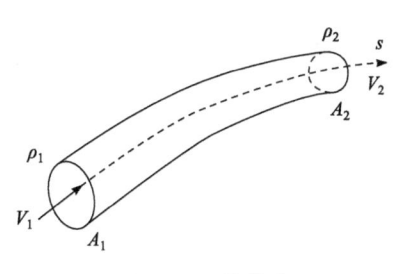

图 1.9 一维管流

可见，对于一维常密度不可压缩流动，流管的粗细将反映出流速大小。且有

$$\frac{\mathrm{d}V}{V} + \frac{\mathrm{d}A}{A} = 0$$

该方程即为一维常密度不可压缩流动的微分形式连续方程。

(4) 对于一维定常流动

$$\dot{m}_{出} = \dot{m}_{入}$$

$$\rho_2 V_2 A_2 = \rho_1 V_1 A_1$$

$$\rho V A = C$$

可见，对于一维定常流动，密度、流速、流管截面积的乘积为常数。且有

$$\frac{\mathrm{d}\rho}{\rho} + \frac{\mathrm{d}V}{V} + \frac{\mathrm{d}A}{A} = 0$$

该方程即为一维定常流动的微分形式连续方程。

1.2 动量方程

1.2.1 理想流体微分形式动量方程及其伯努利积分方程

作用在流体微团上的力按作用方式划分：质量力和表面力。质量力是外力场作用于流体微团质量中心，大小与微团质量成正比的非接触力，也称为体积力或彻体力。质量力与质量成正比，故常用单位质量力表示。表面力：相邻流体或物体作用于流体团块外表面，大小与流体团块表面积成正比的接触力。表面力按面积分布，所以用单位面积上的接触力即接触应力表示，由于接触应力一般与表面法线方向并不重合，故又可将接触应力分解为法向应力和切向应力。指向作用面内法向的应力称为压强。与作用面相切的应力称为切向应力。表面力对整流体而言是内力，对所画出的流体微团来说则是外力。流体中的内法向应力称为压强，其指向沿着表面的内法线方向。理想(无黏)流体，不论流体处于静止状态还是运动状态，由于黏性系数为零，其内部任意一点的应力也只有内法向应力即压强(各向同性)。

对于理想流体，根据如图1.10所示作用力特点，可由牛顿第二定律推导出微分形式的动量方程。

欧拉微分方程组为

$$\frac{\partial u}{\partial t} + u\frac{\partial u}{\partial x} + v\frac{\partial u}{\partial y} + w\frac{\partial u}{\partial z} = f_x - \frac{1}{\rho}\frac{\partial p}{\partial x}$$

$$\frac{\partial v}{\partial t} + u\frac{\partial v}{\partial x} + v\frac{\partial v}{\partial y} + w\frac{\partial v}{\partial z} = f_y - \frac{1}{\rho}\frac{\partial p}{\partial y}$$

$$\frac{\partial w}{\partial t} + u\frac{\partial w}{\partial x} + v\frac{\partial w}{\partial y} + w\frac{\partial w}{\partial z} = f_z - \frac{1}{\rho}\frac{\partial p}{\partial z}$$

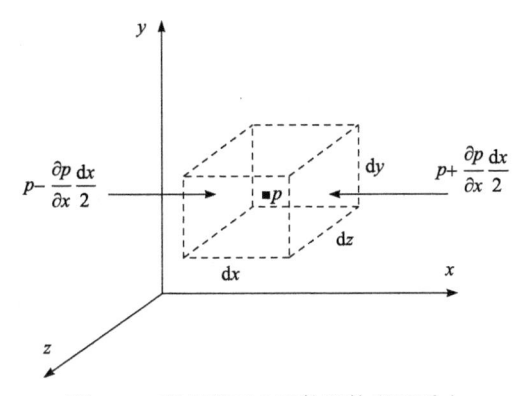

图 1.10 理想微元六面体流体微团受力

这三个方程即为理想流体微分形式动量方程。写成矢量形式

$$\frac{DV}{Dt} = \frac{\partial V}{\partial t} + u\frac{\partial V}{\partial x} + v\frac{\partial V}{\partial y} + w\frac{\partial V}{\partial z} = f - \frac{1}{\rho}\nabla p$$

理想流体微分形式动量方程规定了理想流体压强变化与速度变化和质量力之间的关系。可以把速度的变化和质量力的存在看作压强变化的原因，这两个使压强发生变化的因素是彼此独立的，对于压强的作用是分开的。对于一维理想流动，微分形式动量方程为

$$\frac{\partial V}{\partial t} + V\frac{\partial V}{\partial s} = f_s - \frac{1}{\rho}\frac{\partial p}{\partial s}$$

通过把加速度项重新组合，在加速度项中显示出旋转角度来，可以把理想流体微分形式动量方程化为格罗米柯-兰姆型方程

$$\begin{cases} \dfrac{\partial u}{\partial t} + \dfrac{\partial}{\partial x}\left(\dfrac{V^2}{2}\right) - (2v\omega_z - 2w\omega_y) = f_x - \dfrac{1}{\rho}\dfrac{\partial p}{\partial x} \\ \dfrac{\partial v}{\partial t} + \dfrac{\partial}{\partial y}\left(\dfrac{V^2}{2}\right) - (2w\omega_x - 2u\omega_z) = f_y - \dfrac{1}{\rho}\dfrac{\partial p}{\partial y} \\ \dfrac{\partial w}{\partial t} + \dfrac{\partial}{\partial z}\left(\dfrac{V^2}{2}\right) - (2u\omega_y - 2v\omega_x) = f_z - \dfrac{1}{\rho}\dfrac{\partial p}{\partial z} \end{cases}$$

写成矢量形式为

$$\frac{\partial V}{\partial t} + \nabla\left(\frac{V^2}{2}\right) - 2V \times \boldsymbol{\omega} = f - \frac{1}{\rho}\nabla p$$

其中，微团旋转角速度 ω 的 2 倍也称为涡量。方程中显示了旋转角速度项，便于分析无旋流动。对于理想流体，可以无旋运动也可以有旋运动。只是对于理想流

体，微团在运动过程中不会受到切向力作用，因而流体微团在运动过程中不会改变它的旋度，如原来旋度为零的无旋流在运动过程中也保持无旋流，原来有旋的继续保持为有旋流，且其旋度不变。

对于理想流体微分形式动量方程，流体为正压流体(密度是压强的单值函数)，则有

$$\Pi = \int \frac{1}{\rho} \mathrm{d}p$$

$$\nabla \Pi = \frac{\partial \Pi}{\partial p} \nabla p = \frac{1}{\rho} \nabla p$$

质量力有势，则有

$$f = -\nabla \Omega$$

定常流动有

$$\frac{\partial V}{\partial t} = 0$$

所以，对于理想、正压流体，质量力有势，流动定常，有

$$\nabla \left(\frac{V^2}{2} \right) - 2V \times \boldsymbol{\omega} = -\nabla \Omega - \nabla \Pi$$

$$\nabla \left(\frac{V^2}{2} + \Omega + \Pi \right) = 2V \times \boldsymbol{\omega}$$

若 S 为流场中的一条光滑曲线，则有

$$\frac{\partial}{\partial S} \left(\frac{V^2}{2} + \Omega + \Pi \right) \mathrm{d}S = 2V \times \boldsymbol{\omega} \cdot \mathrm{d}\boldsymbol{S}$$

如果

$$2V \times \boldsymbol{\omega} \cdot \mathrm{d}\boldsymbol{S} = 0$$

则有

$$\frac{\partial}{\partial S} \left(\frac{V^2}{2} + \Omega + \Pi \right) \mathrm{d}S = 0$$

$$\frac{V^2}{2} + \Omega + \Pi = C(S)$$

这就是伯努利积分，或伯努利方程。伯努利方程的物理含义是，对于理想正压流体的定常流动，在质量力有势条件下，单位质量流体微团沿着满足条件的曲线的

势能、压能和动能之和不变即总机械能不变。满足的条件是

$$2\boldsymbol{V} \times \boldsymbol{\omega} \cdot \mathrm{d}\boldsymbol{S} = 0$$

包含几种情况：①曲线是任意一条流线；②曲线是任意一条涡线；③流场静止，曲线任意；④流场无旋，曲线任意。对于均值不可压缩流体

$$\Pi = \int \frac{1}{\rho} \mathrm{d}p = \frac{p}{\rho}$$

若质量力只有重力

$$\Omega = gy$$

伯努利方程变为

$$\frac{V^2}{2} + gy + \frac{p}{\rho} = C(S)$$

不计质量力情况下，伯努利方程变为

$$\frac{V^2}{2} + \frac{p}{\rho} = C(S)$$

在以上伯努利方程中，$\frac{V^2}{2}$ 代表单位质量流体的动能，gy 代表单位质量流体的重力势能，$\frac{p}{\rho}$ 代表单位质量流体的压力势能。将一维流的伯努利方程写成高度的量纲

$$\frac{V^2}{2g} + y + \frac{p}{\rho g} = H(S)$$

应用于重力不能忽略的液体，可以表示出一维流伯努利方程的几何意义，$\frac{V^2}{2g}$ 代表流体垂直上抛所能达到高度，称为速度水头，y 代表流体质点的高度，称为高度水头，$\frac{p}{\rho g}$ 代表流体沿真空管上升的高度，称为压力水头，高度水头和压力水头合称静力水头，三项之和称为总水头。

对于理想、不可压缩体，在重力场的定常流动中，沿一维管流的高度水头、压力水头和速度水头可以互相转化,总水头保持不变(静力学中静力水头线为水平线)，如图1.11所示。

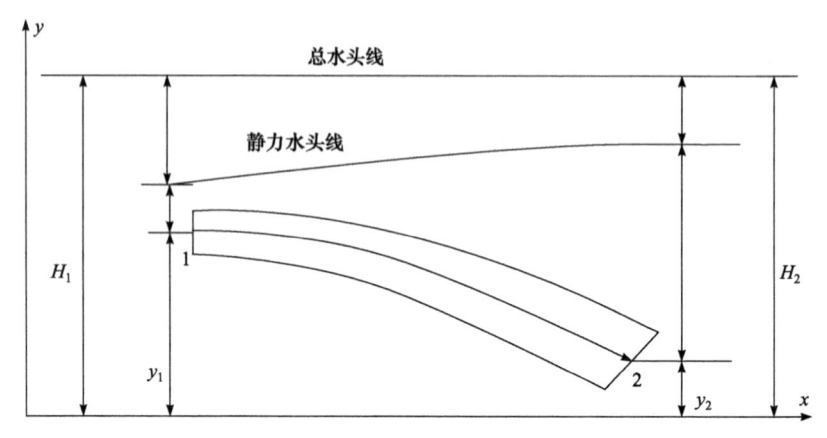

图 1.11　定常理想不可压缩一维管流水头线

1.2.2　黏性流体微分形式动量方程及其伯努利积分方程

在静止状态下，流体不能承受剪力。在运动状态下，流体可以承受剪力，而且对于不同种流体，所承受剪力大小是不同的。流体的黏滞性是指流体在运动状态下抵抗剪切变形的能力。流体的剪切变形是指流体质点之间出现的相对运动。因此，流体的黏滞性是指抵抗流体质点相对运动的能力。流体抵抗剪切变形能力可通过流层之间的剪切力表现出来。这个剪切力称为内摩擦力，流层之间内摩擦力与接触面上的压力无关。流体在流动过程中，必然要克服内摩擦力做功，因此流体的黏滞性是流体发生机械能损失的根源。自然界中流体都是有黏性的，因此黏性对流体运动的影响是普遍存在的。但对于具体的流动问题，黏性所起的作用并不一定相同。特别是像水和空气这样的小黏性流体，对于某些问题忽略黏性的作用可得到满意的结果。为简化起见，提出了理想流体的概念和理论。有些情况下黏性流动与无黏流动的差别很大。黏性摩擦切应力与物面黏附条件(无滑移条件)是黏性流体运动有别于理想流体运动的主要标志。黏性的存在是产生阻力的主要原因。流体的黏性和足够大的逆压梯度会伴随边界层的分离，并出现较大阻力。对于阻力、边界层及其分离、旋涡扩散等问题，黏性起主导作用，不能忽略。

流体处于静止状态，只能承受压力，几乎不能承受拉力和剪力，不具有抵抗剪切变形的能力。理想流体在运动状态下，流体质点之间可以存在相对运动，但不具有抵抗剪切变形的能力。因此，作用于流体内部任意面上的力只有法向力而无切向力。黏性流体在运动状态下，流体质点之间可以存在相对运动，流体具有抵抗剪切变形的能力。因此，作用于流体内部任意面上的力既有正向力，也有切向力。也就是说，对于黏性流体，在静止状态下，其内部任意一点的应力只有内法向应力，即压强，在运动状态下，其内部任意一点的应力除内法向应力外，还有切向应力，其压强指的是三个互相垂直方向的内法向应力的平均值。在黏性流体运动中，由于存在切向力，过任意一点单位面积上的表面力就不一定垂直于作用面，且各个方向的大小也不一定相等。因此，如图 1.12 所示，作用于任意方向微元面积上的合应力可分解为法向应力和切向应力。如果作用面的法线方向与坐标轴重合，则合应力可分解为三个分量，其中垂直于作用面的为法向应力，另外两个与作用面相切，分别平行于另外两个坐标轴，为切向应力在坐标轴向的投影分量。由此可见，用两个下标可把各个应力分量的作用面方位和投影方向表示清楚。其中第一个下标表示作用面的法线方向，第二个下标表示应力分量的投影方向。

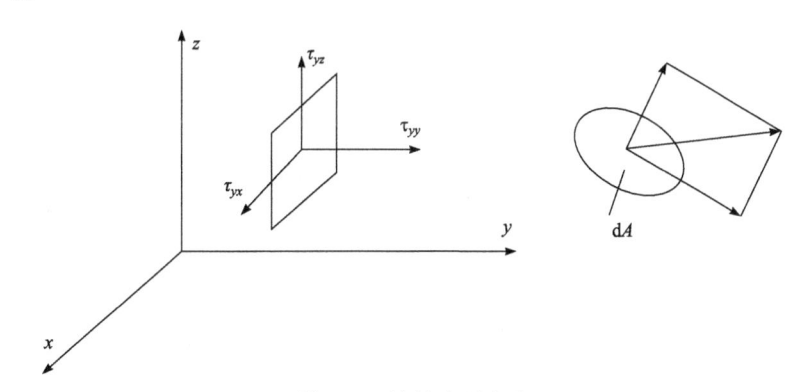

图 1.12 流体表面应力

x 面的合应力表达示为

$$\boldsymbol{\tau}_x = \tau_{xx}\boldsymbol{i} + \tau_{xy}\boldsymbol{j} + \tau_{xz}\boldsymbol{k}$$

y 面的合应力表达式为

$$\boldsymbol{\tau}_y = \tau_{yx}\boldsymbol{i} + \tau_{yy}\boldsymbol{j} + \tau_{yz}\boldsymbol{k}$$

z 面的合应力表达式为

$$\boldsymbol{\tau}_z = \tau_{zx}\boldsymbol{i} + \tau_{zy}\boldsymbol{j} + \tau_{zz}\boldsymbol{k}$$

如果在同一点上给定三个相互垂直坐标面上的应力，则过该点任意方向作用面上的应力可通过坐标变换唯一确定。因此把三个坐标面上的九个应力分量称为该点的应力状态，由这九个应力分量组成的矩阵称为应力矩阵(或应力张量)。根据剪应力互等定理，这九个分量中只有六个分量是独立的，其中三法向应力和三个切向应力。这个应力矩阵如同变形率矩阵一样，是个对称矩阵。

$$[\tau] = \begin{bmatrix} \tau_{xx} & \tau_{xy} & \tau_{xz} \\ \tau_{yx} & \tau_{yy} & \tau_{yz} \\ \tau_{zx} & \tau_{zy} & \tau_{zz} \end{bmatrix}$$

$$\tau_{xy} = \tau_{yx}, \quad \tau_{xz} = \tau_{zx}, \quad \tau_{yz} = \tau_{zy}$$

在黏性流体中，任意一点的三个相互垂直面上的法向应力之和是一个不变量，并定义此不变量的平均值的负值为该点的平均压强

$$p = -\frac{\tau_{xx} + \tau_{yy} + \tau_{zz}}{3}$$

应力与变形率之间有着确定的关系，将流体微团的变形率写成变形率矩阵(变形率张量)的形式

$$[\varepsilon] = \begin{bmatrix} \varepsilon_{xx} & \varepsilon_{xy} & \varepsilon_{xz} \\ \varepsilon_{yx} & \varepsilon_{yy} & \varepsilon_{yz} \\ \varepsilon_{zx} & \varepsilon_{zy} & \varepsilon_{zz} \end{bmatrix}$$

该矩阵是个对称矩阵，每个分量的大小与坐标系的选择有关但有三个量是与坐标系选择无关的不变量

$$I_1 = \varepsilon_{xx} + \varepsilon_{yy} + \varepsilon_{zz}$$

$$I_2 = \varepsilon_{xx}\varepsilon_{yy} + \varepsilon_{yy}\varepsilon_{zz} + \varepsilon_{xx}\varepsilon_{zz} - \varepsilon_{xy}^2 - \varepsilon_{yz}^2 - \varepsilon_{zx}^2$$

$$I_3 = \begin{vmatrix} \varepsilon_{xx} & \varepsilon_{xy} & \varepsilon_{xz} \\ \varepsilon_{yx} & \varepsilon_{yy} & \varepsilon_{yz} \\ \varepsilon_{zx} & \varepsilon_{zy} & \varepsilon_{zz} \end{vmatrix}$$

广义牛顿内摩擦定理(牛顿流体的本构方程)给出

$$[\tau] = 2\mu[\varepsilon] - \left(p + \frac{2}{3}\mu\nabla \cdot V\right)[I]$$

写成分量的形式

$$\tau_{ij} = \begin{cases} \mu\left(\dfrac{\partial u_j}{\partial x_i} + \dfrac{\partial u_i}{\partial x_j}\right) & (i \neq j) \\ -p + 2\mu\dfrac{\partial u_i}{\partial x_i} - \dfrac{2}{3}\mu\nabla \cdot V & (i = j) \end{cases}$$

对于黏性流体，确定应力与应变率之间的关系后，便可推导微分形式动量方程。

如图 1.13 所示黏性微分六面体流体微团受力(x 向为例)，根据牛顿第二定律，首先可以得到应力形式表示的微分形式动量方程

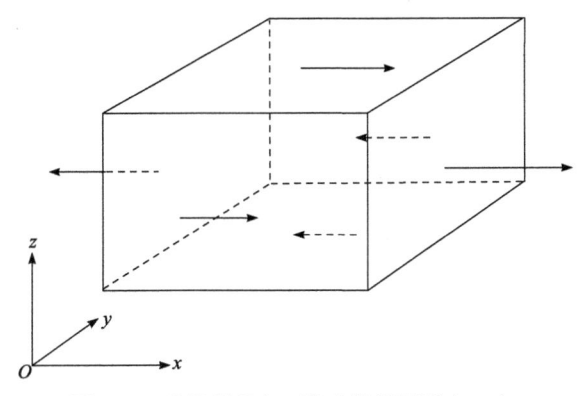

图 1.13 黏性微分六面体流体微团受力(x 向)

$$\frac{\mathrm{d}u}{\mathrm{d}t} = f_x + \frac{1}{\rho}\left(\frac{\partial \tau_{xx}}{\partial x} + \frac{\partial \tau_{yx}}{\partial y} + \frac{\partial \tau_{zx}}{\partial z}\right)$$

$$\frac{\mathrm{d}v}{\mathrm{d}t} = f_y + \frac{1}{\rho}\left(\frac{\partial \tau_{xy}}{\partial x} + \frac{\partial \tau_{yy}}{\partial y} + \frac{\partial \tau_{zy}}{\partial z}\right)$$

$$\frac{\mathrm{d}w}{\mathrm{d}t} = f_z + \frac{1}{\rho}\left(\frac{\partial \tau_{xz}}{\partial x} + \frac{\partial \tau_{yz}}{\partial y} + \frac{\partial \tau_{zz}}{\partial z}\right)$$

矢量形式为

$$\frac{\mathrm{d}\boldsymbol{V}}{\mathrm{d}t} = \boldsymbol{f} + \frac{1}{\rho}\nabla \cdot [\tau]$$

这是以应力形式表示的微分形式动量方程，具有普遍的意义。这是一组不封闭的方程，在质量力已知的情况下，方程中多了 6 个应力分量，要想得到封闭形式的方程组，必须引入本构关系，对于黏性流体，可引入广义牛顿内摩擦定理。以 x 方向的方程为例，引入广义牛顿内摩擦定理，应力表示为

$$\tau_{xx} = 2\mu\frac{\partial u}{\partial x} - \frac{2}{3}\mu\nabla \cdot \boldsymbol{V} - p$$

$$\tau_{yx} = \mu\left(\frac{\partial v}{\partial x} + \frac{\partial u}{\partial y}\right), \quad \tau_{zx} = \mu\left(\frac{\partial u}{\partial z} + \frac{\partial w}{\partial x}\right)$$

代入应变率形式的方程，得

$$\frac{\mathrm{d}u}{\mathrm{d}t} = f_x - \frac{1}{\rho}\frac{\partial p}{\partial x} + \frac{1}{\rho}\frac{\partial}{\partial x}\left(2\mu\frac{\partial u}{\partial x} - \frac{2}{3}\mu\nabla \cdot \boldsymbol{V}\right) + \frac{1}{\rho}\frac{\partial}{\partial y}\left[\mu\left(\frac{\partial v}{\partial x} + \frac{\partial u}{\partial y}\right)\right] + \frac{1}{\rho}\frac{\partial}{\partial z}\left[\mu\left(\frac{\partial u}{\partial z} + \frac{\partial w}{\partial x}\right)\right]$$

$$\frac{\mathrm{d}v}{\mathrm{d}t} = f_y - \frac{1}{\rho}\frac{\partial p}{\partial y} + \frac{1}{\rho}\frac{\partial}{\partial x}\left[\mu\left(\frac{\partial v}{\partial x} + \frac{\partial u}{\partial y}\right)\right] + \frac{1}{\rho}\frac{\partial}{\partial y}\left(2\mu\frac{\partial v}{\partial y} - \frac{2}{3}\mu\nabla\cdot V\right) + \frac{1}{\rho}\frac{\partial}{\partial z}\left[\mu\left(\frac{\partial w}{\partial y} + \frac{\partial v}{\partial z}\right)\right]$$

$$\frac{\mathrm{d}w}{\mathrm{d}t} = f_z - \frac{1}{\rho}\frac{\partial p}{\partial z} + \frac{1}{\rho}\frac{\partial}{\partial x}\left[\mu\left(\frac{\partial u}{\partial z} + \frac{\partial w}{\partial x}\right)\right] + \frac{1}{\rho}\frac{\partial}{\partial y}\left[\mu\left(\frac{\partial w}{\partial y} + \frac{\partial v}{\partial z}\right)\right] + \frac{1}{\rho}\frac{\partial}{\partial z}\left(2\mu\frac{\partial w}{\partial z} - \frac{2}{3}\mu\nabla\cdot V\right)$$

这就是黏性流体微分形式动量方程，即 N-S 方程组。对不可压缩流体(黏性系数为常数)，N-S 方程组为

$$\frac{\mathrm{d}u}{\mathrm{d}t} = f_x - \frac{1}{\rho}\frac{\partial p}{\partial x} + \nu\left(\frac{\partial^2 u}{\partial x^2} + \frac{\partial^2 u}{\partial y^2} + \frac{\partial^2 u}{\partial z^2}\right)$$

$$\frac{\mathrm{d}v}{\mathrm{d}t} = f_y - \frac{1}{\rho}\frac{\partial p}{\partial y} + \nu\left(\frac{\partial^2 v}{\partial x^2} + \frac{\partial^2 v}{\partial y^2} + \frac{\partial^2 v}{\partial z^2}\right)$$

$$\frac{\mathrm{d}w}{\mathrm{d}t} = f_z - \frac{1}{\rho}\frac{\partial p}{\partial z} + \nu\left(\frac{\partial^2 w}{\partial x^2} + \frac{\partial^2 w}{\partial y^2} + \frac{\partial^2 w}{\partial z^2}\right)$$

矢量形式

$$\frac{\mathrm{d}\boldsymbol{V}}{\mathrm{d}t} = \boldsymbol{f} - \frac{1}{\rho}\nabla p + \nu\Delta\boldsymbol{V}$$

为了研究流动的有旋性，可把涡量分离出来，得到格罗米柯-兰姆型方程

$$\frac{\partial \boldsymbol{V}}{\partial t} + \nabla\left(\frac{V^2}{2}\right) + \boldsymbol{\Omega}\times\boldsymbol{V} = \boldsymbol{f} - \frac{1}{\rho}\nabla p + \nu\Delta\boldsymbol{V}$$

与理想流体微分形式动量方程类似，黏性流体微分形式动量方程也可以进行伯努利积分。

对于黏性流体微分形式动量方程，考虑以下条件下的伯努利积分：①定常流动；②均值不可压缩流体；③质量力有势；④沿流线积分。可以得到能量形式的方程。对于质量力有势条件下的黏性均值不可压缩流体定常流动

$$\frac{\mathrm{d}\boldsymbol{V}}{\mathrm{d}t} = \boldsymbol{f} - \frac{1}{\rho}\nabla p + \nu\Delta\boldsymbol{V}$$

任取一条流线，在流线上某处取微段 $\mathrm{d}s$，有

$$\frac{\mathrm{d}\boldsymbol{V}}{\mathrm{d}t}\cdot\mathrm{d}\boldsymbol{s} = \left(\boldsymbol{f} - \frac{1}{\rho}\nabla p + \nu\Delta\boldsymbol{V}\right)\cdot\mathrm{d}\boldsymbol{s}$$

$$\frac{\mathrm{d}\boldsymbol{V}}{\mathrm{d}t}\cdot\mathrm{d}\boldsymbol{s} = \boldsymbol{f}\cdot\mathrm{d}\boldsymbol{s} - \frac{1}{\rho}\nabla p\cdot\mathrm{d}\boldsymbol{s} + \nu\Delta\boldsymbol{V}\cdot\mathrm{d}\boldsymbol{s}$$

其中

$$\frac{\mathrm{d}V}{\mathrm{d}t}\cdot\mathrm{d}s = u\mathrm{d}u + v\mathrm{d}v + w\mathrm{d}w = \mathrm{d}\left(\frac{V^2}{2}\right)$$

$$\boldsymbol{f}\cdot\mathrm{d}\boldsymbol{s} = -\nabla\Omega\cdot\mathrm{d}\boldsymbol{s} = -\left(\frac{\partial\Omega}{\partial x}\cdot\mathrm{d}x + \frac{\partial\Omega}{\partial y}\cdot\mathrm{d}y + \frac{\partial\Omega}{\partial z}\cdot\mathrm{d}z\right) = -\mathrm{d}\Omega$$

$$\frac{1}{\rho}\nabla p\cdot\mathrm{d}\boldsymbol{s} = \frac{1}{\rho}\left(\frac{\partial p}{\partial x}\cdot\mathrm{d}x + \frac{\partial p}{\partial y}\cdot\mathrm{d}y + \frac{\partial p}{\partial z}\cdot\mathrm{d}z\right) = \frac{1}{\rho}\mathrm{d}p = \mathrm{d}\left(\frac{p}{\rho}\right)$$

$$v\Delta\boldsymbol{V}\cdot\mathrm{d}\boldsymbol{s} = v\left(\Delta u\mathrm{d}x + \Delta v\mathrm{d}y + \Delta w\mathrm{d}z\right)$$

所以有

$$\mathrm{d}\left(\frac{V^2}{2}\right) = -\mathrm{d}\Omega - \mathrm{d}\left(\frac{p}{\rho}\right) + v\left(\Delta u\mathrm{d}x + \Delta v\mathrm{d}y + \Delta w\mathrm{d}z\right)$$

$$\mathrm{d}\left(\frac{V^2}{2} + \Omega + \frac{p}{\rho}\right) = v\left(\Delta u\mathrm{d}x + \Delta v\mathrm{d}y + \Delta w\mathrm{d}z\right)$$

与理想不可压缩流体微分能量方程相比，多出了与黏性有关的项。对于质量力只有重力的情况，方程变为

$$\mathrm{d}\left(\frac{V^2}{2} + gy + \frac{p}{\rho}\right) = v\left(\Delta u\mathrm{d}x + \Delta v\mathrm{d}y + \Delta w\mathrm{d}z\right)$$

方程两边同除以 g 得到

$$\mathrm{d}\left(\frac{V^2}{2g} + y + \frac{p}{\rho g}\right) = \frac{v}{g}\left(\Delta u\mathrm{d}x + \Delta v\mathrm{d}y + \Delta w\mathrm{d}z\right)$$

表示单位重量流体总机械能量沿流线的变化。如果设

$$\mathrm{d}h'_w = -\frac{v}{g}\left(\Delta u\mathrm{d}x + \Delta v\mathrm{d}y + \Delta w\mathrm{d}z\right)$$

方程变为

$$\mathrm{d}\left(\frac{V^2}{2g} + y + \frac{p}{\rho g}\right) + \mathrm{d}h'_w = 0$$

沿着这条流线积分有

$$z_1 + \frac{p_1}{\gamma} + \frac{V_1^2}{2g} = z_2 + \frac{p_2}{\gamma} + \frac{V_2^2}{2g} + \int_1^2 \mathrm{d}h'_w = z_2 + \frac{p_2}{\gamma} + \frac{V_2^2}{2g} + h'_{w1-2}$$

单位重量流体所具有的机械能不能保持守恒(理想流体情况下，总机械能保持守恒)，减小的部分代表流体克服黏性应力做功所消耗的机械能。对于一维管道流动，如图 1.14 所示，不可压缩黏性流体定常流动过程中，无论势能、压能和动能如何转化，总机械能是沿程减小的，总是从机械能高的地方流向机械能低的地方。

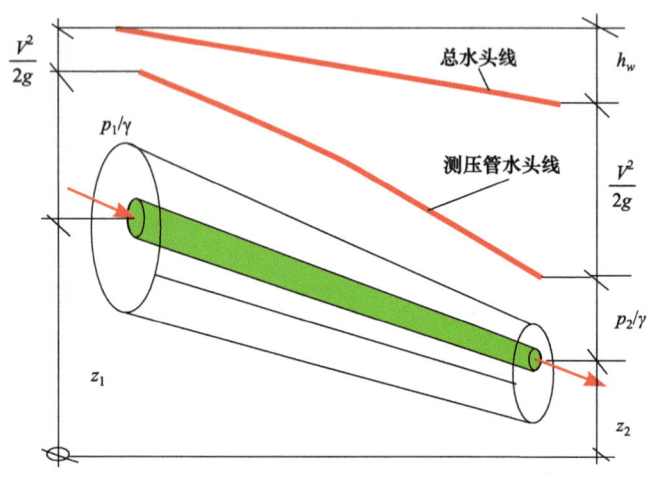

图 1.14 不可压缩黏性流体定常一维管流水头线

1.2.3 积分形式动量方程

采用拉格朗日方法可以直接表达动量定理，动量定理的拉格朗日表达为

$$\iiint_\tau \rho \boldsymbol{f} \mathrm{d}\tau + \oiint_S \boldsymbol{p}_s \mathrm{d}S = \frac{\mathrm{d}}{\mathrm{d}t} \iiint_\tau \rho \boldsymbol{V} \mathrm{d}\tau$$

其中，τ 为体积，S 为体积表面。拉格朗日动量方程的物理意义为：系统受外界作用合外力等于系统动量对时间的变化率。

为了方便，需要把适用于流体系统的拉格朗日型积分方程转化为适用于控制体的欧拉型积分方程

$$\iiint_\tau \rho \boldsymbol{f} \mathrm{d}\tau + \oiint_S \boldsymbol{p}_s \mathrm{d}S = \frac{\partial}{\partial t} \iiint_\tau \rho \boldsymbol{V} \mathrm{d}\tau + \oiint_S \rho \boldsymbol{V}(\boldsymbol{V} \cdot \boldsymbol{n}) \mathrm{d}S$$

欧拉动量方程的物理意义为：控制体所受合外力等于控制体中动量的增加率加上净流出控制面的动量流量。关于欧拉积分形式动量方程的应用讨论如下。

欧拉积分形式动量方程中的合外力指的是流体受到的所有外力之和，包含质量力、法向表面力和切向表面力，控制体中的物体对于流体的作用力可以单独考虑。控制体有两类：一类是物体不包括在所取控制体之内，物体的部分壁面构成控制面的一部分，如管道流动控制体，另一类是控制体将绕流物体包括在控制体内，如机翼绕流控制体。

(1) 对于物体不包括在所取控制体之内的第一类控制体情况，如管道流动控制体(图 1.15)，应用欧拉积分形式动量方程的目的主要是求管道受到的流体的作用力，条件是定常一维管流。

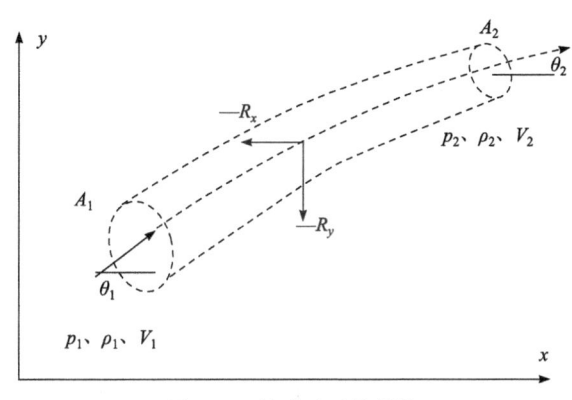

图 1.15 管道流动控制体

由积分形式动量方程

$$\iiint_\tau \rho f \mathrm{d}\tau + \oiint_S \boldsymbol{p}_s \mathrm{d}S = \frac{\partial}{\partial t} \iiint_\tau \rho \boldsymbol{V} \mathrm{d}\tau + \oiint_S \rho \boldsymbol{V}(\boldsymbol{V} \cdot \boldsymbol{n}) \mathrm{d}S$$

可得

$$\sum F_x = \iint_S \rho u(\boldsymbol{V} \cdot \boldsymbol{n}) \mathrm{d}S = \rho \dot{Q}(u_2 - u_1) \quad \sum F_y = \iint_S \rho v(\boldsymbol{V} \cdot \boldsymbol{n}) \mathrm{d}S = \rho \dot{Q}(v_2 - v_1)$$

方程左端是控制体内流体所受合力在相应坐标系的投影，包含管壁对流体作用力、重力和两端控制面作用力。

(2) 对于物体包括在所取控制体之内的第二类控制体情况，例如机翼绕流控制体(图 1.16)，机翼被包含在控制体的 S 面之内，且用 S_1 面将机翼隔开形成单连通域，主要目的是求机翼受力，设机翼受力在三个方向的分量为 F_x、F_y 和 F_z，S 面足够大，表面只有法向力，非定常三维流动时，由积分形式动量方程

$$\iiint_\tau \rho f \mathrm{d}\tau + \oiint_S \boldsymbol{p}_s \mathrm{d}S = \frac{\partial}{\partial t} \iiint_\tau \rho \boldsymbol{V} \mathrm{d}\tau + \oiint_S \rho \boldsymbol{V}(\boldsymbol{V} \cdot \boldsymbol{n}) \mathrm{d}S$$

可得

$$\iiint_\tau \rho f_x \mathrm{d}\tau - \iint_S p\cos(n,x) \mathrm{d}S - F_x = \frac{\partial}{\partial t} \iiint_\tau \rho u \mathrm{d}\tau + \iint_S \rho u(\boldsymbol{V} \cdot \boldsymbol{n}) \mathrm{d}S$$

$$\iiint_\tau \rho f_y \mathrm{d}\tau - \iint_S p\cos(n,y) \mathrm{d}S - F_y = \frac{\partial}{\partial t} \iiint_\tau \rho v \mathrm{d}\tau + \iint_S \rho v(\boldsymbol{V} \cdot \boldsymbol{n}) \mathrm{d}S$$

$$\iiint_\tau \rho f_z \mathrm{d}\tau - \iint_S p\cos(n,z) \mathrm{d}S - F_z = \frac{\partial}{\partial t} \iiint_\tau \rho w \mathrm{d}\tau + \iint_S \rho w(\boldsymbol{V} \cdot \boldsymbol{n}) \mathrm{d}S$$

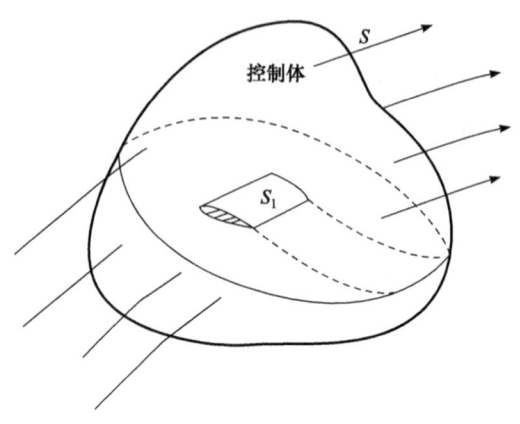

图 1.16 机翼绕流控制体

欧拉积分形式动量方程应用的特点在于不需要知道控制体中的流动细节，只需要知道控制面边界处的流动特性，就可以求作用力，这个作用力可以包含摩擦力的影响在内，例如用上述方程来求物体受到的阻力等。

1.3 能量方程

1.3.1 微分形式能量方程

能量方程是能量守恒定律的表达。对于静止热力学体系，能量方程表达为热力学第一定律，静止物系的热力学第一定律的表达

$$\mathrm{d}Q = \mathrm{d}U + p\mathrm{d}V$$

物理意义是：对于封闭物系，经过无限微小的可逆变化过程，外界传给系统的热量等于系统内能的增量与系统对外界所做机械功之和。

对于运动流体，能量方程也可表达为热力学第一定律，流体运动热力学第一定律的表达为

$$\frac{\mathrm{d}E}{\mathrm{d}t} = \dot{Q} + \dot{W}$$

其中，$\dot{Q}$ 为单位时间输入系统的总热量，包括热辐射和热传导；$\dot{W}$ 为单位时间作用于系统上的所有力对系统所做的功，作用力包括表面力和质量力。能量方程的物理含义是：单位时间内作用于系统上的所有力对系统所做的功与单位时间内输入系统的热量之和等于系统总能量的变化率。

对于黏性流体流动，任取微分平行六面体流体微团作为系统，则系统单位时间内总能量的变化率等于单位时间作用于系统上所有作用力功率与外界传给系统

的热量之和。微元流体系统总能量的变化率

$$\frac{\mathrm{d}E}{\mathrm{d}t} = \frac{\mathrm{d}}{\mathrm{d}t}\left(e + \frac{V^2}{2}\right)\rho\mathrm{d}x\mathrm{d}y\mathrm{d}z$$

其中，e 表示单位质量流体所具有的内能，$e + \frac{V^2}{2}$ 表示单位质量流体所具有的总能量。作用于系统上的力包括通过控制面作用于系统上的表面力和系统上的质量力。质量力做功功率为

$$\dot{W}_m = \boldsymbol{f}\cdot\boldsymbol{V}\rho\mathrm{d}x\mathrm{d}y\mathrm{d}z$$

表面力的总功率为

$$\dot{W}_s = \dot{W}_{s_x} + \dot{W}_{s_y} + \dot{W}_{s_z} = \nabla\cdot\left([\tau]\cdot\boldsymbol{V}\right)\mathrm{d}x\mathrm{d}y\mathrm{d}z$$

$$\nabla\cdot\left([\tau]\cdot\boldsymbol{V}\right) = \left[\frac{\partial(\tau_{xx}u)}{\partial x} + \frac{\partial(\tau_{yx}u)}{\partial y} + \frac{\partial(\tau_{zx}u)}{\partial z}\right]$$
$$+ \left[\frac{\partial(\tau_{xy}v)}{\partial x} + \frac{\partial(\tau_{yy}v)}{\partial y} + \frac{\partial(\tau_{zy}v)}{\partial z}\right]$$
$$+ \left[\frac{\partial(\tau_{xz}w)}{\partial x} + \frac{\partial(\tau_{yz}w)}{\partial y} + \frac{\partial(\tau_{zz}w)}{\partial z}\right]$$

单位时间内，外界传给系统的总热量包括热辐射和热传导。以 $\dot{q}$ 表示单位时间内热辐射传给单位质量流体的热量，则总辐射热量功率为

$$\dot{Q}_R = \dot{q}\rho\mathrm{d}x\mathrm{d}y\mathrm{d}z$$

通过控制面传给系统的热传导热量可根据傅里叶定理得到。x 方向单位时间通过控制面传入系统的热传导热量即热传导传入功率为

$$\dot{Q}_k = \dot{Q}_{kx} + \dot{Q}_{ky} + \dot{Q}_{kz}$$
$$= \left[\frac{\partial}{\partial x}\left(k\frac{\partial T}{\partial x}\right) + \frac{\partial}{\partial y}\left(k\frac{\partial T}{\partial y}\right) + \frac{\partial}{\partial z}\left(k\frac{\partial T}{\partial z}\right)\right]\mathrm{d}x\mathrm{d}y\mathrm{d}z$$
$$= \nabla\cdot(k\nabla T)\mathrm{d}x\mathrm{d}y\mathrm{d}z$$

将以上各式代入能量方程可以得到微分形式能量方程为

$$\rho\frac{\mathrm{d}}{\mathrm{d}t}\left(e + \frac{V^2}{2}\right) = \rho\boldsymbol{f}\cdot\boldsymbol{V} + \nabla\cdot\left([\tau]\cdot\boldsymbol{V}\right) + \rho\dot{q} + \nabla\cdot(k\nabla T)$$

方程的物理意义是：在单位时间内，单位体积流体内能的变化率等于流体变形时

表面力做功与外部传入热量之和。表面力做功包括压力做功和剪切力做功,压力做功表示流体变形时法向力做膨胀功,剪切力做功表示流体运动是克服摩擦力做功,这部分是由于流体黏性引起的,将流体部分机械能不可逆转化为热能而消耗掉。考虑广义牛顿内摩擦定理

$$\tau_{ij} = 2\mu\varepsilon_{ij} - \left(p + \frac{2}{3}\mu\frac{\partial u_m}{\partial x_m}\right)[I]$$

得到

$$\begin{aligned}\tau_{ij}\varepsilon_{ij} &= 2\mu\varepsilon_{ij}\varepsilon_{ij} - \left(p + \frac{2}{3}\mu\frac{\partial u_m}{\partial x_m}\right)\varepsilon_{ii} \\ &= 2\mu\varepsilon_{ij}\varepsilon_{ij} - \frac{2}{3}\mu\left(\frac{\partial u_i}{\partial x_i}\right)^2 - p\frac{\partial u_i}{\partial x_i} \\ &= -p\frac{\partial u_i}{\partial x_i} + \Phi\end{aligned}$$

其中,耗散函数

$$\Phi = 2\mu\varepsilon_{ij}\varepsilon_{ij} - \frac{2}{3}\mu\left(\frac{\partial u_i}{\partial x_i}\right)^2$$

能量方程可以写为

$$\rho\frac{de}{dt} = -p\nabla\cdot V + \Phi + \rho\dot{q} + \nabla\cdot(k\nabla T)$$

方程的物理含义是:单位体积流体内能的变化率等于压强膨胀功率、外加热量功率以及由于黏性而消耗的功率之和。变换形式还可以得到

$$\rho\frac{dh}{dt} = \frac{dp}{dt} + \Phi + \rho\dot{q} + \nabla\cdot(k\nabla T)$$

对于不可压缩流体有

$$\rho C_v \frac{dT}{dt} = \Phi + \rho\dot{q} + \nabla\cdot(k\nabla T)$$

$$\rho C_p \frac{dT}{dt} = \frac{dp}{dt} + \Phi + \rho\dot{q} + \nabla\cdot(k\nabla T)$$

微分形式能量方程可以写成以上各种形式,以方便实际应用。

1.3.2 积分形式能量方程

采用拉格朗日方法可以直接表达能量守恒定律,能量守恒定律的拉格朗日表

达为

$$\dot{Q} + \dot{W} = \frac{dE}{dt}$$

方程的物理含义为：单位时间内由外界传入系统的热量与外界对系统所做的功之和等于该系统的总能量对时间的变化率。对于流体体系，总能量对时间的变化率

$$\frac{dE}{dt} = \frac{d}{dt} \iiint_\tau \rho \left(e + \frac{V^2}{2} \right) d\tau$$

外界传入系统的热量包括热传导和热辐射，单位时间内由外界传入系统的总热传导热量为

$$\dot{Q}_k = \oiint_S \dot{q}_k dS$$

单位时间内，由外界传入系统的总热辐射热量为

$$\dot{Q}_R = \iiint_\tau \dot{q}_R \rho d\tau$$

外界对系统所做的功包括质量力做功和表面力做功，质量力总功率为

$$\dot{W}_m = \iiint_\tau \rho \boldsymbol{f} \cdot \boldsymbol{V} d\tau$$

表面力总功率为

$$\dot{W}_s = \oiint_S \boldsymbol{p}_s \cdot \boldsymbol{V} dS$$

表达能量守恒定律的拉格朗日型积分方程(能量方程)为

$$\oiint_S \dot{q}_k dS + \iiint_\tau \dot{q}_R \rho d\tau + \iiint_\tau \rho \boldsymbol{f} \cdot \boldsymbol{V} d\tau + \oiint_S \boldsymbol{p}_s \cdot \boldsymbol{V} dS = \frac{d}{dt} \iiint_\tau \rho \left(e + \frac{V^2}{2} \right) d\tau$$

其中，τ 为体积，S 为体积表面。

为了方便，需要把适用于流体系统的拉格朗日型积分方程转化为适用于控制体的欧拉型积分方程

$$\frac{dE}{dt} = \frac{\partial}{\partial t} \iiint_\tau \rho \left(e + \frac{V^2}{2} \right) d\tau + \oiint_S \rho \left(e + \frac{V^2}{2} \right) (\boldsymbol{V} \cdot \boldsymbol{n}) dS$$

所以表达能量守恒定律的欧拉型积分方程(能量方程)为

$$\oiint_S \dot{q}_k dS + \iiint_\tau \dot{q}_R \rho d\tau + \iiint_\tau \rho \boldsymbol{f} \cdot \boldsymbol{V} d\tau + \oiint_S \boldsymbol{p}_s \cdot \boldsymbol{V} dS$$
$$= \frac{\partial}{\partial t} \iiint_\tau \rho \left(e + \frac{V^2}{2} \right) d\tau + \oiint_S \rho \left(e + \frac{V^2}{2} \right) (\boldsymbol{V} \cdot \boldsymbol{n}) dS$$

方程的物理意义为：单位时间内，控制体内总能量的增量加上通过控制面净流出的总能量等于传给控制体内流体的热量加上所有力对控制体内流体所做的功。

1.3.3 高速可压缩一维定常绝热流动能量方程

根据热力学第一定律，静止热力学物系的单位质量的能量方程为

$$\mathrm{d}q = \mathrm{d}e + p\mathrm{d}\left(\frac{1}{\rho}\right)$$

对于流动的物质系统，能量方程变为

$$\mathrm{d}q = \mathrm{d}e + p\mathrm{d}\left(\frac{1}{\rho}\right) + \frac{1}{\rho}\mathrm{d}p + V\mathrm{d}V$$

与静止物系的能量方程相比，流动物系的能量方程多了两项，其中一项 $\frac{1}{\rho}\mathrm{d}p$ 是流体流动过程中所特有的功，表示流体微团在体积不变的情况下，由于压强变化引起的做功(流体克服压差所做的功)，另一项是流体宏观动能的变化量

$$V\mathrm{d}V = \mathrm{d}\left(\frac{V^2}{2}\right)$$

把流动物系的能量方程用焓表示有

$$\mathrm{d}q = \mathrm{d}e + \mathrm{d}\left(\frac{p}{\rho}\right) + \mathrm{d}\left(\frac{V^2}{2}\right) = \mathrm{d}h + \mathrm{d}\left(\frac{V^2}{2}\right)$$

其中，$\mathrm{d}q$ 是外热，具体来源可以是通过热传导和热辐射进来的热，也可以是通过燃烧之类的化学变化所产生的热。

在一维流动中，不可压缩流动的未知变量是 p、V，对于可压缩流动，未知变量除 p、V 外，还有密度 ρ 和温度 T，共有 4 个未知量，需要 4 个方程，其中一个连续方程，一个动量方程，一个状态方程，一个能量方程。对于一维定常流动，不计质量力的情况下，能量方程为

$$\mathrm{d}q = \mathrm{d}e + \mathrm{d}\left(\frac{p}{\rho}\right) + \mathrm{d}\left(\frac{V^2}{2}\right) = \mathrm{d}\left(h + \frac{V^2}{2}\right)$$

在绝热情况下

$$\mathrm{d}\left(h + \frac{V^2}{2}\right) = 0$$

沿着流线积分，能量方程变为

$$h+\frac{V^2}{2}=C$$

还可以得到

$$C_pT+\frac{V^2}{2}=C$$

$$\frac{\gamma}{\gamma-1}RT+\frac{V^2}{2}=C$$

$$\frac{\gamma}{\gamma-1}\frac{p}{\rho}+\frac{V^2}{2}=C$$

$$\frac{a^2}{\gamma-1}+\frac{V^2}{2}=C$$

理想流体的绝热流动，也是等熵流动，上述能量方程也可由欧拉方程沿流线积分得到。在不计质量力的情况下，欧拉方程沿流线积分

$$\frac{V^2}{2}+\int\frac{1}{\rho}\mathrm{d}p=C$$

利用等熵关系 $p=C'\rho^\gamma$ 得到

$$\frac{\gamma}{\gamma-1}\frac{p}{\rho}+\frac{V^2}{2}=C$$

在热力学中，对于理想流体的绝热流动，必然是等熵的。如果是黏性流体，流层之间存在摩擦，尽管绝热，但摩擦使机械能转换为热能，气流熵增，绝热流动不等熵。在绝热流动中，黏性摩擦并不能改变气体的动能和焓之和，但其中部分动能转换为焓，上述能量方程适用于绝热等熵流动，也适用于绝热流动。

1.4 层流和湍流

1.4.1 黏性流体作用力特征与影响

黏性流体运动与理想流体运动的主要区别是，微团受力除惯性力外，还有黏性力，根据这两种力的特点，其对流体微团运动行为的影响是不同的。按照定义，黏性力的作用是阻止流体微团发生相对运动，而惯性力的作用与黏性力的作用正好相反，因此在黏性流体流动中，流动的行为取决于这两种力作用的结果。

对于两种受力极端的情况需要引起高度的重视，其一是黏性力的作用远大于惯性力的作用，其二是惯性力的作用远大于黏性力的作用，可以推测在这两种情

况下流体微团运动特征是截然不同的。由此引出了层流、湍流的概念,如图1.17所示。

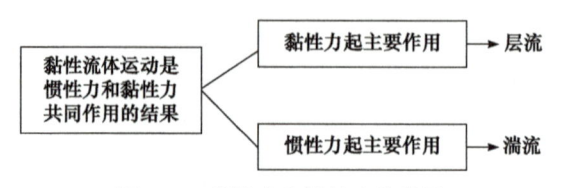

图1.17 黏性力和惯性力的作用

1.4.2 黏性流体的层流和湍流流态

早期人们发现管道中的流速大小与水头损失(能量损失)有关。1839~1869年Hagen G.发现管中流速小时,水流像一根玻璃柱,清晰透明;流速大时,水流浑浊,不再清晰,流速时大时小。Hagen认为这种现象与管径、流速、黏性有关。

1880年,雷诺(O. Reynolds)(英国科学家)用管径2.54cm(1in)长度1.372m(4.5ft)的玻璃管进行了著名的流态转捩实验,并于1883年在一篇论文中明确指出了管中水流存在层流和湍流两种流态,如图1.18所示。当年雷诺用无量纲数 $Re = \dfrac{V \cdot r}{\nu}$ 来判别流态,并把这两种流动称为顺直流动和曲折流动,后来演变为现在的名称层流和湍流。

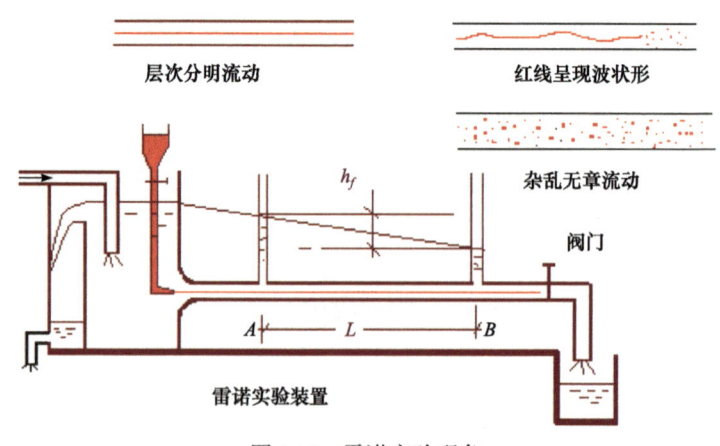

图1.18 雷诺实验现象

1.4.3 黏性流体流态的判定与雷诺数

雷诺实验发现:层流和湍流转捩的临界流速与管径、流体密度和动力黏性系数有关。临界流速与动力黏性系数成正比而与管径和流体密度成反比

$$V_c = f(\rho, d, \mu)$$

$$V_c = C\frac{\mu}{\rho d}, \quad V_c' = C'\frac{\mu}{\rho d}$$

所以有

$$C = \frac{V_c \rho d}{\mu}, \quad C' = \frac{V_c' \rho d}{\mu}$$

定义

$$Re_c = \frac{\rho V_c d}{\mu} = \frac{V_c d}{\nu}$$

把这个无量纲数称为临界雷诺数。临界雷诺数与来流扰动和边界条件有关。对于同一边界特征的流动，下临界雷诺数是不变的。对于圆管流动雷诺给出的结果是 Re_c=2000，席勒给出的结果为 2320，后来重新分析雷诺实验结果，发现 Re_c=2400。上临界雷诺数是一个变数，与来流扰动直接有关。雷诺数表征惯性力与黏性力的比值，惯性力的作用是促使流动失稳，扰动放大；黏性力的作用是对流动起约束作用和遏制扰动。雷诺数大表示惯性力大于黏性力，流动失去稳定而为湍流；雷诺数小表示黏性力大于惯性力，流动稳定，层次分明为层流。

1.4.4 黏性流体层流、湍流流动损失

在黏性流体流动中，机械能损失是不可避免的。在管道中损失包括：①沿程损失：指的是流体沿程克服固壁摩擦阻力和流层之间内摩擦阻力做功引起的机械能损失。②局部损失：指的是流体绕过管壁发生突变的区域，流动发生急剧变化而引起的内摩擦阻力做功损失的机械能。管道实验表明，沿程损失可表示为

$$h_f = f(\rho, V, d, \mu, L, g, \Delta)$$

实验进一步表明

$$h_f \propto \frac{V^2}{2g}, \quad h_f \propto L, \quad h_f \propto \frac{1}{d}$$

并有

$$h_f = \lambda \frac{L}{d}\frac{V^2}{2g}$$

这个方程称为达西-魏斯巴赫公式。局部损失一般表达式为

$$h_j = \zeta \frac{V^2}{2g}$$

雷诺实验发现，层流、过渡流、湍流水头损失分别为

$$h_f \propto V, \quad h_f \propto V^{1.75-2.0}, \quad h_f \propto V^2$$

如图 1.19 所示。

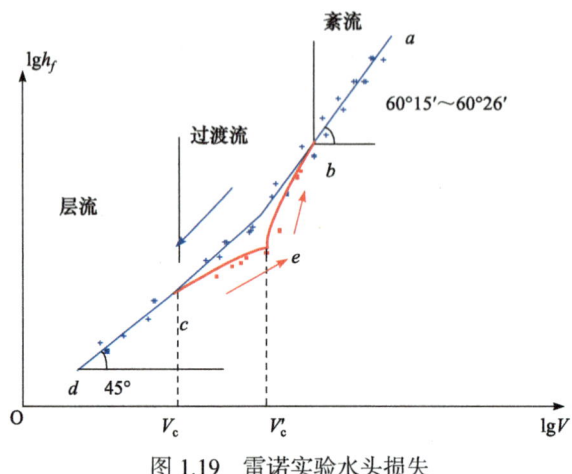

图 1.19 雷诺实验水头损失

1.4.5 湍流的基本特征

最早对湍流的描述可追溯到意大利文艺复兴时期的科学和艺术全才达·芬奇(da Vinci,1452—1519),他对湍流流动进行了细致的观察。1883 年,雷诺把湍流定义为:曲折运动。1937 年,泰勒(Taylor)和卡门(von Karman)把湍流定义为:湍流是一种不规则的运动,当流体流过固体表面,或者当相邻同类流体流过或绕过时,一般会在流体中出现这种不规则运动(这个定义突出了湍流的不规则性)。1959 年,荷兰科学家 Hinze 定义:湍流是一种不规则的流动状态,但其各种物理量随时间和空间坐标的变化表现出随机性,因而能辨别出不同的统计平均值。著名科学家周培源先生一贯主张:湍流是一种不规则的旋涡运动。一般教科书定义:湍流是一种杂乱无章、互相混掺、不规则的随机运动(湍流中流体质点的运动轨迹)。比较公认的观点:湍流是一种由大小不等、频率不同的旋涡结构组成的,使其物理量对时间和空间的变化均表现出不规则的随机性。近年的认识:湍流中既包含着有序的大尺度旋涡结构,也包含着无序的、随机的小尺度旋涡结构。湍流物理量随机脉动就是由这些尺度大小不同的涡共同作用的结果。

湍流的基本特征有:①湍流的不规则性,湍流流体的运动是杂乱无章、无规律的随机运动。由于湍流场中含有大大小小不同尺度的涡体,理论上并无特征尺度,因此这种随机运动必然要伴随有各种尺度的跃迁。②湍流的随机性,湍流场中的各物理量是时间和空间的随机变量,统计平均值服从一定的规律性。近年来随着分形、混沌科学问世和非线性力学的迅速发展,对这种随机性有了新的认识。

湍流的随机性并不仅仅来自外部边界条件的各种扰动和激励,更重要的是来自于内部的非线性机制。混沌的发现大大地冲击了"确定论",确定的方程系统并不像著名科学家拉普拉斯所说的那样,只要给出定解条件就可决定未来的一切行为,而是确定的系统可以产生不确定的结果。混沌使确定论和随机论有机地联系起来,使得我们更加确信,确定的纳维-斯托克斯(Navier-Stokes)方程组可以用来描述湍流(即一个耗散系统受非线性惯性力的作用,在一定的条件下可能发生多次非线性分叉而最终变成混乱的结构)。③有涡性与涡串级,湍流中伴随有大小不等、频率不同的旋涡运动,旋涡是引起湍流物理量脉动的主要因素。一般认为,湍流物理量的随机变化过程是由这些大小不等的旋涡产生的,显然在一个物理量变化过程中,大涡体产生大的涨落,小涡体产生小的涨落,如果在大涡中还含有小涡,则会在大涨落中还含有小涨落。从形式上看这些旋涡速度方向是相对(相反)的,表明在涡体之间的流体层内存在相当大的速度梯度,大涡从基本(时均或平均)流动中获取能量,是湍流能量的主要含能涡体,然后再通过黏性和色散(失稳)过程串级分裂成不同尺度的小涡,并在这些涡体的分裂破碎过程中将能量逐级传给小尺度涡,直至达到黏性耗散为止,这个过程就是 1922 年 Richardson 提出的涡串级理论。④湍流的扩散性,由于湍流质点的脉动和混掺,致使湍流中动量、能量和热量、质量、浓度等物理量的扩散大大增加,明显大于层流的情况。⑤湍流能量的耗散性,湍流中的小尺度涡将产生大的瞬时速度梯度,引起较大的黏性耗散作用,这是由紊动涡体产生的,比层流大得多。⑥湍流的拟序结构,经典湍流理论认为湍流中的脉动是一种完全无序的不规则运动。自从 20 世纪 70 年代 Brown 和 Roshko 用阴影仪发现自由剪切湍流中的拟序结构以来,人们认识到湍流中的脉动并非完全是不规则的运动,而是在表面上看来不规则运动中仍具有可检测的有序运动,这种拟序结构对剪切湍流脉动生成和发展起着主导作用。例如,自由剪切湍流中(湍流混合层、远场的紊射流和紊尾流等)拟序结构的发现清晰地刻画了拟序大尺度涡在湍流中的混掺和紊射流中的卷吸作用,壁剪切湍流中的条带结构的发现,揭示了壁面附近湍流生成的机制。⑦湍流的间歇性,最早发现湍流的间歇性是在湍流和非湍流交界区域,如湍流边界层的外区、紊射流的卷吸区等,这些区域中湍流和非湍流是交替出现的。近年研究表明,即使是在湍流的内部也是间歇的,因为在湍流涡体的分裂破碎过程中,大涡的能量最终会串级到那些黏性起主导作用的小涡上,这些小涡在空间场中仅占据很小的区域。因此湍流的间歇性是普遍的,且也是奇异的。

1.4.6 湍流的描述方法

考虑到湍流的随机性,1895 年雷诺首次将瞬时湍流看作为时均运动(描述流动的平均趋势)+脉动运动(偏离时均运动的程度)。以后逐渐提出空间分解和统计分解等方法。

(1) 时间分解法(雷诺时均值概念)：如果湍流运动是一个平稳的随机过程，则在湍流中任一点的瞬时速度 u 可分解为时均速度 + 脉动速度。

$$u = \bar{u} + u'$$

$$\bar{u} = \frac{1}{T}\int_0^T u\mathrm{d}t = \lim_{T\to\infty}\frac{1}{T}\int_0^T u\mathrm{d}t$$

这里取时均值的时间 T 要求远大于脉动运动的积分时间尺度。对于非平稳随机过程，严格而言不能用时均分解法，但如果时均运动的特征时间远大于脉动运动的特征时间，且当取均值时间 T 远小于时均运动的特征时间而又远大于脉动运动的特征时间时，时均值分解仍近似成立。

(2) 空间分解法(空间平均法)：如果湍流场是具有空间均匀性的随机场可采用空间平均法对湍流的瞬时量进行空间分解。

$$\bar{u} = \frac{1}{L}\int_0^L u\mathrm{d}x$$

(3) 系综平均法(概率意义上的分解)：如果湍流既不是时间平稳的，也不是空间均匀的，那么可在概率意义上对湍流的瞬时运动进行分解。

$$\bar{u} = \frac{1}{N}\sum_{i=1}^N u_i = \int_{-\infty}^{\infty} pu\mathrm{d}u$$

1.5 边界层、流动分离和旋涡

本节介绍黏性流体大雷诺数下的壁面边界层的相关概念、方程以及边界层分离现象，并简要介绍黏性运动紧密相关的旋涡概念。

1.5.1 旋涡的基本概念及定理

流体旋涡运动是流体普遍存在的一类运动，对流体运动和物体受力起着控制作用，如龙卷风、二维圆柱绕流的卡门涡街，飞机的尾涡、三角翼的前缘涡等(图 1.20、图 1.21)。

分析流场的运动特点可以发现，有两种类型的流体运动，一种是无旋运动，即流体微团的旋转角速度等于零；另一种是有旋运动，其流体微团的角速度不为零。

有旋运动又有多种形式，其中最重要的是集中涡，在流场中存在一群绕公共中心轴旋转的流体质团运动，以明显可见的旋涡形式表现出来，如龙卷风。区别

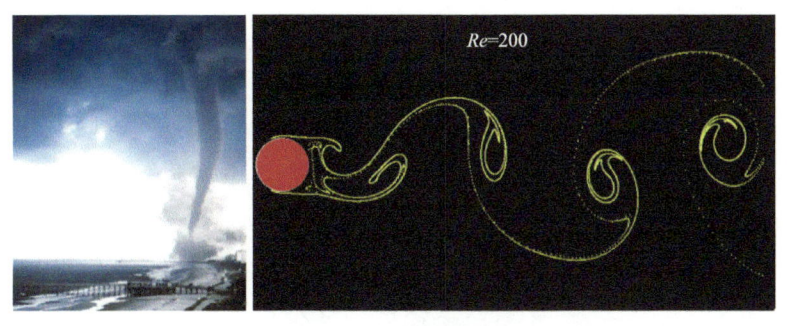

图 1.20 龙卷风、二维圆柱绕流的卡门涡街

图 1.21 飞机的尾涡、三角翼的前缘涡

于集中涡，有些流体运动的旋涡性并不是肉眼能够看出来的，如平行渠道中的剪切流动(图 1.22)，流线是直线，但是由于存在速度梯度，流体微团有旋转，也是有旋运动。在自然界中广泛存在的湍流运动当中，也存在着大小不同尺度的旋涡。下面先介绍旋涡运动相关的基本概念。

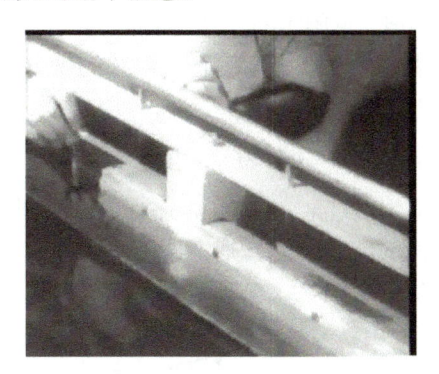

图 1.22 平行渠道中的剪切流动

1. 涡量相关概念

1) 涡量

流场中任何一点微团旋转角速度之二倍，称为涡量 Ω。在三维流里，流体微

团角速度为 $\boldsymbol{\omega} = \omega_x \boldsymbol{i} + \omega_y \boldsymbol{j} + \omega_z \boldsymbol{k}$ ，且有

$$\begin{cases} \omega_x = \dfrac{1}{2}\left(\dfrac{\partial w}{\partial y} - \dfrac{\partial v}{\partial z}\right) \\ \omega_y = \dfrac{1}{2}\left(\dfrac{\partial u}{\partial z} - \dfrac{\partial w}{\partial x}\right) \\ \omega_z = \dfrac{1}{2}\left(\dfrac{\partial v}{\partial x} - \dfrac{\partial u}{\partial y}\right) \end{cases}$$

其中，$\boldsymbol{V} = u\boldsymbol{i} + v\boldsymbol{j} + w\boldsymbol{k}$ 为速度，旋转轴线符合右手定则。角速度的大小为 $\omega = |\boldsymbol{\omega}| = \sqrt{\omega_x^2 + \omega_y^2 + \omega_z^2}$ 。故涡量为

$$\boldsymbol{\Omega} = 2\boldsymbol{\omega} = \left(\frac{\partial w}{\partial y} - \frac{\partial v}{\partial z}\right)\boldsymbol{i} + \left(\frac{\partial u}{\partial z} - \frac{\partial w}{\partial x}\right)\boldsymbol{j} + \left(\frac{\partial v}{\partial x} - \frac{\partial u}{\partial y}\right)\boldsymbol{k} = \begin{bmatrix} \boldsymbol{i} & \boldsymbol{j} & \boldsymbol{k} \\ \dfrac{\partial}{\partial x} & \dfrac{\partial}{\partial y} & \dfrac{\partial}{\partial z} \\ u & v & w \end{bmatrix}$$

可见，涡量为速度场的旋度

$$\boldsymbol{\Omega} = \mathrm{rot}\,\boldsymbol{V} = \nabla \times \boldsymbol{V}$$

平面问题中，涡量只有 z 方向，有 $\boldsymbol{\omega} = \omega_z \boldsymbol{k}$ ，故大小为 $\Omega = \Omega_z = 2\omega_z$ 。

2) 涡线、涡面、涡管

涡量是一个矢量，类似于速度，可以形成一个矢量场。像速度场中的流线一样，在涡量场中同一瞬时，存在这样的曲线，此曲线上每一点的涡量方向都与该曲线相切，这条曲线叫涡线，见图1.23。涡线是同一时刻由不同流体质点组成的，涡线上的各流体微团绕涡线的切线方向旋转。涡线的微分方程为

$$\frac{\mathrm{d}x}{\omega_x} = \frac{\mathrm{d}y}{\omega_y} = \frac{\mathrm{d}z}{\omega_z}$$

在涡量场中给定瞬间，通过某一曲线(本身不是涡线)的所有涡线构成的曲面，称为涡面。如果形成涡面的曲线封闭，则由这条封闭曲线上每一点做涡线，形成的管状涡面称为涡管。见图1.23。

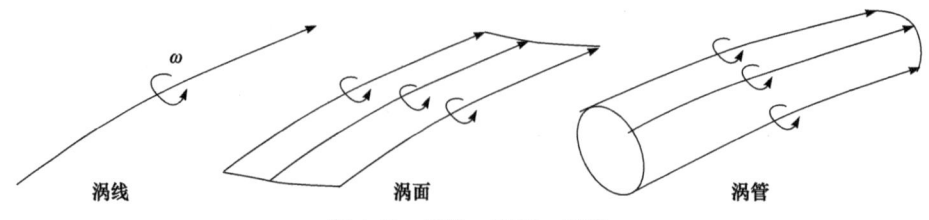

图 1.23 涡线、涡面、涡管

3) 涡通量

涡量在任意空间曲面 S 上的面积分，称为涡量通过该曲面的涡通量，即

$$\iint_S \boldsymbol{\Omega} \cdot \mathrm{d}\boldsymbol{S} = \iint_S 2\boldsymbol{\omega} \cdot \mathrm{d}\boldsymbol{S} = \iint_S 2\omega \cos\gamma \mathrm{d}S$$

其中，γ 是曲面上微元面积 $\mathrm{d}S$ 的单位法向矢量 $\boldsymbol{n}$ 和旋转角速度 $\boldsymbol{\omega}$ 的轴线之间的夹角，见图 1.24。在平面问题中，通过任意面积 S 的涡通量就是

$$\iint_S \Omega_z \mathrm{d}S$$

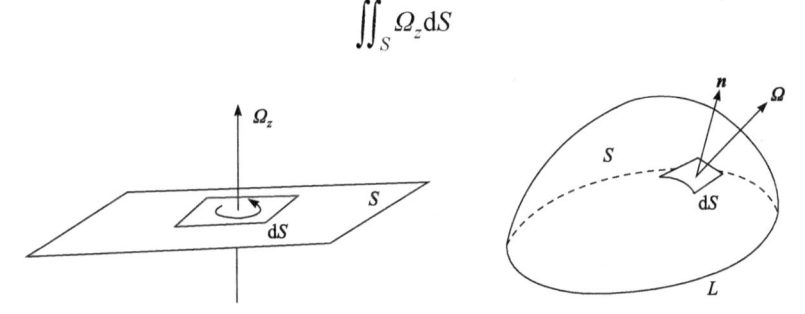

图 1.24 穿过平面和曲面的涡通量

类似流管，涡管内的涡量不会穿过管壁离开涡管，涡管外的涡量也不会进入涡管内。穿过涡管横截面积的涡通量可以表征涡管的强度。

2. 环量及斯托克斯公式

1) 环量

流场中任取一条有向封闭曲线，速度沿该封闭曲线的线积分，称为该封闭曲线的速度环量。类似于力做功，也形象地将环量称为绕封闭曲线的速度功。环量表达式为

$$\Gamma = \oint_L \boldsymbol{V} \cdot \mathrm{d}\boldsymbol{s} = \oint_L V\cos\alpha \mathrm{d}s = \oint_L (u\mathrm{d}x + v\mathrm{d}y + w\mathrm{d}z)$$

其中，$\mathrm{d}\boldsymbol{s} = \mathrm{d}x\boldsymbol{i} + \mathrm{d}y\boldsymbol{j} + \mathrm{d}z\boldsymbol{k}$，$\boldsymbol{V} = u\boldsymbol{i} + v\boldsymbol{j} + w\boldsymbol{k}$ 分别为封闭曲线上的微元矢量和对应位置的速度；α 为 $\boldsymbol{V}$ 与 $\mathrm{d}\boldsymbol{s}$ 之间的夹角。

封闭曲线的正方向为逆时针绕行方向，即封闭曲线所包围的区域总在绕行方向的左侧，见图 1.25。速度环量可以用来表征流体质点沿着封闭曲线正方向运动的总的趋势的大小。

在无旋流动中，设速度势函数为 φ，与速度之间的关系为

$$u = \frac{\partial \varphi}{\partial x}, \quad v = \frac{\partial \varphi}{\partial y}, \quad w = \frac{\partial \varphi}{\partial z}$$

则

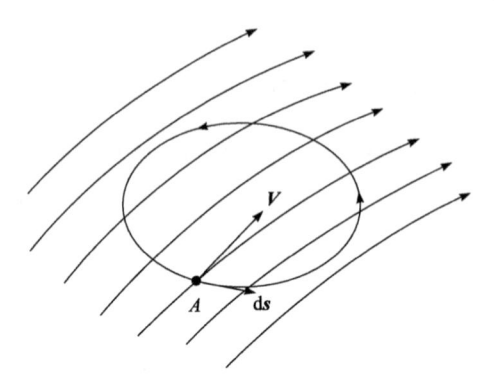

图 1.25 沿封闭曲线的速度环量

$$\Gamma = \oint_L (u\mathrm{d}x + v\mathrm{d}y + w\mathrm{d}z) = \oint_L \left(\frac{\partial \varphi}{\partial x}\mathrm{d}x + \frac{\partial \varphi}{\partial y}\mathrm{d}y + \frac{\partial \varphi}{\partial z}\mathrm{d}z \right) = \oint_L \mathrm{d}\varphi = 0$$

即对无旋流动，沿着任意一条封闭曲线的速度环量均等于零；但是对有旋流动，绕任意一条封闭曲线的速度环量一般不等于零。

2) 斯托克斯公式

速度环量与涡通量从不同角度表征了旋涡整体的旋转强度，它们之间的关系体现在斯托克斯公式之中。

沿空间封闭曲线 L 上的速度环量等于穿过以 L 为边界张开的曲面 S 的涡通量，如图 1.26 所示，即

$$\Gamma = \oint_L \boldsymbol{V} \cdot \mathrm{d}\boldsymbol{s} = \iint_S \boldsymbol{\Omega} \cdot \mathrm{d}\boldsymbol{S} = \iint_S \mathrm{rot} \boldsymbol{V} \cdot \mathrm{d}\boldsymbol{S}$$

其中，S 为张在封闭曲线 L 上的任意曲面，微元面积 $\mathrm{d}\boldsymbol{S}$ 的单位法向矢量 $\boldsymbol{n}$ 与 L 的正方向符合右手定则。此即为斯托克斯公式。其二维情况称为格林公式。

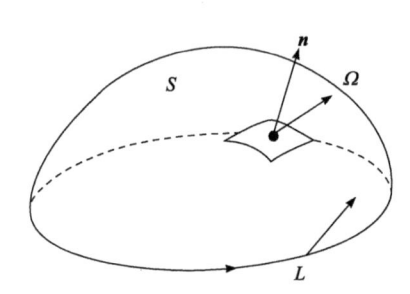

图 1.26 三维流场中涡通量与速度环量的关系

直角坐标系展开式为

$$\Gamma = \oint_L (u\mathrm{d}x + v\mathrm{d}y + w\mathrm{d}z)$$
$$= \iint_S \left[\left(\frac{\partial w}{\partial y} - \frac{\partial v}{\partial z} \right)\cos(n,x) + \left(\frac{\partial u}{\partial z} - \frac{\partial w}{\partial x} \right)\cos(n,y) + \left(\frac{\partial v}{\partial x} - \frac{\partial u}{\partial y} \right)\cos(n,z) \right] \mathrm{d}S$$

涡通量的数值只跟围线所包含的涡量有关，无旋时涡通量为零，从而沿封闭曲线的速度环量也为零。

涡管的强度为通过涡管横截面积的涡通量，根据斯托克斯公式，等于绕涡管

的一条封闭围线的环量。

3. 旋涡的诱导速度与毕奥-萨伐尔公式

在实际问题中，常常在流动区域内出现旋涡，这些旋涡会诱导速度场。例如，有限机翼后面拖出的自由涡等，这里所谓诱导，是借用电磁学的说法，实际上，速度场和涡量场之间的联系是运动学意义上的，没有物理上的因果关系。

一条强度为 Γ 的涡丝，微元涡段 $\mathrm{d}s$ 对其外一点 P 会产生一个诱导速度，其公式为

$$\mathrm{d}\boldsymbol{V} = \frac{\Gamma}{4\pi} \frac{\mathrm{d}\boldsymbol{s} \times \boldsymbol{r}}{r^3}$$

大小为

$$|\mathrm{d}\boldsymbol{V}| = \frac{\Gamma \mathrm{d}s}{4\pi r^2} \sin\theta$$

其中，$\boldsymbol{r}$ 为微元涡段 $\mathrm{d}s$ 到 P 点的有向矢量；θ 为矢量 $\boldsymbol{r}$ 与 $\mathrm{d}\boldsymbol{s}$ 的夹角，如图 1.27 所示。

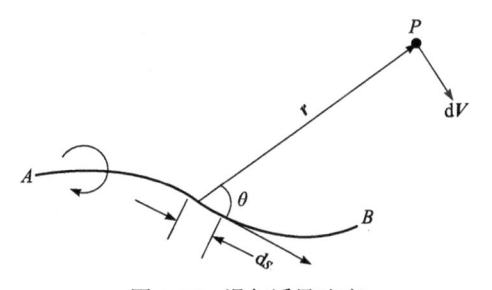

图 1.27 涡与诱导速度

可见，诱导速度 $\mathrm{d}\boldsymbol{V}$ 的大小正比于涡强 Γ 和微元涡段长度 $\mathrm{d}s$，反比于距离 r 的平方，另外，还要乘上夹角 θ 的正弦，其方向垂直于微元涡段 $\mathrm{d}s$ 与受扰点 P 所组成的平面。此即毕奥-萨伐尔公式。对于强度为 Γ 的曲线涡丝 AB，对其外一点的诱导速度，根据毕奥-萨伐尔公式，则为下面积分

$$\boldsymbol{V} = \frac{\Gamma}{4\pi} \int_A^B \frac{\mathrm{d}\boldsymbol{s} \times \boldsymbol{r}}{r^3}$$

若为无限长直线涡，强度为 Γ，对其外一点 P(到直涡线的距离是 h)所产生的诱导速度，可积分得到

$$V = \frac{\Gamma}{2\pi h}$$

方向为垂直于纸面向外(图 1.28)。可见，诱导速度只与直线涡的强度 Γ 和 P 点到直线涡的距离 h 有关，故无限长直线涡诱导的流场是二维平面流场，只需要

考虑一个垂直于直线涡的平面，此时在该平面上，直线涡成为一个点涡。

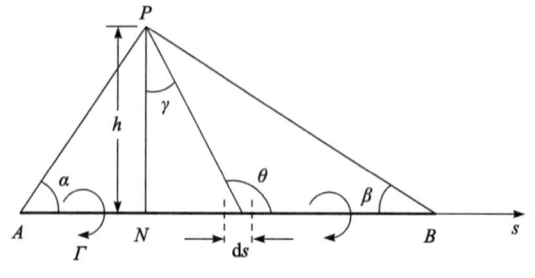

图 1.28 直线涡的诱导速度

如果直线涡是半无限长，且 P 点至该直线涡之垂足 N 与直线涡的任一端点重合，则其诱导速度为 $V = \dfrac{\varGamma}{4\pi h}$。

4. 旋涡基本定理

首先讨论一下黏性流体运动的涡量输运方程，在此基础上，讨论涡定理。

1) 黏性流体运动的涡量输运方程

对纳维-斯托克斯方程，动力黏性系数 μ 为常数的情况，两边取旋度，可以得到如下的涡量输运方程

$$\frac{\mathrm{d}\boldsymbol{\varOmega}}{\mathrm{d}t} - (\boldsymbol{\varOmega}\cdot\nabla)V + \boldsymbol{\varOmega}(\nabla\cdot V) = \nabla\times f - \nabla\times\left(\frac{1}{\rho}\nabla p\right) + \nabla\times(\nu\Delta V) + \frac{1}{3}\nabla\times\left[\nu\nabla(\nabla\cdot V)\right]$$

其中，$\Delta = \nabla^2$ 为拉普拉斯算子；$\nu = \dfrac{\mu}{\rho}$ 为运动黏性系数；f 为单位质量的质量力。

涡量 $\boldsymbol{\varOmega}$ 的一半，即旋转角速度，相当于单位转动惯量上的动量矩，涡量方程中，左边第一项为涡量的随体导数；第二项为涡线的拉伸和扭曲变形，引起转动惯量发生变化，进而引起涡量的变化；第三项为流体微团体积发生变化时，使得转动惯量变化，造成的涡量变化。可见，左端后两项反映了流体本身变形造成转动惯量变化，进而引起的涡量变化。

右边第一项为质量力引起的涡量变化，当质量力为有势力时，该项为零；第二项为压强梯度引起的涡量变化，如果是正压流体，该项为零；第三、四项为黏性力引起的涡量变化。

由涡量输运方程，我们很容易得到，当质量力有势、流体正压且无黏性时，方程右端等于零，则涡量方程变为

$$\frac{\mathrm{d}\boldsymbol{\varOmega}}{\mathrm{d}t} - (\boldsymbol{\varOmega}\cdot\nabla)V + \boldsymbol{\varOmega}(\nabla\cdot V) = 0$$

这个方程称为亥姆霍兹(Helmholtz)涡量守恒方程。可见，流体的黏性、非正压性和质量力无势，是破坏旋涡守恒的根源。

根据上面的涡量输运方程(动力黏性系数 μ 为常数)，对不可压情况(属于正压流体)，涡量输运方程变为

$$\frac{\mathrm{d}\boldsymbol{\Omega}}{\mathrm{d}t} - (\boldsymbol{\Omega}\cdot\nabla)V = \nabla\times f + \nu\Delta\boldsymbol{\Omega}$$

对于质量力有势，二维流动，此时涡量只有 z 方向，即 $\boldsymbol{\Omega} = \Omega_z k$，则上式简化为

$$\frac{\mathrm{d}\Omega_z}{\mathrm{d}t} = \nu\Delta\Omega_z$$

2) 涡定理

定理 1.1 沿涡管任一横截面上的涡通量，即涡强为不变的常数。

该定理的推广为，一根涡管在流体中不可能产生或者消失，通常只能自相连接形成涡环，或者止于边界，或者伸展到无穷远处，见图 1.29。

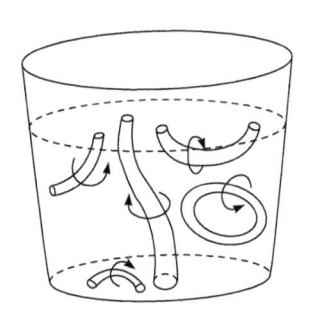

图 1.29 涡管可能的存在形式

定理 1.2(涡线保持定理) 在理想正压流体、质量力有势条件下，某时刻构成涡线和涡管的流体质点，在以前或者以后的运动过程中，也仍然构成涡线和涡管。

该定理说明，在定理条件下，涡线或者涡管随着流体质点一起运动。

定理 1.3(涡管强度守恒定理) 在理想正压流体、质量力有势的条件下，涡管强度在运动过程中不随时间变化，既不会增强，也不会削弱或消失。

可见，旋涡运动的产生和消亡有三个原因：黏性流体，非正压流体(斜压流体)，质量力无势。对于理想正压质量力有势条件下，流体的涡旋运动既不能产生，也不能消亡。也就是，有旋运动永远保持有旋，无旋运动永远保持无旋。

5. 兰金涡模型

作为龙卷风的一种近似模型，假设在不可压定常无限流场中，存在一个半径为 R 的直圆柱刚性旋转区域，其旋转角速度各处相等，均为 ω，称为涡核，该涡

核诱导的外部流场为无旋流场,整个流场由有旋的涡核和无旋的诱导流场构成。

涡核的旋转类似刚体旋转的情况,没有变形,为有旋无黏流场。周向速度 V_θ 与半径 r 成正比,为

$$V_\theta = \omega r = \frac{\Gamma}{2\pi R^2} r$$

其中,Γ 为涡核的强度。

涡核外的诱导流场为无旋流场,等价于点涡诱导流场,周向速度为

$$V_\theta = \frac{\Gamma}{2\pi r}$$

可见,速度随着半径的增加,涡核内是线性增加,涡核外是反比例减小,半径无穷大处,速度趋于零,见图1.30。

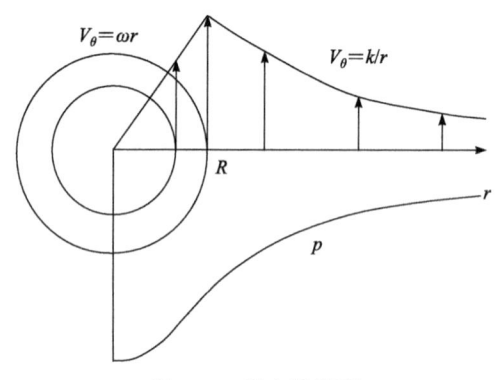

图1.30 兰金涡模型

下面分析兰金涡模型的压强随半径的变化,对于涡核外的流场,根据其速度公式可以看到,旋转角速度为零,即无旋,但是流体存在变形,也就是存在黏性力,可以证明,黏性力对流体质点的综合作用为零,故依然可以应用伯努利方程。径向无穷远处的速度为零,压强为大气压强 p_∞,故 $p + \dfrac{\rho}{2}V_\theta^2 = p_\infty$,可见随着半径的减小,速度增加,压强减小。

对于涡核内部,随着半径的减小,速度是减小的,若按照伯努利方程分析,压强是否应该增大呢?注意,涡核内部类似刚体旋转没有变形,是无黏流场,但是却为有旋流场,故伯努利方程不能跨流线应用,不能用伯努利方程来分析压强随半径的变化。

我们从另一角度来分析,不论是涡核内部还是外部,因为流体质点都在做圆周运动,需要向心力,这要由径向压强差来提供,故压强是随半径的减小而减小的,涡核中心是压强最低的地方。这与前面涡核外部的无旋流场的分析一致。

兰金涡模型为人们认识龙卷风提供了理论依据。

1.5.2 边界层

对于 Re 很大的流动，在靠近物面的薄层流体内，流场的特征与理想流动相差甚远，沿着法向存在很大的速度梯度，黏性力无法忽略。普朗特把这一物面近区黏性力起重要作用的薄层称为边界层(boundary layer)。

整个流动区域可分成理想流体的流动区域(势流区)和黏性流体的流动区域(黏流区)。

在远离物体的理想流体流动区域，可忽略黏性的影响，按势流理论处理。黏性流动区域仅限于物面近区的薄层即边界层内，黏性力的作用不能忽略，与惯性力同量级，流体质点做有旋运动。

1. 边界层各种厚度

这里给出边界层的不同厚度定义，包括边界层名义厚度、排移厚度、动量损失厚度等。

1) 边界层名义厚度

严格而言，边界层区与主流区之间无明显界线，通常以速度达到主流区速度 u_e 的 99%作为边界层的外缘。由边界层外缘到物面的垂直距离称为边界层名义厚度，见图 1.31。

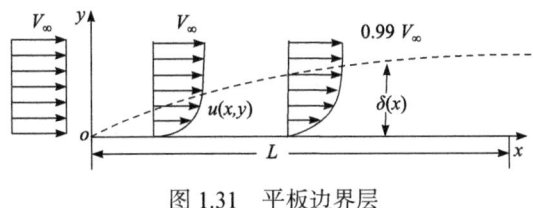

图 1.31 平板边界层

根据黏性力与惯性力同量级的假设，可估算边界层厚度，为

$$\frac{\delta}{L} \propto \frac{1}{\sqrt{Re}}$$

通常流动雷诺数都较大，假设为 10^6，则边界层厚度只是物体特征长度的千分之一量级，即大雷诺数流动时，$\frac{\delta}{L}$ 是一个小量。

2) 边界层排移厚度

在边界层内，黏性流体由于存在黏性而减小的质量流量，与理想流体相比，相当于使流动向外排移一定距离，该距离称为边界层排移厚度，也称位移厚度。其公式为

$$\delta_1 = \int_0^\delta \left(1 - \frac{\rho u}{\rho_e u_e}\right) dy$$

其中，u_e、ρ_e 为边界层外缘的速度和密度。

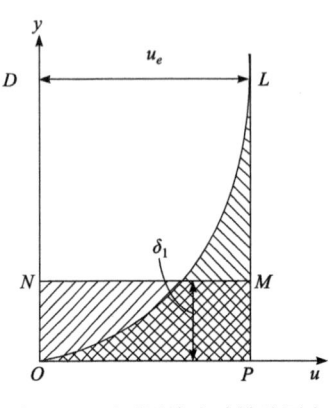

图 1.32 不可压缩流动排移厚度的含义

不可压缩流动的排移厚度可以用图 1.32 直观表示其物理含义，其中 OL 曲线为边界层的速度型，OLD 面积则表示实际体积流量。面积 OLP 则为与理想流相比的流量差，使矩形 ONMP 和 OLP 的面积相等，则厚度 ON 就是排移厚度。

3) 边界层动量损失厚度

对于边界层的实际质量流量，与理想流速度对应的动量相比，黏性流体由于黏性的阻滞作用而损失的动量，如果用外流流速 u_e 来折算，那么所对应的流体厚度称为动量损失厚度。

$$\delta_2 = \int_0^\delta \frac{\rho u}{\rho_e u_e}\left(1 - \frac{u}{u_e}\right) dy$$

类似地，可定义边界层动能损失厚度，为

$$\delta_3 = \int_0^\delta \frac{\rho u}{\rho_e u_e}\left(1 - \frac{u^2}{u_e^2}\right) dy$$

若为不可压缩流动，则边界层排移厚度、动量损失厚度和动能损失厚度分别为

$$\delta_1 = \int_0^\delta \left(1 - \frac{u}{u_e}\right) dy$$

$$\delta_2 = \int_0^\delta \frac{u}{u_e}\left(1 - \frac{u}{u_e}\right) dy$$

$$\delta_3 = \int_0^\delta \frac{u}{u_e}\left(1 - \frac{u^2}{u_e^2}\right) dy$$

边界层各厚度的大小与边界层的速度分布有关，但边界层厚度、排移厚度和动量损失厚度，三者同量级，且依次减小。

可见，边界层这些厚度有其明确的物理意义，也因此有独特的用途。在进行物体外部理想流分析时，可以在原始物体上增加排移厚度，作为等效物体，来考虑边界层对外部理想流场的影响，形成有黏/无黏迭代技术；而动量损失厚度与物体运动中受到的阻力密切相关。

2. 平面不可压缩边界层方程

在高 Re 来流情况下，边界层厚度远小于物面的特征长度尺度。忽略质量力，二维壁面曲率半径足够大的情况下，不可压缩 N-S 方程可在边界层内进行简化，通过量级分析，得到如下边界层方程

$$\begin{cases} \dfrac{\partial u}{\partial x} + \dfrac{\partial v}{\partial y} = 0 \\ \dfrac{\partial u}{\partial t} + u\dfrac{\partial u}{\partial x} + v\dfrac{\partial u}{\partial y} = -\dfrac{1}{\rho}\dfrac{\partial p}{\partial x} + \nu\dfrac{\partial^2 u}{\partial y^2} \\ \dfrac{\partial p}{\partial y} = 0 \end{cases}$$

其中，ν 为运动黏性系数(假定为常数)。

x,y 为壁面曲线坐标系，x 轴贴着壁面，y 轴垂直于壁面，见图 1.33。

图 1.33 壁面曲线坐标系

边界条件为

$$\begin{cases} y = 0 \text{时}, \ u = 0, \ v = 0 \\ y = \infty \text{时}, \ u = u_e \end{cases}$$

可见，在边界层内，压力沿法向不变。压力只是 x 坐标和时间 t 的函数，即 $p = p_e(x,t)$，可以通过边界层外部满足的欧拉方程求得(定常时亦可通过伯努利方程获得)

$$\frac{\partial u_e}{\partial t} + u_e \frac{\partial u_e}{\partial x} = -\frac{1}{\rho}\frac{\partial p_e}{\partial x}$$

代入边界层方程，得

$$\begin{cases} \dfrac{\partial u}{\partial x} + \dfrac{\partial v}{\partial y} = 0 \\ \dfrac{\partial u}{\partial t} + u\dfrac{\partial u}{\partial x} + v\dfrac{\partial u}{\partial y} = \dfrac{\partial u_e}{\partial t} + u_e\dfrac{\partial u_e}{\partial x} + \nu\dfrac{\partial^2 u}{\partial y^2} \end{cases}$$

3. 边界层动量积分方程

普朗特的边界层方程虽然比 N-S 方程有很大的简化，但求解依然困难，冯·卡门基于动量积分方程，导出了边界层动量积分方程，可以快速方便地给出边界层的近似参数，实现了工程应用，而且既适应于层流边界层，也适用于湍流边界层。

卡门边界层动量积分方程为

$$\frac{\tau_0}{\rho} = u_e^2 \frac{\mathrm{d}\delta_2}{\mathrm{d}x} + u_e(2\delta_2 + \delta_1)\frac{\mathrm{d}u_e}{\mathrm{d}x} \qquad (1.5.2\text{-}1)$$

或者无量纲形式

$$\frac{C_f}{2} = \frac{\mathrm{d}\delta_2}{\mathrm{d}x} + (2+H)\frac{\delta_2}{u_e}\frac{\mathrm{d}u_e}{\mathrm{d}x}$$

其中，τ_0 为壁面摩擦应力；$C_f = \dfrac{\tau_0}{0.5\rho u_e^2}$，为壁面摩擦应力系数；$H = \dfrac{\delta_1}{\delta_2}$，称为形状因子。

在应用卡门边界层动量积分方程时，先要假定一个边界层速度分布 $\dfrac{u}{u_e} = f\left(\dfrac{y}{\delta}\right)$，即可由定义求得排移厚度 δ_1 和动量损失厚度 δ_2，而壁面摩擦应力 τ_0，对于层流边界层应用牛顿内摩擦公式为

$$\tau_0 = \mu\left(\frac{\partial u}{\partial y}\right)_{y=0}$$

将 δ_1、δ_2、τ_0 三者代入动量积分方程中，求解微分方程，即可得到边界层厚度 δ，进而得到边界层其他参数。只要速度分布函数选择适当，即可获得较好结果，因而得到了广泛的应用。

4. 平板边界层

对于没有压强梯度的平板层流边界层，布拉休斯假设边界层内速度分布具有相似性(见图 1.34)，即不同流向位置处的速度型，采用边界层厚度和来流速度无量纲后，可以用同样的函数关系表达，进而求解了平板层流边界层方程，获得了平板层流的相似解。边界层的厚度、壁面摩擦应力系数、摩擦总阻力系数分别为

$$\frac{\delta}{x} = \frac{5}{\sqrt{Re_x}}$$

$$C_f = \frac{\tau_0}{0.5\rho V_\infty^2} = \frac{0.664}{\sqrt{Re_x}}$$

$$C_{Df} = \frac{\int_0^L \tau_0 \mathrm{d}x}{0.5\rho V_\infty^2 L} = \frac{1.328}{\sqrt{Re_L}}$$

在雷诺数 $3\times10^5 < Re_L < 3\times10^6$ 范围内，郭永怀对平板前缘点进行修正，得到

$$C_{Df} = \frac{1.328}{\sqrt{Re_L}} + \frac{4.1}{Re_L}$$

对于平板湍流边界层，其时均速度分布与层流不同，见图 1.35，比层流速度型更饱满，近似满足幂函数律

$$\frac{\bar{u}}{u_e} = \left(\frac{y}{\delta}\right)^{\frac{1}{n}}$$

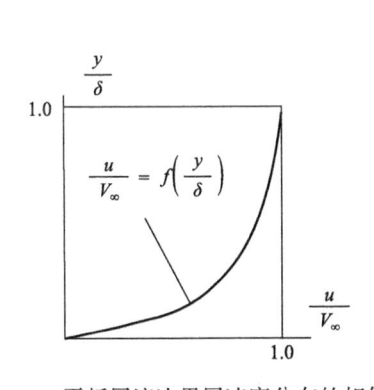

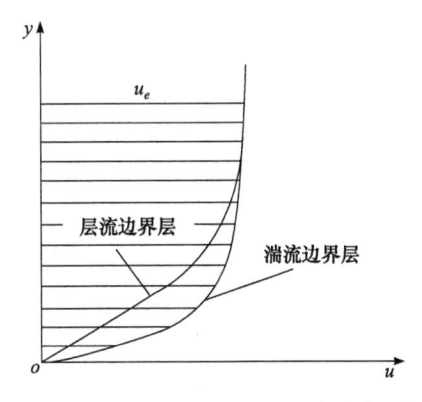

图 1.34　平板层流边界层速度分布的相似性　　图 1.35　层流、湍流边界层速度分布比较

由于湍流边界层壁面附近有黏性底层，壁面摩擦应力不能通过直接微分上述平均运动的速度分布求出，需要采用经验或半经验公式给出。对于平板湍流边界层，可采用下面公式获得壁面摩擦应力

$$\frac{u_e}{u_\tau} = K^{\frac{n}{n+1}} \left(\frac{u_e \delta}{\nu}\right)^{\frac{1}{n+1}}$$

其中，$u_\tau = \sqrt{\frac{\tau_0}{\rho}}$，称为壁面摩阻速度；$n$ 与雷诺数有关，通常取 7，对应 K=8.74。

结合上面时均速度分布和壁面摩擦应力两式，利用卡门动量积分方程(1.5.2-1)，求得边界层的厚度、壁面摩擦应力系数分别为

$$\frac{\delta}{x} = 0.371 Re_x^{-0.2}$$

$$C_f = 0.0577 Re_x^{-0.2}$$

摩擦总阻力系数根据实验数据修正为

$$C_{Df} = 0.074 Re_L^{-0.2}$$

1.5.3 流动分离

边界层中的流体质点受惯性力、黏性力和压力的作用，其中，黏性力的作用始终是阻滞流体质点运动，使流体质点失去机械能。

1. 边界层分离

以圆柱绕流为例，假设来流为理想流体时，在圆柱上存在前驻点 A，后驻点 D，最大速度点 B、C(参见图 1.36)。AB 段为加速减压区，流体质点的压强沿程减小，流速增大，压能转化为动能，属于顺压梯度区；BD 段为减速增压区，流体质点的动能减小压能增加，属于逆压梯度区。

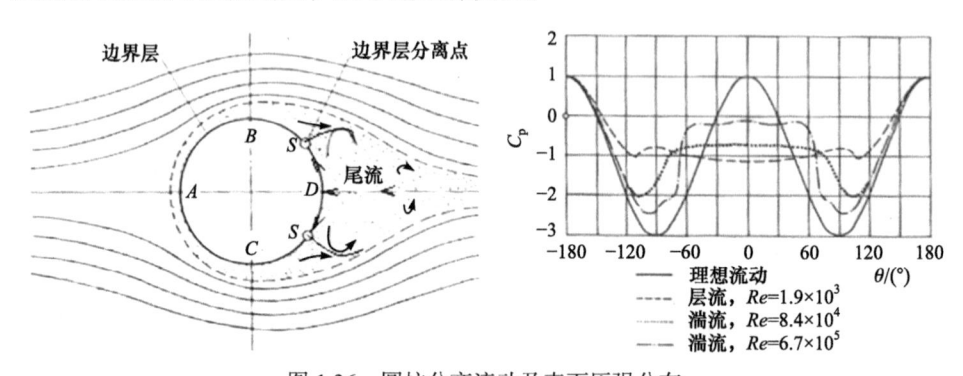

图 1.36　圆柱分离流动及表面压强分布

对于黏性流体圆柱绕流，由于流体与固壁之间的黏附作用，在物面近区将形成边界层，边界层内的流体质点，会克服黏性力做功而消耗机械能。在逆压梯度区 BD，流体质点的动能一部分转化为压能使压强升高，一部分克服摩擦阻力做功生成热，因此流体质点不可能像理想流一样到达后驻点 D，而是在 D 之前的某点速度降为零，流体质点从这里离开物面进入主流中，使来流边界层与壁面分离。

在分离点下游的区域，流体质点发生倒流，在圆柱后面形成了旋涡区。分离点定义为紧邻壁面顺流区与倒流区的分界点(图 1.37)。满足以下关系

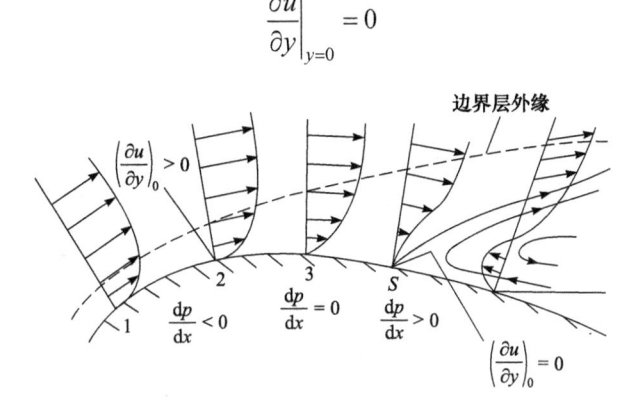

$$\left.\frac{\partial u}{\partial y}\right|_{y=0} = 0$$

图 1.37　曲面上的边界层分离

在分离点附近和分离区，由于边界层厚度大大增加，边界层假设不再成立。

对流线型的翼型，当迎角较大时，也会发生边界层分离，见图 1.38。

图 1.38　气流绕翼型的边界层分离现象

2. 分离条件

由上面分析可知，边界层分离的必要条件是：逆压梯度和流体的黏性。

顺压梯度的流动不可能发生边界层分离，无逆压梯度，则无反推力使边界层流体进入到外流区，故不会发生边界层分离。无黏性也不会发生分离，因为无黏性的阻滞作用，运动流体不可能在驻点前消耗动能而滞止下来。

注意，逆压梯度和壁面黏性的阻滞作用是边界层分离的必要条件，但不是充分条件，具备这两个条件，并不是一定会发生分离。

3. 压差阻力

边界层分离使得圆柱表面压强分布发生了变化(见图 1.36)，前后不对称，在分离点后出现低压区，前面的压强明显大于后面的压强，因此出现了压差阻力。

对于亚声速流场的黏性流动，二维物体受到的流动阻力的产生机理包括两类，一类是摩擦阻力,是由物体表面的切向黏性力产生的;另一类是上面介绍的边界层分离引起的物体表面压强不平衡产生的压差阻力。若为流线型,且迎角不大,则主要为摩擦阻力。

1.6 激波和膨胀波

本节介绍超声速流动的基本概念、方程以及超声速流动的最重要现象——激波和膨胀波。

1.6.1 基本概念及一维绝热流动能量方程

对于可压缩流动,密度是变量,温度也需要考虑,需要引入新的方程,即能量方程和状态方程,方程组才能封闭求解。

1. 基本概念

在常温常压下,空气可看作比热比为常数的完全气体,满足完全气体状态方程

$$p = \rho RT$$

其中,$R = 287\text{J}/(\text{kg}\cdot\text{K})$,为空气的气体常数。

内能、焓的表达式分别为

$$e = C_v T = \frac{1}{\gamma - 1}\frac{p}{\rho}$$

$$h = C_p T = e + \frac{p}{\rho} = \frac{\gamma}{\gamma - 1}\frac{p}{\rho}$$

其中,$\gamma = \dfrac{C_p}{C_v}$ 为比热比,C_v 为等容比热,C_p 为等压比热。

声速、马赫数、速度系数也是可压缩流动中的重要概念,介绍如下。

1) 声速

声速是微小扰动在弹性介质中的传播速度,公式为 $a = \sqrt{\gamma RT}$。

2) 马赫数

马赫数表示流体运动速度与当地声速之比,$Ma = \dfrac{V}{a}$。

马赫数是一个反映流场压缩性大小的相似准则。当 $Ma < 0.3$ 时,气体密度变化很小,可将其看作不可压缩流体处理。

3) 速度系数

在一维绝热流动中，沿流线某点处的流速正好等于当地声速，该点称为临界点或临界截面。临界截面的声速称为临界声速，与总声速的关系为 $\dfrac{a_*^2}{a_0^2} = \dfrac{2}{\gamma+1} = 0.833$。

定义速度系数为，气流当地运动速度与临界声速之比

$$\lambda = \frac{V}{a_*}$$

其与马赫数的关系见图 1.39。

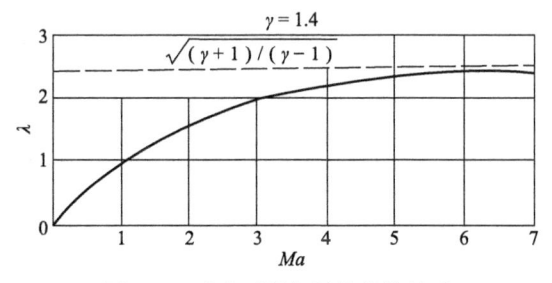

图 1.39 速度系数与马赫数的关系

2. 一维可压缩定常绝热流动的能量方程

对于一维可压缩定常绝热流动，不考虑质量力，有能量方程

$$h + \frac{V^2}{2} = h_0$$

其中，$h_0 = C_p T_0$，称为总焓；T_0 为总温。故一维绝热流能量方程亦可写为

$$\frac{\gamma}{\gamma-1}\frac{p}{\rho} + \frac{V^2}{2} = \frac{\gamma}{\gamma-1}\frac{p_0}{\rho_0}$$

并容易推出总静温比的方程形式为

$$\frac{T_0}{T} = 1 + \frac{\gamma-1}{2}Ma^2$$

对于一维绝热等熵流动，因为有等熵关系式 $\dfrac{p}{\rho^\gamma} = C$，$\dfrac{T^{\frac{\gamma}{\gamma-1}}}{p} = C'$，能量方程还有下列形式

$$\frac{p_0}{p} = \left(\frac{T_0}{T}\right)^{\frac{\gamma}{\gamma-1}}$$

$$\frac{\rho_0}{\rho} = \left(\frac{T_0}{T}\right)^{\frac{1}{\gamma-1}}$$

可见随马赫数(速度系数、速度)的增加，温度、压强和密度一路都是下降的。上述方程的推导思路见图1.40。

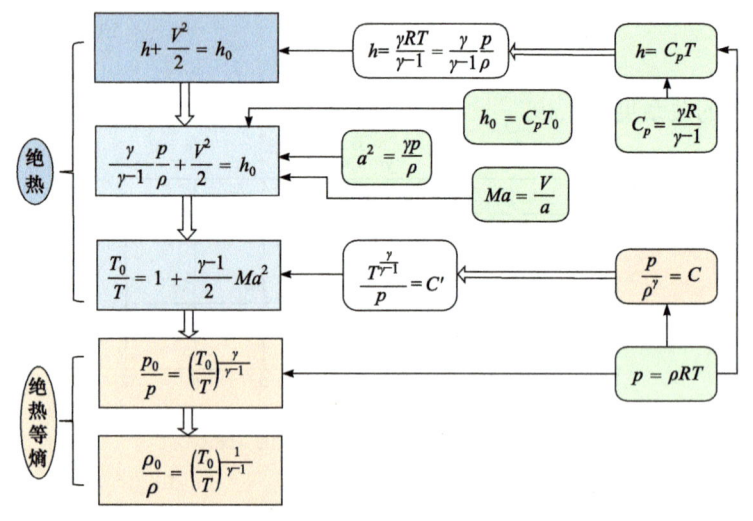

图 1.40 一维绝热流动能量方程的推导

3. 等熵管流的速度与截面积关系

对管道中的一维定常等熵流，将声速公式 $a^2 = \dfrac{\mathrm{d}p}{\mathrm{d}\rho}$ 代入下面欧拉方程中

$$u\mathrm{d}u = -\frac{\mathrm{d}p}{\rho}$$

得

$$\frac{\mathrm{d}\rho}{\rho} = -Ma^2 \frac{\mathrm{d}u}{u}$$

结合微分形式的连续方程 $\dfrac{\mathrm{d}\rho}{\rho} + \dfrac{\mathrm{d}u}{u} + \dfrac{\mathrm{d}A}{A} = 0$，故有速度与截面积变化的关系式为

$$\left(Ma^2 - 1\right)\frac{\mathrm{d}u}{u} = \frac{\mathrm{d}A}{A}$$

可见，亚声速时，如果管截面收缩则流速增加，面积扩大则流速减小；而超声速时，情形则刚好相反，想要流速增加，需要面积扩大。

对一维等熵管流，如想让气流沿管轴线连续地从亚声速加速到超声速，则管道应先收缩后扩张，中间为最小截面，即喉道，称为拉瓦尔喷管，见图1.41。在喷管上下游配合足够大的压强比，可使气流在喷管内持续膨胀加速，在喉道处达到声速，出口处达到超声速。

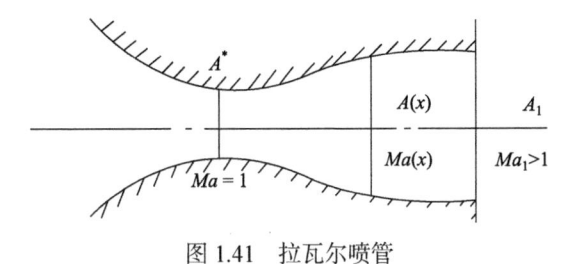

图1.41 拉瓦尔喷管

1.6.2 马赫波

亚声速流场中小扰动可遍及全流场，气流没有到达扰源之前已感受到它的扰动，逐渐改变流向和气流参数以适应扰源的要求；而在声速和超声速流场中，小扰动不会传到扰源上游，气流未到达扰源之前没有感受到任何扰动，因此不知道扰源的存在。

超声速气流受到微小扰动后，将以声速向四周传播出去，把扰动球面波包络面称为马赫波。在马赫波上游，气流未受影响，在马赫波的下游，气流受到扰动影响。

对于点扰动源，马赫波呈锥形，称为马赫锥，见图1.42。其半顶角称为马赫角，有

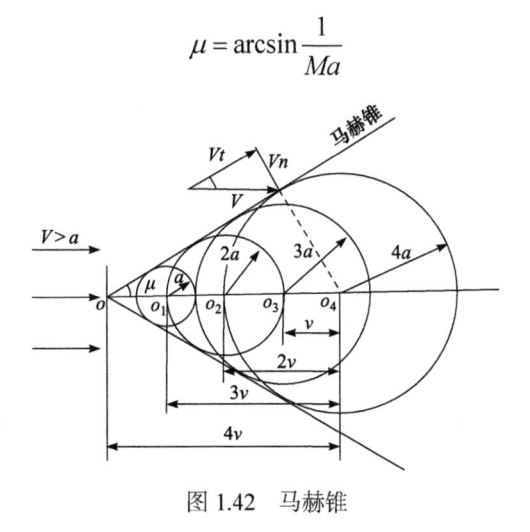

$$\mu = \arcsin \frac{1}{Ma}$$

图1.42 马赫锥

1.6.3 膨胀波

壁面外折一微小角度，相当于放宽气流的通道，对超声速气流来说，加大通道截面积必使气流速度增加，压力和密度下降，气流发生膨胀。此时，马赫波也称为膨胀马赫波，简称膨胀波。

如果绕一个有限大小外折角的流动，会产生多道膨胀波，彼此不会相交，整个马赫波形成一个连续的扇形膨胀区，也叫膨胀波，称为普朗特-迈耶尔流(图1.43)。气流经过膨胀波为等熵流动。

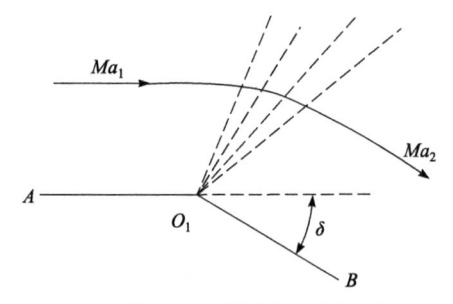

图 1.43 普朗特-迈耶尔流

超声速来流经过马赫波，应用平行于马赫波的切向动量方程，可推得马赫波前后速度变化关系和波后壁面压强系数分别为

$$\mathrm{d}\delta = \sqrt{Ma^2-1} \cdot \frac{\mathrm{d}V}{V} = \sqrt{\frac{\lambda^2-1}{1-\frac{\gamma-1}{\gamma+1}\lambda^2}} \cdot \frac{\mathrm{d}\lambda}{\lambda}$$

$$C_p = \frac{(p+\mathrm{d}p)-p}{\frac{1}{2}\rho V^2} = -\frac{2\mathrm{d}\delta}{\sqrt{Ma^2-1}}$$

经过膨胀波，当地的气流折角 δ 和马赫数之间的关系可通过积分上面马赫波前后速度变化关系获得，对于来流速度为声速的情况(即来流马赫数等于1)为

$$\delta = \sqrt{\frac{\gamma+1}{\gamma-1}}\arctan\sqrt{\frac{\gamma-1}{\gamma+1}(Ma^2-1)} - \arctan\sqrt{(Ma^2-1)}$$

对于一般超声速来流，随着气流折角 δ 的增大，速度增大。当气流膨胀到压强、温度、密度都降为零值的极限，速度达到最大值，相对应的气流折角称为最大折角。如果实际折角大于最大折角，气流与壁面之间会出现真空区(图1.44)。当来流速度为声速时，气流最大折角为 $\delta_{\max} = 130.5°$。

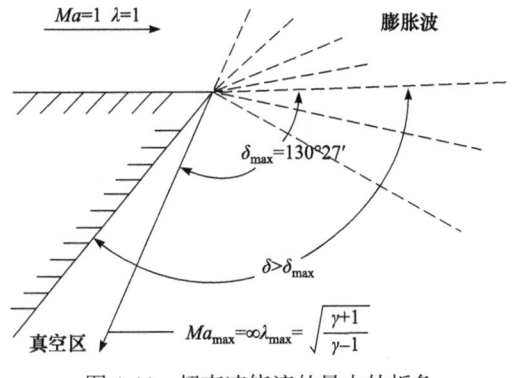

图 1.44 超声速绕流的最大外折角

1.6.4 激波

当壁面内折一个微小角度时，超声速来流的速度减小，压强、密度和温度增加，气流发生压缩，称为压缩马赫波，简称压缩波。

当壁面内折一个有限大小角度 δ 时，超声速气流产生的压缩波会聚拢形成一道具有一定强度的突跃的压缩波，即斜激波，见图 1.45。

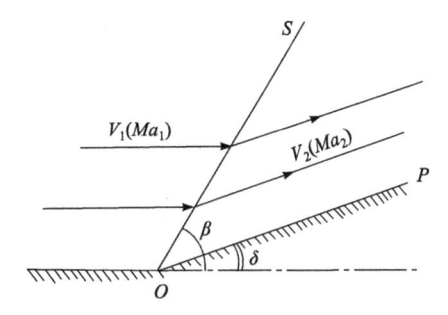

图 1.45 超声速来流遇内折角产生的斜激波

激波波面与来流之间的夹角，称为激波角，用 β 表示。激波角为直角的激波，称为正激波，如图 1.46 所示为在一定的上下游压强比时，拉瓦尔喷管出口形成的正激波。

图 1.46 拉瓦尔喷管出口形成的正激波

1. 激波前后气流参数的关系

针对图 1.45 的斜激波，取固连在激波上的相对坐标系，此时经过激波的流动是定常绝热流动，应用连续方程、动量方程、绝热能量方程，可以得到激波前后参数变化的关系式。斜激波前后的压强比、密度比、温度比、总压比分别为

$$\frac{p_2}{p_1} = \frac{2\gamma}{\gamma+1} Ma_1^2 \cdot \sin^2\beta - \frac{\gamma-1}{\gamma+1}$$

$$\frac{\rho_2}{\rho_1} = \frac{(\gamma+1) Ma_1^2 \cdot \sin^2\beta}{(\gamma-1) Ma_1^2 \cdot \sin^2\beta + 2}$$

$$\frac{T_2}{T_1} = \left(\frac{\gamma-1}{\gamma+1}\right)^2 \cdot \left(\frac{2\gamma}{\gamma-1} Ma_1^2 \cdot \sin^2\beta - 1\right) \cdot \left(\frac{2}{\gamma-1} \cdot \frac{1}{Ma_1^2 \cdot \sin^2\beta} + 1\right)$$

$$\frac{p_{02}}{p_{01}} = \left(\frac{2\gamma}{\gamma+1} Ma_1^2 \cdot \sin^2\beta - \frac{\gamma-1}{\gamma+1}\right)^{-\frac{1}{\gamma-1}} \cdot \left[\frac{(\gamma+1) Ma_1^2 \cdot \sin^2\beta}{(\gamma-1) Ma_1^2 \cdot \sin^2\beta + 2}\right]^{\frac{\gamma}{\gamma-1}}$$

总温比不变

$$\frac{T_{02}}{T_{01}} = 1$$

波后马赫数为

$$Ma_2^2 = \frac{Ma_1^2 + \frac{2}{\gamma-1}}{\frac{2\gamma}{\gamma-1} Ma_1^2 \cdot \sin^2\beta - 1} + \frac{\frac{2}{\gamma-1} Ma_1^2 \cos^2\beta}{Ma_1^2 \cdot \sin^2\beta + \frac{2}{\gamma-1}}$$

经过斜激波的气流折角 δ 与激波角、波前马赫数的关系为

$$\text{tg}\delta = \frac{Ma_1^2 \sin^2\beta - 1}{\left[Ma_1^2 \left(\frac{\gamma+1}{2} - \sin^2\beta\right) + 1\right] \cdot \tan\beta}$$

将这些公式画出激波曲线图，方便分析查阅。

正激波作为一个特例($\beta = \pi/2$)包含在上述公式中。特别地，超声速气流经正激波，有普朗特激波公式

$$\lambda_1 \cdot \lambda_2 = 1$$

可见，超声速气流经正激波后变为亚声速。

2. 经过激波的熵增

经过激波时，超声速气流的流动参数发生剧烈改变，黏性不能忽略，总压下

降，流动有熵增。根据熵增公式，由于总温不变，故有

$$S_2 - S_1 = -R \cdot \ln\frac{p_{02}}{p_{01}}$$

结合上面压强比、密度比公式，可以得到激波前后的突跃绝热关系，即兰金-于戈尼奥(Rankine-Hugoniot)关系

$$\frac{\rho_2}{\rho_1} = \frac{\frac{\gamma+1}{\gamma-1}\frac{p_2}{p_1}+1}{\frac{\gamma+1}{\gamma-1}+\frac{p_2}{p_1}}$$

与等熵关系式 $\frac{\rho_2}{\rho_1} = \left(\frac{p_2}{p_1}\right)^{\frac{1}{\gamma}}$ 的比较见图1.47。

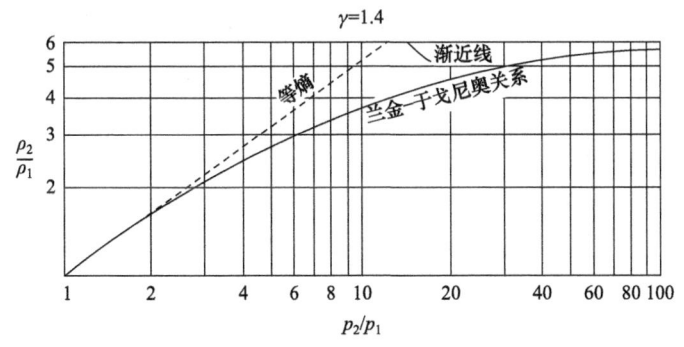

图1.47 等熵关系式与兰金-于戈尼奥关系的比较

可见弱激波可以看作等熵波。若要求总压损失不超过1%，则波前马赫数允许达到1.2。

3. 激波的不同类型及相关讨论

1) 正激波、斜激波、马赫波的关系

对于一定的来流马赫数，正激波是最强的激波，马赫波是最弱的激波，而斜激波则是介于马赫波与正激波之间的一定强度的激波。

2) 强波和弱波、方向决定激波、压强决定激波、波后马赫数

同一个来流马赫数下，激波曲线上一个气流折角对应着两个激波角 β。β 大者代表较强的激波，称为强波；β 小者代表较弱的激波，称为弱波。不同波系的关系见图1.48。

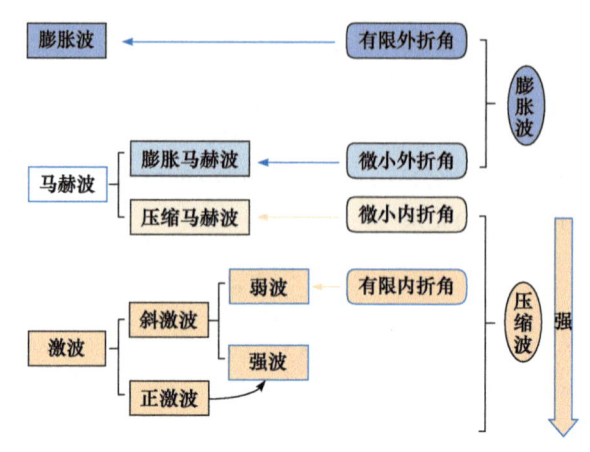

图 1.48 波系关系图

由流动的几何边界规定了流动方向的斜激波，称为方向决定激波。方向决定的斜激波永远是只出现弱波，不出现强波。如前面讨论的壁面内折有限角产生的斜激波就是弱波。

当超声速气流在停滞或减速提高压强时也会产生激波，称为压强决定激波。例如，从喷管中流出的超声速气流压强低于环境压强时，在喷管的出口边缘处会产生激波，使波后压强提高到反压的大小。激波强度由压强比规定，可能是强波，也可能是弱波。如图 1.46 所示是在拉瓦尔喷管出口，反压高于出口压强时形成的正激波。

强波后的气流都是亚声速的，而弱波后的气流通常是超声速流。

3) 多次折转的总压损失

使超声速气流折转同一角度时，分两次折转比一次折转的总压损失小。因为这时每一次的气流折角都比较小，激波弱，总的损失比经过一道较强的激波损失要小。折转次数分得越多，总压损失越小。激波损失的这一特性在设计超声速飞机的发动机进气道时是很有用的。

4) 离体激波

在激波曲线上，当来流马赫数一定时，存在着某个最大折角 δ_{max}。当实际折角超过最大折角时，实际出现的是离体的曲面激波，波阵面是弯曲的，中间是正激波，两边是弯斜的。激波位置离物体头部存在一定的距离，称为弓形激波，或离体激波，见图 1.49。当来流马赫数趋近于无穷大时，有 $\delta_{max} = 45.59°$。

如令折角 δ 是定值，那么也存在某个来流马赫数的最小值 Ma_{1min}，当实际超声速来流小于 Ma_{1min} 时，也出现离体激波。

5) 超声速风速管

超声速飞机上使用的风速管是超声速理论的一个重要应用，它与低速风速管

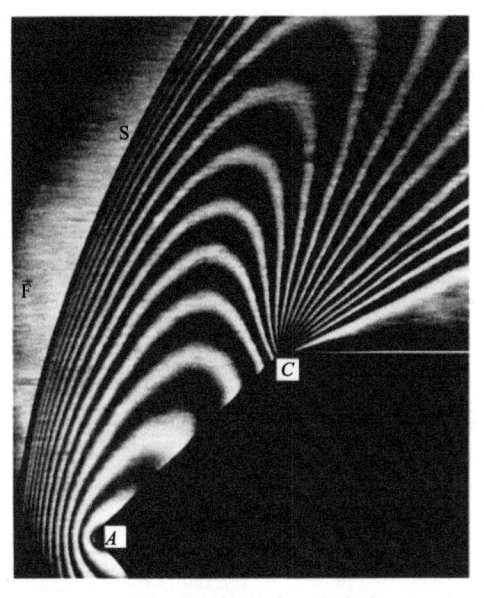

图 1.49 离体激波与膨胀波

形状基本相同，但此时风速管头部会产生离体激波，头部总压孔测出的是中间正激波后的总压 p_{02}。对空气，比热比取 1.4，可获得下面皮托-瑞利公式，得到来流马赫数

$$\frac{p_{02}}{p_1} = \frac{166.9 Ma_1^7}{(7Ma_1^2 - 1)^{2.5}}$$

6) 激波阻力

考虑超声速来流小迎角绕过双弧形翼型，当迎角小于翼型半顶角时，见图 1.50，前缘上下都形成斜激波，下翼面激波强度更大，气流经过前缘斜激波之后，在上下表面会产生一系列膨胀波，最后在后缘产生两道斜激波后汇合。

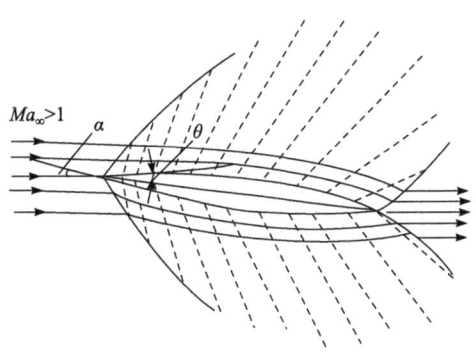

图 1.50 双弧形翼型上的超声速绕流(迎角小于半顶角的情况)

翼面上气流经过激波之后压强变大，经过膨胀波之后压强变小，故翼型上下表面的压强从前缘激波之后的高压一路减小，翼面前半段压强大于后半段压强，因而压强积分在来流方向会产生一个向后的分量，即激波阻力。

1.7 翼型的气动特性

1.7.1 翼型的几何参数

1. 翼型的基本概念

飞行器机翼和尾翼、螺旋桨以及风力发电机叶片等气动部件的剖面称为翼型或翼剖面，翼型具有平面二维的几何性质，翼型绕流为平面二维流动，如图 1.51 所示。

(a) 翼型示意图　　(b) 绕翼型平面二维流动

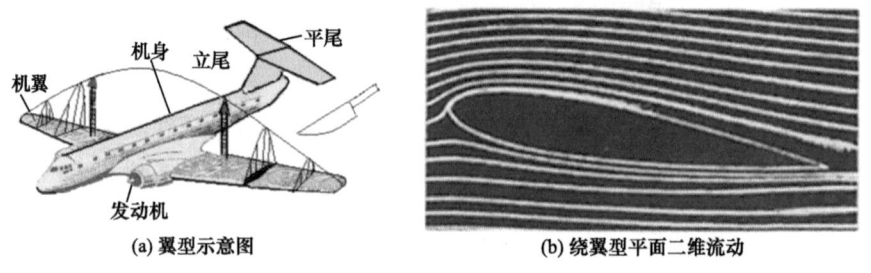

图 1.51　翼型及其绕流

翼型是机翼和尾翼等气动部件设计的基本元素，翼型的气动特性直接影响飞机的气动性能和飞行品质。机翼的设计通常是根据气动性能要求，从现有翼型数据库中选取合适的翼型，基于选定的翼型设计出机翼的三维构型。如果设计工况特殊，现有翼型不能很好满足需求，也可利用优化设计等方法自行设计满足要求的新翼型。

飞机设计中，通常要求翼型升力尽可能大、阻力尽可能小、零升俯仰力矩小。为此，不同飞行速度的飞机，翼型表现为不同的几何特征，如图 1.52 所示。低亚声速翼型(如通用飞机的翼型)通常采用圆头尖尾设计。圆头是为了更好地抑制流动分离，能够在较大的迎角范围保持高升力；尖尾是依据库塔-茹科夫斯基后缘定理，产生升力所必需的条件。超声速翼型(如战斗机的翼型)采用尖头尖尾设计，尖头是为降低超声速飞行的激波阻力。高亚声速翼型(民航机和运输机的翼型)普遍采用超临界翼型，其特点是上翼面平坦，前缘丰满，下翼面后缘内凹，主要目的是提高跨声速飞行时的阻力发散马赫数，使飞机在保持阻力不明显增长的前提下提高飞行速度。

(a) 低亚声速翼型　　　　(b) 超声速翼型　　　　(c) 超临界翼型

图 1.52　用于不同飞行速度范围的翼型典型形状

2. 描述翼型的几何参数

1) 前/后缘、弦线和弦长

翼型外形曲线(型线)的最前端和最后端分别称为翼型的前缘和后缘。前后缘的连线定义为翼型的弦线，弦线上前缘和后缘的距离称为翼型的弦长，如图 1.53 所示。

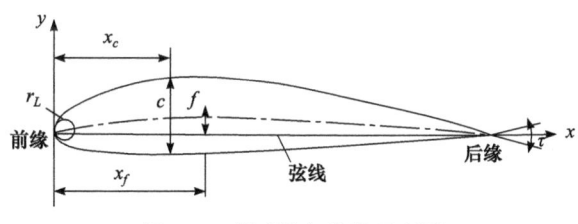

图 1.53　翼型几何参数示意图

2) 翼型曲线坐标

翼型几何形状用上下翼面坐标曲线来描述，坐标系选取前缘为坐标原点，翼型弦线为 x 轴，前缘指向后缘为正；y 轴与弦线垂直，指向上翼面为正。这样选取的坐标系称为翼型的体轴坐标系。上下翼面曲线分别表达为 $y_u = y_u(x)$ 和 $y_d = y_d(x)$，习惯上用无量纲形式表示，即 x 和 y 都用弦长进行无量纲化 $\bar{x} = x/b$ 和 $\bar{y} = y/b$ 后，表达为 $\bar{y}_u = \bar{y}_u(\bar{x})$ 和 $\bar{y}_d = \bar{y}_d(\bar{x})$。

3) 中弧线和弯度

翼型上下翼面型线的中线称为翼型的中弧线，中弧线无量纲表达为 $\bar{y}_f = (\bar{y}_u(\bar{x}) + \bar{y}_l(\bar{x}))/2$，其最大值定义为翼型的弯度，用 $\bar{f}$ 来表示，即 $\bar{f} = \text{Max}(\bar{y}_f)$，对应弦向位置(无量纲)记作 $\bar{x}_f$ (参见图 1.53)。

4) 厚度曲线和厚度

翼型的厚度分布曲线定义为 $\bar{y}_t = (\bar{y}_u(\bar{x}) - \bar{y}_l(\bar{x}))/2$ (无量纲表达)，即各弦向位置处当地厚度的一半。上下型线间最大厚度(无量纲) $\bar{c} = \text{Max}(2\bar{y}_t)$ 称为翼型的厚度，对应弦向位置(无量纲)记作 $\bar{x}_c$ (参见图 1.53)。

5) 前缘半径和后缘角

翼型前缘半径定义为过前缘点的翼型型线内切圆的半径，用 r_L 表示(图 1.53)，无量纲量 $\bar{r}_l$。$\bar{r}_l$ 的大小表征翼型前缘的钝度，会直接影响到翼型的气动特性。翼型后缘角定义为上下翼面型线在后缘处切线的夹角,用τ表示,如图1.53所示。$\tau=0$代表上下翼面在后缘处相切。

需要注意的是,基于中弧线和厚度分布曲线的定义,一个确定翼型的几何外形既可以通过上下翼面坐标曲线直接给出,也可以通过给定中弧线和厚度分布曲线来确定,二者是等价的。

1.7.2 翼型迎角和空气动力系数

1. 迎角

来流与翼型弦线之间的夹角称为翼型的迎角α,又称几何迎角,如图1.54所示,来流指向上翼面时迎角为正。

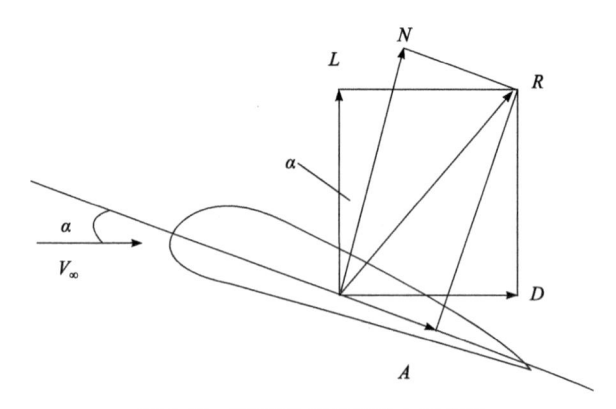

图1.54 翼型迎角和气动力示意图

2. 翼型的空气动力和空气动力系数

在一定迎角下,来流绕翼型的流动在翼型上产生空气动力,简称气动力。总的气动力用R表示,如图1.54所示。R在平行和垂直来流方向上的分量分别定义为翼型的阻力和升力,分别用D和L来表示。这样沿平行和垂直来流方向取定坐标轴的坐标系称为风轴坐标系,即R在风轴坐标系中分解为D和L。如前文所述,翼型体轴坐标系的x轴和y轴分别选取沿着和垂直弦向。R在体轴坐标系中的两个分量分别为轴向力A和法向力N(图1.54)。两坐标系下气动力分量的关系

$$L = N\cos\alpha - A\sin\alpha$$
$$D = N\sin\alpha + A\cos\alpha$$

无论是实验还是数值模拟,通常是先确定体轴系下的气动力,再根据上式确定风轴系下的气动力。如图1.55所示,假设已知翼型表面法向应力p和切向应力τ分布,应力沿表面(展向取单位长度)积分,可得到体轴系下的气动力分量和俯

仰力矩

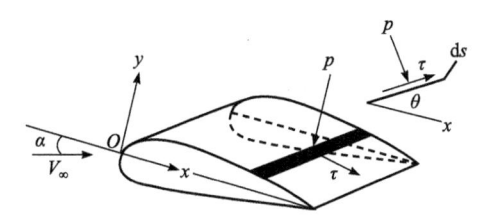

图 1.55 体轴坐标系下翼型表面应力和气动力确定

$$N = \oint(-p\cos\theta + \tau\sin\theta)\mathrm{d}s$$

$$A = \oint(\tau\cos\theta + p\sin\theta)\mathrm{d}s$$

$$M_z = -\oint(-p\cos\theta + \tau\sin\theta)x\mathrm{d}s + \oint(\tau\cos\theta + p\sin\theta)y\mathrm{d}s$$

其中，s 为翼型表面封闭曲线，$\mathrm{d}s$ 为其中任取微元段，θ 为 $\mathrm{d}s$ 与 x 轴夹角。M_z 为翼型气动力对前缘点的俯仰力矩，规定抬头为正，低头为负。在体轴和风轴坐标系下，气动力分量大小不同，但对相同取矩点的俯仰力矩相同。俯仰力矩除对前缘点取矩外，还可以对气动中心和压力中心取矩。气动中心是指具有如下性质的几何位置，在小迎角范围(C_L-α曲线线性变化区)翼型对该点取俯仰力矩的值不随迎角变化。气动中心弦向坐标表示为 x_F。气动中心可以理解为，随迎角增大，升力增量的作用点。压力中心定义为总的气动力 R 的作用点，故气动力对该点的俯仰力矩为零。压力中心的弦向坐标表示为 x_{cp}。

空气动力学中，无论是理论分析、计算还是实验中，经常用到气动力系数。气动力系数定义

升力系数 $C_L = \dfrac{L}{\dfrac{1}{2}\rho_\infty V_\infty^2 b}$

阻力系数 $C_D = \dfrac{D}{\dfrac{1}{2}\rho_\infty V_\infty^2 b}$

俯仰力矩系数 $C_M = \dfrac{M_z}{\dfrac{1}{2}\rho_\infty V_\infty^2 b^2}$

其中，ρ_∞ 和 V_∞ 分别是来流密度和速度，b 为翼型弦长。

气动力系数在风洞实验中有重要意义。为得到真实飞行时飞机的气动力(包括力矩)，通常是采用缩比模型风洞实验方法，又称风洞模拟实验方法。风洞模拟实验首先要保证风洞实验和真实飞行中绕飞机(或模型)的流动满足相似性，通过选

择风洞实验条件参数，保证主要的无量纲相似参数相等来实现，如马赫数和雷诺数等。根据流体力学相似理论，在保证流动相似的情况下，两流动中作用在实验模型和真实飞机上的气动力系数相等，注意不是气动力相等。基于风洞模拟实验得到的气动力系数数据，结合真实飞行的实际工况参数，便可得到真实飞行条件下飞机的气动力(包括力矩)数据。

1.7.3 低速翼型气动特性

翼型的气动特性主要表征为三条曲线：升力系数曲线(C_L-α)、阻力系数曲线(C_D-α)和俯仰力矩系数曲线(C_M-α)。由于C_L和α有一一对应的关系，后两条曲线也可分别由C_D-C_L曲线(亦称极曲线)和C_M-C_L曲线替代。

本节主要以低速翼型气动特性为主。低速翼型绕流指流场中各处流动马赫数都不超过0.3，可忽略压缩性影响，流动视为不可压。为清楚认识气动特性，需对绕翼型流动和表面压强分布特点及其随迎角变化有基本的了解。

1. 绕翼型流动及压强系数分布

1) 翼型小迎角附着流动

小迎角翼型绕流表现为附着流为主的流态，如图 1.56(a)所示，典型的压强系数分布见图 1.56(b)，压强系数C_p定义为

$$C_p = \frac{p - p_\infty}{\frac{1}{2}\rho_\infty V_\infty^2}$$

(a) 翼型绕流　　　　　　　(b) 压强系数分布

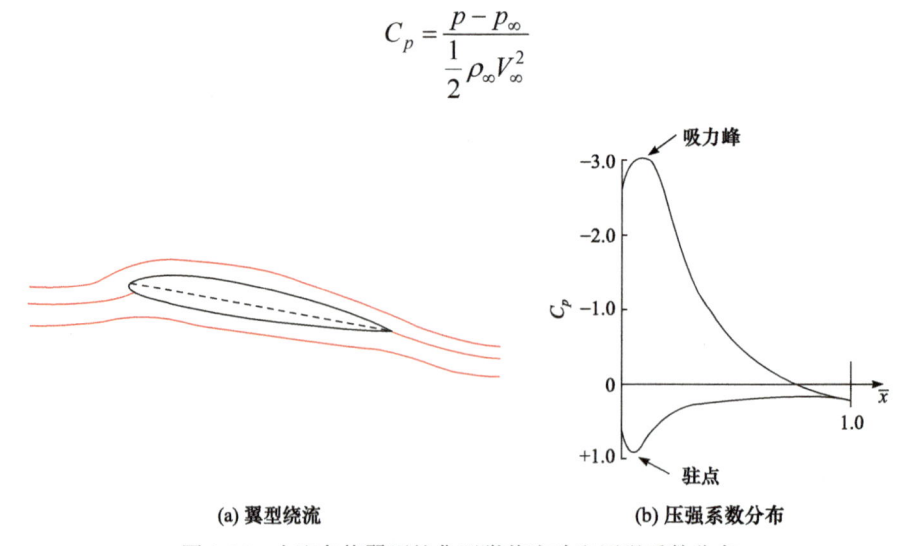

图 1.56　小迎角绕翼型的典型附着流动和压强系数分布

翼型绕流的驻点通常位于下翼面靠近前缘的位置，当地压强系数值为 1。过驻点流线将流动分为绕上、下翼面两部分流动。

绕上翼面流动从驻点开始向前缘加速,绕过前缘,由于前缘半径小,加速过程迅速,速度从零迅速加速并超过远前方自由来流速度。此加速过程中,对应压强系数迅速降低,在上翼面靠近前缘处达到最低值,称为"吸力峰"(图1.56(b)),当地流速达到最大值。继续向下游进入逆压区,流动减速增压,直到后缘处。绕下翼面流动从驻点向后缘总体上表现为增速减压过程。上下翼面流动在后缘处汇聚后,共同流向下游。

尖后缘是低速翼型产生升力的必要条件,利用库塔-茹科夫斯基后缘条件可以确定绕翼型环量 Γ 的大小。库塔-茹科夫斯基后缘条件指出,若翼型、来流速度和迎角确定,绕翼型环量的大小应恰好使绕上下翼面的流动在后缘处汇合。绕翼型环量确定后,根据茹科夫斯基升力定理,可求得翼型的升力 L

$$L = \rho_\infty V_\infty \Gamma$$

在附着流为主的小迎角范围内,当迎角增大时,下翼面驻点后移,压强增大;上翼面吸力峰前移,吸力峰更强,压强整体降低。结果导致上下翼面的压差增大,升力增加。

2) 绕翼型的流动分离

当迎角增大至一定值时,流动不能够再保持全附着状态,上翼面流动出现分离现象。从图1.56(b)绕翼型流动的压强系数分布中可看到,"吸力峰"将上翼面流动分为上游顺亚区和下游逆亚区。随着迎角增大,吸力峰增强,下游逆压梯度增强。当迎角增大到一定值时,逆压梯度足够大,会引起上翼面流动分离,导致压强系数分布和气动力系数的显著变化。

在通常飞机飞行的高雷诺数条件下,对于常用的厚度大于12%的翼型,迎角增大引起的流动分离最初发生在上翼面靠近后缘的区域,随迎角继续增大,分离点逐渐前移,分离区(分离点与后缘间的区域)扩大,这种流动分离类型称为后缘分离(湍流分离),如图1.57(a)所示。

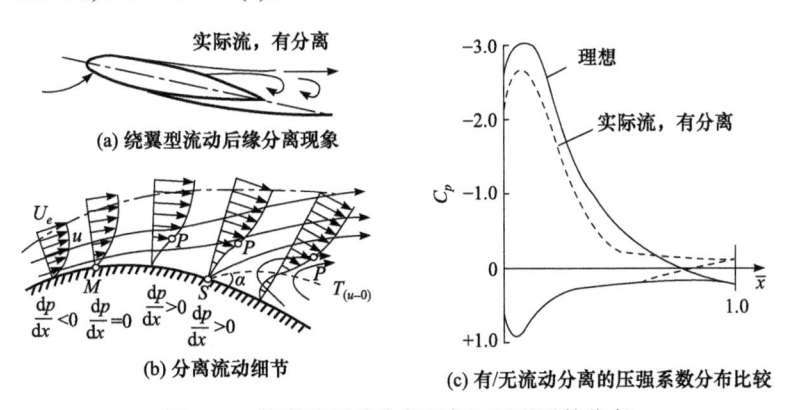

图1.57 绕翼型流动分离现象和压强系数分布

分离区流动特点如图 1.57(b)所示：①过分离点 S 的分离流线将流动分为分离区内、外两部分流动，外部流动始终保持主流方向；内部流动表现为涡流为主的低速流区，近壁区流动表现为与主流方向相反的回流。②分离区是黏性流动区，法向高度远高于边界层尺度，也就是说分离后，边界层不再存在，边界层理论也不再适用。③分离区内压强变化平缓，可视为一低压等压区，如图 1.57(c)所示为虚线在上翼面后缘分离区表现出的特点。此性质可用来判定流动分离现象是否发生以及分离点的位置，分离点为等压区的起始位置。

分离区内低压的形成，归因于贴近分离流线的外部流动的黏性"挟带"作用，结果会带走分离区内靠近分离线的部分流体，类似"抽真空"的效应，致使分离区内压强降低，促使下游流体向上游补充形成回流，具体表现为近壁区低动量流体向上游的回流，如图 1.57(b)所示。

对于较薄的翼型(厚度小于 9%)，前缘半径小，前缘绕流的吸力峰位置更靠前，强度更强(压强系数更低)，逆压区更早出现且逆压梯度更大，致使前缘边界层尚未来得及充分发展转捩为湍流(当地 Re 不足够高)，就因遇到强逆压梯度而引起当地层流边界层分离。分离后的层流边界层脱离壁面成为自由剪切层，继续向下游发展，自由剪切层转捩成湍流，附着能力增强，湍流自由剪切层重新附着到壁面，发生流动再附。绕翼型的流动分离现象呈现为从靠近前缘的分离点到再附点的一个封闭的区域，称为"分离泡"，这种分离形式称为前缘层流分离，如图 1.58 所示。对于中等厚度的翼型(厚度 6%~9%)，前缘层流分离表现为短气泡分离；对于薄翼型(厚度 6%以下)，前缘层流分离表现为长气泡分离。

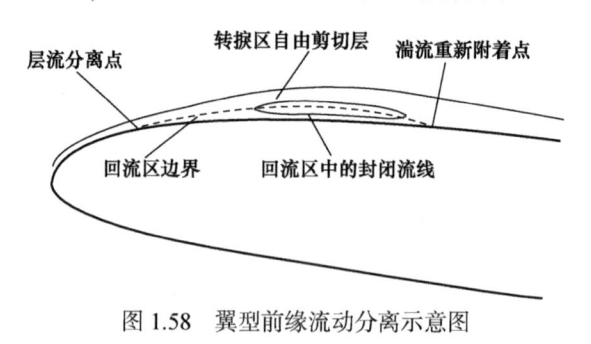

图 1.58 翼型前缘流动分离示意图

2. 翼型气动特性曲线特点

1) 升力系数曲线

典型 C_L-α 曲线如图 1.59 所示，C_L-α 曲线变化表现为三个不同性质的区域。

(1) 线性区：在小迎角范围，随迎角增加，C_L 线性增大，薄翼理论得到的升力系数曲线斜率 $C_L^\alpha = 2\pi/$弧度。绝大部分飞行器机翼的设计工作状态处于这一区域，翼型升力系数计算公式

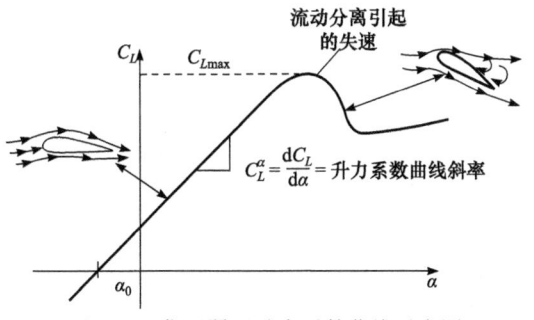

图 1.59 典型翼型升力系数曲线示意图

$$C_L = C_L^\alpha (\alpha - \alpha_0)$$

其中，α_0 为翼型的零升迎角。

(2) 非线性区：过线性区后 α 继续增大，C_L 增长速率逐渐降低，偏离线性关系；当 α 增至临界迎角(失速迎角)时，C_L 值达到最大，称最大升力系数 $C_{L\max}$。

(3) 失速区：过失速迎角后 α 继续增大，C_L 急速降低，即所谓"失速"现象。飞机飞行过程中一旦发生失速，升力急速降低不足以克服重力，极易酿成飞行事故，所以飞机飞行要极力避免"失速"现象的发生。

C_L-α 曲线的变化取决于绕翼型流动特点。附着流动情况相对比较简单，上文已有阐述，出现流动分离对压强系数分布及升力系数的影响较为复杂。对于常见的后缘分离，参见图 1.60 中 $\alpha = 20°$ 的情况，上翼面后缘流动一旦分离，一方面分离区内压强的降低对升力是正的贡献；另一方面，后缘分离区的存在，对上游流动有阻碍作用，其影响使上游流速降低，压强增大，吸力峰强度减弱(可与图 1.60 中 $\alpha = 12°$ 情况作比较)，对升力是负的贡献。超过失速迎角，负贡献大于正贡献，迎角越大越显著，故在失速区迎角增大，升力系数降低。在 C_L-α 曲线的线性区和失速区之间的非线性区，翼型绕流出现流动分离，但强度较弱，上翼面吸力峰随迎角增大而增强的影响仍占主导地位，故在此区域，升力系数仍保持随迎角增大，但由于流动分离的负贡献，增长速率减弱。

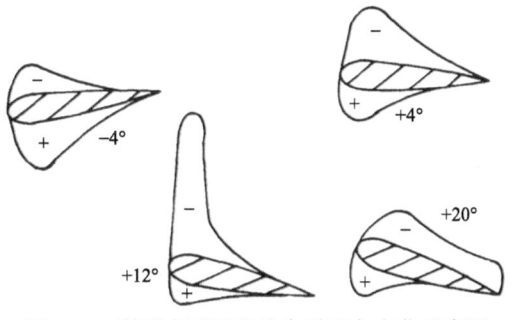

图 1.60 翼型表面压强分布随迎角变化示意图

2) 阻力系数曲线

典型 C_D-α 曲线如图 1.61 所示,存在一个最小阻力系数 C_{Dmin},后随着迎角的变化阻力系数 C_D 逐渐增大,与迎角大致呈二次曲线关系。对称翼型 C_{Dmin} 出现在零迎角状态,以摩擦阻力为主;具有正弯度翼型 C_{Dmin} 通常对应于不是很大的正迎角,C_{Dmin} 中包含压差阻力的贡献。无论摩擦阻力,还是压差阻力,都与黏性有关,因此阻力系数与 Re 存在密切关系。

3) 俯仰力矩系数曲线

工程上常用的是对气动中心的俯仰力矩,薄翼理论得到的气动中心位于距前缘 1/4 弦长处。图 1.62 给出 NACA 23012 翼型对 1/4 弦长点的力矩系数 $C_{M1/4}$-α 曲线。从中可看到,在失速迎角以下,$C_{M1/4}$-α 基本保持一条平直线($C_{M1/4}$ 不随迎角变化),其原因在于,迎角增大,升力增大,压力中心前移,压力中心至气动中心的距离缩短,即作用力增加,力臂缩短,结果使俯仰力矩保持不变。图 1.62 中还可看到,当迎角超过失速迎角后,低头力矩大增,这是由于翼型上有很显著的分离,对气动中心的力矩曲线变弯曲。

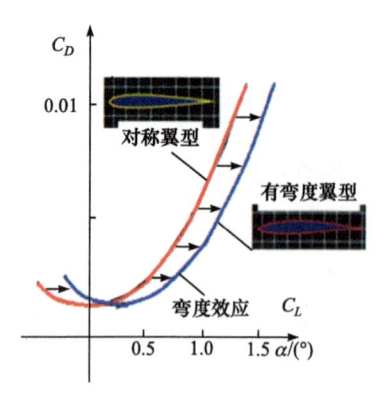

图 1.61 典型翼型阻力系数曲线示意图

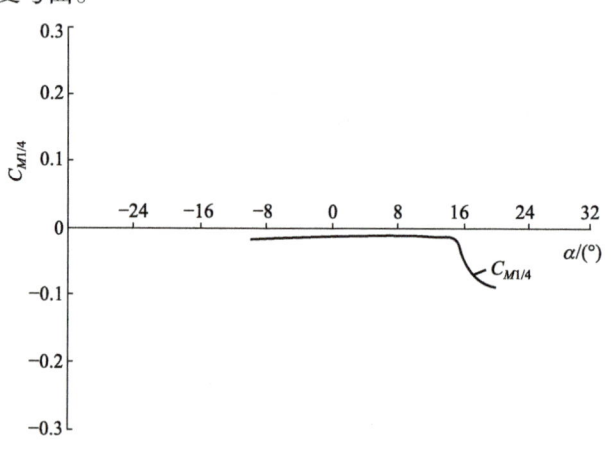

图 1.62 NACA 23012 的力矩系数曲线,$Re = 6 \times 10^6$

1.7.4 亚声速、跨声速和超声速翼型气动特性简介

1. 亚声速翼型的压缩性修正

亚声速绕翼型流动是指流场中所有点的当地马赫数都小于 1。当绕翼型的气流来流马赫数高于 0.3 时,需要考虑压缩性的影响。理论上,根据理论普朗特-格

劳特法则，亚声速可压缩翼型绕流的压强系数值等于相同条件下不可压翼型绕流对应点压强系数值乘以一个系数$1/\beta$，即所谓压缩性修正，其中$\beta=\sqrt{1-Ma^2}$。由此可知，可压缩亚声速绕翼型流动的气动特性与低速不可压翼型绕流相类似。

2. 超声翼型的气动特性特点

超声速翼型绕流是指流场中各点的马赫数都大于 1。与低速翼型绕流相比，超声速翼型绕流有两个明显特点，一是扰动的传播是有界的，不能够前传；二是存在激波，因此存在波阻。超声速绕翼型流动和亚声速绕翼型流动的不同，导致二者在翼型压强分布上表现出明显的不同，故气动特性也有不同。

1) 超声速平板翼型绕流压强分布特点

以平板翼型绕流为例，图 1.63 给出亚声速和超声速绕平板翼型的流动图画和压强分布的位势流理论结果。

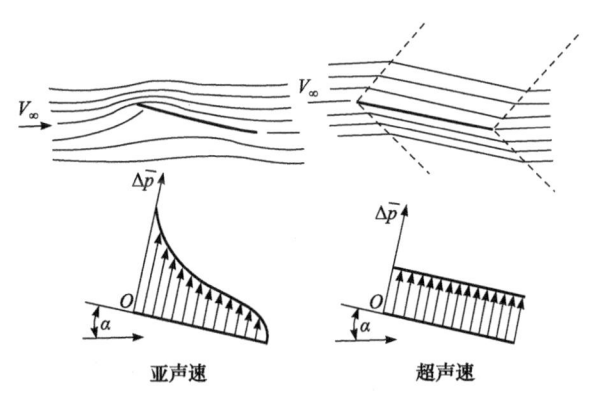

图 1.63 平板翼型的亚声速和超声速绕流和压强分布示意图

在有迎角情况下，亚声速平板绕流中驻点位于靠近前缘的下翼面，绕平板尖前缘流动导致当地气动载荷趋于无穷大；上下翼面流动在后缘处汇合，满足后缘库塔条件，故当地载荷为零。气动载荷沿弦线分布是变化的。与此不同，超声速绕平板的流动是由激波和膨胀波主导的，上下翼面流动互不影响，气动载荷沿弦线分布保持常值。

2) 气动特性特点

(1) 升力系数。

小扰动线化理论得到的翼型超声速扰流的升力系数

$$C_L = \frac{4a}{B}$$

升力系数曲线斜率

$$C_L^\alpha = \frac{4}{B}$$

其中，$B = \sqrt{Ma_\infty^2 - 1}$。注意在超声速翼型扰流中，升力系数与翼型弯度无关，升力系数随弯度的增大而增大，小扰动线化理论的结果是成正比。

(2) 波阻系数。

超声速翼型绕流气动特性的显著特点之一是存在波阻，这是与流体的黏性无关的压差阻力，理想流体绕流条件下依然存在。而在亚声速翼型绕流中，流体无黏条件下，黏性阻力和压差阻力都为零，因为二者本质上都是由黏性引起的。翼型的迎角、弯度和厚度的增大都会引起波阻系数的增大。

(3) 俯仰力矩特性。

俯仰力矩大小取决于绕翼型的压强分布。对于亚声速和超声速绕翼型绕流，无黏位势流小扰动线化理论得到的气动中心分别位于翼型 1/4 弦长和 1/2 弦长处，鉴于上文两种扰流中翼型的压强分布的不同，很容易理解这一结果。气动中心与飞行稳定性直接相关，可以想象到，飞机从亚声速进入超声速飞行，气动中心的显著变化会给飞行稳定性和控制带来影响和挑战，在飞行器设计中需要考虑这一问题。

3. 跨声速翼型的流动和气动特性

绕翼型的跨声速流动指的是流场中既有亚声速区，又存在超声速区的混合流场，流动最复杂。典型现象是正激波的出现与发展，以及激波与边界层的干扰，这些复杂流动现象会导致翼型气动特性随来流马赫数有显著的变化，简单归结如下。

1) 升力系数随来流马赫数的变化

以对称翼型为例，翼型升力系数随来流马赫数的变化曲线如图 1.64 所示。可见在 A 点前和 E 点后升力系数 C_L 分别按亚声速和超声速规律变化：亚声速 C_L 随 Ma_∞ 上升而上升；超声速 C_L 随 Ma_∞ 上升而下降。

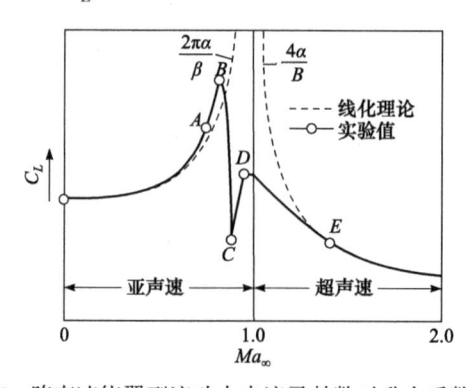

图 1.64 跨声速绕翼型流动中来流马赫数对升力系数的影响

来流马赫数从 A 点增至 B 点，上翼面超声速区域不断扩大，压强降低，导致升力系数增大。

在 B 点之后上翼面激波继续后移，且强度增大，边界层内逆压梯度剧增，导致上表面边界层分离，使升力系数骤然下降，这个由于激波边界层干扰引起的现象叫做激波失速。

随着马赫数增大，下翼面也出现超声速区和激波且下翼面激波要比上翼面激波更快地移至后缘，使下翼面压强降低，引起升力系数下降至 C 点。随着马赫数进一步增大，上翼面激波移到后缘，边界层分离点也后移，上翼面压强继续降低，使升力系数又重新回升到 D 点。

D 点之后，翼型前方出现弓形脱体激波，在脱体激波未附体之前，上下翼面压强分布基本不随马赫数而变，但马赫数增大使来流动压增大，所以升力系数仍随马赫数增加而下降。

由上可见，在跨声速范围内，翼型升力系数随马赫数的变化是几上几下的。

2) 阻力系数随来流马赫数的变化

跨声速绕翼型流动中来流马赫数对阻力系数的影响见图 1.65。在 Ma_∞ 小于临界马赫数 $Ma_临$ 时，翼型阻力主要由气流黏性引起，所以阻力系数随 Ma_∞ 的变化不大。当来流 Ma_∞ 超过 $Ma_临$ 进入跨声速流后，随着 Ma_∞ 增大，翼面上超声速区逐渐扩大出现激波产生波阻力，C_D 增大。当激波越过翼型顶点后，强度迅速加大的激波导致波阻系数急剧增加(激波失速)出现阻力发散现象，因此激波越过顶点时对应的来流马赫数称为阻力发散马赫数 Ma_D。阻力发散马赫数 Ma_D 还可用 C_D-Ma_∞ 曲线上 $\dfrac{\mathrm{d}C_D}{\mathrm{d}Ma_\infty}=0.1$ 的点所对应的来流马赫数来定义。

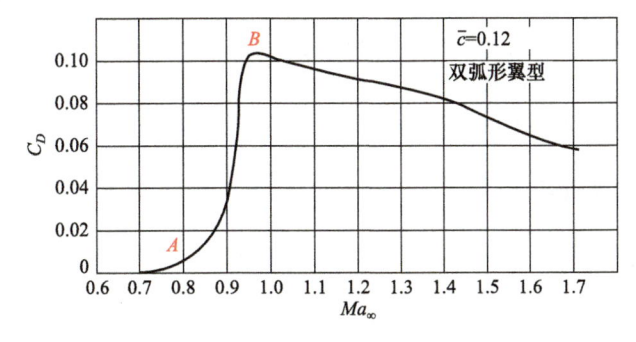

图 1.65 跨声速绕翼型流动中来流马赫数对阻力系数的影响

随着 Ma_∞ 继续增大激波继续后移，波前超声速继续膨胀加速，波强继续增大，阻力系数继续增大。当来流 Ma_∞ 接近于 1 时，上下翼面的激波均移至后缘，阻力系数达到最大。

随后，虽然来流 Ma_∞ 继续增大，但翼面压强分布基本不变，而来流动压却随 Ma_∞ 增大而继续增大，因此阻力系数逐渐下降。

3)俯仰力矩系数随来流马赫数的变化

翼型的俯仰力矩特性随 Ma_∞ 变化如图 1.66 所示，与压力中心相对位置随 Ma_∞ 的变化密切相关。在亚声速流中，翼型的压力中心在弦长 1/4 上下浮动，不同 Ma_∞ 下变化不大。

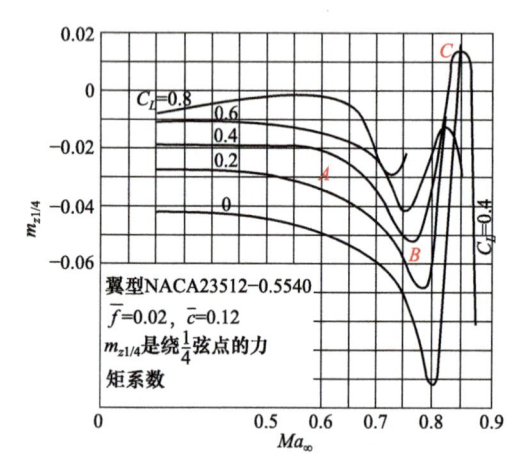

图 1.66 跨声速绕翼型流动中来流马赫数对俯仰力矩系数的影响

当来流 Ma_∞ 超过 $Ma_{临}$ 后，上翼面出现局部超声速低压区，并随来流 Ma_∞ 增大向后扩展，引起压力中心后移，使低头力矩增大，如图 1.66 中 $A \rightarrow B$。

当 Ma_∞ 继续增大时，下翼面也出现局部超声速和局部激波，并且下翼面的局部激波比上翼面后移得快，低压的局部超声速区向后也扩展得快，所以下翼面后段的吸力迅速增大，使得压力中心前移引起抬头力矩，如图 1.66 中 $B \rightarrow C$。

由此可见，在跨声速范围内，翼面激波的移动使得压力中心位置随之前后剧烈移动，导致翼型纵向力矩发生很大变化。

1.7.5 翼型气动特性实验

风洞实验是获取翼型气动性能数据的可靠方法，有两种典型的实验形式：天平测力实验和表面压强分布测量实验。

1. 天平测力实验

天平测力实验可以直接测得在实验参数条件下(主要是来流马赫数和雷诺数)，翼型的气动特性数据，包括升力系数曲线、阻力系数曲线和俯仰力矩系数曲线。

与其他风洞实验一样，实验条件非常重要，一定要明确记录。翼型气动性能的实验条件参数主要是来流马赫数和雷诺数。来流马赫数大小反映流体压缩性强弱的影响；雷诺数反映黏性大小的影响，对于翼型，实验雷诺数取值基于无穷远来流条件和翼型弦长来确定，具体表达式如下

$$Re = \frac{\rho_\infty V_\infty b}{\mu_\infty}$$

实验条件参数不同，绕翼型流动可能会有变化，从而会引起气动力系数参数的变化。

实验采用基于特定翼型的矩形翼段模型，要求保证足够的展弦比。通常认为当长细比大于某一值时，展向三维流动的影响足够小，测量结果可近似认为是二维翼型的结果。

翼型气动特性测量只需测量升力、阻力和俯仰力矩三个分量，因此选用三分量或六分量天平都可以。风洞测力实验的基本知识可参考第 3 章的相关内容。测力实验直接测量的通常是体轴系的三个分量：法向力、轴向力和俯仰力矩，通过转换关系可以得到风轴系的升力、阻力，其中俯仰力矩在两坐标系中量值不变(条件是取矩点相同)。注意最后将实验测得的气动力整理成气动力系数(无量纲相似参数)的形式。

一般来讲，通过风洞测力实验得到足够准确的翼型数据具有很强的挑战性。除了上述的实际风洞实验中三维流动影响的问题外，洞壁、支架干扰和相应实验数据的修正也是必须考虑的问题。关于洞壁干扰，风洞实验中翼型绕流的边界条件和真实飞行有所不同，前者额外增加了四周的固壁(风洞壁)限制条件，引起流动有所变化，进而导致气动力的改变。这种洞壁干扰可通过堵塞度的概念来考虑修正，通常堵塞度不超过 5%，影响很小可忽略。翼型实验中洞壁的另一影响在于洞壁对翼梢流动的干扰，一方面体现在二者之间的缝隙的影响，另一方面体现在构成所谓"角区流动"的复杂流动现象，最可行的办法也只能是增大展弦比，降低当地流动对整个翼型气动特性的相对影响。天平测力实验中支杆必不可少，支杆干扰总是存在，无论是腹部支撑，还是其他形式的侧支撑与尾支撑等，通常做法是采用适当形式的支撑，使得这一干扰尽可能小到可忽略，否则必须考虑对实验数据进行支杆干扰修正。此外在某些情况或特殊要求下，还要考虑风洞流场沿流向的压强变化和流向偏角影响修正等，进一步的知识可参见相关文献，不在此展开介绍。

2. 表面压强分布测量实验

表面压强分布测量实验也是获取翼型气动特性的重要的、广泛应用的一种风洞实验方法。在确定的实验条件下，利用压强测量技术，测得翼型上下翼面压强

分布，通过积分得到翼型的气动力数据。

实验模型同样要求展弦比足够大的矩形翼段模型，以保证展向中心截面(翼剖面)流动尽可能等同于绕翼型二维流动。关于模型表面压强测量风洞实验的基本知识参见第 3 章的相关内容。为保证结果的可靠性，翼段模型展向中心剖面上上下翼面测压孔位置分布很重要，应遵循下面的原则，压强分布系数沿弦向变化速率快的地方测压孔分布相对密集，变化速率慢的地方分布相对疏散。

风洞表面压强分布积分可以得到升力和阻力数据，但其中的阻力也只能够包含压差阻力。下游尾迹动量损失的阻力测量方法，可以准确得到翼型阻力数据。这一方法也可弥补天平测力实验在小迎角状态阻力难以准确测量的不足。这是因为通常的测力天平阻力测量单元为满足测量大迎角阻力所需，要保证足够大量程，但在小迎角条件下，阻力值过小，往往会因为量程过大，测量误差过大，无法保证阻力的可靠测量。

后续章节的实验项目中包括翼型表面压强分布(二维)测量和飞机模型天平测力实验，测量细节参见相关内容。

第 2 章 实验原理与误差分析

2.1 流体力学相似理论

2.1.1 原型实验和模拟实验

流体力学的实验方法主要包括原型实验和模拟实验。原型实验通过在实际流动的现场进行观测，能够对流动规律进行分析，预测流动的演变，广泛应用于气象、水文、潮汐研究、飞行实验、风机挂机实验中。其获得的实验数据来源于现实流场环境，能够直接指导相关理论和设计工作的展开；但是实际流动条件往往不易控制，重复性差，且现实流动尺度较大，实验所消耗的人力物力成本比较高。如果我们有足够的理论证据证明实际流动能够在实验室中模拟，并且实验室中得到的现象可以还原至实际流动中，那么我们就可以在实验室中进行模拟实验。而流体力学相似理论正是指导模型实验的理论证据。模拟实验条件可控，现象可以重演，产生的流动具有典型性。在工程实践中，实验室中无法模拟的条件也经常能够被忽略不计，这是现在模拟实验被广泛应用的一个因素。而作为科学研究的对象，模拟实验有利于揭示复杂流动的本质和规律，这使得模拟实验也成为科学研究的主要实验手段。

2.1.2 流体力学相似和相似参数

在使用模拟实验进行研究的过程中，需要通过建立模型来模拟原型。模型实验研究的理论指导基础是流体力学相似原理和量纲分析。

遵循同一物理方程的现象称为同类现象。如果两个同类现象中对应相同性质的物理量中标量物理量具有相同的比例关系，且矢量物理量大小成比例、方向相互平行，则称这两个现象为相似现象。显然，我们需要模型和原型流动互为相似现象。流场中，相似的内容主要包括如下。

(1) 几何相似。模型与原型外形中对应长度成相同比例，对应粗糙度相似。两个物体，如其中一个物体经过均匀变形(每个尺寸都扩大或缩小同一倍数)后能和另一物体完全重合，则称这两个物体几何相似。令 l 和 l' 是两个物体的对应长度，则

$$\frac{l}{l'} = C_l \text{(常数)}$$

(2) 动力相似。模型与原型上对应点上受到的力，性质相同且力多边形相似，同一性质的力成比例并相互平行。如果两个流场对应点上作用在流体微团上的各种力所组成的力多边形是几何相似的，则两个流场是动力相似的。令 F 和 F' 为对应的力，则

$$\frac{F}{F'} = C_F \text{(常数)}$$

反之，如动力相似，则诸作用力的矢量场必保持几何相似。

(3) 运动相似。模型与原型上的流场相似，对应流线几何相似，对应点速度、加速度大小成比例且方向平行。两个流场对应点的速度，如果方向是相同的，大小保持固定的比例关系，则两个流场是运动相似的。若 v 和 v' 是两个流场对应点的速度，则

$$\frac{v}{v'} = C_v \text{(常数)}$$

速度相似也就决定了两个几何相似的流场对应点的加速度相似。运动相似，即速度矢量场和加速度矢量场均保持相似，对应流线谱经均匀变形后可相互重合。

这三类相似中，几何相似是流体力学相似的基础，动力相似是关键主导因素，运动相似是几何相似和动力相似的必然表现。相似的流动需要同时满足这三类相似。

在使用流体力学相似时，很重要的一点是通过对流场中的力的类型进行分析确定其中主导的力的性质。下面列举一些流场中常见的不同性质的力。

(1) 惯性力。

定常惯性力分量

$$F_I \propto U \frac{\partial u}{\partial x} \propto \frac{u^2}{L} \left[\frac{m}{s^2} \right]$$

非定常惯性力分量

$$F_{I_{\text{unsteady}}} \propto \frac{\partial u}{\partial t} \propto \frac{U}{T} \left[\frac{m}{s^2} \right]$$

(2) 压力。

$$F_p \propto \frac{1}{\rho} \frac{\partial p}{\partial x} \propto \frac{p}{\rho L} \left[\frac{Pa}{kg} \frac{m^3}{m} = \frac{m}{s^2} \right]$$

(3) 摩擦力。

$$F_f \propto \frac{1}{\rho} \mu \frac{\partial^2 u}{\partial x^2} \propto \frac{\mu}{\rho} \frac{u}{L^2} \left[\frac{m}{s^2} \right]$$

(4) 重力。

$$F_G \propto g \left[\frac{m}{s^2}\right]$$

(5) 表面张力。

$$F_c \propto \frac{1}{\rho}\frac{\sigma}{L^2}\left[\frac{m}{s^2}\right]$$

根据不同性质力之间的比值，可以得到不同的相似参数。相似参数又称相似准则，是表征流动相似的无量纲特征参数。下面列举一些较为典型的相似参数。

(1) 欧拉数(Eu)：压力与惯性力的比值。

$$Eu = \frac{F_p}{F_I} = \frac{p}{\rho L}\frac{L}{u^2} = \frac{p}{\rho u^2}$$

在空气动力学中，更多使用压力系数作为衡量压力与惯性力的比值。压力系数与 Eu 数之间的关系如下

$$c_p = \frac{p}{\frac{1}{2}\rho u^2} = 2Eu$$

(2) 牛顿数(Ne)：外力与流体惯性力的比值。

$$Ne = \frac{F}{\rho u L^2}$$

在空气动力学中，一般使用力系数代替 Ne 数。二者关系如下。

$$c_F = \frac{F}{\frac{1}{2}\rho u L^2} = 2Ne$$

(3) 雷诺数(Re)：惯性力与黏性力的比值，描述了流体流动中黏性力的影响程度。

$$Re = \frac{F_I}{F_f} = \frac{u^2}{L}\frac{\rho}{\mu}\frac{L^2}{u} = \frac{\rho u L}{\mu}$$

(4) 弗劳德数(Fr)：惯性力与重力的比值，描述了流体流动中重力的影响程度，在具有自由液面的液体流动中是最重要的相似参数。

$$Fr = \frac{F_I}{F_G} = \frac{u^2}{gL}$$

(5) 韦伯数(We)：惯性力与表面张力的比值，描述了表面张力的影响程度。

适用于研究气液、液液、固液交界面上具有显著表面张力作用的情况。

$$We = \frac{F_I}{F_c} = \frac{u^2}{L}\frac{\rho L^2}{\sigma} = \frac{\rho u^2 L}{\sigma}$$

(6) 马赫数(Ma)：惯性力与弹性力的比值，描述了流体的压缩性。在流体的压缩程度较大时成为最重要的相似参数。

$$Ma = \frac{u}{a}$$

在流体力学中，某些实验亦需要考虑热传导、焓、频率等变量，其对应的典型相似参数如下。

(7) 普朗特数(Pr)：黏性耗散与热传导的比值。

$$Pr = \frac{\mu C_p}{\lambda}$$

(8) 埃克特数(Ec)：动能与焓的比值。

$$Ec = \frac{u^2}{C_p(T_w - T)}$$

(9) 斯特劳哈尔数(St)：流动的无量纲频率。

$$St = \frac{\omega L}{f}$$

根据同类现象的要求，模型和原型的对应物理现象必须相似。我们可以利用相似三定律来判断模型与原型对应的物理现象是否相似以及彼此相似现象的性质。

相似第一定律：彼此相似的现象一定具有数值相同的同名相似参数。相似第一定律可以指导我们处理实验数据，将模型实验结果还原至原型工况。

这一定理指明了相似现象的一个重要的基本性质。由此定理可知，为了应用模型实验的结果，实验中应测量相似准则或相似准则中所包含的物理量。当模型流场与原型流场相似时，只要求出模型流场的相似准则，即获得原型流场的相似准则。

相似第一定理又可表述为：彼此相似的现象的相似指标等于 1。这一表述的特点是从数学上指出了相似常数之间的制约条件，即相似指标等于 1。相似第一定理的两种表述，具有相同的意义。

相似第二定律：同一种类的现象，如果定解条件相似，同时由定解条件的物理量所组成的相似参数在数值上相等，这些现象必定相似。定解条件是用以确定某一类物理问题的特解的条件，包括了初始条件和边界条件。相似第二定律可以指导我们制定实验方案,确定模型实验的实验条件。但是,相似第二定律要求所有相对应的相似参数全部相等,这通常无法做到。在实验中通常采用近似相似,保证关键的相似参数一致,忽略影响不显著的相似参数。例如,对于黏性流动保证 Re 相同,可压缩流动保证 Ma 相同,非定常流动保证 St 相同等。

相似第三定律:描述某现象的各种量之间的关系式可以表示成相似参数之间的函数关系。这个定理告诉我们,单值条件相似,以及由单值量组成的同名相似准则的数值相同,是现象相似的必要充分条件。单值条件相似,除了其本身的含义之外,还包括了几何相似这一前提,并且包括了两个现象是同类现象这一条件(这是因为,不可能存在单值条件相似的不同类的物理现象)。因此,单值条件相似是现象相似的必要条件。但是,仅有这一条件还不够,还要满足由单值量组成的同名相似准则数值相同这一条件。在各种相似准则中,由单值量组成的相似准则对于现象相似来说是决定性的相似准则,其他相似准则是非决定性的相似准则。当单值条件相似、同名决定性相似准则数值相同时,就足以使现象相似了。而现象相似了,非决定性相似准则的数值自然会相同。当我们安排实验,使两个现象相似时,要求所有的相似准则数值相同是没有必要的,是多余的。要求那些需由实验确定的相似准则,在实验前满足数值相同,更是不可能的。当我们安排实验时,只要决定性相似准则数值相同,即可判定两个现象相似了。这是判定两个现象是否相似的可行的检查标准。由此可见,相似第三定理对于实验具有重要的指导意义。相似第三定律又被称为 π 定理或量纲分析。

由上述相似定理可知,当我们进行模型实验时,首先要使模型流场与原型流场相似,应根据相似的必要充分条件来安排实验。实验中应测量各相似准则或各相似准则中所包含的物理量。实验数据按相似准则进行整理,即可用到原型流场上去。

2.1.3 量纲分析

从相似定律能够得出结论,判断模型和原型的关键是相似参数。如果要对原型进行模拟研究,就必须获得研究原型相关的相似参数,从而确定模型和各种实验参数。获得相似参数的方法主要有三种:定律分析法、方程分析法和量纲分析法。本文先介绍量纲分析法。

任何物理量都包括种类和大小两方面。物理量所属的种类可以用量纲来表示,而物理量的大小则使用单位来表示。例如,长度就是一种量纲,而米、毫米等是单位。量纲反映的是物理量的物理属性,与数值无关,而单位是将数值分配给量纲的方法。

量纲可以分为基本量纲和导出量纲,单位可以分为基本单位和导出单位。国际单位制中的 7 个基本单位不做过多介绍,而基本量纲正是与基本单位一一对应的。在流体力学领域有四个基本量纲：长度量纲 L、时间量纲 T、质量量纲 M、温度量纲 Θ。其他物理量的量纲均可以由基本量纲的幂组合而成，称为导出量纲。例如，速度的量纲 LT^{-1}，加速度的量纲 LT^{-2}，密度的量纲 ML^{-3}。由傅里叶提出的量纲和谐原理告诉我们，任何物理现象和物理过程在使用物理方程表示时，方程中任意两项的量纲必须相同。

除现行的国际单位制外，历史上还有过其他单位制，不同国家和地区也有不同的单位制。在一定的单位制中，对最初选定的基本量规定出它们的测量单位，叫做基本单位，导出量的测量单位叫做导出单位。在国际单位制中与力学、热学有关的基本单位有：长度单位 m，质量单位 kg，时间单位 s，热力学温度单位 K。

测量单位本身也是一个物理量，且与被测物理量属于同一类量。同一类量是指从物理意义上说可以相加(减)或相互间可比较大小的量。例如，长度用 m 或 mm 作为单位，而不会用 kg 作为单位。数值与单位的乘积表示了被测物理量的大小(量值)，同时单位也表示了被测物理量的种类。用大小不同的同类单位表达一个量，不会改变这个量的种类和(客观上的)量值。例如，将某一量用另外的同类单位表达时，如果这个单位等于原来单位的 R^{-1} 倍，则新的数值等于原来数值的 R 倍。因此，量的种类和量值，与同类单位的选择无关。量纲与单位是两个密切相关而又有区别的概念。量纲只涉及量的本质或特点(种类)，而单位除涉及量的本质或特点外，还涉及量的大小。为了方便，通常单位仅限于表达定量关系，而用量纲来表达定性关系。

除了量纲量之外，流体力学分析也常用到无量纲量。无量纲量是没有量纲的物理量，其中包括了自然无量纲量，如各种常数；另一种就是由不同物理量组合而成的相似参数。

白金汉 π 定理由白金汉提出，它描述了物理现象中所有物理量与无量纲参数之间的数量关系：对于某个物理现象可给出的无量纲的相似参数的个数，等于影响该现象的全部物理量的个数减去用以表达这些物理量的基本量纲的个数。如果一个物理过程或系统可以用 n 个物理量表达

$$f(q_1, q_2, \cdots, q_n) = 0$$

其中，k 个物理量 $q_1, q_2, \cdots, q_k$ 的量纲是相互独立的。用该 k 个物理量可以对其他物理量进行无量纲化处理，得到 $n-k$ 个无量纲的相似参数 $\pi_1, \pi_2, \cdots, \pi_{n-k}$，于是原来的物理量关系式可以表示为

$$f'(\pi_1, \pi_2, \cdots, \pi_{n-k}) = 0$$

注意，对于流体力学方程而言，k 一般是 3 或者 4(考虑温度变化影响时)。

下面以不可压均匀流中的光滑圆球为例，讨论分析影响其阻力 F_D 的无量纲参数。已知，圆球阻力影响因素包括流体的密度 ρ、黏性系数 μ、圆球的直径 D

和运动速度V。所以物理量关系式为$f(\rho,D,V,\mu,F_D)=0$。由于本例不考虑温度变化影响,所以5个物理量中最多有3个量纲互相独立的物理量。设$k=3$,取ρ,D,V为一组量纲独立变量,并进行验证。各物理量量纲的基本量纲表达式的幂次行列式不为零,则其为量纲相互独立的一组变量。

$$[\rho] = ML^{-3} = M^1L^{-3}T^0$$
$$[D] = L = M^0L^1T^0 \Rightarrow \begin{vmatrix} 1 & -3 & 0 \\ 0 & 1 & 0 \\ 0 & 1 & -1 \end{vmatrix} \neq 0$$
$$[V] = LT^{-1} = M^0L^1T^{-1}$$

接下来,利用ρ,D,V对余下的$n-k=5-3=2$个物理量μ和F_D进行无量纲化,并得到两个相似参数:$\pi_1 = \dfrac{\mu}{\rho DV}, \pi_2 = \dfrac{F_D}{\rho V^2 D^2}$。注意到,$\pi_1$和$\pi_2$分别与$1/Re$和$C_D$有关。因此,关系式可写作$f'(Re,C_D)=0$。$C_D$-$Re$曲线见图2.1。

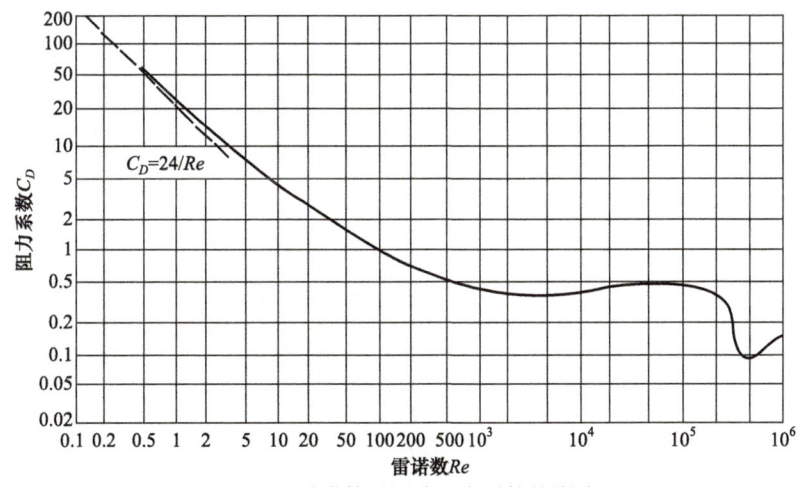

图2.1 雷诺数对圆球阻力系数的影响

π定理不仅可以使一个实验的结果能够推广到其他相同相似流动的问题,它还可以用来整理实验数据得到简洁的关系表达式,显著减少实验参数和次数。

获得相似参数的方法还有定律分析法和方程分析法,在这里做简单的介绍。

定律分析法从一致的物理定律出发,利用相似理论确定相似参数。例如,当研究对象为圆管流动时,如图2.2所示,首先保证原型和模型的几何相似。

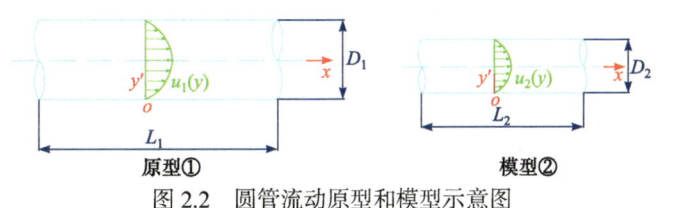

图2.2 圆管流动原型和模型示意图

如果研究考虑黏性影响，那么就要求原型和模型流动的黏性力和惯性力之比相等。接下来，计算黏性力和惯性力的比值。

$$F_\tau = \mu \frac{\mathrm{d}u}{\mathrm{d}y}\pi DL, \quad F_I = ma = \rho \frac{1}{4}\pi D^2 L \frac{\mathrm{d}V}{\mathrm{d}t}$$

$$\frac{F_\tau}{F_I} = \frac{F_{\tau m}}{F_{Im}} \Rightarrow \frac{\mu \dfrac{\mathrm{d}u}{\mathrm{d}y}}{\rho D \dfrac{\mathrm{d}V}{\mathrm{d}t}} = \frac{\mu_m \dfrac{\mathrm{d}u_m}{\mathrm{d}y_m}}{\rho_m D_m \dfrac{\mathrm{d}V_m}{\mathrm{d}t_m}}$$

若原型和模型的流动相似，则对应同一性质的物理量应保持相同的比例关系，并且等于同种类特征量的比值。则上式可以化简为

$$\frac{\mu}{\rho D V} = \frac{\mu_m}{\rho_m D_m V_m}$$

此时就可得到，原型与模型流动的相似条件包括了几何相似和 Re 数相等。

方程分析法则基于流体力学控制方程，利用特征物理量对方程进行无量纲化处理，从而得到相关的相似参数。接下来以不可压缩流动 N-S 方程为例推导相似参数。

不可压缩流动 N-S 方程为

$$\rho \frac{\mathrm{D}\boldsymbol{V}}{\mathrm{D}t} = \rho \boldsymbol{f} - \nabla P + \mu \nabla^2 \boldsymbol{V}$$

取特征物理量 $p_\infty, V_\infty, \rho_\infty, L_\infty, g_\infty, T = L/V_\infty, \mu_\infty$ 对 N-S 方程进行无量纲化，得到

$$\left(\rho_\infty \frac{V_\infty^2}{L}\right)\rho' \frac{\mathrm{D}\boldsymbol{V}'}{\mathrm{D}t'} = (\rho_\infty g)\rho \boldsymbol{f}' - \left(\frac{p_\infty}{L}\right)\nabla P' + \left(\frac{\mu_\infty V_\infty}{L^2}\right)\mu' \nabla^2 \boldsymbol{V}'$$

将两边同除 $\rho_\infty \dfrac{V_\infty^2}{L}$，得

$$\rho' \frac{\mathrm{D}\boldsymbol{V}'}{\mathrm{D}t'} = \left(\frac{gL}{V_\infty^2}\right)\rho \boldsymbol{f}' - \left(\frac{p_\infty}{\rho_\infty V_\infty^2}\right)\nabla P' + \left(\frac{\mu_\infty}{\rho_\infty V_\infty L}\right)\mu' \nabla^2 \boldsymbol{V}'$$

可以得到，方程左侧为一无量纲表达式，因此方程右侧各项亦是无量纲表达式。注意到，每一项括号外也是无量纲表达式，因此括号内的每一项也是无量纲表达式。不难发现，括号中的表达式分别与 Fr 数、Eu 数、Re 数有关，可以将其写为

$$\rho' \frac{\mathrm{D}\boldsymbol{V}'}{\mathrm{D}t'} = \frac{1}{Fr_\infty}\rho \boldsymbol{f}' - Eu_\infty \nabla P' + \frac{1}{Re_\infty}\mu' \nabla^2 \boldsymbol{V}'$$

2.1.4 π定理的应用

应用π定理导出相似准则(量纲分析法)的步骤如下。

(1) 确定影响现象的各物理量，并列成 $f(q_1,q_2,\cdots,q_n)=0$ 这种形式。q_1、q_2、$\cdots$、q_n 这些物理量应该是对所研究的问题有明显关系的物理量，显然都是变量。其中有些量在某一具体问题中可能是常量，但在一类问题中是变量，如空气密度、热导率、黏性系数等。

(2) 写出量纲矩阵，确定量纲矩阵的秩 k。选出 k 个物理量 q_1、q_2、$\cdots$、q_k，k 个物理量如满足量纲幂次行列式不为零，则可定为基本物理量。值得提出的是，基本物理量的个数应等于量纲矩阵的秩。

(3) 对于这 k 个基本物理量以外的物理量，逐个地使其与 k 个基本物理量组合成无量纲量

$$\pi_m = \frac{q_m}{q_1^{\lambda_{1m}} q_2^{\lambda_{2m}} \cdots q_m^{\lambda_{km}}}$$

$$m = 0, k+1, k+2, \cdots, n$$

式中，λ_{1m}、λ_{2m}、$\cdots$、λ_{km} 是待定的指数。

(4) π_m 是无纲量，$\dim \pi_m = L^0 M^0 T^n$，即

$$\dim q_m = \dim\left(q_1^{k_{1m}} q_2^{k_{2m}} \cdots q_k^{k_{km}}\right)$$

将各物理量的量纲代入此式，求出各个 π_m 的待定指数 λ_{1m}、λ_{2m}、$\cdots$、λ_{km}。

(5) 最后可得描述现象的无量纲关系式

$$\pi_0 = f\left(\pi_{k+1}, \pi_{k+2}, \cdots, \pi_n\right)$$

按照以上步骤，含有 $n+1$ 个有量纲的关系式，被简化成了含有 $n+1-k$ 个无纲量的关系式。后者对于描述现象来说，更具有普遍意义。由此也可看到，相似第二定理得到具体实现了。

例 2.1-1 欲实验研究低速气流绕圆球流动时的阻力特性。影响阻力 Q 的物理量有空气密度 ρ、速度 v、黏性系数 μ 和圆球直径 d。求无量纲关系式。

解 列出关系式

$$Q = f(\rho, v, d, \mu)$$

写出量纲矩阵

	ρ	v	l	μ
L	−3	1	1	−1
M	1	0	0	1
T	0	−1	0	−1

经检验该量纲矩阵的秩为3。选 ρ、v、d 三个量用量纲幂次行列式不为零。检验之，证明 ρ、v、d 可作为基本物理量。取 ρ、v、d 为基本物理量，则

$$\pi_\mu = \frac{\mu}{\rho^{\lambda_1} v^{\lambda_2} d^{\lambda_3}}$$

$$\dim \mu = \dim\left(\rho^{\lambda_1} v^{\lambda_2} d^{\lambda_3}\right)$$

已知

$$\dim \mu = L^{-1}MT^{-1}$$

$$\dim \rho = L^{-3}M$$

$$\lim v = LT^{-1}$$

$$\dim d = L$$

代入得

$$L^{-1}MT^{-1} = L^{-3\lambda_1} M^{\lambda_1} \cdot L^{\lambda_2} T^{-\lambda_2} \cdot L^{\lambda_3}$$

$$= L^{-3\lambda_1 + \lambda_2 + \lambda_3} M^{\lambda_1} T^{-\lambda_2}$$

归并同类项指数得

$$\begin{cases} -3\lambda_1 + \lambda_2 + \lambda_3 = -1 \\ \lambda_1 = 1 \\ -\lambda_2 = -1 \end{cases}$$

解之得

$$\lambda_1 = 1,\ \lambda_2 = 1,\ \lambda_3 = 1$$

代入到 π_μ 式中，得

$$\pi_\mu = \frac{\mu}{\rho v d}$$

再将 Q 与基本物理量组合成无量纲量

$$\pi_Q = \frac{Q}{\rho^{\lambda_1} v^{\lambda_2} d^{\lambda_3}}$$

$$\dim Q = \dim\left(\rho^{\lambda_1} v^{\lambda_2} d^{\lambda_3}\right)$$

$$LMT^{-2} = L^{-3\lambda_1 + \lambda_2 + \lambda_3} M^{\lambda_1} T^{-\lambda_2}$$

解之得

$$\lambda_1 = 1,\ \lambda_2 = 2,\ \lambda_3 = 2$$

第 2 章 实验原理与误差分析

$$\pi_Q = \frac{Q}{\rho v^2 d^2}$$

这样就得到了两个无量纲量 π_Q 和 π_μ，事实上，人们在研究这类问题时一般都用雷诺数 $Re = \rho v d / \mu$ 来代替本例中的 π_μ，两者呈倒数关系，本质是一样的。此外，一般用圆球的阻力系数 $c_x = Q / \left(\frac{1}{2} \rho v^2 S \right)$ 来代替本例中导出的 π_Q，两者的本质也是一样的。这里的 S 是圆球的迎风面积。最后得到无量纲关系式

$$c_x = f(Re)$$

例 2.1-2 欲在风洞中研究某高速飞机等速直线飞行时的空气动力特性，根据经验，作用在飞机上的空气动力 R 主要取决于飞机的迎角 α、侧滑角 β、空气密度 ρ、速度 v、机翼平均气动弦长 b_A、空气黏性系数 μ、空气弹性模量 E。求无量纲关系式。

解 列出已知的关系式

$$R = f(\alpha, \beta, \rho, v, b_A, \mu, E)$$

选 ρ、v 和 b_A 为基本物理量(关于基本物理量的选定和检验方法同上例，本例和下例不再重复)。

α 和 β 本身是无量纲量，不必再作无量纲化处理。

对空气动力 R 和黏性系数 μ 进行无量纲化处理的过程同例 2.1-1，现直接写出结果

$$c_R = \frac{R}{\frac{1}{2} \rho v^2 S}$$

$$Re = \frac{\rho v b_A}{\mu}$$

这里，S 是机翼的面积。

对于空气弹性模量 E，由 π 定理可得

$$\pi_E = \frac{E}{\rho^{\lambda_1} v^{\lambda_2} b_A^{\lambda_3}}$$

$$\dim E = \dim \left(\rho^{\lambda_1} v^{\lambda_2} b_A^{\lambda_3} \right)$$

$$L^{-1} M T^{-2} = L^{-3\lambda_1 + \lambda_2 + \lambda_3} M^{\lambda_1} T^{-\lambda_2}$$

解之得

$\lambda_1 = 1$，$\lambda_2 = 2$，$\lambda_3 = 0$

$$\pi_E = \frac{E}{\rho v^2}$$

由 $E = \rho a^2$，a 为声速，可得马赫数 $Ma = v/a$。

最后得到

$$c_R = f(\alpha, \beta, Re, Ma)$$

例 2.1-3 在低速风洞中进行投放实验(研究投放物轨迹和投放物与母机相互干扰的风洞实验)，通过摄影确定投放物离开母机后每一瞬时质心的位置 (x, y, z) 和姿态角 θ。根据经验，有关的物理量有：母机的迎角 α、侧滑角 β、速度 v、机翼平均气动弦长 b_A、空气密度 ρ、黏性系数 μ、时间 t、重力加速度 g、投放物的质量 m、转动惯量 J、投放物离开母机时速度 v_l。求无量纲关系式。

解 (1) 列出已知的关系式

$$(x, y, z, \theta) = f(\alpha, \beta, \rho, v, b_A, \mu, t, g, m, J, v_l)$$

选 ρ、v、b_A 为基本物理量。

(2) 根据 π 定理可写出 π_t 为

$$\pi_t = \frac{t}{\rho^{\lambda_1} v^{\lambda_2} b_A^{\lambda_3}}$$

$$\dim t = \dim\left(\rho^{\lambda_1} v^{\lambda_2} b_A^{\lambda_3}\right)$$

$$T = L^{-3\lambda_1 + \lambda_2 + \lambda_3} M^{\lambda_1} T^{-\lambda_2}$$

解之得

$$\lambda_1 = 0，\quad \lambda_2 = -1，\quad \lambda_3 = 1$$

$$\pi_t = \frac{t}{b_A / 0} = \frac{vt}{b_A}$$

这个相似准则一般写为斯特劳哈尔数 $St = b_A / (vt)$。

(3) 根据 π 定理可写出 π_g 为

$$\pi_g = \frac{g}{\rho^{\lambda_1} v^{\lambda_2} b_A^{\lambda_3}}$$

$$\dim g = \dim\left(\rho^{\lambda_1} v^{\lambda_2} b_A^{\lambda_3}\right)$$

$$LT^{-2} = L^{-3\lambda_1 + \lambda_2 + \lambda_3} M^{\lambda_1} T^{-\lambda_2}$$

解之得

$$\lambda_1 = 0, \quad \lambda_2 = 2, \quad \lambda_3 = -1$$

$$\pi_g = \frac{g}{v^2/b_A}$$

此相似准则一般写为弗劳德数 $Fr = v/\sqrt{b_A g}$。

(4) 根据 π 定理写出 π_m 为

$$\pi_m = \frac{m}{\rho^{\lambda_1} v^{\lambda_2} b_A^{\lambda_3}}$$

$$\dim m = \dim\left(\rho^{\lambda_1} v^{\lambda_2} b_A^{\lambda_3}\right)$$

$$M = L^{-3\lambda_1 + \lambda_2 + \lambda_3} M^{\lambda_1} T^{-\lambda_2}$$

解之得

$$\lambda_1 = 1, \quad \lambda_2 = 0, \quad \lambda_3 = 3$$

$$\pi_m = \frac{m}{\rho b_A^3}$$

(5) 根据 π 定理可写出 π_J 为

$$\pi_J = \frac{J}{\rho^{\lambda_1} v^{\lambda_2} b_A^{\lambda_3}}$$

$$\dim J = \dim\left(\rho^{\lambda_1} v^{\lambda_2} b_A^{\lambda_3}\right)$$

$$L^2 M = L^{-3\lambda_1 + \lambda_2 + \lambda_3} M^{\lambda_1} T^{-\lambda_2}$$

解之得

$$\lambda_1 = 1, \quad \lambda_2 = 0, \quad \lambda_3 = 5$$

$$\pi_J = \frac{J}{\rho b_A^5}$$

(6) 除以上四个相似准则外，α、β 和 θ 本身是无量纲量，并可知 $\pi_x = x/b_A$、$\pi_y = y/b_A$、$\pi_z = z/b_A$、$\pi_{vl} = vl/v$，而 π_μ 显然为雷诺数 Re。最后可得

$$\left(\frac{x}{b_A}, \frac{y}{b_A}, \frac{z}{b_A}, \theta\right) = f\left(\alpha, \beta, Re, Sr, Fr, \frac{m}{\rho b_A^s}, \frac{J}{\rho b_A^5}, \frac{v_l}{v}\right)$$

2.2 实 验 设 计

空气动力学实验分为一般性实验、实物实验和模型实验。实物实验如飞机飞

行实验和导弹实弹发射实验等,不会发生模型和环境等模拟失真问题,一直是鉴定飞行器气动性能和校准其他实验结果的最终手段,这类实验的费用昂贵,条件也难控制,而且不可能在产品研制的初始阶段进行,故空气动力学实验一般多指模型实验。空气动力学实验按空气(或其他气体)与模型(或实物)产生相对运动的方式不同可分为3类:①空气运动,模型不动,如风洞实验;②空气静止,物体或模型运动,如飞行实验、模型自由飞实验(有动力或无动力飞行器模型在空气中飞行而进行实验)、火箭橇实验(用火箭推进的在轨道上高速行驶的滑车携带模型进行实验)、旋臂实验(旋臂机携带模型旋转而进行实验)等;③空气和模型都运动,如风洞自由飞实验(相对风洞气流投射模型而进行实验)、尾旋实验(在尾旋风洞上升气流中投入模型,并使其进入尾旋状态而进行实验)等。进行模型实验时,应保证模型流场与真实流场之间的相似,即除保证模型与实物几何相似以外,还应使两个流场有关的相似准数,如雷诺数、马赫数、普朗特数等相等。

空气动力学实验的设计,即对空气动力学实验的一种安排,需要考虑实验的对象与模型的相似性,所要解决的动力学问题类型,实验结论赋予的普适性,实验采用的技术手段,每次实验的耗资耗时等方面,选取适当的实验变量、目标和方法,从而给出空气动力学实验构建具体的实施方案和数据分析框架。

2.2.1 DOE介绍

实验设计(DOE)是研究正确的设计实验计划和分析数据的数理统计理论和方法,是研究输入和输出因素之间关系的结构化主动过程。同时考虑和控制多个输入因素,通过改变过程的输入因素,观察其相应的输出响应的变化,从而获取关于这个过程的知识,以确保对(多个)输出响应的影响是有因果关系与统计关系的,确定各个输入因素的重要性和各输入因素如何影响输出响应,并如何达到最优化过程的目的。

20世纪20年代研究育种的科学家Dr.Fisher是世界公认的实验设计方法策略的创造者,随着50年代的技术革命和80年代计算机技术的快速发展,DOE方法在工业界得以普及和发展。英国统计学家对于实验设计也有巨大的贡献,他也是将统计数据运用于实验的首批推行者之一,在第二次世界大战期间发展了响应曲面方法(RSM),在全世界普遍使用,使得实验设计的理论和方法达到了一个全新的高度。1963年我国引进了实验计划法,优选法、正交实验法在全国推广、应用。

实验实际上是研究人员在各个研究领域都会进行的,通常是要发现一个特定过程或系统的某些规律。而实验设计是一种安排实验和分析实验数据的数理统计方法,实验设计主要对实验进行合理安排,以较小的实验规模、较短的实验周期,以及较低的实验成本获得理想的实验结果和正确的结论。其研究过程可用图2.3表示。

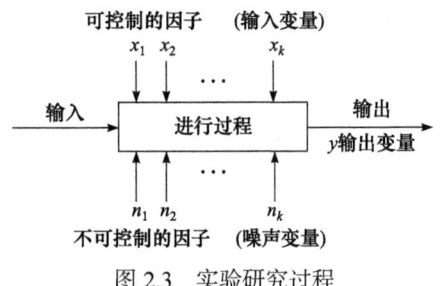

图 2.3 实验研究过程

在空气动力学实验中，风洞实验是不可或缺的实验手段，如何通过实验设计的方法，科学地研究各个变量对于气动力的影响以及变量之间的关系，并对得到的实验数据进行正确的数理统计分析处理，是目前空气动力学实验最基本的问题。

实验设计的主要目的包括关键因素 X 的确认和影响程度的掌握、掌握选中的重要的 X 之间的交互效应、建立 Y 与 X 关系的预测模型以及确定达到某一 Y 的最适合的 X 的条件等。

简单地说，设计实验的重要目的主要有两个：第一，它允许使用最小的资源分配来回答问题，即提高生产力；第二，它控制了做出不当推断的可能性，即提高质量。

实验设计一般都会遵循两个原则：不一次只改变一个因素，而是一次改变很多因素；在分析阶段分离出个别因素的影响。

例如，对于一个存在两个变量：机翼挠度和缝隙的带襟翼的机翼升力测量实验，如图 2.4 所示。首先，在传统的实验设计中，常使用一次改变一个变量的方法(one factor at the time)，但实际上不同挠度襟翼会导致机翼升力变化不同，即

$$\text{Lift}_{\text{total}} \neq \text{Lift}_{\text{flap1}} + \text{Lift}_{\text{flap2}} + \text{Lift}_{\text{flap3}} + \cdots$$

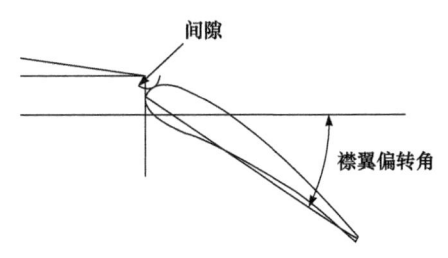

图 2.4 带襟翼的机翼升力测量实验

其次，什么组合的襟翼偏转和间隙会对升力有最大的提升？通过图 2.5 的高度图，我们可以找出最大升力的方向，可以看出，不仅单个参数会影响升力，其参数组合也会影响升力。

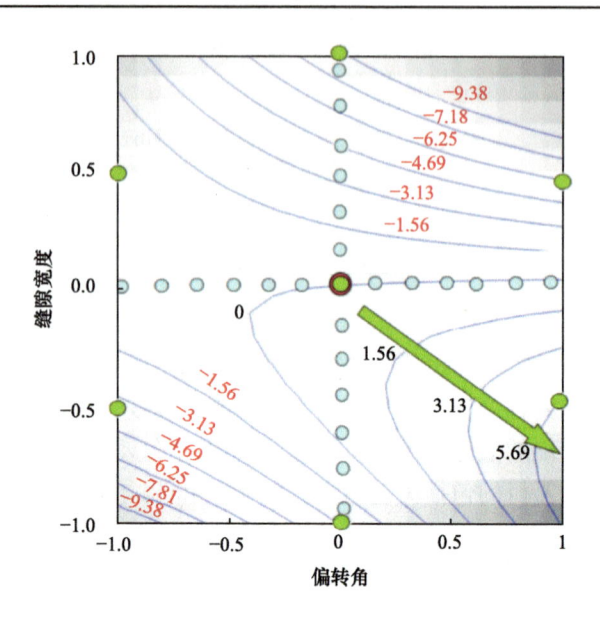

图 2.5　襟翼偏转和间隙对升力的影响

2.2.2　DOE 的统计学原理

首先介绍正态分布中心极限定理。

该定理表明，大量独立的等分布随机变量的和将具有近似正态分布，如图 2.6 所示。

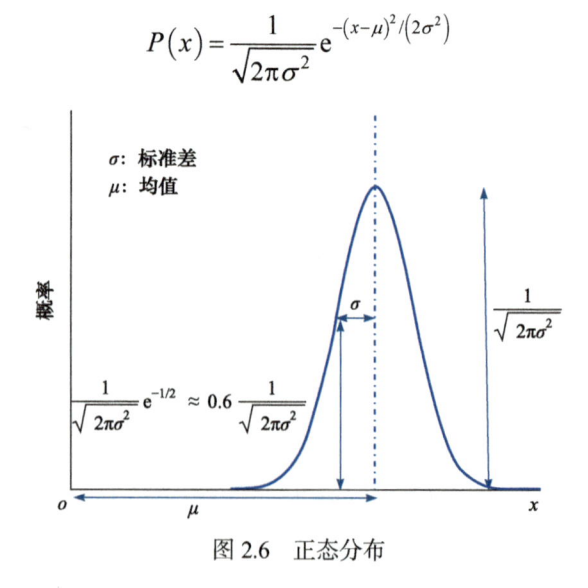

$$P(x) = \frac{1}{\sqrt{2\pi\sigma^2}} e^{-(x-\mu)^2/(2\sigma^2)}$$

图 2.6　正态分布

正态分布与我们的生活息息相关，在生活中有很多规律都属于正态分布，如树皮的厚度、成年人的血压、股票价格、智商测试、实验测量误差等。

如图 2.7 所示，一般在统计学中采用 σ 来量化随机误差(精度、重复性和再现性)，用 β 来表示系统误差(偏差)。

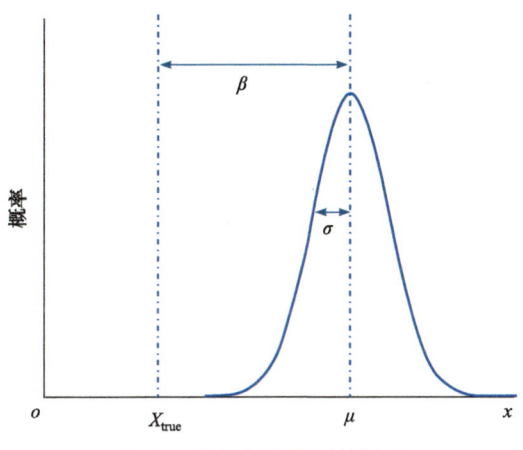

图 2.7　随机误差和系统误差

2.2.3　DOE 的操作步骤

粗略地说，完整的实验应该包含计划、实施、分析及得出结果四个阶段。

1. 计划阶段

计划阶段主要可以分为阐述目标、选择响应变量、选择因子及水平、选择实验计划。在阐述目标时，通常所有团队成员都要投入讨论，明确目标及要求。在选择响应变量时，实验者应该确定这一个变量会为研究过程提供有用的信息，最经常的是取测量特性的平均值或标准差为响应变量。在选择因子及水平时，应该用流程图及因果图先列出所有可能对响应变量有影响的因子清单，然后根据数据和各方面的知识进行细致分析做初步筛选。在选择实验计划时，应根据实验目的，选择正确的实验类型，确定区组状况、实验次数，并按随机化原则安排好实验顺序及实验单元的分配，排好计划矩阵。

2. 实施阶段

在进行实验时，谨慎监视实验的过程以确保每件事情都按计划做完是非常重要的。严格按照计划矩阵的安排进行实验，除了记录响应变量的数据外，还要详细记录实验过程的所有状况，包括环境、材料、操作员等。实验中的任何非正常数据也应该予以记录，以便日后分析使用。该阶段中实验方法的错误通常会破坏实验的有效性。

3. 分析阶段

分析数据应该用统计办法，使得结果和结论都是客观的。如果实验正确设计并按计划实施了，则所需统计方法不需要专门准备，可以使用 MINITAB 等统计工具进行复杂的数理统计。从本质上来说，应用统计方法不允许利用实验来证明任何事情，但是统计方法允许我们去度量结论中可能出现的误差或对于一个命题加上置信水平。统计方法的基本优点是它对做出判决的过程加入了客观性。统计方法和好的工程知识以及常识结合在一起通常会导出正确的结论。分析中应包括对数据的各种检验与检查，各种图形比较，拟合选定模型、残差诊断、评估模型的适用性并设法改进模型等。当模型最终确定后，要对此模型给出的结果做出必要的分析、解释及推断，从而提出重要因子的最佳设定及响应变量的预测。

4. 得出结果

在数据分析之后，实验者必须写出有关实验结果的实践结论并推荐行动线路。在这一阶段，图解法是很有用的，特别是在给其他人介绍成果时。除此之外还需要进行跟踪实验与确认实验以证实实验所得结论的正确性。当认定结果已经基本达到目标后，给出验证实验的预测值，并做验证实验，以验证最佳设置是否真的有效。

在整个过程中，实验是学习过程的一个重要部分，在学习过程中，我们暂时提出关于系统的假设，然后进行实验来研究这些假设，根据实验结果又提出新的假设，如此等等。这表明，实验是迭代式地逐步深化的。一种常见的错误，就是在研究一开始，就去设计一个单一的、庞大的、内容广泛的实验。一个成功的实验需要重要因子的知识，这些因子可能变化的整个范围，使用合适的水平个数以及合适这些变量的度量单位。一般来说我们并不知道这些问题的答案，但是我们要不断加深对它们的认识。

2.2.4 实验策略与计划

1. 实验计划与实验类型

实验计划要考虑到实验的目标、实验指标、实验因子与水平，也要考虑到实验成本、时间、材料、人员、设备以及测量系统，同时还要考虑随机化，实验的区组安排，实验样本，还要观察有哪些噪声因子干扰或影响实验结果等。一般应该基于以下考虑：保持实验简单、通过一个能够达到目标的少量实验代替一个量大繁杂的实验、使用序贯实验，在大量实验前做一个试探性实验，在大量因子中识别少量的关键因子，用响应曲面方法优化少量关键因子，用验证实验来验证结果、把复杂系统拆分成子系统，安排小实验、把连续工艺拆分成独立步骤，安排小实验、利用经验来计划实验。

在工程中常用的实验类型有序贯实验、筛选实验、二级实验设计、稳健实验、敏感性实验、验证实验、跟随实验、试探性实验等。据不同的研究内容，实验设计可以进行多种方法的分类。根据实验因子的不同，可以分为单因子和多因子；根据实验的目的，可以分为析因实验和回归实验；在考虑区组的设计中，常用的有完全随机化设计，在考虑区组的设计中，常用的有配对比较设计、随机区组设计、部分平衡不完全区组设计等；根据因子效应是固定效应还是随机效应可以分为两大类，固定效应中又可以分为单项分类、双向分类和多向分类，随机效应中主要是应用嵌套设计或称方差分量模型。

2. 实验设计的基本原则：仿行、划分区组和随机化

有三个基本原则在实验设计中必须考虑：仿行(replication)、划分区组(blocking)和随机化(randomization)。

仿行是指一个处理施于多个实验单元。这些单元是在统计推断中一个处理所形成的总体的代表，它可以使人们对实验误差的大小进行估计。需要注意的是，仿行一定要进行不同单元的重复，而不能仅进行同单元的重复(repetition)。即我们一定要重新做实验，而不能仅重复观测或重复取样，以同单元重复得到差异来估计随机误差将会降低实验误差，所得结论是不可信的。重复或重复测量允许我们估计 S_y：

$$\sigma_y \approx S_y = \left[\frac{1}{n-1}\sum_{i=1}^{n}(y_i-\bar{y})^2\right]^2$$

随机化的含义是以完全随机的方式安排各次实验的顺序或所用的实验单元，这样做的目的是防止那些实验者未知的但可能会对响应变量产生的某种系统的影响。图 2.8 给出了顺序排列实验与随机排列实验得到迎角与升力系数变化的曲线。

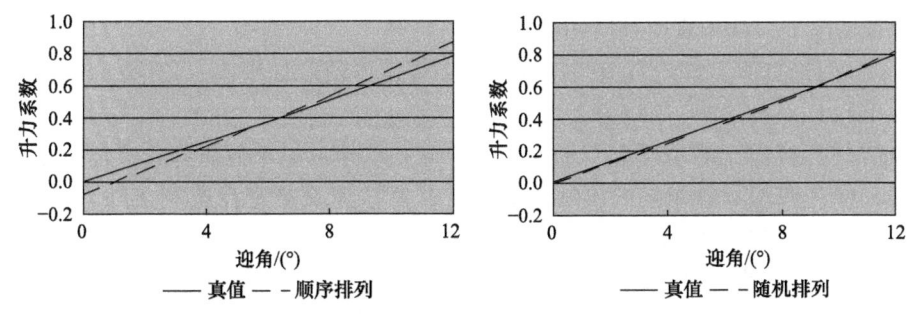

图 2.8 顺序排列实验与随机排列实验得到的升力系数随迎角变化曲线

划分区组是指将存在差异的不同实验单元按某种方式分成组，每一组内保证

差异较小，即具有同质齐性(homogeneous)，则可以在很大程度上消除由于较大实验误差所带来的分析上的不利影响，是纠正偏置偏移的关键。一组同质齐性的实验单元称为一个区组(block)，将全部实验单元划分为若干区组的方法称为划分区组或区组化。通过在同一个区组内比较处理间的差异，就可以使区组效应在各处理效应的比较中得以消除，从而使对整个实验的分析更加有效。例如，测量飞机轮胎在飞机跑道上的摩擦力实验。在这种情况下，我们要寻找向下的力和摩擦力之间的关系，在早上和晚上的测量之间可能会有系统的差异，通过划分区组可以有效地消除时间的影响。

2.3 实验误差分析

2.3.1 基本概念

1. 测量的基本概念

测量分为直接测量和间接测量两种方式。直接测量是指用测量工具或仪器进行测量后可直接给出待测物理量的测量值，如用米尺量物体可直接知道物体的长度。间接测量是指测量与待测量有一定函数关系的其他量，再依据函数关系获得待测量的值，如测量流体流动的速度，通过测量单位时间内示踪粒子的位移得到速度，这就是一种间接测量。这里要注意，使用间接测量计算最终待测量时往往会有误差的传递，与直接测量和间接测量在对测量结果进行不确定度评估时有不同的方法，相关内容在2.3.3节会有提及。

2. 真值

真值是指一个量被观测时，该量本身所具有的真实大小。量的真值是理想的概念。一般来讲，一个量的真值是难以确切知道的。为了使用上的需要，在下面的几种情况下，认为真值是已知的。

(1) 理论真值。理论真值是指在理论上规定的值。如平面三角形三个内角之和为 π (rad)；一个整圆周角为 2π (rad)。

(2) 法定真值。法定真值又称法定标准量。法定计量单位认为真值是已知的。例如，保存在国际计量局的国际千克基准，是按定义规定在特定条件下的值，1000cm^3 的纯水在4℃时的质量可以认为是真值1kg。

(3) 约定真值。约定真值是指用来满足规定准确度，代替真值而使用的量值。通常把高一等(级)的测量器具所测得的量值作为约定真值。例如，用某压强计测量某点的压强，测得值为 1013Pa，用准度更高的仪器测量同一压强的测得的值为 1012.5Pa，则后者可视为约定真值。

真值是指在一定时空条件下被测物理量的理想值,只能无穷地接近而无法准确表达。表达测量结果时,一般用修正过的测量值的算数平均值代替,因此实验结果一般表达为:测量结果=算数平均值+不确定度。

3. 误差的表达方法

(1) 绝对误差。测量结果和被测量真值之间的差值称为绝对误差,简称误差。

$$绝对误差 = 测量结果 - 真值$$

绝对误差可为正值或负值。绝对误差的正负号反映测量结果相对于真值的偏离方向。

(2) 误差的绝对值。不考虑正负号的误差称为误差的绝对值。

(3) 相对误差。相对误差为绝对误差与真值的百分比。

$$绝对误差 = \frac{测量结果 - 真值}{真值} \times 100\%$$

4. 误差的分类

误差的分类方法有很多种。通常,为了便于对测量值所包含的误差进行分析和处理,可按照误差的特点和性质,把误差分为随机误差、系统误差和粗大误差三类。

1) 随机误差

随机误差为多次测量同一被测量过程中,绝对值和符号以不可预测方式变化的测量误差的分量。随机误差具有随机变量的特点,一定条件下服从这类误差来源于测量中的随机因素,包括实验装置操作上的变动性、判断和估计读数上的变动性,以及测量环境不稳定性等。

2) 系统误差

系统误差为多次测量同一被测量过程中,误差的数值在一定条件或以可预知方式变化的测量误差的分量。此类误差来源于测量仪器本身、实验流程、实验方式、环境条件等。一旦发现系统误差,要想办法减小并加以修正。

3) 粗大误差

超出在规定条件下预期的误差称为粗大误差。引起粗大误差的原因有错误读取测量器具的示值,使用有某种缺陷的测量器具,使用测量器具的方法不正确等。

5. 仪表的准确度(精度)

测量仪表的准确度是指测量仪表给出接近于真值的响应能力。仪表的准确度等级是指符合一定的计量要求,使误差保持在规定极限以内的测量仪表的等级。

与仪表准确度(精度)等级相关的术语：示值误差=示值−对应输入量的标准值；示值相对误差=(示值误差/示值)×100%；示值引用相对误差=(示值误差/满量程值)×100%；允许的最大引用相对误差=(最大示值误差/满量程值)×100%，即仪表准确度(精度)。如 0.5 级精度的指针式电压表，即精度为 0.5%。如果满量程为 100V，则该电压表允许的最大示值误差为±0.5V。

6. 准确度和精确度

反映测量结果与真值接近程度的量称为准确度。它与误差大小是相对应的。根据上述误差的性质和分类，可分别定义如下。

(1) 准确度也称准度，用来描述测量结果与被测量真值之间一致的程度，指在一定实验条件下多次测定的平均值与真值相符合的程度，用来表示在规定的条件下，测量中所有系统误差的大小；

(2) 精确度也称精度，精确度是指在一定的条件下对同一量进行多次测量时，所得测量的结果彼此之间符合的程度，用来表示测量结果中随机误差大小的程度；

(3) 精准度用来描述测量结果与真值相符合的程度，用来综合描述测量结果中系统误差和随机误差的大小。

使用打靶的例子可对其三个概念有更直观的理解。图 2.9 表示四名射击者的打靶成绩。图 2.9 给出的圆环圆心黑点代表真值，圆环中星形的点代表多次重复测量的结果。在图 2.9(a)中，测量值不但偏离真值，而且没有规律，表明系统误差

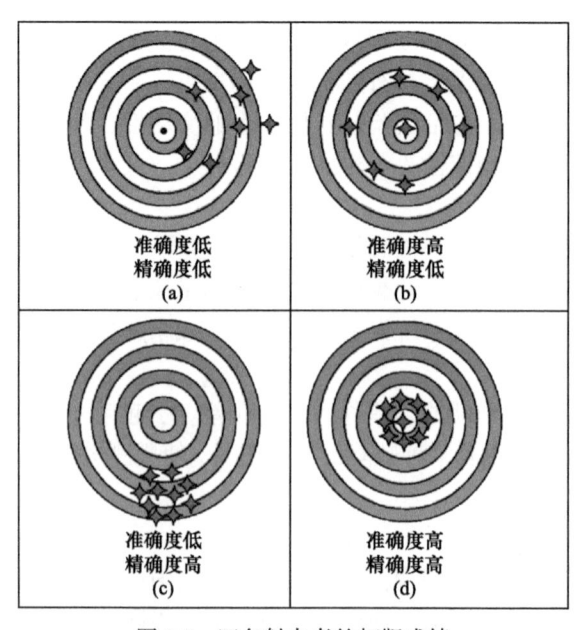

图 2.9 四名射击者的打靶成绩

和随机误差都比较大,即准确度和精确度均比较低。在图 2.9(b)中,测量点有规律地分布在真值周围,其平均值与真值相等,为系统误差小而随机误差大,即准确度高而精确度低。在图 2.9(c)中,测量点集中在一个范围,但是其平均值明显偏离真值,为系统误差大而随机误差小,即准确度低而精确度高。在图 2.9(d)中,测量值比较集中,并且非常接近真值,其均值可认为与真值相等,此时系统误差和随机误差都较小,即精准度较高。

2.3.2 误差理论与误差处理方法

1. 随机误差

1) 随机误差的特性

随机误差也称偶然误差,是在实验过程中由各种偶然因素的微小变化而产生的。例如,实验周围环境或操作条件的微小波动;测量对象的自身涨落;测量仪器指示数值的变动性;观测者在判断和估计读数上的变化等。这些因素的共同作用使得测量值围绕着测量的平均值发生有涨落的变化,这种变化量就是各次测量的偶然误差。可见随机误差的来源是非常复杂的,不能像处理系统误差那样予以修正。然而,通过对某一物理量进行足够多次的测量,随机误差具有下列的统计分布规律。

(1) 单峰性:测量值与真值相差越小,这种测量值(或误差)出现的概率(可能性)越大,与真值相差越大的误差,则出现的概率越小。

(2) 有界性:绝对值很大的误差出现的概率趋近于零。也就是说,总可以找到这样一个误差极限,某次测量的误差超过此限值的概率小到可以忽略不计。

(3) 对称性:绝对值相等、符号相反的正、负误差出现的概率相等。

(4) 抵偿性:偶然误差的算术平均值随测量次数的增加而减小。

2) 随机误差的高斯正态分布

随机误差大小出现的概率分布是由德国数学家和理论物理学家高斯于 1795 年推导得出的,因而称为高斯误差分布函数,也称正态分布函数。

(1) 分布函数。

等精度测量 N 次,记为 $x_1, x_2, \cdots, x_N$,绝对误差为 $\xi_1, \xi_2, \cdots, \xi_N$,测量值的算数平均值为

$$\bar{x} = \frac{1}{N} \sum_{i=1}^{N} x_i$$

测量值的绝对误差的均方值为

$$\sigma^2 = \frac{1}{N} \sum_{i=1}^{N} \xi_i^2$$

测量误差的均方根值也称为测量误差的标准偏差

$$\sigma = \sqrt{\frac{1}{N}\sum_{i=1}^{N}\xi_i^2}$$

随机误差正态分布的概率密度函数 $f(\xi)$ 为

$$f(\xi) = \frac{1}{\sigma\sqrt{2\pi}}\exp\left(-\frac{\xi^2}{2\sigma^2}\right) = \frac{h}{\sqrt{\pi}}\exp\left(-h^2\xi^2\right)$$

式中，$h = \frac{1}{\sqrt{2}\sigma}$ 为精密度指数，σ 越小则 h 越大，曲线越尖，表示 ξ 离散性越小。

(2) 置信度。

由随机误差正态分布的概率密度函数 $f(\xi)$ 做概率密度分布图像如图 2.10 所示。

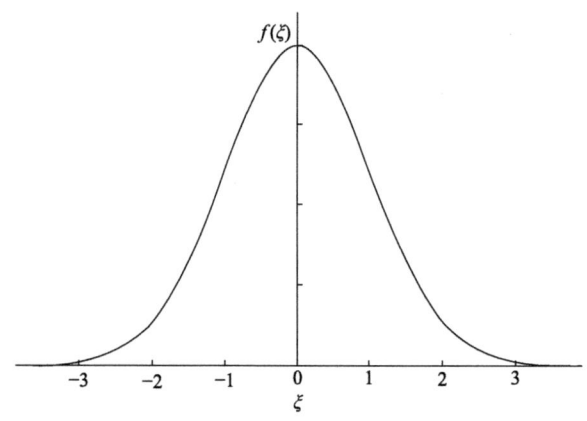

图 2.10　随机误差正态分布的概率密度函数 $f(\xi)$

根据公式，落在 ξ 与 $\xi+\mathrm{d}\xi$ 之间的随机误差的概率为

$$p(\xi) = f(\xi)\mathrm{d}\xi$$

对于服从正态分布的误差，误差介于 $\pm\sigma$ 区间的概率为

$$p(|\xi|<\sigma) = \int_{-\sigma}^{\sigma} f(\xi)\mathrm{d}\xi \approx 68.3\%$$

误差介于 $\pm 2\sigma, \pm 3\sigma$ 区间的概率为

$$p(|\xi|<2\sigma) = \int_{-2\sigma}^{2\sigma} f(\xi)\mathrm{d}\xi \approx 95.4\%$$

$$p(|\xi|<3\sigma) = \int_{-3\sigma}^{3\sigma} f(\xi)\mathrm{d}\xi \approx 99.7\%$$

超出 3σ 的概率仅为 0.3%，因此 3σ 被称为极限误差，一般不可能出现，这也被称为拉依达准则，实验数据处理中，可以通过拉依达准则来剔除有明显偏差的数据。

概率密度函数 $f(\xi)$ 客观地描述了正态分布的随机误差的概率分布特性。形成正态分布的条件是：引起随机误差的因素很多，各因素并非一定是正态分布的，但其总的影响是呈正态分布的。在一般测量工作中出现这种情况的可能性很大，因此一般测量列中的随机误差大多数呈正态分布。但正态分布并不是随机误差的唯一分布形式，在实际工作中也可能会遇到其他的分布形式，因相对较少，这里不再一一介绍。

3) 用测量值残差表达的标准偏差 σ_v

实际测量中无法得到真值，也因此不能计算绝对误差。但可以用残差 v_i 表达测量值的标准偏差 σ_v。这里介绍使用贝塞尔公式法求 σ_v

已知绝对误差 $\xi_i = x_i - A$，其标准偏差 $\sigma = \sqrt{\dfrac{1}{N}\sum_{i=1}^{N}\xi_i^2}$。如果残差表达为

$$v_i = x_i - \overline{x}$$

其中，$\overline{x}$ 为算术平均值。根据方差的基本运算法则，得到残差 v_i 与绝对误差 ξ_i 的关系为

$$\sum_{i=1}^{N}v_i^2 = \frac{N-1}{N}\sum_{i=1}^{N}\xi_i^2$$

根据标准偏差 σ 的定义，用残差 v_i 表达的测量值的标准偏差 σ_v 为

$$\sigma_v = \sqrt{\frac{1}{N-1}\sum_{i=1}^{N}v_i^2}$$

这就是等精度有限次测量时，用残余误差估算测量列单次测量标准偏差的公式。标准偏差 σ 不是一个具体的误差，σ 是作为相同条件下重复多次测量中，任一单次测得值对该测量列的算术平均值分散度的一个统一评定标准。在实际相同的条件下所进行的测量称为等精度测量，即测得值的 σ 相等。

4) 测量算术平均值的标准偏差 σ_s

前面介绍过，实际测量中，一般用残差替换绝对误差来表达测量值的标准偏差。我们当然希望知道这种替换的误差是多少，也就是用算术平均值替换真值带来的误差。首先我们解释为什么可以用算术平均值代替真值，然后推导其标准偏差。

(1) 真值与算术平均值。

最小二乘法指出，对等精度的多个测量值，最佳值是使各测量值的误差的平

方和为最小时所求的值，以下是推导过程。

绝对误差
$$\xi_i = x_i - A, \quad i = 1, 2, \cdots, N$$

算术平均值
$$\bar{x} = \frac{1}{N}\sum_{i=1}^{N} x_i$$

设各测量值的绝对误差的平方和为 Q，则有
$$Q = \sum_{i=1}^{N} \xi_i^2 = \sum_{i=1}^{N}(x_i - A)^2$$

Q 对 A 求导并取极值
$$\frac{\mathrm{d}Q}{\mathrm{d}A} = 2\sum_{i=1}^{N}(x_i - A) = 0, \quad A = \frac{1}{N}\sum_{i=1}^{N} x_i = \bar{x}$$

显然 A 等于算术平均值时 Q 值最小。因此，足够次数的等精度测量的算术平均值是最佳测量值。

(2) 算术平均值的标准偏差 σ_s。

下面对用算术平均值 $\bar{x}$ 代替真值 A 的误差进行推导。算术平均值的绝对误差 $s = \bar{x} - A$，算术平均值的标准偏差 σ_s 与测量值的标准偏差 σ_v 有如下关系(根据方差的基本法则)

$$\sigma_s = \sqrt{\frac{\sigma_v^2}{N}} = \sqrt{\frac{\sum(x_i - \bar{x})^2}{N(N-1)}} = \sqrt{\frac{\sum v_i^2}{N(N-1)}}$$

由上式可知，在 N 次等精度测量中算术平均值的标准偏差 σ_s 是单次测量的标准偏差 σ_v 的 $1/\sqrt{N}$。N 越大，所得的算术平均值越接近真值，测量的精确度越高。因此在科学实验中，增加测量次数可以提高测量精度，减小随机误差。但是，由于测量精度是与测量次数的平方根成反比，在 $N>10$ 后，σ_s 已减小得非常缓慢。此外，测量次数越多，越难保证测量条件的恒定，从而带来新的误差。因此，一般情况下取 $N<10$ 较为适宜。

2. 系统误差

系统误差是数值和符号不变的或按某一确定规律变化的误差。系统误差往往比随机误差大得多，即使增加测量次数也不会减小系统误差。因此，系统误差对测量结果的准确度影响较大。通常须投入大量的人力和物力来找出实验过程中可能出现的系统误差，并设法减小或修正。

1) 系统误差的类型

系统误差产生的原因主要来自仪器误差、装置误差、操作误差、外界误差、方法误差等。系统误差的变化规律大致可分为以下几种。

(1) 不变的系统误差。

在整个测量过程中，误差符号和大小固定不变的系统误差，称为不变的系统误差。例如，某量块的公称尺寸为10mm，实际尺寸为10.001mm，误差为–0.001mm，若按公称尺寸使用，始终会存在–0.001mm的系统误差。

(2) 线性变化的系统误差。

在整个测量过程中，随着测量值或时间的变化，误差值是成比例地增大或减小，称为线性变化的系统误差。例如，某刻度在外力作用下被拉伸，产生塑性形变，如果用此刻度尺测量长度，则会产生随测得值大小线性变化的系统误差，即测量值越大，误差越大。

(3) 非线性变化的系统误差。

非线性的系统误差可用多项式来描述它的非线性关系。例如，电阻与温度的关系为

$$R_T = R_{20} + \alpha(T-20) + \beta(T-20)^2$$

式中，R_T 表示温度为 T 时的电阻；R_{20} 表示温度为 20℃时的电阻；α 表示电阻的一次温度系数；β 表示电阻的二次温度系数。若以 R_{20} 来代替 R_T，则所产生的电阻误差为

$$\Delta R = \alpha(T-20) + \beta(T-20)^2$$

误差曲线为一抛物线(随温度变化的)。

(4) 周期性变化的系统误差。

在整个测量过程中，若随着测量值或时间的变化，误差是按周期性规律变化的，则称为周期性变化的系统误差。例如，仪表指针的旋转中心与刻度盘中心有偏心，则指针在任一转角引起的读数误差即为周期性系统误差。

2) 系统误差的消除与减轻

在实际测量中，如果判断出有系统误差存在，那么就必须进一步分析可能产生系统误差的因素，想方设法减小和消除系统误差。由于测量方法、测量对象、测量环境及测量人员不尽相同，因而没有一个普遍适用的方法来减小或消除系统误差。下面简单介绍几种减小和消除系统误差的方法和途径。

(1) 从产生系统误差的根源上消除。

从产生系统误差的根源上消除误差是最根本的方法，通过对实验过程中的各个环节进行认真仔细分析，发现产生系统误差的各种因素。可以从下面几个方面采取措施从根源上消除或减小误差：①近似性较好又比较切合实际的理论公式；

②尽可能满足理论公式所要求的实验条件;③能满足测量误差所要求的实验仪器;④严格保证仪器设备所要求的测量条件。

(2) 引入修正项消除系统误差。

通过预先对仪器设备将要产生的系统误差进行分析计算,找出误差规律,从而找出修正公式或修正值,对测量结果进行修正。

(3) 采用能消除系统误差的方法进行测量。

对于某种固定的或有规律变化的系统误差,可以采用交换法、抵消法、补偿法、对称测量法、半周期偶数次测量法等特殊方法进行消除。例如,采用温度补偿电路对温度值漂移大的敏感元件进行温度补偿,消除温度引起的实验误差。

采用什么方法要根据具体的实验情况及实验者的经验来决定。无论采用哪种方法都不可能完全将系统误差消除,只要将系统误差减小到测量误差要求允许的范围内,或者系统误差对测量结果的影响小到可以忽略不计,就可以认为系统误差已被消除。

3) 系统误差的消除准则

不论采用何种方法,也不论进行多少次的测定,我们不可能把系统误差完全消除,还会有残余的系统误差。那么这个残余小到什么程度才能判定系统误差已消除?

这里,我们一般使用如下准则:如果某一项或几项系统误差的代数和的绝对值 δ_x,不超过总误差绝对值 Δ_x 的最后一位有效数字的 1/2 个单位,那么根据四舍五入的原则,可将 $|\delta_x|$ 舍去,准则的公式描述如下:

(1) 当 Δ_x 有两位有效数字时,$|\delta_x|$ 满足不等式 $|\delta_x| < \frac{1}{2}\frac{|\Delta_x|}{100} = 0.005|\Delta_x|$,$\delta_x$ 即可忽略;

(2) 当 Δ_x 有一位有效数字时,$|\delta_x|$ 满足不等式 $\delta_x < \frac{1}{2}\frac{|\Delta_x|}{10} = 0.05|\Delta_x|$,$|\delta_x|$ 即可忽略。

3. 粗大误差

1) 处理可疑值的基本原则

在进行等精度的多次测量中,有时会发现某一个或几个测量值特别可疑,即相应的残差绝对值特别大。这样的结果究竟是正常的随机误差呢,还是测量中出现粗差的缘故?这就需要测量人员做出尽可能正确的回答。对这样的测量数据如果处理不当,将会严重歪曲测量结果及其精密度。对可疑测量值不应该为了追求数据的一致性而轻易舍弃。当出现可疑测量值时,应按照下列的基本原则进行处理。

(1) 仔细分析产生可疑数据的原因。如果该数据确系粗差所致，则一般总能把这些原因找出来。例如，在测量过程中，仪表指示值读错、记错、仪表突然跳动等。这样，便有充分理由把该可疑测量值作为坏值(其相应的误差为粗差，一般由过失误差引起)而剔除，并在测量中消除产生粗差的根源，或在剔除坏值后再进行测量结果的计算。

(2) 如果在测量过程中，发现可疑测量值而又不能肯定它是坏值时，可以在维持等精度条件的前提下，多增加一些测量次数，根据随机误差的对称性，很可能出现与上述结果绝对值相近且符号相反的另一个测量值。此时它们对结果的影响便会彼此近于抵消。

(3) 根据随机误差的单峰值特性，很大误差出现的机会很少。因此可人为地规定出一个准则，用以判断一个可疑误差究竟是正常的随机误差还是粗差。显然，这样的判别规则必然有一定的假设条件，因而也必然有一定的适用范围。应用最普遍的粗差判别准则有拉依达准则、肖维纳准则和格拉布斯准则等。

2) 粗大误差判别准则

(1) 拉依达准则(又称 3σ 准则)。

根据随机误差正态分布，误差大于 3σ 的量测数据出现的概率仅为 0.003，这种误差可认为不属于随机误差而是粗差，故应舍弃。此准则容许的误差比较大，舍弃的数据很少，所以它表示的实验精确度是不高的。

(2) 肖维纳(W·Chauvenet)准则。

在测量得到的 N 个数据中，若偏差大于某值 δ 可能出现的概率等于或小于 $1/2N$ 时，此数据应舍弃，即

$$[1-P(\delta)] \leqslant \frac{1}{2N}$$

这一准则又称半次准则，考虑了量测次数较少这一因素。应用时先根据量测次数N算出右端数值，再计算出 δ，最后建立判据

$$\left|X_i - \bar{X}\right| \geqslant \delta$$

当可疑数据符合上式时应舍弃，否则应保留。

2.3.3 间接测量误差的处理

在流体实验中，对长度、质量、位移等物理量能直接测量，但对速度、马赫数、雷诺数等物理量一般不能直接测量。对于这些不能直接测量的物理量，一般是通过一些直接测量的数据，再根据一定的函数关系计算出未知的物理量。这种测量称为间接测量。在实际测量工作中，我们关心的物理量更多是间接测量得到的。间接测量不可避免地带有一定的测量误差,它与直接测量误差存在什么关系？

直接测量的误差是以怎样的规律传递给间接测量量？本节我们研究的是间接测量的误差规律。

间接测量中常有两种问题。

(1) 正问题。从直接测量值的精度来估计间接测量值的精度，即精度通过确定的函数是如何综合传递的。这是在已知函数关系和给定各个直接测量值误差的情况下，计算间接测量值误差的问题，即求函数的误差。或者说是已知自变量的误差求函数的误差。

(2) 反问题。如果对间接测量值的精度有了一定的要求，那么各个直接测量值应具有怎样的测量精度，才能保证间接测量一定精度的要求。这是在已知函数关系和给定间接测量值误差的情况下，计算各个直接测量值所能允许的最大误差，即已知函数的误差求自变量的误差。

1. 间接测量量误差计算

设间接量测值 Y 与直接量测值 $X_1, X_2, \cdots, X_n$ 间具有如下的函数关系，即
$$Y = f(X_1, X_2, \cdots, X_n)$$

令 $dX_1, dX_2, \cdots, dX_n$ 分别代表 $X_1, X_2, \cdots X_n$ 的误差；dY 代表由 $dX_1, dX_2, \cdots, dX_n$ 引起的 Y 的误差，则
$$Y \pm dY = f(X_1 \pm dX_1, X_2 \pm dX_2, \cdots, X_n \pm dX_n)$$

对上式应用泰勒级数展开，并略去二阶以上微量得
$$f(X_1 \pm dX_1, X_2 \pm dX_2, \cdots, X_n \pm dX_n)$$
$$= f(X_1, X_2, \cdots, X_n) \pm \left(\frac{\partial f}{\partial X_1} dX_1 + \frac{\partial f}{\partial X_2} dX_2 + \cdots + \frac{\partial f}{\partial X_n} dX_n \right)$$

可见
$$dY = \frac{\partial f}{\partial X_1} dX_1 + \frac{\partial f}{\partial X_2} dX_2 + \cdots + \frac{\partial f}{\partial X_n} dX_n$$

这是函数 $f(X_1, X_2, \cdots X_n)$ 的全微分，Y 的极限绝对误差
$$dY = \left| \frac{\partial f}{\partial X_1} dX_1 \right| + \left| \frac{\partial f}{\partial X_2} dX_2 \right| + \cdots + \left| \frac{\partial f}{\partial X_n} \right|$$

如果分别对 $X_1, X_2, \cdots, X_n$ 进行 n 次重复测量，根据上式，则单次量测误差
$$dY_i = \frac{\partial f}{\partial X_1} dX_{1i} + \frac{\partial f}{\partial X_2} dX_{2i} + \cdots + \frac{\partial f}{\partial X n_1} dX_{ni}$$

将 n 次量测结果两边平方后求和，由于正负误差出现的概率相等，当 n 足够大时，

$\sum_{j \neq k}^{n} \mathrm{d}X_{ji} X_{ki} = 0$，有

$$\sum_{i=1}^{n}(\mathrm{d}Y_i)^2 = \left(\frac{\partial f}{\partial X_1}\right)^2 \sum_{i=1}^{n}(\mathrm{d}X_1)^2 + \left(\frac{\partial f}{\partial X_2}\right)^2 \sum_{i=1}^{n}(\mathrm{d}X_2)^2 + \cdots + \left(\frac{\partial f}{\partial X_n}\right)^2 \sum_{i=1}^{n}(\mathrm{d}X_n)^2$$

两边除 n，开方后得传递的标准误差

$$\sigma_Y = \sqrt{\left(\frac{\partial f}{\partial X_1}\right)^2 \sigma_1^2 + \left(\frac{\partial f}{\partial X_2}\right)^2 \sigma_2^2 + \cdots + \left(\frac{\partial f}{\partial X_n}\right)^2 \sigma_n^2}$$

2. 自变量误差限度计算

间接测量遇到的另一类问题是在测量前给定了间接测量量误差的允许值，要求确定各直接测量量允许的误差范围，从而合理地选择仪器，即通常所说的间接测量量的随机误差分配问题。

间接测量量的随机误差分配问题实际上是在上式中，已知 σ_Y，求两个以上的未知数 σ_{Xi}，在数学上是不可能的。为此，一般按下列步骤处理。

首先假设各个直接测量的量对间接测量量所引起的误差均相等，即假定各自变量对函数的影响相等，

$$\frac{\partial f}{\partial X_1}\mathrm{d}X_1 = \frac{\partial f}{\partial X_2}\mathrm{d}X_2 = \cdots = \frac{\partial f}{\partial X_n}\mathrm{d}X_n \leqslant \frac{\mathrm{d}Y}{n}$$

于是有

$$\mathrm{d}X_1 = \frac{\frac{\mathrm{d}Y}{n}}{\frac{\partial f}{\partial X_1}}, \quad \mathrm{d}X_2 = \frac{\frac{\mathrm{d}Y}{n}}{\frac{\partial f}{\partial X_2}}, \quad \cdots, \quad \mathrm{d}X_n = \frac{\frac{\mathrm{d}Y}{n}}{\frac{\partial f}{\partial X_n}}$$

然而，人为假设各个直接测量的误差对间接测量的误差的影响是相等的条件(称为等效法原则)来分配各直接测量误差的允许值，很可能会出现不合理的情况，会造成对有的物理量的测量精度要求过高。若要达到所要求的测量精度必须改用昂贵的高精度仪器或重复测量很多次数，这在有些情况下是难以做到的；而对有的物理量的测量精度要求偏低，没有充分利用现有测量仪器具有的测量精度。这样的要求是很不合理的。

实际工作中经常对按等效法原则所分配的各直接测量量的误差作适当的调整。对现有测量仪器中实验测量误差小于分配误差的，按已有精度来减小分配误差值，将结果代入间接测量误差计算公式进行验算。对现有仪器的测量精度达不到分配误差要求的直接测量量，应设法采取改用精度较高的测量仪器、增加重复

测量次数以及改进测量方法等措施，尽量减小这些直接测量量的误差。然后根据上述调整后的直接测量误差代入间接测量误差计算公式进行验算。通过这样的反复试凑直到满足间接测量量的误差要求为止。

2.3.4 实验数据处理的基本方法

1. 实验数据记录

1) 有效数字

提交测量结果时需要考虑有效数字。有效数字为可靠数字加上可疑数字的全体数字，即有效数字=可读准的数字+1位欠准数字(估读数字)，位数为左起第一个非零数到最末一位(包括零)。最后一位的可疑数字表示有±1个单位(或±0.5个单位)的误差。因此对于作为测量结果的数据必须按有效数字的概念正确给出。

直接测量时，根据测量器具的示值读出的被测量值，一般只保留一位可疑数字。例如，使用标尺最小刻度为 mm 的直尺测量得到的结果为16.8mm，前面两位是从标尺的分度值上读出的可靠数字，最后一位"8"是相邻刻度间的内插估计值，是一个可疑数字(欠准数字)。如果写成 16.80mm 表示前面三个数字是可靠数字，最末位为估计值，直尺的最小刻度为 0.1mm，这样的结果就不符合实际了。

常数 π、e 以及 $\sqrt{5}$ 等有效数字位数，与实验数据中精度最高的量保持一致，通常比测得值多取 1 或 2 位。

2) 数字修约

整理实验数据时，需要的有效数字位数确定后，应对数字进行修约，即将有效数字以后的数字按一定的规则舍去。舍去的规则一般为：被舍去的第一位小于5，则被保留的末位不变；被舍去的第一位大于5，则在被保留的末位上增加1。例如 e=2.71828 取四位为 e=2.718。被舍去的第一位等于 5 时，按"偶数原则"处理：被保留的位数是奇数时应增加 1；被保留的位数是偶数时保持不变。例如，0.8115 取三位有效数字时为 0.812，0.8125 取三位有效数字时同样为 0.812。

2. 数据的整理与分析方法

1) 表格法

实验中对各个直接测量量进行测量时，要详细记录测量结果，使用的仪器量程与精度以及环境参数，如温度、湿度等。列表法是在实验记录的基础上，对实验结果进行初步整理。应该注意以下几点：

(1) 给出相关的直接、间接测量量，带有其不确定度；

(2) 注意保留原始数据，规范的原始数据表是得到正确实验结果的前提，也是实验者科学素养的体现。

2) 图示法

为了直接地表述实验结果，可以将实验数据绘制成曲线图，其步骤如下。①选择坐标系：直角坐标/对数坐标，选择合适的坐标轴参数，注意坐标分度与实验数据有效数字位数的对应。②实验点：直接给出所有各组次的实验点。③平均值+误差带。

测量数据整理后，可做进一步分析。常用方法有统计分析、周期信号分析(傅里叶变换等)、非平稳信号分析(多尺度分析，如小波分析)等。

3) 最小二乘法

最小二乘法用于寻找被测量的最佳值，它与多次测量值之差的平方和为最小，或找出一条最合适的曲线，使它最好地拟合于各测量值。拟合曲线时选择函数及计算拟合度，软件选择 Excel、Origin、MATLAB、SAS、SPSS 等。

3. 图像数据的处理

粒子图像测速(PIV)、粒子追踪测速(PTV)等借助光学成像的测量手段在流体力学实验中尤为常见，其实验结果为多组图像。那么如何从这些图像获得实验结果的测量精度呢？ 这里我们对各仪器的分辨率进行简要介绍，并对图像精度进行分析。

1) 观测仪器的分辨率

(1) 光学显微镜的分辨率。

光学显微镜是最常用的观测微小物体的一种仪器。那么观测物体时可分辨的最小细节的极限，即光学显微镜的分辨率是多少？根据光的波动性质即衍射理论，区分两个物点的最小间距 d 为

$$d = \frac{0.61\lambda}{\text{NA}}$$

式中，λ 为光波在真空中的波长，可见光的波长范围为 400～800nm，NA 为物镜数值孔径，表示透镜能够收集的光的角度范围，干燥物镜的数值孔径一般在 0.05～0.95 范围，油浸物镜可以达到 1.45。因此，光学显微镜分辨率极限为 200～300nm。

(2) 电子显微镜的分辨率。

由上式可以看出，光的波长 λ 越短，显微镜可以分辨的物体越小。为提高显微镜的分辨率，人们采用电子束作为光源。在高压电场作用下，阴极发射电子照射在样品上，然后在荧光屏上成像。要了解电子显微镜的分辨率，必须先了解电子的波长。根据德布罗意公式，电子波长 $\lambda = h/(mv)$，其中 h 是普朗克常量，r 是运动电子的质量，v 是电子速度。电子速度与电子所受到的加速电压有关。当电压小于 500V 时，电子速度远小于光速，可以用电子的静止质量代替运动质量。此时，电子波长的简化公式为

$$\lambda = \frac{12.25}{\sqrt{V}}$$

式中，V 为测量所加电压，波长单位为 Å(1Å = 0.1nm)。当加速电压在 50~100kV 时，电子束波长为 0.0053~0.0037nm。因此，扫描电子显微镜的理论分辨率可以达到 Å 量级。

2) 数字图像的分辨率

随着科技的发展，过去相机用胶片做底片，现在可以将照片数字化。这借助了电荷耦合器件(CCD)，将光学信号转变为电信号，再通过模数转换器芯片转换成数字信号。CCD 感光芯片可以看成由许多尺寸为 s 的感光单元组成的像素(pixel)矩阵，其中像素个数可以达到百万量级。当一幅光学照片转变为用像素矩阵表示的数字照片时，如果图像对应的实际物理空间尺寸为 L，则 CCD 的像素个数为 A，数字图像的单像素分辨率为

$$\delta_0 = L/A$$

显然，在没有物镜协助放大成像的系统中，数字图像的单像素尺寸 s 即为分辨率 δ_0。

3) 图像结果的精度分析

如果数字图像的获取除了利用 CCD 做光电转换外，还利用了显微镜的其他部件，如光学显微镜的物镜等，那么如何分析图像的精度呢？

(1) 光学显微镜的图像精度。

用光学显微镜拍摄数字图像时，要采用物镜和 CCD 搭配。显微镜的物镜放大倍数为 M，即将观察的物体放大 M 倍再由 CCD 成像。显微拍摄常用的 CCD 的单像素尺寸 s 一般为 10μm/pixel，因此最终数字图像的空间分辨率 δ 与单像素尺寸 s 有关，即

$$\delta = s/M$$

也可以写为

$$\delta = \delta_0/M$$

当采用 100 倍的物镜时，数字图像分辨率可以达到 100nm/pixel。需要注意的是，单纯靠物镜高倍数 M 无法突破上式所描述的光学分辨率极限，计算得到的 100nm/pixel 仅为数字图像分辨率。要突破光学分辨率的限制，需要超分辨等技术的协助。

(2) 电子显微镜的图像。

电子显微镜利用电子束成像，由于电子束的波长远小于可见光的波长，电子显微镜的理论分辨率可以达到埃(Å)量级。当利用扫描电子显微镜对试样进行观测时，如何确定试样图像的精度呢？

回顾扫描电子显微镜成像的过程，电子枪发出的电子束经过聚焦成约 50μm 直径的点光源，然后在加速电压(1～30kV)作用下，经过透镜组成的电子光学系统，电子束会被聚成几十埃大小的束斑照射到样品表面。扫描线圈使电子束在样品表面扫描，高能电子束与试样物质相互作用产生二次电子信号(或背散射电子、俄歇电子等)，被接收器接收后转变为数字图像。因此，图像的精度如同 $\delta_0 = L/A$，其中 L 是电子束在试样上的扫描长度，A 是数字图像在对应尺度上的像素个数。显然，电子束偏转小，在试样上的移动距离 L 短，δ_0 就小，电子显微镜图像的分辨率就高。因此，电子束在试样上的最小扫描范围 L 和数字图像的像素个数决定了电子显微镜图像的分辨率。

第 3 章　实验设备与测试技术

3.1　风洞基础知识

风洞和水洞是空气动力学实验的基本实验设备，其作用是提供可控的流动条件，是科学实验必要的前提和基础。除各类风洞和水洞外，空气动力学实验设备还有各种特种实验平台，如螺旋桨实验台、风机实验台等。

3.1.1　风洞及其发展简介

风洞是产生参数可控的人工气流的管道。风洞实验的任务和目的是利用各种观测技术，观察流动现象，揭示流动机理，或基于流动相似理论对飞行器缩比模型开展模拟实验，为航空航天飞行器设计提供所需的气动数据。除航空航天领域外，风洞还常用于建筑和桥梁风载、风力发电、高速列车和汽车减阻等诸多领域的研究。

自从 1871 年英国人韦纳姆(F. H. Wenhan)建成了世界上第一座低速直流风洞以来，风洞已有 150 多年的历史。1901 年美国莱特兄弟建造了自己的低速直流风洞(图 3.1)，测试了超过 200 种翼型，为 1903 年人类第一架飞机首飞成功提供了重要的技术支撑。在 20 世纪中叶，为了满足各种空气动力学实验要求，建造了大量各种不同类型的风洞设备。第一座超声速风洞是普朗特于 1905 年在德国哥廷根建造的，实验马赫数可达到 1.5，1945 年德国已拥有实验段直径约 1m 的超声速风

图 3.1　莱特兄弟建造的风洞(1901 年)

洞。第一座跨声速风洞是美国国家航空咨询委员会(NACA)在1947年建成的。20世纪50年代后，世界上跨、超声速风洞得到迅速发展，出现了一批供飞行器模型实验的跨、超声速风洞。20世纪60年代以来，提高风洞的雷诺数受到普遍重视，低温风洞具有独立改变马赫数、雷诺数和动压的能力，因此发展很快。

当今世界上最大的风洞是美国NASA艾姆斯(Ames)研究中心的低速风洞——国家全尺寸设备(NFSF)，如图3.2所示，实验段尺寸为24.4m×36.6m，足以对一架完整的真飞机进行吹风实验；雷诺数最高的大型跨声速风洞是美国兰利研究中心的国家跨声速设备(NTF)，它是一座实验段尺寸为2.5m×2.5m的低温风洞，从而使风洞实验的雷诺数达到或接近飞行器的实际飞行值；最大的超声速风洞是美国的4.88m×4.88m超声速风洞。马赫数最高的风洞是NASA的HYPULSE风洞，实验马赫数高达30，运行持续时间很短，只有几十毫秒。我国由中国科学院力学研究所研制的JF-12高超声速风洞(图3.3)实验覆盖马赫数5~9，2023年建成的JF-22风洞，实验马赫数也可达30。两个风洞都采用非同寻常的爆轰驱动方法，与国际上其他相同实验马赫数风洞相比，持续运行时间从数十毫秒提高到超过100ms，总体性能达到世界领先水平，是我国创新发展、独立自主研发先进技术装备的典范。

图3.2 美国建成的世界首个全尺寸风洞(1931年)

图3.3 中国科学院力学研究所JF-12高超声速风洞

在欧洲，最著名的风洞当属德国/荷兰DNW-LLF气动声学风洞，如图3.4所示。它是德国/荷兰1980年共同投资建造的，是欧洲最大的低湍流度、低噪声风洞，用于飞机、直升机以及非航空项目的空气动力学和航空声学实验，也是世界上为数不多的具备航空声学实验研究能力的风洞之一。该风洞具有三个闭口实验段，截面尺寸分别为9.5m×9.5m、8m×6m、6m×6m，对应的实验段最大风速分别为62m/s、116m/s和152m/s；还有一个开口实验段，口径为8m×6m，最大风速为80m/s，实验段场外噪声指标78dBA。这四个实验段可相互更换使用，在一项实验完成后可快速切换到另一项实验。利用这座大型气动声学8m×6m风洞，空客公司完成了 A320、A340、A380 等大型客机的航空气动声学风洞实验。由于 DNW-LLF 风洞具有优良的气动声学实验能力，因此也吸引了美国在内的许多客户，我国 ARJ21、C919 等机型的航空气动声学实验也在该风洞中进行。

图 3.4　德国/荷兰 DNW-LLF 气动声学风洞

风洞实验在现代飞机的发展中一直起着关键作用。20 世纪 50 年代，B-52 轰炸机研制过程中共进行约 1 万小时风洞吹风实验；20 世纪 80 年代，第一架航天飞机美国哥伦比亚号完成约 10 万小时风洞实验。

3.1.2　风洞工作原理和分类

1. 相对运动原理

一架飞机在静止大气中以恒定速度巡航飞行，其绕流和气动力问题可以选择在两种不同的坐标系下分析和求解。一是坐标建在地面，即人站在地面上看飞机在静止大气中飞行；二是坐标建在飞机上，相当于飞行员坐在飞机上看，飞机静止，气流迎面吹来。两个坐标系下动力学特性完全相同，称为相对运动原理，这就是风洞实验工作原理。风洞实验中，模型静止，人工产生的气流绕模型流动。风洞实验之所以采用这种工作方式，一是因为人工气流相对容易实现；二是飞机在静止大气中真实飞行的流动是非定常的，而在风洞模拟实验中，绕静止不动的飞行器模型的流动变成了定常流动，使流动问题得以简化，便于处理和分析。

2. 流体力学相似理论

基于相似理论，在飞行器风洞模拟实验中，首先要保证风洞实验与真实飞行的相似性，通过二者的马赫数、雷诺数等相似参数相等来实现；在此基础上得到的风洞实验结果与真实飞行也具有相似性，如气动力系数相等，等等。基于相似理论开展缩比模型风洞模拟实验,能够得到飞行器在真实飞行条件下的气动数据。

根据分类标准的不同，风洞有多种分类方式，其中最常见的是按实验风速分类，以满足服务于不同用途和类型以及不同飞行工况的飞机研制的需要。一方面，不同用途的飞行器设计的飞行速度不同，如低速飞机(通用飞机、农用飞机等)、高亚声速民航客机和运输机、超声速战斗机的设计飞行速度是顺序提高的，航天飞行器载入过程的速度更高。另一方面，如只考虑高速战斗机，也总要经历起飞/着陆的低速过程，以及近距格斗时高亚声速的机动飞行。按实验风速范围不同，风洞分为：

(1) 低速风洞，实验风速最高约 100m/s，即来流马赫数低于 0.3，属于不可压缩流动范围；

(2) 亚声速风洞，实验马赫数范围 $Ma=0.3\sim0.8$；

(3) 跨声速风洞，实验马赫数范围 $Ma=0.8\sim1.2$；

(4) 超声速风洞，实验马赫数范围 $Ma=1.2\sim5$；

(5) 高超声速风洞，实验马赫数 $Ma>5$。

风洞的其他分类形式还有。

(1) 按洞体总体结构特点分为回流式和直流式风洞。回流式风洞流场品质更高，但洞体造价更高，场地面积需求更大。

(2) 按实验段是否封闭分为闭口式和开口式风洞。闭口式实验段流场品质更高；开口式实验段便于实验安装、测试系统搭建和实验观测。

(3) 其他为满足特殊实验条件或实现特殊实验功能的特种风洞：如激波风洞(炮风洞)、弹道靶、低温风洞、增压风洞、高焓风洞、声学风洞、环境风洞、火星风洞、烟风洞、结冰风洞等。

3.1.3 风洞性能和流场品质

同类实验风速范围的风洞进行比较，衡量风洞性能的参数主要有实验段尺寸和流场品质。

实验段尺寸：实验段尺寸越大越好。理论上，要保证模拟实验结果准确可靠，要求缩比模型风洞实验与真实飞行的马赫数、雷诺数等全部相似参数都相等，即模拟全部相似参数。但在实际实施时，这种过于苛刻的条件很难实现，只能优先选取最重要的相似参数进行模拟。通常，航空航天飞行器地面模拟实验(风洞或水洞实验)最关注的、也是最重要的两个相似参数为马赫数和雷诺数，前者表征压缩性影响，后者表征黏性影响。低速流动条件下，空气来流马赫数小于 0.3，通常不必考虑压缩性影响，只需模拟雷诺数即可。在高速流动中，两个相似参数都需要模拟，绝大多数常规高速风洞实验很难做到。通常的做法是只模拟马赫数，对雷诺数影响进行修正处理，但令人遗憾的是修正雷诺数影响也不是一件容易的事，直至目前也没有令人满意的理论修正方法。至此可以看出，对于飞行器风洞模拟实验，最严峻的挑战是如何提高风洞设备模拟能力，做到马赫数和雷诺数同时模拟。这一挑战难度过于大，另一种选择是尽可能研制大尺寸实验段风洞，可使飞行器模型更接近真实飞行器尺寸，从而能够有效地降低由于风洞实验条件不能完全模拟真实飞行带来的实验结果误差。这是风洞设备尽可能追求大尺寸实验段的根本原因。

流场品质：飞行器风洞实验要模拟高空大气环境，保证实验段来流速度足够均匀稳定，即对流场品质有要求。实验段流场品质表征参数主要有湍流度、截面速度分布不均匀度、轴向偏角等。湍流度反映同一点速度随时间的脉动强弱，截面速度分布不均匀度反映速度沿空间的变化，高品质流场希望二者都很低。常规风洞湍流度在千分之几量级，低湍流度风洞的湍流度可达 0.02%，低一个量级。

综上所述，风洞设备未来发展重点将集中在以下三方面：

(1) 发展特种风洞设备，提高模拟能力，如低温风洞、增压风洞，是提高实验雷诺数的有效途径；

(2) 尽可能发展大尺寸实验段风洞，可使模拟实验更接近真实飞行条件，从而能够有效地降低由于风洞实验条件不能完全模拟真实飞行带来的实验结果误差；

(3) 提高风洞实验段流场品质，这也是模拟飞行器飞行的高空大气环境所必需的。

3.1.4 风洞结构及其功能

1. 低速风洞

低速风洞典型结构如图 3.5 所示。主要包括动力系统、安定段、收缩段、实验段、扩散段，回流式风洞还包括回流段，使风洞洞体构成一个封闭的整体。各

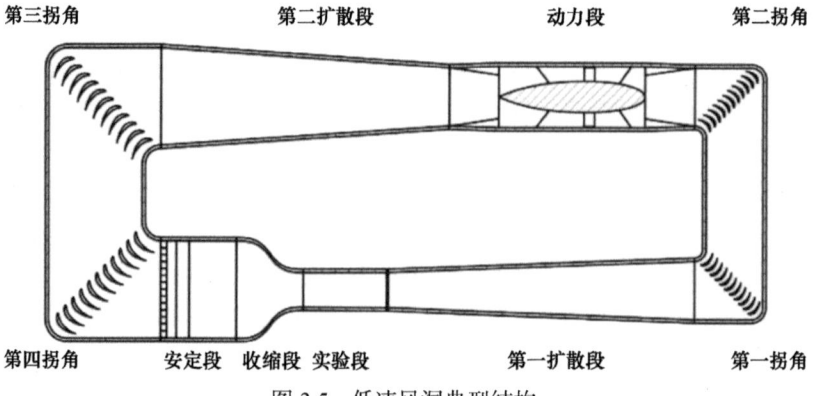

图 3.5 低速风洞典型结构

部分最重要的任务是实现可控的实验段风速，保证实验点流场品质。世界著名低速风洞德国/荷兰 DNW-LLF 风洞见图 3.4，风洞规模巨大，从照片上可以看到，除实验段外，其他各部分都位于室外，这是低速风洞有代表性的布局。

风洞各部分功能(以低速风洞为例)如下。

动力段：风扇提供动力驱动气体流动。

安定段：又称驻室，沉淀来自动力段风扇的紊乱气流，初步降低气流紊乱水平。

整流段：经系列整流措施逐步降低气流湍流度和不均匀度，整流措施依照顺序分别是孔板(可省略)、蜂窝器和多层整流网，沿流向整流网目数逐渐加密。

收缩段：气流经收缩段加速，保证进入实验段时达到设计要求的流速。更重要的是经收缩段加速过程后，进入实验段湍流度会显著降低。所以收缩段的收缩比(进出口面积比)是影响实验段湍流度的重要参数。

实验段：要求流场品质高，表征参数前面已介绍，不再赘述。为减小或消除流向压力梯度，有些风洞实验段洞壁沿流向略向外扩张，以抵消边界层流向增厚带来的压强降低影响。

扩散段：降低风度，增大截面尺寸，减小阻力，保持实验风速不变的条件下，降低所需动力系统功率，降低能源消耗。

回流段：只存在于回流式风洞，连接扩散段与动力段构成回路。

四个拐角：安装有导流片，起到导流、减阻和降噪的作用。

2. 超声速风洞

超声速风洞典型结构图见图 3.6(a)，与低速风洞运行方式上的差异主要体现在以下几个方面。

实验吹气方式以暂冲式为主，动力系统通常采用高压气体驱动，需要配置高压气源和调压系统，吹风时间取决于高压气罐(气源)的容量。亚跨低超声速风

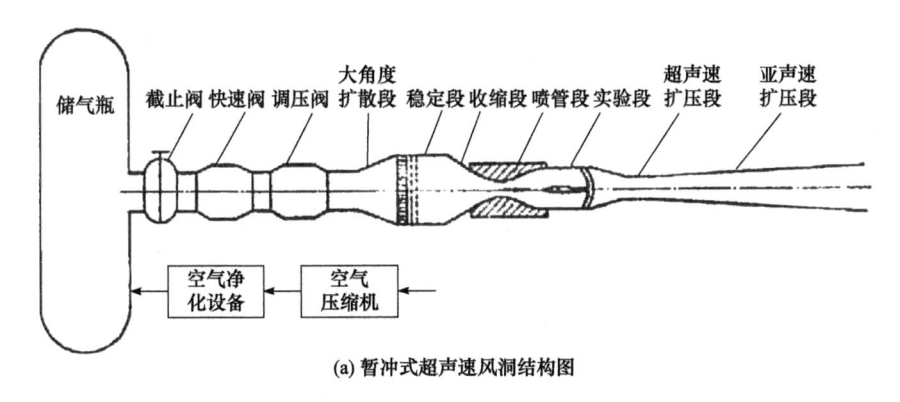

(a) 暂冲式超声速风洞结构图

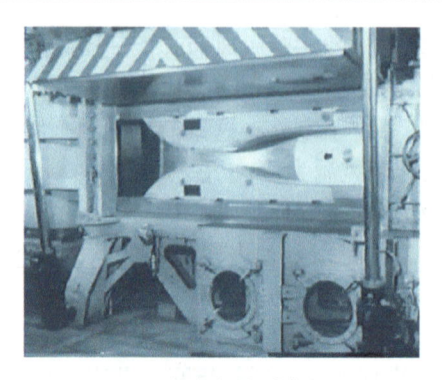

(b) 超声速风洞喷管

图 3.6 超声速风洞典型结构图和拉瓦尔喷管照片

洞亦可设计为连续式，连续式风洞不但实验时间长，且通常实验段流场品质更高，但要求压气机功率高，耗电量大，风洞建设成本和实验费用大大增加，因此很少见。

超声速风洞实验段风速的调整不像低速风洞，通过调整风扇转速即可实现，而是采用拉瓦尔喷管(图 3.6(b))实现超声速流场，实验段马赫数取决于拉瓦尔喷管出口和喉道截面积比。通过更换喷管改变实验马赫数。也有的通过柔性喷管技术，无需更换喷管。但柔性喷管技术的要求和建设成本都比较高。

超高速风洞的运行方式与超声速风洞又有所不同，如炮风洞(激波风洞)、自由飞(弹道靶)等。

3. 水洞

水洞与低速风洞结构相似，工作介质是水，同属于不可压缩流动范畴。水洞用于海洋工程、船舶、水利等领域相关基础和工程问题研究，是模拟和研究不可压缩流动的重要基础实验设备。水洞设备用于航空航天领域，模拟研究空气动力学问题，始于 20 世纪 50 年代。法国 ONERA 首次将水洞实验用于超声速"协和号"的研制，发现水洞流动显示效果好的优势，可以在分析新的流动现象和流动机理方面有风洞所不能及的优势，在这个意义上，低速流动水洞也被形象地称作"流动诊断设备"，此后水洞用于飞行器研究的方法扩展到世界其他国家和地区。对于纷杂气动力问题，进行风洞和水洞联合实验研究，风洞重点开展定量测量，水洞流动显示。最大限度地发挥设备特点和优势，更好地解决问题。北京航空航天大学空气动力学系的 1.2m 多用途低速水洞就是这样的典型代表，在复杂流动集合控制研究中发挥了显著作用，支撑国家重大基础研究项目和国际合作项目中发挥了不可或缺的作用。关于其介绍见下文。

3.1.5 风洞实验来流条件调整和测量

风洞实验来流条件主要有实验段自由来流的流速、总压和总温等参数。正确选择来流参数是风洞模拟实验成败的前提条件。举例来说，通常低速风洞实验只需模拟黏性影响，即保证风洞实验和真实飞行的雷诺数相等即可，常规风洞的实验来流速度选择是关键。对于高速风洞实验，还要考虑压缩性影响、模拟马赫数，因此还要给出来流的总压和总温。

低速风洞的实验风速通过改变动力系统风扇电机的转速来调整，二者有很好的线性关系，可实现无级调速。超声速风洞实验马赫数的改变只能选用不同面积比(喉道与出口面积比)的拉瓦尔喷管来实现，一个马赫数对应一套喷管，无法实现无级调速。有些风洞采用柔性壁喷管可实现实验马赫数连续变化，但技术要求和建设成本都非常高，这种形式并不常见。高速风洞的总压和总温在一定范围内可调，可实现改变实验雷诺数的功能。

风洞设备通常配备有来流参数测量仪器。低速风洞实验风速常规采用皮托管(风速管)测量，皮托管的位置位于实验段内模型实验区的上游，通常在实验段入口下游不远处，以不影响下游观测流场为原则。皮托管测速原理是基于伯努利方程，利用测得的总经压差可以得到来流速度值。考虑到伯努利方程只适用于无黏流动，而实际流动有黏，通常引入修正系数对黏性影响进行修正。高速风洞的总压和总温通过布置在风洞上游段驻室内的压力传感器和温度传感器测量。高速风洞中实验段流速的常规方法是分别测量总压和实验段静压，利用等熵关系确定实验来流马赫数。

3.2 北京航空航天大学主要实验设备

为方便读者对本书实验项目用到的风洞和水洞设备有一个总体的了解，有必要在此处对北京航空航天大学(简称"北航")空气动力学系的实验设备进行集中的统一介绍，还可以避免在下文的不同实验项目中重复介绍相同的设备。北航空气动力学系亦称流体力学研究所，2000年获批流体力学教育部重点实验室。

北航自1952年建校以来一直非常重视空气动力学实验设备和实验条件建设，目前已发展成系列的风洞和水洞实验设备群，包括低速风洞、高速风洞和水洞等，详细信息见表3.1。风洞设备代号中首字母"D"指低速风洞，"G"指高速风洞；字母后面跟随的数字代表风洞建成的先后顺序。下面给出各实验设备的具体基本信息。

表 3.1 北京航空航天大学的风洞和水洞设备

序号	风洞名称	实验段尺寸/m²	实验段速度/(m/s)	备注
1	D1 风洞 (教学科研型)	1.02×0.76 (椭圆)	0.5~50	1947年由沈元院士设计，1948年投入运行，1952年由清华大学迁入北航，是北航第一座教学兼科研型低速回流风洞，目前主要用于《空气动力学》国家精品课程教学实验。
2	D2 风洞 (教学型)	0.914×0.914	0.5~30	1952年建成，木质直流风洞，机械式天平，《空气动力学》国家精品课程教学实验主力风洞。
3	D3 风洞 (教学型)	0.2×2.0	0.5~30	1954年建成，木质直流二元风洞，《空气动力学》国家精品课程教学实验主力风洞，用于完成经典边界层实验。
4	D4 风洞 (科研教学型)	1.5×1.5	0.5~80	2003年建成，低湍流度低噪声回流风洞，是北航最大的科研兼教学型风洞。
5	D5 风洞 (教学科研型)	1.0×1.0	0.5~120	2012年建成，低湍流度低噪声回流风洞，教学科研型，《空气动力学》国家精品课程教学实验主力风洞，是北航沙河校区第一座风洞设备。
6	D6 风洞 (教学型)	直径0.5	0.3~50	2005年建成，低噪声回流风洞，微小型飞行器研发基地和学生课外科技活动主力风洞。
7	D7 风洞 低湍流度气动声学技术验证风洞 (教学型)	0.2×0.2	0.1~50	该风洞是4m×3m低湍流气动声学风洞的1∶15缩比模型，主要用于验证低噪声风扇设计、动力段微穿孔板消声器、洞壁声衬、多重阻尼网等关键技术。用于《空气动力学》国家精品课程教学实验。
8	D8 风洞	1×1	0.5~40	2018年建成，低速直流式，教学风洞，《空气动力学》国家精品课程教学实验主力风洞。
9	G1 高速风洞 (教学型)	0.1×0.1	马赫数 1.5~3.5	1956年建成，暂冲式超声速风洞，《空气动力学》国家精品课程教学实验主力风洞。
10	G3 高速风洞 (科研型)	0.548×0.47	马赫数 1.5~2.5	1962年建成，暂冲式超声速风洞，科研型风洞。现在因噪声、气源、设备老化等问题而暂停使用。
11	1.2m 多用途低速水洞	1×1.2	0.1~1	亚洲最大低速水洞，2001年建成，水平回流串联式，科研兼教学。

3.2.1 低速风洞

(1) D1 风洞：北航 D1 风洞为三元回流式开口低速风洞，如图 3.7 所示，1947 年由沈元院士设计，1948 年投入运行，是我国最早的风洞之一，1952 年由清华大学迁入北航。风洞开口实验段截面呈椭圆，其入口长轴为 1.02m，短轴为 0.76m。实验段长 1.45m。主要性能：最大风速 50m/s(空风洞时)；紊流度<0.3%；实验段模型安装区内速压不均匀度<3%；气流下偏角约 1°。其上游收缩段的收缩比为 8.4。D1 风洞采用可控硅控制无级调速，配有模型变姿态机构、六分量测力天平、测压传感器和压力扫描阀等。属于教学兼科研型风洞，是北航《空气动力学》国家精品课程教学实验主力风洞。

图 3.7 D1 低速回流风洞

(2) D2 风洞：北航 D2 风洞为三元开路闭口木结构式低速风洞，如图 3.8 所示，1952 年建成。风洞全长 11.46m，宽 2.2m，高 2.2m，中心线离地 1.58m。实验段截面为 0.914m×0.914m，长 1.52m。主要性能：实验风速 0.5～30m/s；湍流度 0.2%～0.6%。实验段顶上装有机械式三分力天平，可测升力、阻力和纵向力矩。主要用于教学和简单的科研，是北航《空气动力学》国家精品课程教学实验主力风洞。

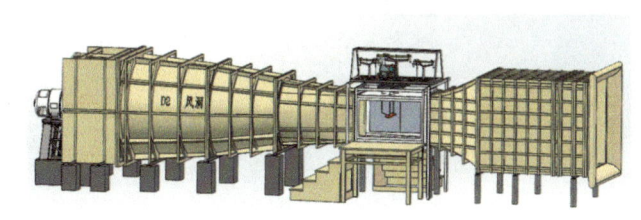

图 3.8 D2 低速直流木质风洞

(3) D3 风洞：北航 D3 风洞为二元开路闭口式木结构直流风洞，如图 3.9 所示，1954 年建成。风洞全长 14.37m，宽 2.6m，高 4m。实验段为矩形截面，宽 0.2m，高 2m，长 2.8m。实验风速 0.5～30m/s，湍流度 1%。实验点截面速度不均匀度：1%～2%。主要用于教学和简单的科研。是北航《空气动力学》国家精品课程教学实验主力风洞，承担边界层速度型测量实验和翼型测压实验教学任务。

图 3.9 D3 低速直流二元木质风洞

(4) D4 风洞：北航 D4 风洞为低湍流度低噪声回流风洞，如图 3.10 所示，2003 年建成。风洞全长 33m，宽 12m，高 4.5m，中心线离地 1.75m。实验段截面呈方形，截面尺寸 1.5m×1.5m，长 3.5m，可实现开口和闭口两种工作方式。最大风速：闭口 80m/s，开口 60m/s；湍流度 0.08%～0.10%；平均气流偏角≤±0.10；截面静压和动压相对偏差≤0.3%。配有 α-β 机构和尾支内式六分力应变天平，高速电子压力扫描阀。属于科研兼教学型风洞。

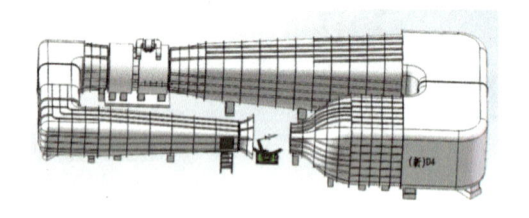

图 3.10 D4 低湍流度低噪声回流风洞

(5) D5 风洞：北航 D5 风洞为低速、低湍流度、低噪声回流气动声学风洞，如图 3.11 所示，2012 年建成。风洞总体长 25.58m，宽 9.2m，高 3.0m。消声室内

图 3.11 D5 低湍流度气动声学风洞

部净空 7m×6m×6m。实验段采用开、闭口两用，实验段尺寸为 2.5m×1m×1m，收

缩比 9。实验风速 0.5～120m/s，湍流度 0.08%。风洞采用 380V 三相交流电，通过变频器控制变频电机实现风扇的转速控制，进而实现风速的控制。风洞风扇直径 2.26m，桨叶数 16 片，设计转速 750rpm，电机功率 210kW。D5 风洞是北航沙河校区第一座风洞设备，也是北航《空气动力学》国家精品课程教学实验主力风洞。

(6) D6 风洞：北航 D6 风洞如图 3.12 所示，实验段尺寸直径 0.5m(圆形)，风速 0.3～50m/s，湍流度 0.1%。2005 年建成，低噪声回流风洞，是北航微小型飞行器研制基地和学生课外科技活动的主力风洞。

图 3.12　D6 低噪声回流风洞

(7) D7 风洞所示：北航 D7 风洞如图 3.13 所示，实验段尺寸 0.2m×0.2m，风速 0.1～50m/s，湍流度 0.1%，在设计风速 50m/s 下背景噪声 72dBA。2012 建成，该风洞是 4m×3m 低湍流气动声学风洞的 1∶15 缩比模型，主要用于验证低噪声风扇设计、动力段微穿孔板消声器、洞壁声衬、多重阻尼网等关键技术。用于《空气动力学》国家精品课程教学实验。

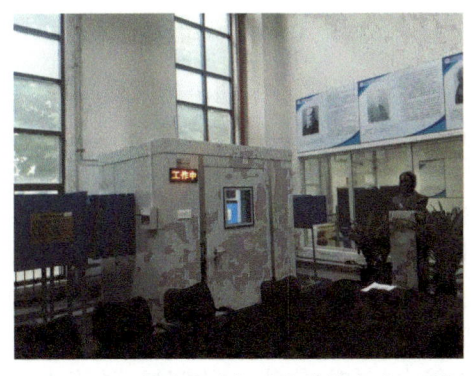

图 3.13　D7 低湍流度气动声学技术验证风洞

(8) D8 风洞：北航 D8 风洞为低速直流风洞，如图 3.14 所示，2018 年建成。电机功率 37kW。实验段尺寸 1m×1m×2m(宽×高×长)，最大流速：40m/s，对应速度范围内的湍流度在 0.23%左右，截面速度分布不均匀度：下动压系数 μ 不超 0.75%，主要用于教学，是空气动力学实验主力风洞。

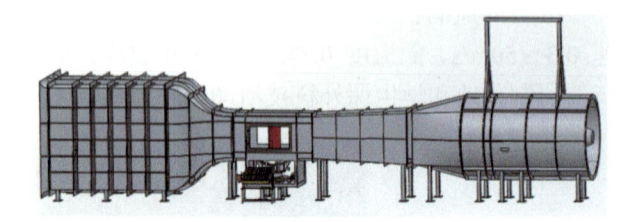

图 3.14 D8 低速直流风洞

3.2.2 高速风洞

(1) G1 风洞：北航 G1 风洞为直流暂冲式超声速风洞，如图 3.15 所示，1956 年建成。实验段截面尺寸 0.1m×0.1m(矩形)，气流总压 20 大气压；实验段马赫数 Ma=1.5、1.75、2.0、2.5、3.5。测控系统由微机控制，可在实验中自动控制按顶端压力稳定并高速采集实验数据，实现数据处理。配有阴影仪。以教学为主，也承担简单的科研任务，是北航《空气动力学》国家精品课程教学实验主力风洞。

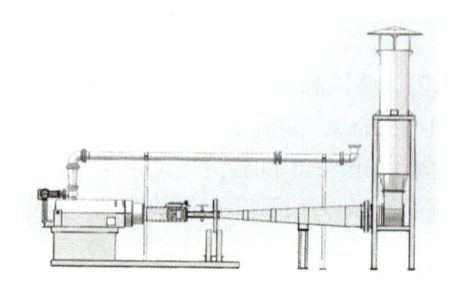

图 3.15 G1 暂冲式超声速风洞

(2) G3 风洞：北航 G3 风洞为暂冲式超声速风洞，如图 3.16 所示，1962 年建成。风洞具有跨声速和超声速两个实验段，超声速段截面尺寸 0.548m×0.47m (高×宽)，实验马赫数：1.5~2.5(3 个喷管，实验马赫数分别为 1.79、2.0 和 2.5)；跨声速段截面尺寸：0.535m×0.375m(高×宽)，实验马赫数：0.6~1.2。温度范围 298~253K，单位雷诺数范围 $2.1×10^6$~$2.8×10^6 m^{-1}$。动压 20000~60000Pa(正常)，最大 $1.6×10^5$Pa，驻点压力最大 $2.5×10^5$Pa。风洞配备有多台应变天平、扫描阀系统、纹影仪等，可以完成常规飞行器模型的测力、测压实验，喷流实验，投放实验等。风洞具有各种流动显示能力，如纹影法、阴影法、油流法、荧光油流法，以及非定常测试能力。

图 3.16　G3 风洞照片和结构示意图

3.2.3　多用途低速水洞

北航 1.2m 多用途低速水洞为水平回流串联式，如图 3.17 所示，2001 年建成，全长 85m，是亚洲最大规模低速水洞设备。主实验段 1.2m×1m×16m(高×宽×长)，实验流速 0.1～1.0m/s，湍流度 0.27%～0.45%，速度不均匀度 0.46%，流速不稳定度 0.038%～0.074%，轴线上水流偏角 0.11°～0.40°。配有氢气泡流动显示实验系统，染色液流动显示实验系统，激光片光显示系统等。能够实现模型测力，配有 α-β 机构和尾支内式六分力应变天平，α 和侧滑角 β 的变化范围：$\alpha = -10°\sim110°$，$\beta=\pm20°$。可以实现测力和流动显示一体化。

图 3.17　北航 1.2m 多用途低速水洞

除上述设备外，实验室于 2023 年新建成的 BHAW 风洞(图 3.18)，总投资 2.63 亿元，是国内外首座全声衬低湍流度气动声学大型风洞，风洞实验段截面尺寸为 4m×3m，风速 10～100m/s，湍流度 0.05%，在设计风速 80m/s 下，实验段场外噪声总声压级为 75dBA。主要用于开展大型飞机增升装置、起落架及螺旋桨等气动噪声研究和教学。将在我国气动声学基础研究和工程应用以及教学方面发挥巨大作用，为巩固国内一流的科研教学水平，并为向国家实验室进阶提供强有力支撑。

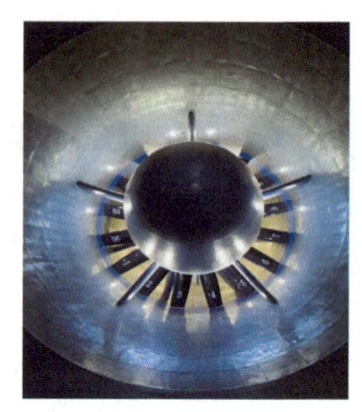

图 3.18 北航 4m×3m 低湍流度低噪声风洞

3.3 流动显示实验方法

空气动力学实验方法总体上分为定性的流动显示和定量的流场参数测量两大类。二者都是实验空气动力学研究的重要手段，特别是面对解决越来越复杂的流动问题，二者更是相辅相成、缺一不可。

3.3.1 流动显示及其发展历史

流动显示是实现流动可视化，得到关于流动的定性或定量信息的一种重要的流体力学实验手段，能够形象、直观地反映流动现象和流动演化过程。在观察流动现象、揭示流动机理以及获取定量流动信息(如速度场、密度场、表面压力、温度和摩擦应力分布)等方面都具有重要作用。流动显示应用分为基础研究和工程应用研究。在基础研究方面，精心设计的流动显示实验可以观察到流动结构及其发展演化的细节，甚至获取定量信息，在研究流动不稳定性和转捩、湍流结构和机理、流动分离和再附、旋涡生成和演化、涡系干扰、激波/边界层干扰等复杂流动问题有独特的优势。可用于探究新的流动现象，揭示流动机理，验证数值计算结果等。在工程应用方面，以航空航天领域为例，现代高机动战斗机大攻角飞行都将产生非常复杂的涡系并存在着各涡系之间的相互作用问题，流动显示在这方面问题的研究中有着明显的优越性。流动显示也广泛应用于船舶、海洋、地面交通、大气、环境、流体机械、建筑和桥梁、石油化工和医学等诸多领域，是有效解决实际工程问题的重要手段。

在生产和生活实践中，人类最早凭直觉已经学会利用简单的显示方法，通过观察空气和水中漂浮物的运动来判断风向和水流形态。有记录的流动显示可追溯到达·芬奇的绘画中描述的湍流复杂旋涡形态。在流体力学发展历史中，很多重要的流动现象都是通过流动显示发现的：1883年雷诺(Reynolds)实验揭示出流动存在层流和湍流两种基本的流动形态；1887年马赫(Mach)在枪弹弹丸实验中观察到超声速流动的激波现象；20世纪初普朗特(Prandtl)在水槽中的一系列实验发现了边界层现象，据此提出边界层理论，奠定了近现代流体力学的基础；1967年克莱恩(Kline)利用氢气泡方法揭示出湍流边界层中的拟序结构，改变了湍流完全无序的传统认识，更重要的是开辟了研究湍流问题的新途径。现代流体力学的发展和航空等领域工程应用的需求，使人们对于流动分离、旋涡、激波/边界层干扰和非定常效应等复杂流动的研究和探索变得更为迫切，而流动显示技术在帮助人们认识和了解这些复杂流动方面有着其他方法无可比拟的独特优势，已成为发展新理论、验证数值模拟方法和直接用于解决工程实际问题的重要手段。

流动显示技术发展趋势表现出从定性到定量的特点。早期的流动显示主要用于定性观测流动的运动学特性，如流线、迹线、染色线和表面流态等。最初的流动显示方法是通过直接注入示踪介质来实现，如水中染色液法(1883年)、空气中烟迹法(1914年)、丝线法(1920年)和表面油流法(1933年)等。20世纪50年代以后电控技术被用于生成示踪介质，发展出烟丝法(1950年)和氢气泡法(1955年)等技术。到了20世纪60年代，激光、红外探测等新技术的应用，进一步涌现出激光全息干涉技术(1966年)和红外热图技术(1967年)等一批新的流动显示技术。在这期间，阴影法(1880年)、纹影法(1906年)和干涉法(1892年)等基本光学流动显示方法也得到了发展和应用。这一阶段流动显示重点在于定性地揭示流动现象和机制，其中一些流动显示技术已经能够获取部分定量信息，但能力非常有限。

进入20世纪80年代后，激光技术、图像数据处理技术和新材料等的发展和相互融合，催生出一批新的流动显示技术。它们最突出的特点是在保持定性流动显示本质特性的同时，更加注重获取丰富、可靠的定量信息。粒子成像测速(PIV)系统的出现(1988年)和发展就是一个典型的例子。基于示踪粒子流动显示技术，PIV系统可以获取流场截面上的速度场、涡量场等定量信息，是流动显示技术发展史上的一次革命性进步。特别是2006年出现的层析PIV技术实现了真正意义上的三维流场的三维速度矢量场测量。不仅如此，层析PIV技术在时间和空间分辨率的进一步提高，使得基于速度场测量结果，利用流体力学基本方程求解压力场成为现实，促成了流动测量技术的新突破。目前层析PIV技术和基于该测量结果获取压力场技术还处于发展完善阶段，实验能力和测量结果可靠性有待提高。同样，流动显示向定量化方向的发展，使得压敏漆/温敏漆(PSP/TSP)联合应用技术(1900年)、液晶涂层法(1968年)和油膜干涉法(1976年)等流动显示技术又焕发出新的活力，成为当今流动显示技术发展的热点，要解决的关键问题在于提高定量测量结果的可靠性。这些新发展无疑会使流动显示这一传统方法的实验能力上升到一个新高度，在基础研究和直接解决工程实际问题方面将发挥越来越重要的作用。

流动显示设备分为水介质和气介质两大类。水介质设备包括各种水洞、水槽、拖曳池以及管流装置等，主要用于水利、船舶、海洋工程和石油化工等领域水动力学基础和工程应用研究；气介质设备则包括各种常规风洞、烟风洞、特种风洞(激波风洞、电弧风洞、炮风洞和弹道靶等)以及各种气流装置等。与风洞相比低速水洞中能够获得更好的流动显示效果，已广泛应用于航空航天领域解决复杂气动问题。20世纪50年代英法联合研制的"协和"号超声速客机、美国的航天飞机以及后来几乎所有高性能战斗机(包括F-22和F-35)都曾进行过大量的低速水洞流动显示实验。

3.3.2 流动显示方法分类

流动显示根据其显示手段、观测对象等不同总体上分为示踪法、表面法、光学法和数值法4大类。

1. 示踪流动显示方法

把示踪物质直接注入流场，或利用电控、化学反应等方法在流体中产生示踪物质，示踪物质随流体一起运动使流动变为可视。示踪法要求示踪物质与周围流体运动保持一致，即保证示踪物质的跟随性。为此，要求示踪物质的密度、黏性等物理性质尽可能与流动介质接近；颗粒、气泡粒径足够小。示踪法显示的是流线、迹线及染色线等流动运动学特性。典型的示踪法如烟迹/烟丝法(图3.19)、氢气泡法(图3.20)、染色液法(图3.21)、蒸气屏、激光诱导荧光(图3.22)以及PIV方法等。

烟迹法、染色液法和氢气泡法只适合于低速流动情况，是观测不同流态(层流/湍流)、转捩、流动分离/再附和空间集中涡的有效手段。激光片光技术与上述方法结合，能够得到更细致的截面内部流动结构信息，特别是采用荧光染料替代示踪物质发展起来的激光诱导荧光(LIF)光致发光流动显示技术，除了有效提高流动内部流动细节的显示能力，而且能够用于定量测量速度、温度和密度等参数，既可用于低速流动，又可用于高速流动。在高速流动中，激光-蒸气屏方法可以很好地

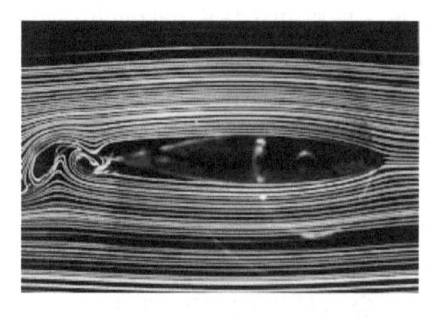

图3.19 烟丝法显示绕翼型流动 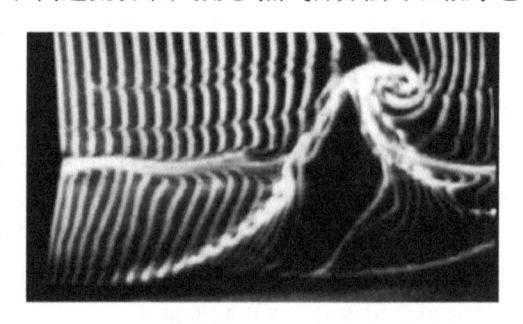　　图3.20 氢气泡时间线法显示湍流边界层涡结构

图 3.21　染色液法显示战斗机绕流 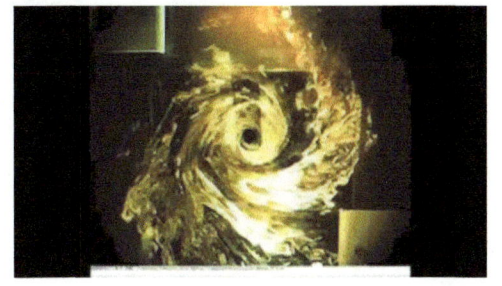　　图 3.22　激光诱导荧光法显示湍流集中涡结构

显示流动的旋涡、尾迹和激波等。PIV 方法是结合数字图像技术、激光技术、计算机技术和数据处理技术发展起来的综合实验技术，同时获得一个平面或一个空间的速度矢量场。层析 PIV 技术已取得很好的进展，可以实现测量一个三维空间区域内各处的三维速度矢量分布。目前这种技术正在发展完善中。

2. 表面流动显示方法

表面流动显示指的是在模型表面布置细丝或涂以薄层物质，当其与流体相互作用时，在物面上产生可见的流型，定性或定量地显示物面的流动特性，如层流、湍流、转捩、流动分离和再附等。传统方法包括丝线法(图 3.23)、表面油流(荧光油流)法(图 3.24)、升华法等。当今研究和应用的热点方法可以直接获取表面的物理参数(压强、温度等)分布信息，包括压敏漆/温敏漆(PSP/TSP)(图 3.25)、测量壁面摩擦应力分布的油膜干涉法(图 3.26)和液晶涂层法等。

丝线法用于观测表面流动方向，判定转捩、流动分离等信息。表面油流法可以得到表面流动分离、再附等信息。用拓扑理论指导油流结果分析，确定其奇点(节点、

图 3.23　丝线法显示飞机模型机翼上表面流动 　　图 3.24　表面油流法显示尖前缘三角翼上表面流动

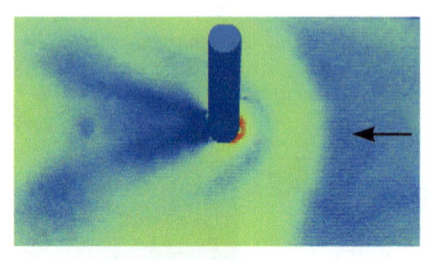

图 3.25 平板上直立圆柱绕流表面压敏漆法图像

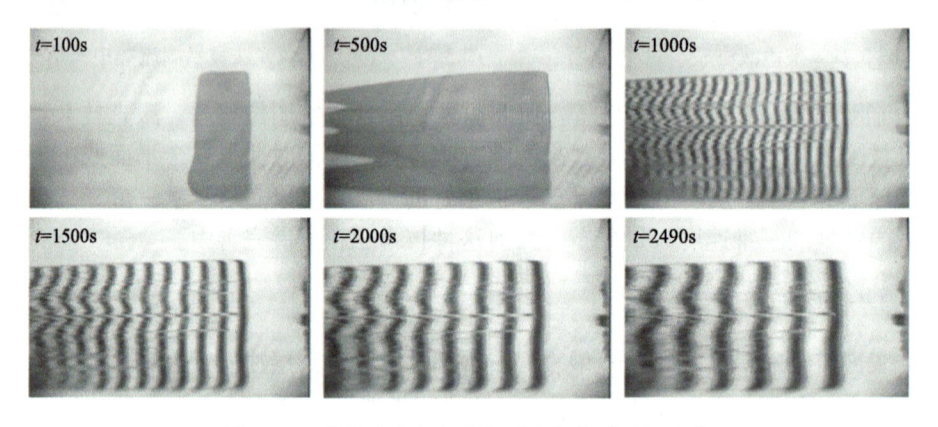

图 3.26 油膜干涉法实验中干涉条纹随时间变化

焦点、鞍点等)，可以准确地描绘出流场图画，常用于分离、旋涡等复杂流动研究。生华法是确定边界层转捩位置的有效手段。红外热成像技术常用于边界层转捩位置的确定、分离流判定及气动热测量。油膜干涉法测量壁面摩擦(剪切)应力适用于壁面摩擦应力时均值分布测量，测量精度高。液晶涂层法可分别实现表面温度分布测量或表面摩擦应力分布测量，液晶涂层法装置较复杂，且测量结果受到光路设置、涂层技术以及环境等影响严重，目前还主要用于定性观测。压敏漆/温敏漆 (PSP/TSP)方法可用于边界层转捩位置检测、流动分离/再附、激波位置判定等，特别适用于旋转机械、模型尺寸过小等难以布置测压孔和温度探头的情况。

3. 光学流动显示方法

传统的光学流动显示方法，如阴影法、纹影法(含彩色纹影)(图 3.27)和干涉法(图 3.28)的工作原理是感受光线穿过有密度变化的流场引起的透射光的折射率变化，利用透射光的空间位移(阴影法)、空间偏折角(纹影法)、相位差(干涉法)形成图像，显示某些流动现象，如激波、旋涡、边界层转捩、激波/边界层干扰、不同密度物质混合等。阴影法只适合定性观测，纹影法特别是干涉法可以定量反映出密度变化分布。主要应用于存在密度变化的流场观测，如高速不可压缩流动、燃烧或加热(冷却)等传热过程、不同密度流体混合的非均质流体，以及有密度梯度的分层流动等情况。

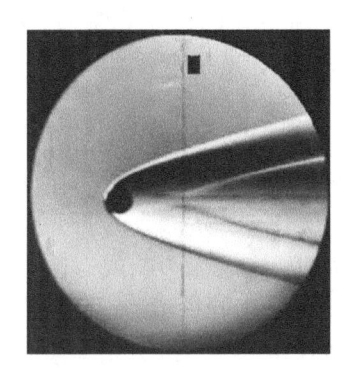

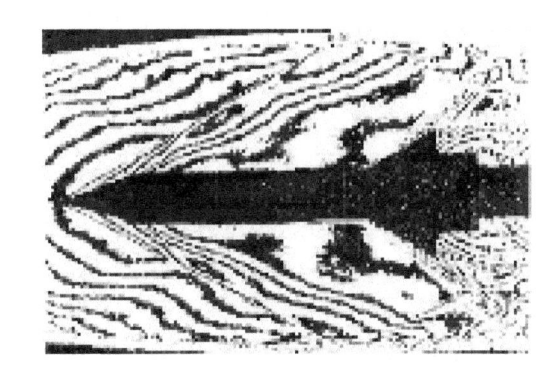

图 3.27　纹影法显示超声速球体绕流　　图 3.28　干涉法显示绕带锥裙尖头旋成体流场

阴影法相对简单,但典型的阴影系统很难用作定量观测,对于那些无须探究流场细节的定性显示场合仍有广泛应用。纹影法光路相对较复杂,需要设置刀口等。借助光源的改进,可以获得彩色纹影图像。干涉法可以实现密度分布的定量测量。严格来讲上述三种光学方法只适合二维流场的观测(特别是定量测量),随着光学技术的发展,实现了全息照相、层析技术在光学流动显示中的应用,增强了对三维流场的显示能力。

4. 数值流动显示方法

数值流动显示是随着流体力学数值计算的发展而出现的新一类流动显示方法。数值流动显示方法就是将数值模拟(又称数值实验)得到的大量流动参数离散数据结果通过计算机处理,实现流场直观可视化的方法。目前的商业化流体力学数值模拟软件的后处理功能可以直接显示出速度矢量场、压力、温度、密度等流动参数的空间和表面分布,以及流线、迹线、染色线等基本流动显示结果。更进一步,通过基于流动显示原理的数字化可视化技术,可以把数值计算数据转化成数值阴影、纹影和马赫干涉条纹图像,便于把数值计算数据与真实流场显示实验结果进行比较验证。数值计算流动显示不受实验方法、仪器设备和实验条件限制,可以实现时间和空间上的"精细观测",是一很有发展前途的流动显示分支。

3.4　参数测量实验方法

风洞模型实验定量测量包括流动参数测量和全局参数测量,前者包括速度、压强、温度、密度以及剪切应力(又称摩擦应力)分布测量等,后者如天平测力实验，反映的是表面应力在整个模型表面积分的结果。参数测量离不开传感器，传感器是感受和传递被测参数的敏感元件。它把各种非电量的物理量(如力、应力、速度、温度等)转换成电量，用于显示和信号采集。

3.4.1 速度测量

速度场测量是研究流动现象，揭示流动规律的重要研究手段。按测点空间分布特性，分为点测量和面测量，后者测量效率高；按测点是否需探头植入分为接触式和非接触式测量，非接触测量对待测流场无影响或影响很小可忽略。现实验常见的主要测速技术有经典的皮托管及多孔探针、近现代发展起来的热线、激光多普勒测速(LDA)和粒子成像测速(PIV)技术等，分别如图3.29～图3.32所示。

表3.2集中比较了皮托管、热线、LDA和PIV四种测速技术的主要特点和性能，总结如下。

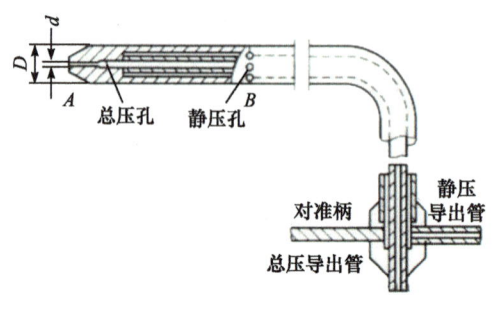

图 3.29 皮托管及其结构图

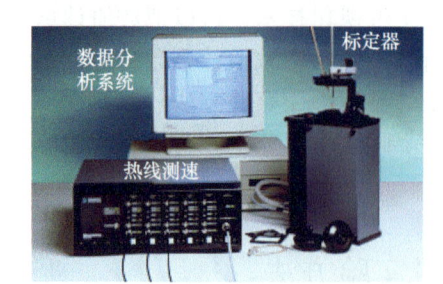

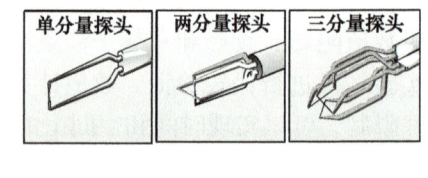

图 3.30 热线测速原理、系统和热线探头

第 3 章　实验设备与测试技术

图 3.31　LDA 测速原理和系统

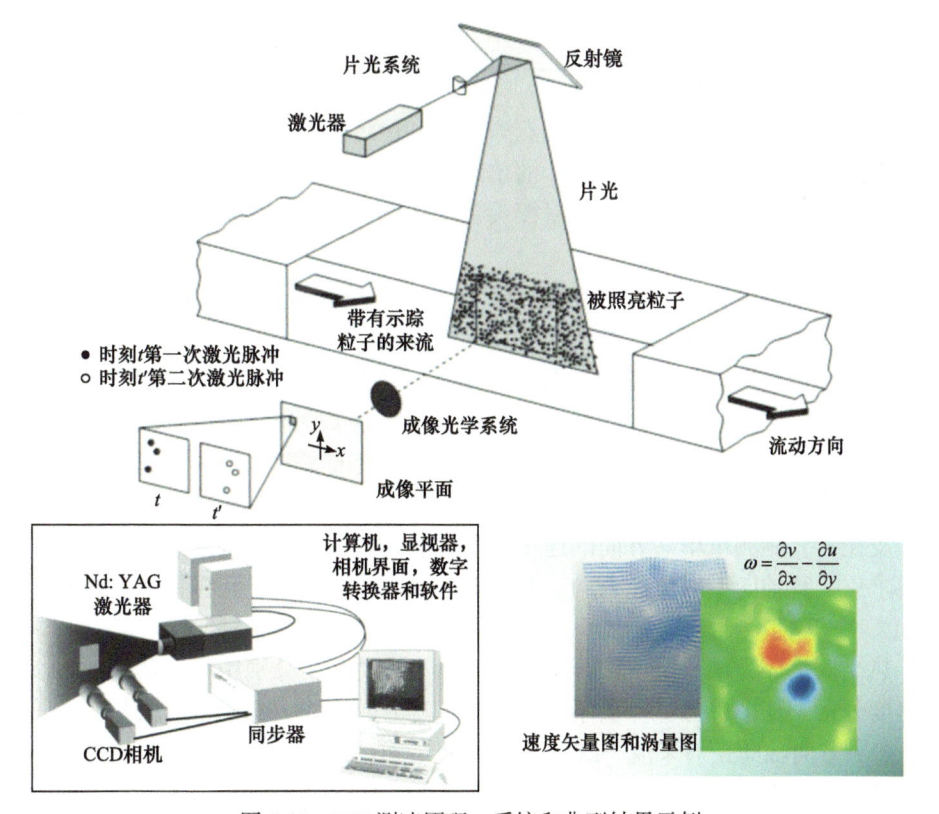

图 3.32　PIV 测速原理、系统和典型结果示例

表 3.2　四种点典型测速技术性能和特点比较

测速技术	皮托管	热线	LDA	PIV
是否接触测量	是	是	否	否
点/面测量	点测量	点测量	点测量	面测量

续表

测速技术	皮托管	热线	LDA	PIV
测量不确定度	取决于压力传感器	0.3%	0.1%	1%
测量体大小	mm 量级	μm 量级	10μm 量级	取决于视区和相机分辨率
最高响应频率	1Hz	250kHz	10kHz	常规十几 Hz；TRPIV 上千 Hz
能否识别待测速度方向	否	单分量否，二/三分量能	能	能
实施难度	易	中等	难	难
测速特点	只用于时均速度测量，最简单易行	时均和脉动速度，脉动测量频响最高	时均和高精度，时均速度测量精度最高	唯一可实现瞬时速度场测量

皮托管和热线是典型的接触式点测量，而 PIV 技术是典型的光学非接触式面测量技术。激光多普勒测速是典型的单点无接触式测量技术。面测量技术测量效率高，无接触光学测量由于无测量探头和支杆介入流场，几乎不会因测量而带来流场干扰。

全速度场测量是指对所研究流场整个空间的速度分布的测量，单点测量也可以得到速度场，但只能是时均速度场，无法得到某一瞬时的速度场。原因在于通常流场中同步测量容许布置的测点数量有限，否则会引入过多流动干扰(如皮托管测速)，或测量成本过高(如 LDA 测速)后由于其他实验条件限制。四种测速技术中只有 PIV 技术可以得到某一截面(激光片光面)上的瞬时速度场，进一步还可以获取涡量场，这是点测量技术所不能及的。

皮托管只能测量单一方向的速度，而且前提条件是已知待测速度方向，测量时要求皮托管轴向正对流速方向。此基础上发展的五孔或七孔探针，实现速度方向和大小的同步测量。

热线探头分为单分量、二分量和三分量三种类型，分别用于测量一、二、三维速度分量。其中单分量探头不具备感知气流方向的能力，测量要求与皮托管一样，探头方向轴向正对来流。LDA 探头常见的有一维和二维探头，一维探头感知的是确定方向上的速度投影值，即 LDA 系统法向速度。一维探头和二维探头的组合，可用以实现三维速度测量。LDA 没有独立的三维测速探头。

经典的 PIV 测量能够测量某一确定平面上的二维速度分布(2D-2C)，后来发展出体式 PIV 技术(2D-3C)，能够测出测量平面内三维分布，最新的发展为 3D-3C 技术即 TOMO-PIV，有能力一次测量流场内三维空间的三维速度分布，是测速技术发展的终极目标。但目前鉴于粒子空间位置识别技术、激光技术、数据传输技术等限制，在时间和空间分辨率上还有待提高。

以上 4 种测速技术的静态特性比较，静态特性即测量时均速度特性。4 种方法中，LDA 测量时均速度的精度最高，不确定度可达 0.1%，可用于风洞和水洞的流场校测。皮托管测速的不确定度主要取决于二次仪表即压力传感器的性能，不确定度可达千分之几的量级，但在流速低到一定程度后，由于动压值过低，市场上难以找到量程足够小的压力传感器，大量程传感器测量小量，无疑会导致测量精度降低。热线在风洞中辅以温度修正，也可以实现千分之几的测量不确定度，但在测量低速水流中，发现输出漂移严重，致使测量精度严重变差。PIV 时均速度测量不确定度 1%只是针对大多数情况，在一些特殊条件下，采用特殊的设定，测量精度可实现显著提高。

4 种方法中热线动态特性最好，频响可高达 250kHz，适合包括高频扰动的脉动速度的测量；LDA 次之，也可达到 10kHz，也常用于有效频率不是很高的很多脉动速度测量实验；相比之下，常规 PIV 采样频率很低，只有十几赫兹，难以满足大多数风洞、水洞实验研究需要。但时间解析的特种 PIV(TRPIV)采用互补金属氧化物半导体(CMOS)高频相机也可实现上千赫兹的采样频率。

4 种测速方法的空间分辨率比较，热线和 LDV 的空间分辨率最小，测量体大小可达几微米到十几微米，以用于流动的精细化测量，如边界层内流动测量。通常即便是在低速风洞实验中，模型的边界层厚度也只有约 1~2mm。皮托管测量体最大，通常达几毫米，是无法开展边界层流动测量的。至于 PIV，名义上分辨率是 1mm，但也常用于边界层测量，因为通过缩小测量区域和采用高分辨率相机等措施，可以大幅提高空间分辨率，足以满足边界层实验研究速度测量的要求，在文献中边界层的 PIV 方法研究也是屡见不鲜的。

3.4.2 压强测量

绕流物体表面应力分布如图 3.33 所示，分为法向应力即压强和剪切应力(摩擦应力)，压强分布沿表面积分可得到升力和压差阻力，剪切应力沿表面积分得到摩擦阻力，压差阻力和摩擦阻力之和为总阻力。

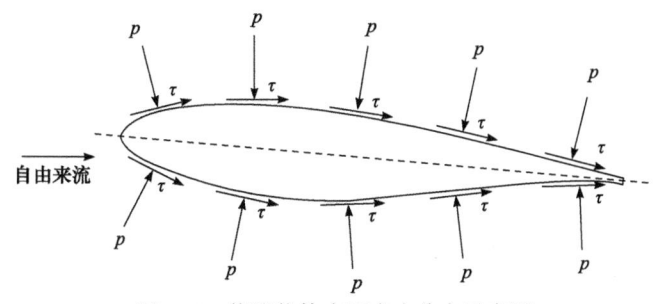

图 3.33 绕流物体表面应力分布示意图

模型表面压力分布测量实验是风洞常规实验内容之一，压力分布测量可以直接提供气动载荷分布，为飞行器结构强度设计提供所需数据；此外，通过对测得的表面压力分布结果积分处理可以得到气动力参数，如翼型升力特性的测量。之所以这里测力天平不作为理想选择，是因为存在天平支架干扰，且其准确修正也很难做到。同时，尾迹法也成为翼型阻力测量的常规手段，其中主要测量参数是尾迹中法相速度分布，反映出气流流经翼型模型引起的动量损失量，据动量方程，其大小与阻力相等。特别是在小迎角条件下，以摩阻为主，量值小，常规的测力天平因为要兼顾大迎角状态，阻力(轴向力)量程大，小迎角状态下的小阻力无法准确测量，尾迹法更是凸显其优势。同时对于研究复杂流动现象，揭示对飞行器运动影响机制和规律是重要的技术手段。如飞行器大迎角自诱导摇滚机制的研究等。

常规表面压强测量系统由测压孔、传压管、压力传感器以及后续的数据采集处理系统构成，参见图 3.34。各部分作用和要求如下。

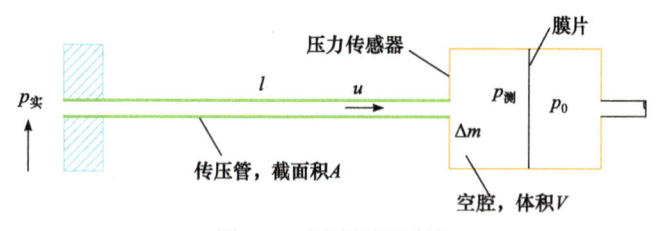

图 3.34 压强测量系统

测压孔和传压管：测压孔(图 3.35)的作用是准确感受待测表面静压，要求测

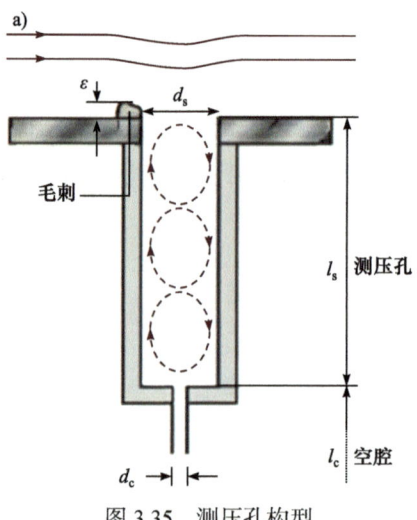

图 3.35 测压孔构型

压孔垂直当地测量表面。测压孔直径 d_s 要求 0.5mm ≤ ϕ1.0mm，深度要求 1.5 ≤ l_s/d_s ≤ 6，且测压孔边缘不能有明显突出的毛刺。传压管的作用是将测压孔感受到的压强传递到压力传感器。用于动态测量时，对传压管的直径和长度还有一定要求，参见下文"非定常气动力和压强测量"章节内容。

压力传感器和扫描阀：压力传感器将感受到的压强信号转换为模拟信号(电压)，可以由模拟信号/数字信号(A/D)转换器直接转为数字信号，以实现显示和数据采集。需要提醒的是，压力传感器测量的物理量是压强，但人们已习惯称之为压力传感器。压力传感器分为液体压力计、应变式、压阻式、压电式等几种类型。液体压力计属传统测量技术，包括单管(斜管)、U 形管和多管压力计(压力排管)等几种形式，如图 3.36 所示。液体压力计的工作介质有酒精和水银等，测量误差为 0.5mm 液柱高(读书标尺最小刻度 1mm 的二分之一)。斜管压力计可以有效减小测量误差；U 形管压力计方便测量压强差(如皮托管的总、静压差)；多管压力计可同时实现多测点的压强分布测量，如下文实验中，多管压力计在边界层速度分布和翼型表面压强分布两实验中的应用。现如今，在研究和生产实验中，传统的液体压力计已被测量精度更高的应变式、压阻式和压电式压力传感器所取代，特别是比液体压力计更适合应用于非定常压力测量。

(a) 单管(斜管)压力计　　(b) U 形管压力计　　(c) 多管压力计

图 3.36　液体压力计

测压点数量较少时，用一个或数个压力传感器就能够满足要求。当测点数量多时，通常采用压力扫描阀。压力扫描阀实际上是数量众多的传感器的模块化集成，用于实现多点压强的同步测量。压力扫描阀分为机械式和电子式，前者作为传统的压力扫描形式现已被淘汰。扫描阀通常多个通道使用一个传感器，通过开关在不同时刻轮换采集不同通道的压力，因为转换速度非常快，因此可以很方便地"同时"获得多通道的压力。现代的扫描阀通常自带 A/D 设备，直接输出数字信号进计算机。典型电子扫描阀系统见图 3.37 照片。

图 3.37　PSI9816 电子式压力扫描阀系统

3.4.3　温度和热流测量

在没有外加热源情况下，通常认为低速流动中密度和温度不变，高速可压流动中需要考虑流场中密度和温度变化。工程上，飞行器高速飞行，特别是航天飞行器再入过程，除了气动力问题，气动热同样受关注。相关实验参数测量主要有壁面温度测量和壁面热流密度测量。壁面温度测量常见方法有热电偶、液晶涂层法和温敏漆(TSP)法，壁面热流密度测量常用热膜法。

热电偶是一种常用的温度测量传感器，见图 3.38。热电偶由两种不同材质的导体(称为热电偶丝材或热电极)两端接合成回路，当两端存在温度梯度时，回路中就会有电流产生，产生电动势，这种现象称为热电效应，温度差越大，电流就会越大。热电偶实际上是一种能量转换器，可将热能转换成电能，测得热电动势之后即可确定温度值。

温敏漆法中的温敏漆涂料中荧光材料分子受到激发光照射后，吸收激光能量而处于激发态，这种激发态不稳定，回到基态时发出光子，即我们看到的荧光。随着环境温度的升高，荧光材料分子发光能力减弱，这一特性称为荧光温度猝灭效应，使模型表面的温敏漆涂层在当地表现为荧光强度减弱。基于标定结果，根据物面荧光强弱即可确定物面温度分布。图 3.39 给出低温风洞中温敏漆法观测到的转捩现象。

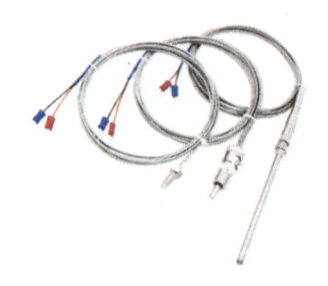

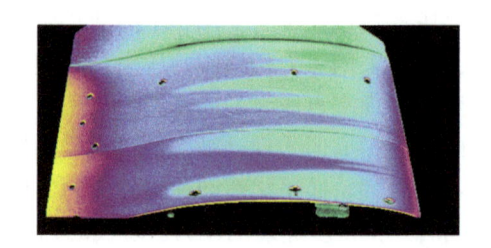

图 3.38　热电偶　　　　图 3.39　低温风洞中温敏漆法观测到的转捩现象

液晶涂层法测量壁面温度分布，利用温度敏感液晶涂层在不同温度下反射不同波长可见光的特性测量壁面温度分布。温度敏感液晶螺旋状的分子排列结构在白色光照射下，反射光波长与螺距大小有关。温度变化引起分子排列结构发生变化(螺距改变)，液晶涂层颜色变化。根据反射光颜色分布，参考温度敏感液晶反射光颜色与温度值标定曲线，可确定壁面温度分布。

壁面热流密度 q_w 定义为在单位时间通过单位面积传导的热量，可利用热膜法进行测量，如图 3.40 所示。首先热膜通过电加热，使热膜温度 T_w 高于来流温度 T_∞。当有流体流过时，一部分热量被流体带走。当加热量小于被流体带走的热量时，热膜的温度会不断降低；当加热量大于被流体带走的热量时，热膜的温度会不断升高。调整电加热功率，当 T_w 不再随时间变化时，达到热平衡，即单位时间流体带走的热量等于热膜加热的电功率，即

$$q_w A = I^2 R$$

进而得到热流密度

$$q_w = \frac{I^2 R}{A}$$

其中，A 为热膜面积，R 为热膜电阻，I 为流经热膜的电流。

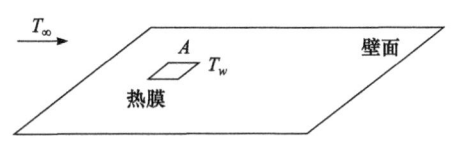

图 3.40 热膜法测量壁面热流密度示意图

3.4.4 密度测量

高速气体流动中密度变化是可压缩性流动测量的重要内容，是定性流动显示的切入点，因为超声速典型流动现象如激波、膨胀波都表现为密度在空间的剧烈变化。密度变化也可作为其他参数定性观测和定量测量的出发点和依据，因为流场中温度、压强、速度等流动参数的变化是与温度变化紧密耦合的。

密度场测量的传统方法有阴影法、纹影法和干涉法三种，属于光学流动显示方法，其原理是利用穿过高速绕物体流动流场密度空间变化，折射率线性变化，透射光在不同位置穿过流场，光线偏折程度不同，三种方法都是基于这一原理发展起来的。需要强调的是阴影法只适合定性观测，纹影法特别是干涉法可以定量反映出密度变化分布。干涉法是穿过实验段受气流影响的测量光线和另一束来自同一光源(相干光)但不经过实验段受气流影响的参考光之间的干涉现象，参考已知来流密度，便可获取流场中密度值的空间分布。三种方法作为光学流动显示技

术在前面已有介绍，此处不再赘述。

3.4.5 壁面剪切应力测量

壁面截切应力是实验模型表面某处因流体流动引起的当地切向应力，参见图 3.33，本质上属于表面力(切向应力)，是模型摩擦阻力的来源，模型阻力是模型表面切向应力积分的结果。在模型阻力测量、减阻研究以及数值计算方法验证等工作中，都需要测量模型表面剪切应力(也称摩擦应力)。壁面剪切应力量值通常过小，约 1mg/cm² 量级，所以很难准确测量。也正是为了试图解决这个问题，目前出现很多测量方法，这些方法大体上可分为传统方法和现代方法两大类。传统方法至少包括以下主要 6 种：直接测量方法、牛顿内摩擦定律方法、边界层动量积分方法、Stanton 管方法、Preston 管方法和热比拟方法；现代方法主要有基于微电子机械系统(micro-electromechanical system，MEMS)技术的测量方法、油膜干涉方法和液晶涂层方法。传统方法中，Preston 管方法因结构简单、使用便捷而受到青睐，得到广泛应用。现代方法中，仅就静态(时均)壁面剪切应力测量，油膜干涉方法是目前最有希望发展成为常规的测量技术手段的，而在实际工程问题中，绝大多数情况下更关注的是壁面剪切应力时均值大小。

表 3.3 从空间分辨率、点/面测量方法、测量不确定度(时均值)、实现的难易程度等几方面，对三种现代测试技术的性能和特点进行较全面的比较和总结。总之，基于 MEMS 技术的方法由于时间和空间分辨率高，能够用于脉动测量。但其实际应用受制于 MEMS 技术本身的发展，目前尚未实现广泛应用，然而很有发展前途。油膜干涉法是三种技术中测量时均速度精度最高，且容易实现，无须标定，应用越来越广泛，最有希望发展成为剪切应力(时均值)的常规方法。液晶涂层法由于测量结果受很多因素影响，且这些影响问题难以得到很好的解决，故此种方法目前更多的是用于流动显示，定性反映出壁面剪切应力大小的变化趋势。

表 3.3 三种现代测试技术的主要性能和特点的比较

测量技术	MEMS	油膜干涉法	液晶涂层法
空间分辨率	100μm	取决于观测区域大小和相机分辨率等光学设置	取决于观测区域大小和相机分辨率等光学设置
能否用于脉动测量	能	否	有限
点测量/面测量	点测量	面测量	面测量
典型不确定度	未知(视具体方法而定)	量值 1%	量值 6% 方向<2°
实施难度	低	低到中等	高

剪切应力测量和显示多用于分析模型表面边界层的典型流动现象，如层流、

转捩、湍流、激波、流动分离和再附等相关的问题，是一种必要的、有效的实验方法。

3.4.6 气动力和力矩测量

气动力测量风洞实验如图 3.41 所示，可以直接测得作用在模型上的气动力参数，得到翼型等部件、飞行器全机的气动特性，是航空航天工程飞行器设计和性能验证环节中，获取飞行器性能参数的最重要的技术途径，是飞行器风洞实验的重要内容。基于相似理论，可以将风洞中模型测力结果直接外推得到真实飞行条件下飞行器的气动力参数(图 3.41 所示)。

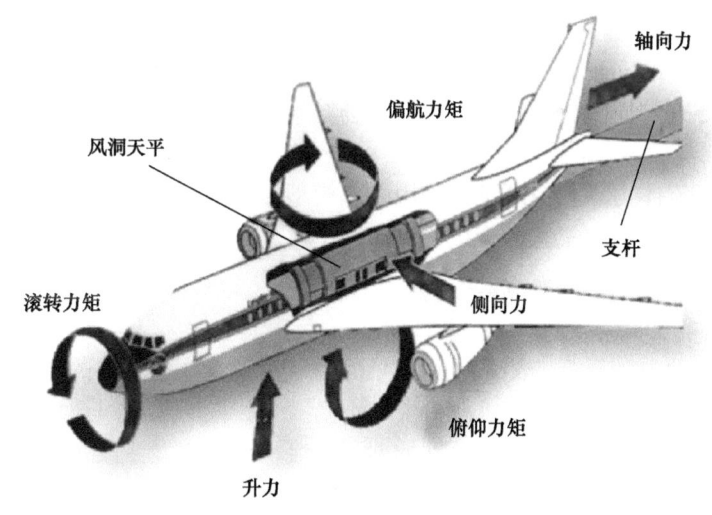

图 3.41　飞机模型测力风洞实验示意图

风洞测力实验通过测力传感器实现。风洞实验的测力传感器又称天平，按结构和测量原理分为机械式、应变式和压电式。机械天平最古老和传统，利用杠杆原理实现气动力的测量。应变式柱状天平(图 3.42)的工作原理是气动力作用在天平上，引起天平敏感弹性测力元件变形，导致贴附在元件上的应变片的电阻发生变化，应变片是惠斯通电桥的一个组分，模型所受气动力导致惠斯通电桥输出发生变化，其变化量与受力大小有确定关系，由此测得气动力。压电式天平采用压电材料，压电材料的特点是受力产生电荷，测得产生电荷的多少便可确定受力大小。目前，应变式天平早已全面取代传统的机械式天平，成为风洞测力实验中应用最广泛的传感器，特别是在航空航天飞行器模型气动力测量实验中。压电式测力传感器在其他非飞行器风洞测力实验中的应用也很常见。

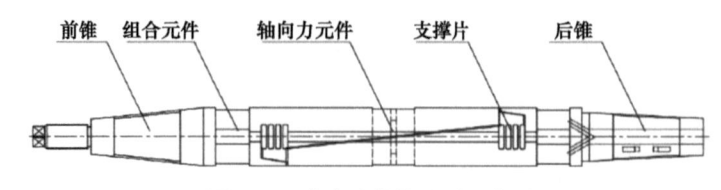

图 3.42 应变式柱状天平示意图

能够同时测量飞行器模型全部六个气动力和力矩的天平称为六分量天平，六个分量包括升力、阻力和侧向力三个气动力分量和俯仰、偏航、滚转三个力矩分量。常见的还有三分量天平，用于测量飞行器模型在无滚转和偏航条件下，升力、阻力和俯仰力矩特性，称纵向气动力特性。此外还有单分量天平，如阻力天平等。

天平与模型的安装方式主要有尾部支撑、腹部支撑和背部支撑三种形式，采用何种支撑方式与模型构型特点和研究流场对象部位有关，以引起支架干扰最小为原则。

关于基于流体力学相似理论，采用缩比模型地面模拟风洞实验，测量真实飞行条件下飞行器气动力实验的理论参见 2.1 节。

3.4.7 非定常气动力和压强测量

非定常气动力和压强的测量也是常见的空气动力学实验重要的测量内容。在拉起、俯冲和机动飞行过程中，飞机姿态不断变化，同时来流风速也在变化，引起气动力的非定常变化。绕物体流动的湍流、流动分离以及激波边界层干扰会引起当地压强的脉动，影响飞行稳定性。如果压强脉动与当地结构发生耦合共振，会引起结构疲劳破坏，严重影响飞行安全；压强的脉动同时也是噪声的重要来源之一。由此引起的振动和噪声还可能会影响到舱内仪器的正常工作。下面先介绍关于非定常参数测量的相关基本概念。

(1) 定常流动和非定常流动。

流场中任一点的流动参数都不随时间变化，即 $\frac{\partial \rho}{\partial t} = \frac{\partial p}{\partial t} = \frac{\partial V}{\partial t} = \frac{\partial T}{\partial t} = 0$，该流动称定常流动，否则称非定常流动。严格来讲，所有流动都是非定常的，定常流动只是在流动参数随时间变化不明显时的一种简化，这种处理结果在工程上是完全可以接受的，所以说流动的定常是相对的(一种简化)，非定常是绝对的。

(2) 静态测量和动态测量。

当被测参数不随时间变化时，测量系统处于静态测量状态，在这种情况下传感器的输出量与输入量(被测参数)之间的关系，称静态特性。静态特性只关注传感器输出量与输入量之间的大小关系，如皮托管测速系统中总、静压差与被测速

第3章 实验设备与测试技术

度之间的关系。可以简单理解为静态测量要测的是参数的时均值或静态值。

当传感器输入、输出量随时间变化时，称测量系统处于动态测量状态，其输入量和输出量都是时间的函数，这时输出函数与输入函数之间的关系称为动态特性。即：动态特性是指传感器对随时间变化的输入量的响应特性。动态测量除了关注输出量与输入量的大小关系，更关注系统对被测参数在时间上变化的响应快慢。

来流、飞行器姿态以及强非定常流动现象作用，引起非定常气动力变化。通常应变式天平既能用于测模型的静态测量，也可用于动态测量。非定常气动力测量的理论模型属于二阶动态模型，类似单自由度的强迫机械振动系统，要保证测量结果准确可靠，应使测量系统有尽可能高的动态响应频率，即其固有频率远高于实验研究感兴趣的频率范围，这就要求测量系统固有频率

$$\omega_0 = \sqrt{\frac{k}{M}}$$

尽可能高。式中，k 为天平测力元件的弹性系数；M 为等效质量，包括天平模型连接端的质量加上模型的质量，其中模型质量是非定常测力实验主要考虑的元素之一，要求模型质量尽可能小。

常规静压测量系统(测压孔-传压管-压力传感器)可用于脉动压强测量，由于传压管路中有空气存在，表面压强通过空气传导到传感器，使得测量系统频响很低，只适合测量频率很低的脉动压强。通常测量脉动压强采用专门的脉动压力传感器，脉动压力传感器的测量端直接与测量表面齐平安装，直接感受被测压强。脉动压力传感器有应变式、压阻式、压电式，传统的液体压力计由于管内工作介质惯性大，动态特性差，不用于脉动压力测量。传感器技术的发展使得传感器尺寸能够越来越小，空间分辨率得到显著提高，如 Kulite 传感器可做到测量面直径小到一点几毫米，见图3.43。常用的压阻式与压电式相比，各有所长，压阻式通常可同时测得压强时均值和脉动压强结果，而压电式通常只能测量到脉动压强，得不到时均值测量结果，但具有更高的动态响应频率。压电式脉动压力传感器也可制成薄膜形式，使用时粘贴于测量表面，简便易行,薄膜很薄(10~100μm)，对实验壁面外形影响不大，面积可以做得很小($1mm^2$)，空间分辨率高。对于希望快速检测壁面压强且流动对模型表面的微小变化不敏感的情况，压电薄膜不失为一种简单快捷而有效的理想选择。

图 3.43 脉动压力传感器(Kulite 公司 XCQ-062 型，直径 1.7mm)

3.4.8 气动声学测量

随着对飞机和汽车噪声控制需求的不断增长,气动声学研究已成为一个重要的研究方向。气动噪声的测量因此也成为空气动力学实验一个重要的测量内容。

气动声学实验需要测量记录的基本声学参数包括声强、声功率以及声源指向性,声强和声功率一般是通过传声器测量声压后通过一定算法获得,声源指向性一般是通过分析多个传声器对声源测量结果的相对变化来确定。除此之外,还需要记录测试环境。需要建立一个合适的坐标系统用来记录所有的模型和麦克风的空间距离及角度关系。需要静态温度、静压和湿度来评估大气的吸声能力,如果需要,还需要将数据修正到标准的大气压中。实验中至少需要记录与声学结果有关的参数是流场来流速度,进一步应该包括马赫数和动压,用来修正声学参数结果。其他的参数,如模型附近流场的体积力和模型表面局部压力,也能提供与流体力学有关的声源信息。

1. 声压、声功率和声强

与声学实验相同,气动声学实验也是通过传声器测量声压的时间序列信号。声压是由于大气压受到声波扰动后而产生的逾量压强,即在大气压强上叠加入声波扰动引起的压强变化值,其物理单位定义为帕(Pa,N/m^2)。由于声压是描述声波的最基本的物理量,且对声压的测量比较容易实现,因此声压是普遍用于定量描述声波特性的物理量。声压是时间的函数,且满足线性叠加原理,因此用瞬时声压$p(t)$描述t时刻各声波单独作用在测量点处的声压之和。在声学测量中,通常使用有效声压p_e来评定某一时间段内的声能量大小,有效声压p_e的定义和计算方法如下

$$p_e = \sqrt{\frac{1}{T}\int_0^T p^2(t)\mathrm{d}t}$$

由于离散声压信号是各采样时刻对应的瞬时声压信号$p(n\cdot\Delta t)$,因此得到有效声压的离散表达式

$$p_e = \sqrt{\frac{1}{T}\sum_{n=0}^{N-1} p^2(n\cdot\Delta t)}$$

式中,Δt为采样时间间隔,N表示样本长度,采样时间$T = N\Delta t$。

在现实生活中,人们遇到的声音强度通常相差较大,若直接以声压值表示,则其变化范围可以达到六个数量级以上;另外,人体听觉对声音强弱的感受并不与声压值成正比,而更接近于对数比例关系。因此,在工程中普遍采用声压级(sound pressure level,单位为分贝(dB))来衡量噪声对人体的影响。声压级的定义为

$$\mathrm{SPL} = 10\lg\frac{p_\mathrm{e}^2}{p_\mathrm{ref}^2}$$

式中，p_e 为某时间段内的有效声压；p_ref 为参考声压，在空气中，$p_\mathrm{ref} = 2\times10^{-5}\mathrm{Pa}$，$p_\mathrm{ref}$ 是正常听力的人对频率为 1000Hz 的声音刚好能够感觉到的最低声压值。

声源辐射功率会导致声压。声功率是原因，声压就是结果。用传声器听到或测量的声压取决于与声源的距离以及存在声波的声环境(或声场)。这又取决于测量环境的大小和表面的吸声性。因此，如果要量化声源的强度，需要得到声源的声功率，即声源辐射能量的速率(每单位时间的能量)，这个物理量基本与环境无关，是描述声源的唯一参数。得到声功率的方法有两种，声强法和声压法。

由于实际测量中很难测量全部方向面积上的总辐射能量速率，因此需要测量单位面积的能量流率，这就是声强的定义。在国际单位制中，单位面积为 $1\mathrm{m}^2$。因此，声强的单位是 $\mathrm{W/m}^2$。声强还提供方向的量度，因为在某些方向上会存在能量流，而在另一些方向上则不会。声强既具有幅度又具有方向性，因此是矢量。另外，压力是标量，因为它仅具有大小。通常，声强在指定单位面积的法向进行测量，即流过该单位面积的声能流率。

声压法测量声功率，如果要测量绝对功率，需要对声场做出特殊假设。只有特殊构造的房间(如消声室或混响室)才能满足，并且需要标定好的标准噪声源作为参考进行计算。对于气动声学实验，在消声室中进行，可以视为满足自由场条件，直接测量声压来表示声功率。

2. 传声器

测量声压的测量仪器是传声器，传声器根据其换能原理可划分为电动传声器和电容传声器两种。其中电动类又可细分为动圈传声器和铝带传声器，电容类可以分为极化传声器和预极化传声器。在后续发展中还有 MEMS、炭粒式、压电式(又称晶体式)、激光式和硅传声器。目前气动声学实验室中最为广泛使用的是电容式传声器，如图 3.44 所示是多个不同尺寸的电容式麦克风，具有不同的测量频率范围和灵敏度。

动圈式麦克风(又称电动式麦克风、动态麦克风)的工作原理是以人声通过空气使振膜振动，然后在振膜上的电磁线圈绕组和环绕在动圈麦头的磁铁形成磁力场切割，形成微弱的波动电流。电流输送到扩音器，再以相反的过程把波动电流变成声音。电容式麦克风传声器的电容与背板(硬板)和隔膜(拉紧的薄金属箔)之间的距离成反比，感受到声压时，隔膜发生变形，向靠近或远离背板的方向移动，改变系统电容，从而产生可测的电压信号。

图 3.44　不同尺寸的电容式麦克风

常用的传声器使用的能量源有两种：直流偏置电源和驻极体薄膜。这两种电容式麦克风和晶体麦克风都是将声能转换为电能，产生一个变化的电场。炭粒麦克风采用直流电压源，通过声音振动改变其电阻，从而将声信号转换为电信号。电容式、晶体以及炭粒麦克风都产生一个与敏感膜位移成正比的电压信号，而动圈麦克风则产生一个与敏感膜振动的振动速率成正比的电压信号。动圈麦克风采用永磁体为能量源，基于电感效应将声能转换为电能。

除去上述测量声压的传声器外，通过声源传播的相位匹配机制，也有利用相位匹配传声器测量声强的声强探管，如图 3.45 所示。

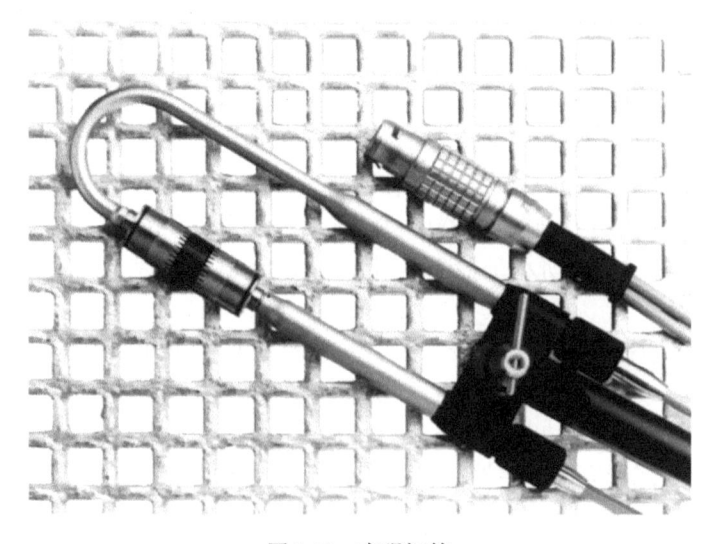

图 3.45　声强探管

3. 声源的强度和指向性

气动声源由于其本身的性质，通过对空气中运动的物体施加非定常压力而产生声音。对于喷气机或螺旋桨等推进装置，其噪声源机制本身就根植于流体力学，声辐射也会受到外界流动的影响。

声源的强度测量是对布置在空间位置点进行绝对声级的测量，但是与绝对声级几乎同样重要的是由模型配置或操作条件的变化引起的声级变化。例如，消声器的降噪测量通常是最重要的，而绝对声级可能是次要的。声源的指向性是布置在多个空间位置点对某中心位置声源在不同方向上传播规律的测量，在噪声机理和降噪研究中起重要作用，尤其对于降噪机理研究，在一个地方可以被认为是降噪的可能是声能从一个方向转移到另一个方向。噪声源的指向性是了解噪声源机理和噪声控制效果的一个重要因素。理想情况下，我们希望将声场映射到噪声源周围的球体上。如果噪声场中存在对称性，这种方法很少可行，也没有必要。由于传声器支柱和模型的尾迹，直接测量风洞模型上游和下游的声音也很困难。一般情况下，从噪声源测量的 20°～160°的流向平面上，0°为上游。10°增量是足够的，除了在指向性快速变化的地区，如在峰值射流噪声辐射方向。

4. 声源定位

估计和寻找产生噪声的声源是声学测量中重要的工作，噪声源识别的本质在于正确地判断作为主要噪声源的具体发声部件，从而为实施噪声的控制提供指导依据。在风洞中进行气动声学实验，被测对象由于来流的影响，会在多个区域产生不同频率和强度的气动噪声。传统的测量方法利用单个传声器收集整个声场内的声压信号，通过计算得出单个传声器的频谱和声压级。由于测试结果包括风洞背景噪声和实验体产生的气动噪声，很难将两者精确地分辨出来，同时无法获得整个声场的声源分布情况，因此需要发展特殊的测量装置和处理技术对气动噪声源进行识别与定位。常用的声源定位方法有声学聚焦镜技术、近场声全息技术和麦克风阵列技术。

声学聚焦镜是一种早期在风洞中用于声源定位的测量装置，如图 3.46 所示。在 20 世纪 70 年代，Grosche 和 Kendall 就利用该技术在风洞中对飞行器表面噪声进行定位测量，并取得了一定的效果。声学聚焦镜的工作原理为：在椭圆形凹曲面镜的聚焦点 B 处安装一只无指向性传声器，而另一个聚焦点 A 则位于声源可能存在的扫描平面上。当位于 A 点的声波的波长 λ 同时小于曲面镜直径 D 和 A、B 两焦点之间的距离 L 时，经曲面镜反射后聚焦于 B 点，这时传声器感受到的声压远大于自由声场的声压。而扫描平面其他位置的声源经曲面镜反射后不能聚焦于 B 点，由此可以判定扫描点处是否存在声源。然而，声学聚焦镜的工作原理决定了其只能对某一区域的单一频率的噪声进行放大，对频率范围较大的气动噪声进行测量时，需要不断地调整曲面镜的位置，因此实验效率较低，实验成本较高，并不适用于对气动噪声源的快速定位与识别。

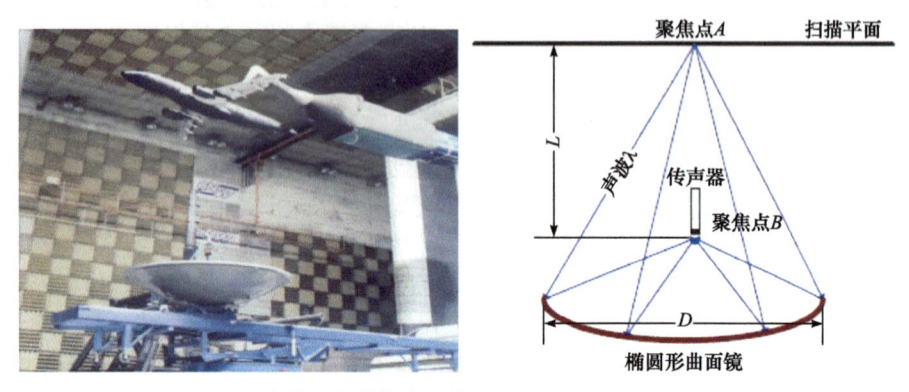

图 3.46　声学聚焦镜技术(左侧为测量图，右侧为原理图)

近场声全息(nearfield acoustic holography，NAH)是 20 世纪 80 年代由 Maynard 和 Williams 提出的一种用于噪声源识别和声场可视化的测量技术，其基本原理是在紧靠被测声源物体表面的测量面上利用多个传声器记录全息数据，通过空间声场变换算法重构三维空间声场，从而达到定位声源的目的。由于测量时阵列紧靠被测物表面，利用 NAH 技术能够接收到随距离增加而迅速衰减的倏逝波成分，从而获得较传统声全息技术更高的分辨率。该技术目前广泛应用于飞机舱内、汽车内部和机器内部等静止介质中的声场重构，如图 3.47 所示。然而，使用 NAH

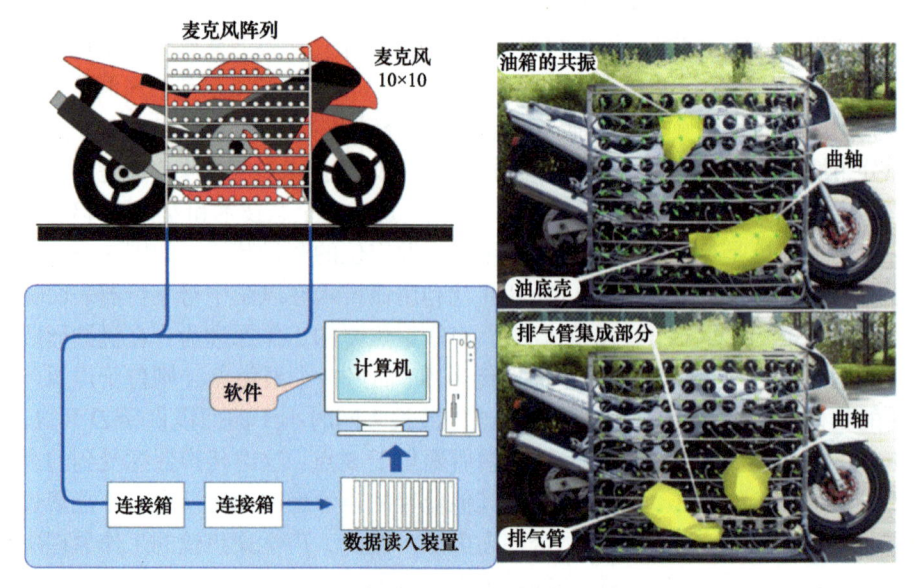

图 3.47　近场声全息法测量摩托车噪声源

技术测量声源时,要求阵列尺寸必须大于被测物体,同时阵列中的传感器分布为等间距矩形结构,其测量上限频率取决于阵列中传感器的距离 d 对应的波长频率,测量下限取决于阵列的长度 L 对应的波长频率,在低频范围内,NAH 能获得接近于测量距离 Z 的空间分辨率。如果要求降低测量下限频率,势必增大矩形阵列的平面尺寸,同时要求提高测量上限频率,则必须减小阵列中各传感器的间距。由于 NAH 采用等间距矩形阵列,传感器数量将随测量频率上限呈平方关系增加,导致测量成本变得难以想象。另外,紧靠被测物体的阵列会对实验模型周围的流场产生影响。因此,NAH 技术并不适用于有气流变化且频率成分较高的风洞声学实验。

麦克风阵列技术是由组成相控传感器阵列的硬件和后处理声学信号的声源定位算法软件构成的。作为硬件的早期相控阵列多为一维线性形式,Soderman 和 Noble 在 NASA 埃姆斯的 80ft×40ft 风洞中利用一维线性阵列对射流噪声进行了测量。但是线性阵列只能测定出一个方向上的声源分布,因此在风洞声学实验中并不常用。二维相控阵列的出现使人们可以对整个区域内的声源进行识别与定位。在 20 世纪 80 年代,Underbink 和 Dougherty 分别在埃姆斯的 7ft×10ft 闭口风洞和波音公司的 LSAF(Boeing Low Speed Aero asoustic Facility)开口风洞中使用二维相控阵列进行了多次气动声学实验,得到了大量、真实的气动噪声源的量化数据。而在 20 世纪 90 年代,德荷的 DNW 风洞利用基于二维相控阵列的波束形成技术对空客飞机也进行了噪声研究;同一时期,美国 NASA 也采用大型传感器阵列结合波束形成算法开展了多次的气动声学实验。图 3.48、图 3.49 为使用二维相控传声器阵列在风洞中进行气动声学实验的例子。作为软件的波束形成(beamforming)算法是一种适合于中远距离声源成像的最为基础简单的识别技术。该技术使用一组空间位置已知的传感器组成相控阵列,通过对每个传感器测得的声压信号进行"相位延时与求和"的信号处理方法,计算出声波到达每个传感器的传播途径和传播时间,将同一时刻各传感器信号调整到相同的相位,同时通过求和处理以增强聚焦点处的声源强度。通过改变各信号的延迟时间,就能设定阵列聚焦的位置,并且不用移动阵列就可以得到整个区域的声场映射图。该技术的准确性依赖于阵列的形式、测量距离和测量频率范围。与 NAH 技术相比,波束形成技术对阵列中的传感器布局并没有严格的要求,可以对大于阵列孔径的扫描区域进行测量。对于波束形成技术而言,其测量频率上限取决于阵列中传感器间的最小距离 d_{min};测量频率下限取决于阵列孔径 D;轴向空间分辨率正比于测量距离 Z。因此,波束形成技术在中高频声源的中远距离识别领域得到了广泛的应用。目前,国外声学风洞中普遍采用这种技术对气动噪声进行测量。

图 3.48　全机模型的阵列测量实验

图 3.49　直升机旋翼模型的阵列测量实验

5. 气动声学的修正

与经典声学不同，风洞实验段内射流区和实验段外静止空气之间的剪切层折射了气流中噪声源产生的声音。折射取决于传播的方位角和流动马赫数，改变了波的传播方向和声压。在自由射流外进行的声学测量必须对这些影响进行校正。另外，剪切层湍流对声波的吸收和散射也是可能的，需要考虑一定的修正后处理。

在分析具有相对运动的两股气流之间的平面波声音传播方面，早期的工作包括 Ribner(1957 年)、Miles(1957 年)与 Morse 和 Ingard(1968 年)的工作。Amiet(1975 年)将该理论扩展到包括折射波的传播效应。如图 3.50 所示是典型的声源折射示意图。

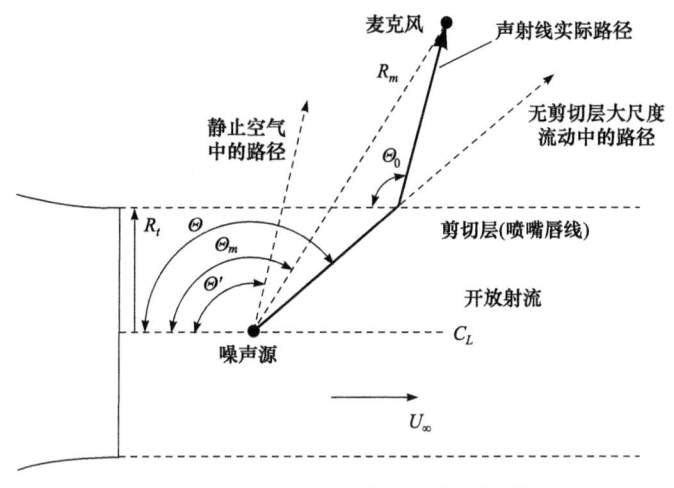

图 3.50　基于 Amiet 理论的剪切层声源折射示意图

空气动力学实验技术今后的发展将重点体现在以下几个方向：

(1) 流动显示技术注重提高定量测量能力，定量测量加强流动显示效果，二者结合，发展流动显示和定量测量一体化实验技术；

(2) 提高时间和空间分辨率，增强非定常、三维流动显示能力；

(3) 应用新材料新技术发展新的流动测试技术，提高测量可靠性和测量效率，操作简便易应用；

(4) 与计算流体力学相结合，拓展现有实验技术测量的能力，是一个新的发展方向，如利用 PIV 测量结果耦合求解压力场。

第 4 章 基础性实验

4.1 二维物体绕流烟风洞流动显示实验

4.1.1 实验目的

(1) 观察低速不可压缩流动绕圆柱、翼型的流线谱；
(2) 学习操作烟风洞，实现低速不可压缩流动中物体扰流流谱清晰显示；
(3) 掌握烟风洞流动显示实验技术。

4.1.2 实验原理

流动显示是通过特定的技术手段实现流动可视化的一种流体力学实验方法，是实验流体力学的两个基本测试手段之一(另一个是定量测量，如测力、测压等)。其结果一方面可以用来验证理论分析和数值模拟的结果，另一方面在处理无法用理论分析和数值模拟方法进行研究的复杂流动现象时得到一些重要结论。

流动显示实验通常在水和空气中进行，实验技术成熟、易于实施，费用低。

空气中常用的流动显示技术是在空气中加入烟雾，直接观察扰流谱或配以激光片光源等光学辅助显示手段观察扰流流场。

1. 圆柱扰流

低速不可压缩流体绕圆柱体流动时，由于过流断面持续变化，流速沿程增加，压强沿程减小，由于流体介质黏性的存在，在圆柱体周围形成边界层及边界层分离，从而形成圆柱绕流，如图 4.1 所示。

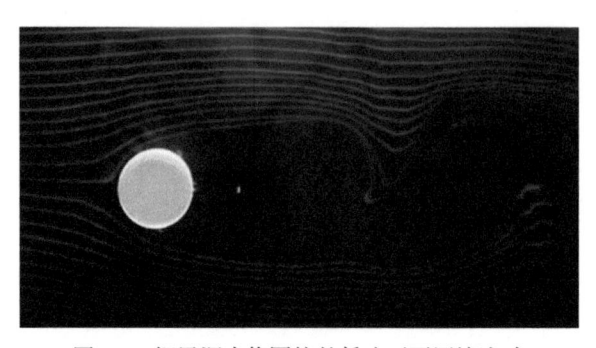

图 4.1 烟风洞中绕圆柱的低速不可压缩流动

二维圆柱体在低速不可压缩流场中的定常绕流流型只与雷诺数(Re)有关。雷诺数的物理意义是流场中惯性力与黏性力的比例关系。

当 $Re>4$ 时，沿圆柱表面流动的流体在到达圆柱顶点(90°)附近就离开了壁面，分离后的流体在圆柱下游形成一对固定不动的对称旋涡(附着涡)，涡内流体自成封闭回路而成为"死水区"(阻力系数 2～4)；随着 Re 的增大，死水区逐渐拉长圆柱前后流场的非对称性逐渐明显，此 Re 范围称为对称尾流区。$Re>40$ 以后，附着涡瓦解，圆柱下游流场不再是定常的，圆柱后缘上下两侧有涡周期性地轮流脱落，形成规则排列的涡阵，这种涡阵称为卡门涡街；此 Re 范围称为卡门涡街区(阻力系数 1～2)。

$Re>300$ 以后，圆柱后的"涡街"逐渐失去规则性和周期性，但分离点(约 82°)前圆柱壁面附近仍为层流边界层，分离点后为层流尾流。当 $Re>200000$～400000 时，层流边界层随时有可能转涙为湍流，分离点后移至 100°以后，湍流时绕流尾迹宽度减小，阻力系数骤减。

2. 翼型扰流

1) 绕低速翼型流动

低速翼型置于二维不可压缩均匀流场中，翼型不动，夹带着烟的直匀流流过翼型，相当于翼型以匀速前进，如图 4.2 所示。从翼型上看流动是一种定常流动状态。

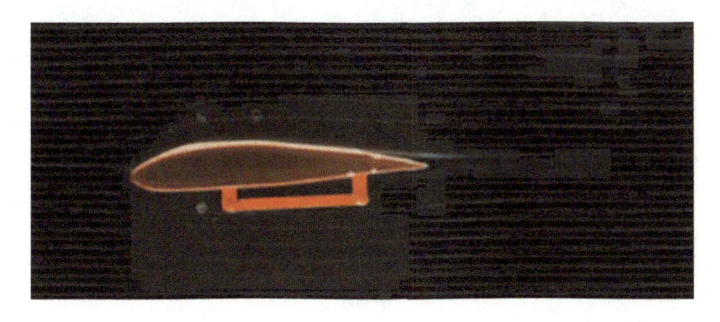

$\alpha=0°$

$\alpha=5°$

$\alpha=15°$

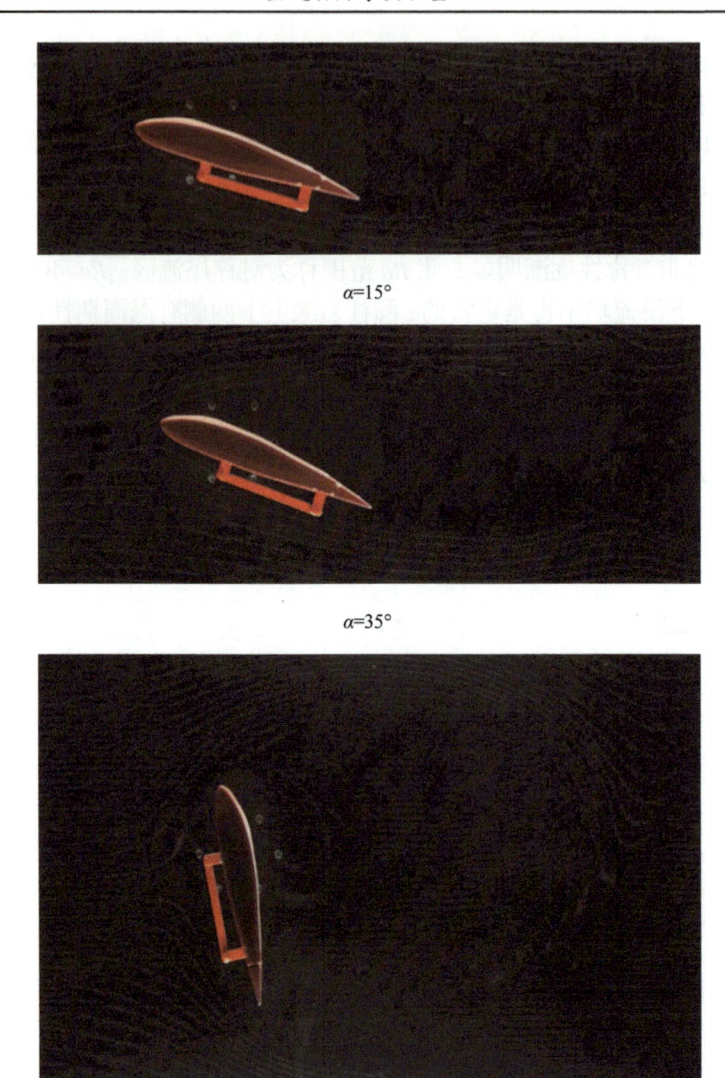

$\alpha=35°$

$\alpha=90°$

图 4.2　各种迎角下绕低速翼型流线谱

翼型在正迎角姿态时，驻点在距前缘不远的下翼面，迎角越小，驻点距前缘越近。流经驻点的那条流线把来流分为两部分，在该流线以下的气流沿下翼面流动，该流线以上的气流则绕过翼型前缘，沿上翼面流动。驻点是流动速度等于零的点，压强最大，压强系数等于 1。翼型在正迎角姿态时，沿下翼面流动的气流从驻点一直到翼型后缘，基本都是非均匀加速状态，即 $\mathrm{d}p/\mathrm{d}x$ 是个负值。

翼型中等迎角以上状态时，下翼面的压强系数一直是正值；迎角很大时，下翼面压强系数可以降为负值。随迎角的变化，下翼面气流的变化趋势基本如此，只是驻点位置会后移。

驻点流线以上的那部分气流,从驻点开始,先向前倒走绕过翼型前缘后,便顺着上翼面向翼型后缘流动,绕过前缘时会出现很大的流速,迎角越大这个流速峰值越高(在失速之前),且峰值点越靠近前缘。从驻点到上翼面的最大速度点(即最小压强点),气流是加速流动的。过了最低压力点后直到后缘,气流是非均匀减速状态流动,上翼面边界层气流基本处于逆压梯度状态($\partial p/\partial x > 0$),随着翼型正迎角的增加,往往会出现边界层气流离开翼型表面产生流动分离。

2) 绕菱形对称翼型流动

菱形对称翼置于二维不可压缩均匀流场中,翼型不动,夹带着烟的直匀流流过翼型,相当于翼型以匀速前进,如图4.3所示。从翼型上看流动是定常流动状态。

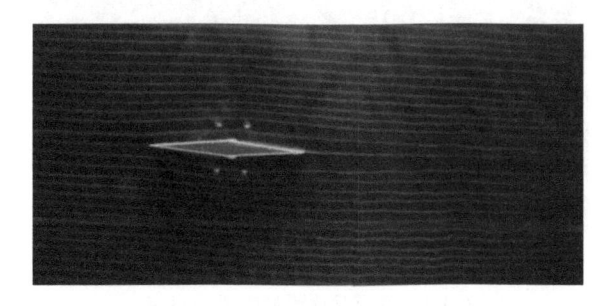

$\alpha=0°$

$\alpha=5°$

$\alpha=15°$

$\alpha=30°$

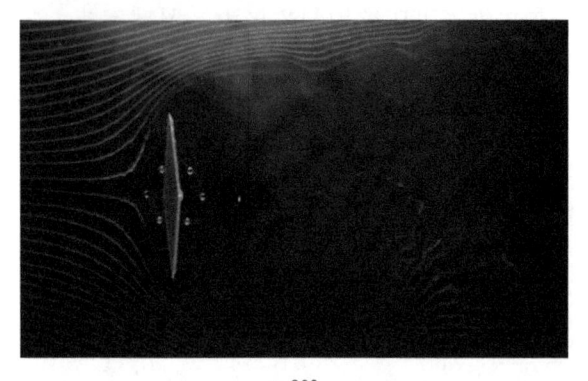

$\alpha=90°$

图 4.3 菱形对称翼型烟风洞绕流

4.1.3 实验装置和实验方法

(1) 实验设备：直流式二维低速烟风洞，如图 4.4 所示，实验段尺寸 1020mm×60mm×800mm。

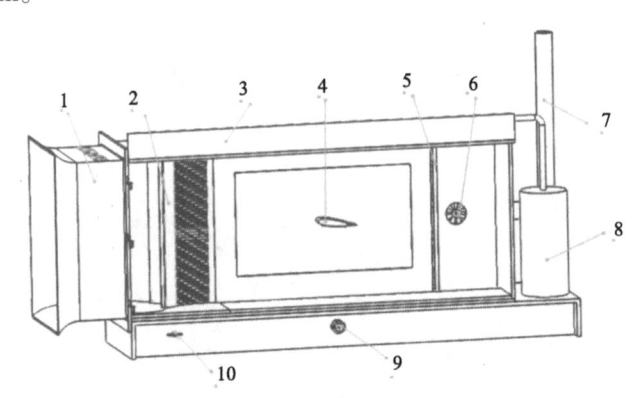

图 4.4 烟风洞示意图

1. 稳定段；2. 梳状管；3. 收缩段和实验段；4. 实验模型；5. 孔板；
6. 离心风机；7. 风洞出口；8. 发烟器；9. 迎角调节机构；10. 梳状管方向调节机构

(2) 实验模型：翼型、圆柱和对称菱形翼模型如图 4.5 所示。

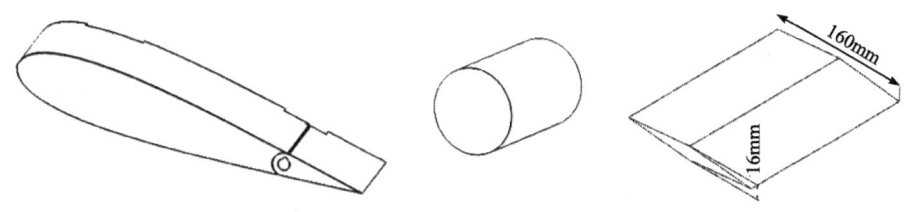

(a) 弦长160mm，展长60mm　　(b) 直径50mm，展长60mm　　(c) 弦长160mm，展长60mm

图 4.5　实验模型：翼型和圆柱及对称菱形翼

(3) 测试仪器：无

(4) 实验方法：在此实验中，我们用烟雾发生器加热调制好的甘油产生成白烟，来显示绕圆柱和翼型产生的流场。

4.1.4　实验内容和步骤

1. 实验准备

(1) 检查烟风洞是否处于正常状态；
(2) 在发烟器中注入发烟剂，然后打开发烟器；
(3) 将烟风洞中的模型调整到相应姿态；
(4) 待发烟器指示灯亮起，启动烟风洞，注入发烟器产生的烟。

2. 设备调试

调整烟风洞出烟管处的调节旋钮，调整烟线的粗细程度。

3. 实验实施

在烟线持续稳定的状态下，分别放入圆柱、低速翼型和对称菱形翼模型，改变翼型迎角，分别为：0°～5°；5°～90°；0°～-5°，观察烟线绕模型的流动情况。

4. 实验观察

1) 绕圆柱流动

在圆柱上游，流动是相似的，在圆柱前缘面上产生了一个驻点，气流绕过柱体时流动是加速的，在到达柱体铅垂直径之前不远处，流线从柱体表面分离，后面是一个宽阔的湍流尾迹，其中流动异常紊乱，一系列的涡旋(涡街)从柱体两边交替脱落，其脱落频率与柱体直径和气流速度有关。

(1) 必要时可先观察均匀流场的流线图形：烟风洞内不放任何物体，让同学观察均匀流场的流线图形。

(2) 观察圆柱绕流：看分离现象，指出圆柱分离区大小与压差阻力的关系。同时也可以观察卡门涡街现象，指出周期性旋涡脱落对应周期性法向作用力。指出此时圆柱减阻的有效方法是将圆柱外形流线型化。

2) 绕低速翼型与对称菱形翼型流动

(1) 先将翼型姿态调整为零度迎角，逐渐改变翼型迎角，观察翼型驻点位置随迎角的变化。迎角增加翼型驻点位置下移，迎角减少翼型驻点位置上移，当迎角为负时驻点位置在上翼面，驻点位置可以从流线分叉处看出来。

(2) 观察流场速度越大的地方流线越密集，说明该处压强越小。

(3) 观察翼型上最低压强点随迎角的变化。翼型为正迎角时最低压强点在上翼面，随翼型迎角增大最低压强点前移，迎角为负且超过零升迎角时，最低压强点在下翼面，迎角的负值增大，最低压强点也前移。

(4) 观察低速流场的特点。将翼型的迎角作轻微摆动，指出只要流场中有一点儿扰动，那么此扰动就会传遍全流场，但扰动最厉害的还是在模型附近，这是与超声速流场所不同的。因为微弱扰动是以声速传播，而低速时气流速度比声速小，故扰动可以传遍全流场。

(5) 观察流动分离现象。可慢慢增加翼型的迎角，看流动分离区大小的变化。翼型迎角越大流动分离越剧烈，流动分离的本质是由于边界层抵抗不了逆压梯度而产生的结果。同时指出此时压差阻力也随翼型迎角增加而增加。

(6) 观察襟翼的作用：放下翼型上的襟翼，看翼型上流速的变化。说明襟翼偏转时翼型弯度增加或导致有效迎角增加。

4.1.5 思考和讨论

(1) 如何判断翼型在流场中驻点的位置？如何判断局部流速高低？

(2) 翼型上产生流动分离的原因是什么？

(3) 翼型在此直匀流场中的受力情况与哪些因素有关呢？

4.2 升力环量定理实验(马格纳斯效应)

4.2.1 实验目的

(1) 演示升力产生的基本原理；

(2) 认识马格纳斯效应；

(3) 掌握茹科夫斯基升力定理。

4.2.2 实验原理

在二维情况下，旋转圆筒在直匀流中产生了横向力的现象称为马格纳斯效应(Magnus effect)。马格纳斯效应是以德国物理学马格纳斯的名字命名的，1852年马格纳斯发现并描述了这种效应，并对这个现象进行了细致的研究。

马格纳斯效应中产生的横向力可以用茹科夫斯基升力定理来计算，即横向力=来流速度×流体密度×点涡环量。库塔和茹科夫斯基彼此独立地由理论计算得到这一升力正比于环量 Γ，且单位厚度翼型上的升力等于 $\rho \times \Gamma \times V$，其中 V 是流体与翼型的相对运动速度。

用位势流理论解释，旋转物体的飞行运动可以简化为"直匀流+点涡+偶极子"的组合运动，其中点涡是形成升力的根源。

绕翼型的流动可以理解为没有环量的"平常的无旋流动"和环流"叠加"而成，如图 4.6 所示。这样，合并了的流动便显示出了环量。这与升力的产生有极其密切的关系。即使不做计算也容易看出，在翼型的上部环流和绕翼型的简单位势流的无旋流动方向相同，在翼型下部则相反。由伯努利方程可知，翼型上部的压力减小了，而翼型下部的压力增大了，结果在翼型上产生了压强差即升力。

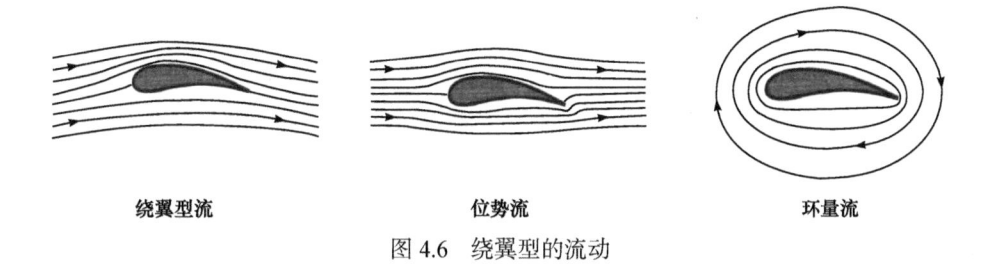

绕翼型流　　　　　位势流　　　　　环量流

图 4.6 绕翼型的流动

马格纳斯效应(如图 4.7 所示)可以用来解释乒乓球中的弧线球、足球中的香蕉球等现象。利用马格纳斯效应还设计出了带旋转的飞艇，这种飞艇通过旋转可以增加、调节飞艇的升力。马格纳斯效应还适用于棒球、网球，尤其是乒乓球，由于乒乓球体积小、密度低，马格纳斯效应更加明显。马格纳斯效应原理也可用于解释蜂鸟、直升机的飞行。

伯努利方程：

$$z + \frac{p}{\rho g} + \frac{V^2}{2g} = c$$

翼型上的茹科夫斯基升力定理：

$$Y = \rho V \Gamma$$

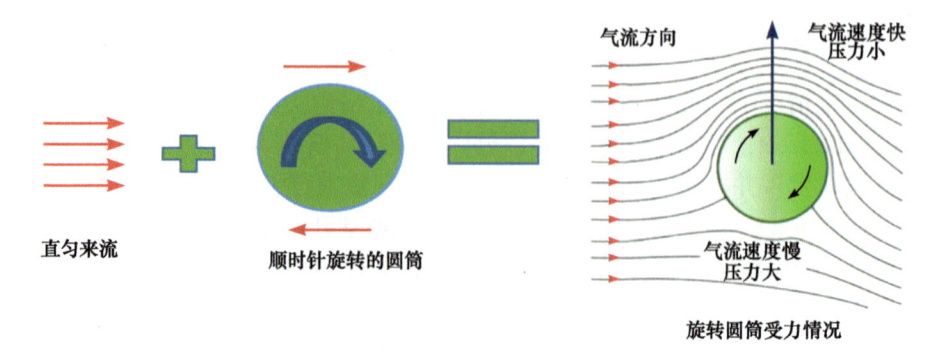

图 4.7 马格纳斯实验原理图

4.2.3 实验装置和实验方法

1. 实验设备

教学小风洞如图 4.8 所示，开口实验段入口为长轴×短轴=560mm×380mm 的椭圆形。

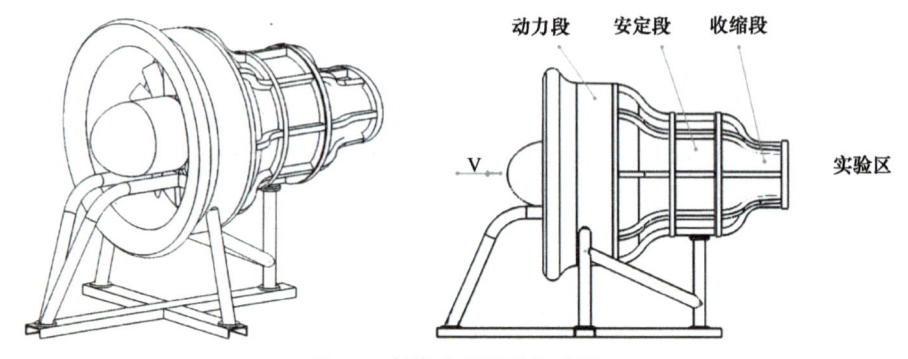

图 4.8 教学小风洞及构造图

2. 实验模型

马格纳斯仪由一个可旋转圆筒和摆臂组成，见图 4.9。圆筒表面贴了一层毡子，使其表面粗糙度较大；圆筒的上、下两底各有一块大大的圆形挡板，使得实验模型成为无限长的二维圆筒；圆筒轴上安装了一个小电机，可以带动圆筒绕自身对称轴做顺时针或逆时针旋转；圆筒被固定在摇臂的一端，摇臂的另一端是一根插入固定在实验台上的套筒中的转动轴，使圆筒可以被摇臂带动着绕套筒内的轴旋转。

3. 测试仪器

无

图 4.9　马格纳斯仪

4. 实验方法

将马格纳斯仪放入教学小风洞的开口实验段中，如图 4.10 所示。分别在不启动风洞和启动风洞两种状态下，观察静止和旋转(顺时针和逆时针)的马格纳斯仪的偏摆情况。

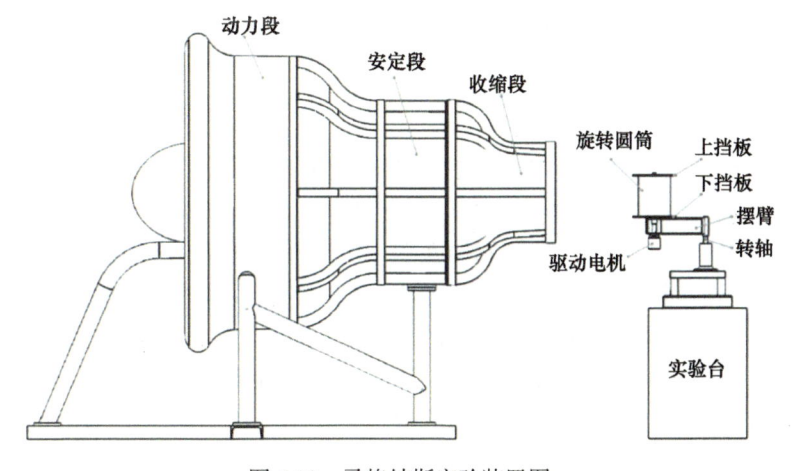

图 4.10　马格纳斯实验装置图

4.2.4　实验内容和步骤

1. 实验内容

分别在风洞不运行和风洞运行的两种状态下，观察静止和旋转状态的马格纳斯仪的偏摆情况。

2. 实验准备

将教学小风洞通电，确认其能够正常工作。

将马格纳斯仪置于教学小风洞的开口实验段中，确认马格纳斯仪能够正常运转。

3. 设备调试

将马格纳斯仪上的可旋转圆筒调整到平衡位置。

4. 实验实施

(1) 在风洞不启动状态，使马格纳斯仪上的圆筒旋转(顺、逆时针)，马格纳斯仪不会发生偏摆现象，马格纳斯仪只在平衡位置自转。关闭马格纳斯仪。

(2) 使马格纳斯仪上的圆筒处于平衡位置且静止，启动风洞，马格纳斯仪不发生偏摆，马格纳斯仪只在平衡位置静止不动。关闭风洞。

(3) 使马格纳斯仪上的圆筒在平衡位置顺时针旋转，然后启动风洞，马格纳斯仪发生了偏摆。关闭风洞和马格纳斯仪。

(4) 再使马格纳斯仪上的圆筒在平衡位置逆时针旋转，然后启动风洞，马格纳斯仪发生偏摆，只是偏摆方向与(3)相反。关闭风洞和马格纳斯仪。

5. 实验结果总结

在风洞启动和不启动两种状态下，马格纳斯仪上圆筒在风洞开口实验段中的不同运动状态，决定了马格纳斯仪是否产生偏摆，找出其运动机理。

位于平衡位置的马格纳斯仪圆筒在静止的流场中顺时针或逆时针旋转，相当于二维对称物体周围只有环量存在而无相对运动的直线速度，所以二维对称物体不会产生偏摆，因为无使其产生偏摆的力存在。

平衡位置静止的马格纳斯仪在直匀流场中，气流流过二维对称圆筒两侧的速度大小和方向都是一致的，根据伯努利方程，在圆筒两侧也不存在压强差异，故没有使马格纳斯仪产生偏摆的力，所以马格纳斯仪在平衡位置保持不动。

令平衡位置的马格纳斯仪圆筒顺时针或逆时针旋转，同时打开风洞，使马格纳斯仪在直匀流场中旋转，二维对称圆筒两侧速度大小不等，根据伯努利方程，速度大处静压小，速度小处静压大，导致圆筒两侧产生了压强差，所以马格纳斯仪产生了偏摆，马格纳斯仪会向着速度大、静压小的一侧偏摆。

4.2.5 思考和讨论

(1) 请用简单的伯努利原理解释马格纳斯现象。

(2) 结合茹科夫斯基升力定理，解释马格纳斯现象。
(3) 马格纳斯现象与机翼上产生升力的原理是否一致？
(4) 举例生活及工程中的众多类似现象。

4.3 风洞三角翼表面油流显示实验

表面油流是空气动力学实验常见的流动显示技术之一，可以在风洞中比较方便和迅速地获得模型表面的流谱，通过对表面油流谱图的分析可以了解流体在表面发生分离和再附的位置、方式以及旋涡的形成发展特性等。本项实验以广泛应用的三角翼模型为例，开展表面油流显示实验，学习表面油流显示技术的基本知识和应用技能。

4.3.1 实验目的

(1) 掌握实验原理和实际应用操作，了解应用中应注意的技术问题；
(2) 学会油流显示结果基本分析方法，正确分辨典型流动现象的油流显示特征；
(3) 了解三角翼低速大迎角扰流典型特性及迎角变化影响。

4.3.2 实验原理

进行油流实验时，将带有细微示踪粒子的油剂薄薄地涂在实验模型的表面上。风洞吹风后，形成表面油流谱，油流谱图的分析可以了解流体在表面发生分离和再附的位置、方式以及旋涡的形成发展特性等。

1. 实验试剂

表面油流技术所使用的涂层是由油剂与粒度非常细小的粉末混合组成的。油剂是一种载体，而粉末是一种示踪粒子。需要指出的是，由于油的黏性、表面张力、模型表面光滑程度、实验风速以及实验季节温度等条件影响油流图谱的清晰程度，因此油流实验中涂层的配制，涂刷方法等技术问题有很大的经验性。为了获得更好的效果，以资料提供的方法为依据，在正式实验前进行一些预先实验，适当调整涂层配制比例直至获得清晰的流动图谱。

2. 表面流线和摩擦力线

表面油流图谱显示的是表面流线，也称极限流线。1961 年 Squire 专门对面油流实验中油膜的运动进行了理论分析，建立了油膜方程，并进一步证明了表面流线即是摩擦力线。

表面油流风洞实验中，吹风前涂在实验模型的表面上的油剂，吹风时在模型表面形成油膜，厚度小于边界层厚度。油膜在边界层内气流的作用下做缓慢的黏性运动。油膜中细小示踪粒子在流动冲刷作用下随油膜一起运动，经一段时间吹风后，油剂被吹干，残留的示踪粒子黏附于模型表面，显示出表面流线谱。

油膜方程如下

$$\frac{\partial h}{\partial t}+\frac{\partial}{\partial x}\left(\frac{\tau_{wx}h^2}{2\mu}\right)+\frac{\partial}{\partial z}\left(\frac{\tau_{wz}h^2}{2\mu}\right)=0$$

上式表达基于表面曲面坐标系，x 和 z 位于壁面上，分别指向流向和展向，y 为壁面法向。τ_{wx} 和 τ_{wz} 分别是壁面摩擦应力在 x 和 z 方向的两个分量。

油膜的下边界是物面，应满足无滑移条件，即在物体表面上油的流速为零。油膜上边界与气流相接，在油、气界面上油流和气流的速度相等，同时油流和气流的剪应力也相等。进一步假设如下。

(1) 空气的黏性比油膜的黏性小很多。
(2) 当地压力梯度影响远小于剪切应力影响。

理论分析得到表面流线方程表达式

$$\frac{\mathrm{d}z}{\mathrm{d}x}=\frac{(\partial v_1/\partial y)_{y=0}}{(\partial u_1/\partial y)_{y=0}}=\frac{\tau_{wz}}{\tau_{wx}}$$

其中，u_1 和 v_1 分别是气流速度在 x 和 y 方向的分量。该方程就是无油层时物面摩擦力线方程。该式表明，油流轨迹线近似地显示了气流绕流中的物面摩擦力线。因此表面油流技术实际上是一种显示物面摩擦力线图谱的实验技术。

3. 表面油流谱分析方法

在大量的表面油流实验的基础上结合各种气动力现象的分析，得出了经验的油流谱识别与判断准则。一般说来白色的油流积聚线即显示了物面上的三维分离线。油流谱上的无油线，也就是油的流出线称为再附线，油流出线实际上是不存在的，但可以通过两侧有明显的"人"字形摩擦力线来辨认。由于有些三维流谱非常复杂，仅用经验方法不易完全识别，因为经验方法不能概括所有的流谱。因此根据物面流谱本身遵循的规律，运用物面流谱的奇点拓扑方法来指导油流谱的分析更具有普遍意义。利用微分方程相平面理论分析摩擦力线方程在奇点(摩擦应力为零)附近的局部特性，结果表明摩擦应力向量场的奇点主要表现为三类，它们分别是鞍点、结点和螺旋点。由于这些奇点现象在本次实验条件下没有显现，故此处不再深入介绍。

4. 油膜厚度的影响

首先由于存在油膜厚度 h，所以气流绕物体的有效形状改变了。但是由于油层很薄，由此引起的影响十分小，所以可忽略。其次，与无油膜情况相比，油膜的存在使气流在物面上无滑移条件无法满足。但理论分析结果表明，若 h 很小，且空气的黏性比油膜的黏性小很多，则上述无滑移条件可近似得到满足。故得到结论：油流的存在对气流绕物体流动的影响是十分小的。

5. 三角翼绕流及其对机翼气动特性的影响

三角翼是超声速战斗机常见的机翼外形，大迎角前缘涡的生成有效地提高了飞机的失速特性，进而大大提高了战斗机的机动性。绕三角翼的前缘分离涡结构稳定，流动显示效果好。关于三角翼前缘涡的形成和结构特征、涡破裂等现象既有理论研究价值又有很强的航空航天应用背景。大后掠三角翼的主要流动现象如下。

(1) 小攻角时表现为附着流动或仅出现气泡分离。

(2) 中等攻角($\alpha=20°\sim25°$)时，形成两个大涡，三角翼表面上存在再附和二次分离现象。

(3) 大攻角时出现对称涡和非对称涡结构。当 $\alpha=35°\sim40°$时，对称涡结构转变为非对称涡结构。涡破裂首先发生在翼面后缘部分，然后随攻角增大，破裂点向上游移动。旋涡破裂可能是对称的，也可能是非对称的。

机翼前缘分离涡可产生非线性涡升力，增大飞机升阻比；迎角大到一定程度会出现旋涡破裂，随着迎角增大，旋涡破裂点前移，会导致涡升力下降。同时，旋涡破裂位置会出现不对称性，伴随有侧向力，对飞行稳定性和操纵性带来不利影响。

本次表面油流实验只关注中等迎角以下 $\alpha\leqslant20°$，三角翼前缘涡破裂点尚未前移到三角翼上表面(图 4.11(a))，上翼面上主要表现为典型的前缘分离(图 4.11(b))、

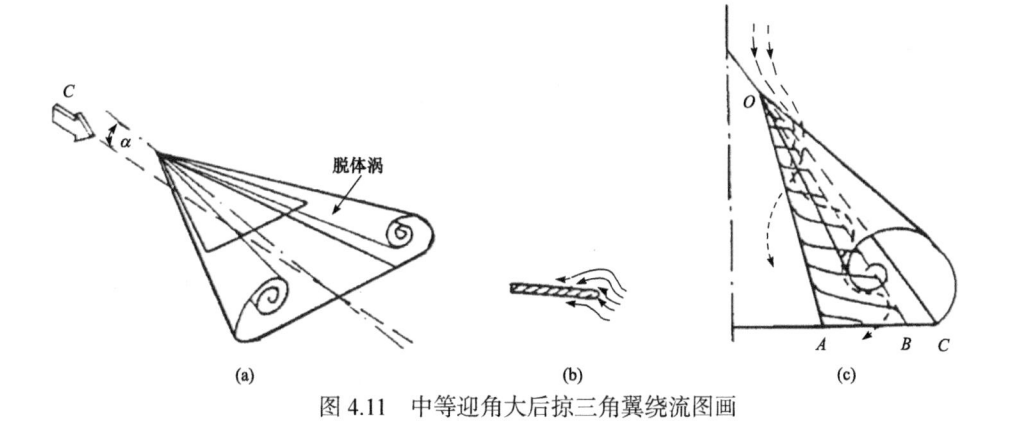

图 4.11 中等迎角大后掠三角翼绕流图画

再附和二次分离流动，图 4.11(c)中 A、B 和 C 分别标记上翼面再附线、二次分离线和一次分离线(前缘分离)。

4.3.3 实验设备和实验装置

1. D1 低速风洞

本次实验在北航 D1 低速回流式风洞中进行，实验段截面为椭圆，尺寸为 1.02m×0.76m(长轴×短轴)。最大实验风速为 50m/s，湍流度<0.3%，详情参见 3.2 节。

2. 实验模型和实验装置

本实验采用后掠角为 70°的尖前缘三角翼模型。翼根弦长 b=0.4m，翼展 l=0.29m。以尾部支撑方式安装在模型变姿态机构上，如图 4.12 所示。

图 4.12 实验装置

模型变姿态机构可实现模型攻角和侧滑角变化。攻角和侧滑角机构控制系统采用闭环控制方式。模型姿态控制系统由一台工业控制计算机通过现场总线卡控制交流伺服单元。系统通过检测元件、传感器及总线通信卡与伺服单元进行实时数字信号通信，以完成模型姿态定位参数的给定，进而实现对攻角和侧滑角机构模型姿态的精确控制，同时完成数据采集、数据处理功能。

模型姿态角控制系统详细技术指标如下。

攻角运动范围：$-15°\leqslant\alpha\leqslant30°$；

攻角控制精度：$\leqslant3'$；

攻角变化速度：$20(°)/s\sim5(°)/s$；

侧滑角运动范围：$360°$；

侧滑角控制精度：$\leqslant3'$；

测滑角变化速度：$2(°)/s\sim5(°)/s$。

4.3.4 实验方法和操作

1. 油流试剂配制

(1) 示踪粒子为二氧化钛(白色)粉末，俗称钛白粉。使用前应先将二氧化钛烘烤 20～30min，以去掉二氧化钛中的水分。然后放入擂钵中研磨成细粉末。使用细网筛筛出二氧化钛粉末备用。

(2) 载体油剂选用煤油和硅油。油剂选择主要考虑它的黏性。因为油剂的黏性影响到油层在气流剪切应力作用下油流轨迹线的清晰程度、形成时间以及风洞停风后油层保持其状态的能力。

(3) 先用二氧化钛与硅油按一定体积比(根据硅油黏度、模型结构以及实验风速而定，例如，低速边条机翼油流实验，风速25m/s，硅油黏度为 $2\times10^{-4}m^2/s$，二氧化钛与硅油的体积比为 1∶10。)调制，然后再用煤油稀释，通过初步实验确定煤油加入量。添加煤油一是起到稀释作用，便于均匀涂抹于模型表面；二是调节油剂黏性，原则上，要得到好的显示效果，实验风速越大，要求煤油加入量越小。

2. 实验操作步骤

(1) 将三角翼模型安装于实验支架上，将机翼的攻角α调整到 0°、侧滑角和滚转角也保持 0°。

(2) 用软刷子将涂层刷到三角翼模型表面，要求涂层厚度均匀。

(3) 涂层刷好后迅即开启风动，将风速调节到 30m/s。

(4) 待三角翼模型表面涂层的油剂吹干后停风，观察并用相机(或摄像机)记录机翼表面的油流图谱(俯视图)。

(5) 将三角翼模型的攻角调节到 5°、10°、15°、20°。并重复步骤(2)～(4)。实验过程中注意观察机翼表面的油流谱图在α =0°、5°、10°、15°、20°时有何不同。

4.3.5 实验报告

1. 实验条件

(1) 室温 $t =$ _____ ℃；
(2) 室内大气压 $p_0 =$ _____ Pa；
(3) 实验风度 $V_\infty =$ _____ m/s。

计算：

空气的运动黏性系数 $\nu =$ _____ m²/s；

雷诺数 $Re = V_\infty C_根/\nu =$ _____ ；（$C_根$ 为三角翼模型根弦长，0.4m）

空气的运动黏性系数随温度的变化见表4.1。

表 4.1 空气的运动黏性系数随温度的变化

温度 t /℃	运动黏性系数 ν/(m²/s)
10	1.76×10^{-5}
15	1.79×10^{-5}
20	1.81×10^{-5}
25	1.84×10^{-5}
30	1.86×10^{-5}

2. 实验结果与分析

(1) 给出不同迎角下背风面油流谱实验拍摄图像，并在图中标出一次分离线、二次分离线和再附线的位置。

(2) 分析本次实验油流谱中分离线(包括一次分离线和二次分离线)和再附线形成的原因；选择一个迎角状态油流谱图像，根据其一次分离线、二次分离线和再附线的位置，画出前缘旋涡(一次涡)和二次涡的截面示意图。

(3) 分析分离线、再附线位置随迎角变化的规律，据此进一步描述三角翼前缘涡及二次涡发生的迎角条件以及随迎角增大的发展过程。

要求报告中必须附有相应的流动显示图片。

4.3.6 思考和讨论

(1) 请给出流线、极限流线、表面流线和摩擦力线的定义以及它们之间的关系，油流谱显示的是什么线？

(2) 本次实验中，三角翼背风面油流谱显示出的表面流动典型现象有哪些？解释其成因。

(3) 三角翼前缘涡是如何产生的？对三角翼的气动性能会带来哪些影响？

4.4 水槽三角翼前缘涡染色液流动显示实验

4.4.1 实验目的

(1) 掌握染色流动显示技术的基本原理、应用方法和实验过程中的技术问题。
(2) 观察三角翼复杂流动特性，认识涡破裂现象及影响。

4.4.2 实验原理

流动显示技术是流体力学的两个基本测试手段之一(另一个是定量测量，如测力、测压等)。流动显示是通过一定的技术手段使绕物体的流动可视化的一种流体力学实验方法。一方面可以用来验证理论分析和数值模拟的结果，另一方面对无法用理论分析和数值模拟方法进行研究的复杂流动现象，流动显示方法可以得到一些重要结果。通常水中流动显示结果要比空气中效果好，并且实验技术成熟、易于实施、费用低。

水洞中常用的流动显示技术有氢气泡方法和染色方法等(属于示踪粒子方法)，配以激光片光源等辅助手段可以得到很多有意义的细节结果。染色显示技术选用有色液体作为示踪物质。色液的物理性质(如比重和运动黏性系数等)要求尽量和水接近以满足跟随性要求。为了清晰地显示并减少对设备的污染和腐蚀，要求所用色液不易扩散、不易附着于物体，腐蚀性小，流动性好，不易沉淀和透光性小。常用的色液包括墨水、食品色、高锰酸钾溶液等。除此之外，染色流动显示实验中要求色液注入速度在大小和方向上应和当地水流一致，尽可能避免对流场产生不适当的影响，如明显的射流等。

绕三角翼的前缘分离涡结构稳定，流动显示效果好。关于三角翼前缘涡的形成和结构特征、涡破裂等现象既有理论研究价值又有很强的航空航天应用背景。机翼前缘分离涡可产生非线性涡升力，增大飞机升阻比，并同时伴随有侧向力，而旋涡破裂会导致升力迅速下降。

绕大后掠尖前缘三角翼典型流动现象如下。

小迎角时仅出现气泡分离；中等迎角($\alpha = 20° \sim 25°$)时，形成两个大涡(图 4.13)，三角翼表面上存在再附和二次分离现象；大迎角时出现对称涡和非对称涡结构。$\alpha = 35° \sim 40°$时，对称涡结构转变为非对称涡结构。涡破裂首先发生在翼面后缘部分(图 4.14)，然后随攻角增大，破裂点向上游移动。涡破裂可能是对称的，也可能是非对称的(图 4.15)。

· 182 ·　　空气动力学实验基础

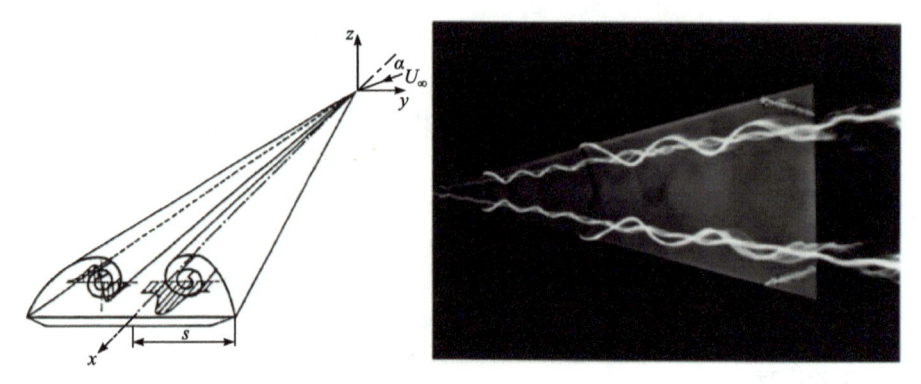

图 4.13　三角翼剪切层及前缘涡简图

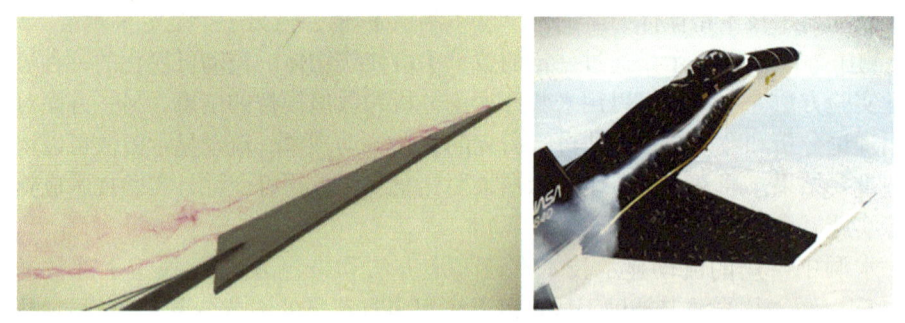

图 4.14　三角翼前缘涡破裂

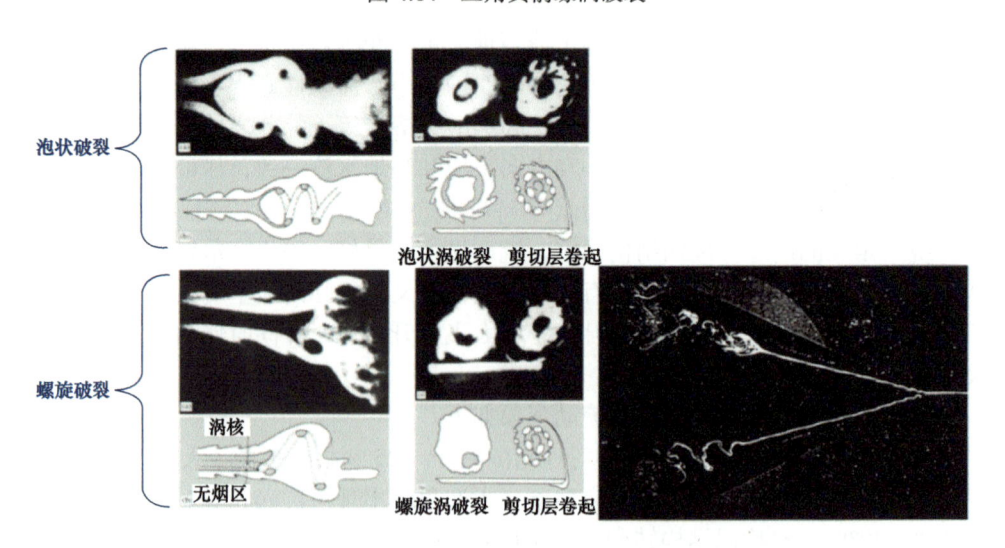

图 4.15　前缘涡泡状破裂和螺旋破裂

染色液实验系统和原理如图 4.16 所示。

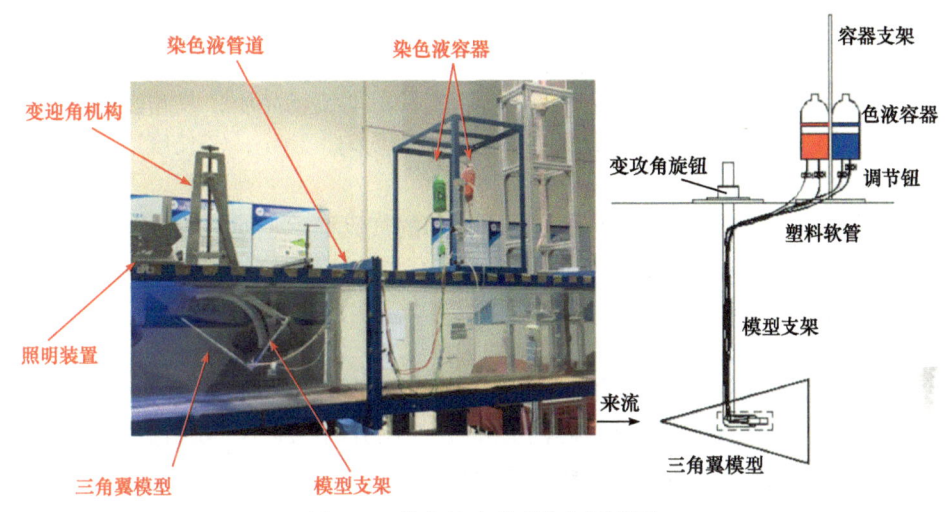

图 4.16 染色液实验系统和原理图

4.4.3 实验设备

1. 水槽

回流式水槽，主要用于空气动力学、流体力学的教学显示实验，并兼顾科学研究，可开展边界层流动、分离流动、复杂流动及非定常流动等的显示实验。相比于同样可以模拟飞行器模型周围流动的风洞来讲，水槽可开展低雷诺数实验，对飞行器模型周围流动的模拟效果更好。本实验使用回流式水槽，实验段截面尺寸为 400mm×600mm，长度为 6000mm，最大流速 V=0.5m/s，实验水槽及其结构如图 4.17 所示。

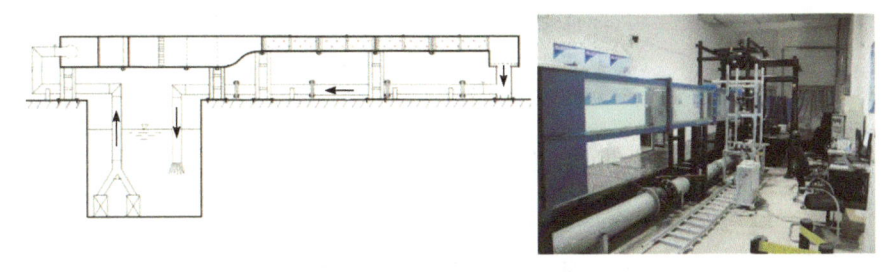

图 4.17 实验水槽示意图

水槽中水的循环动力来自拐角轴流泵，通过变频控制柜来控制电机转速从而控制水槽流速。

水槽按照功能可以分为实验段、收缩段、稳定段、扩散段、动力段，拐角导流片。

(1) 实验段：为了模拟原型流场，实验段流场品质必须达到一定的要求，如湍流度、均匀性等。

(2) 收缩段：均匀加速，并有助于改善实验段的流场品质，收缩段的设计应做到：①流速单调增加，避免分离；②出口流动均匀、稳定；③长度适当，兼顾成本和损失。

(3) 稳定段：使来自上游的紊乱的不均匀的气流稳定、使旋涡减弱、使速度方向性提高。稳定段包括蜂窝器和阻尼网，蜂窝器的作用是导向和减小旋涡尺度，阻尼网的作用是分割旋涡尺度，减小湍流度。

(4) 扩散段：减速增压，降低能量损失。

(5) 动力段：补充能量损失，使流动速度均匀。

(6) 拐角导流片：减小水流流经拐角时产生的分离、减小二次流旋涡的强度，从而减小能量损失，改善流经拐角后的流场品质。

2. W75 三角翼

实验使用模型为前缘后掠角为 75°的平板三角翼，如图 4.18 所示，根弦长为 200mm，厚度为 3mm，前缘迎风面做 30°倒角处理，在距离顶点 7mm 和 19mm 处设置两组染色液出孔。

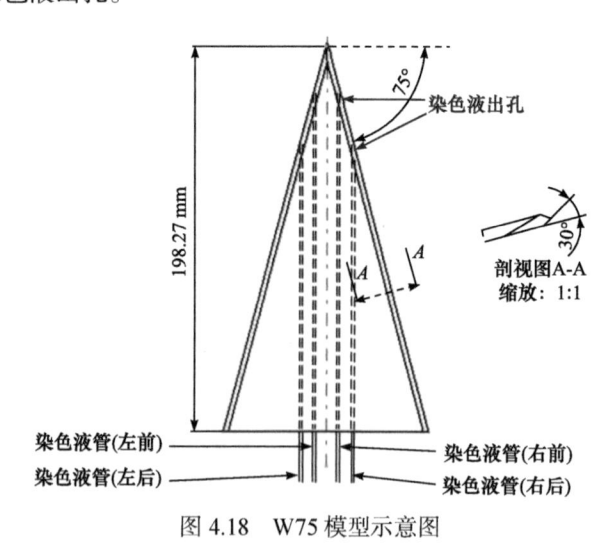

图 4.18　W75 模型示意图

3. 染色液

如图 4.19 所示，本次实验染色液采用红、绿色荧光剂和水配制而成，置于染色液容器中，通过软管和蠕动泵连接到模型上的钢管，通过蠕动泵可以控制流量大小，管路中安装阻尼器可以保证染色液能够连续、均匀、稳定地从模型的小孔流出。结合实验具体设计,也可选用其他染料作为染色剂。

图 4.19 红、绿染色剂和蠕动泵

4.4.4 实验参数

实验雷诺数:14000(基于主翼平均气动弦长);
实验方法:采用染色液的流动显示;
水槽流速:0.11m/s。

4.4.5 实验内容和步骤

(1) 将染色液管路连接到三角翼上的四个染色液管上,安装主翼到支架上,调整迎角为25°,将模型放入水槽中;

(2) 打开电机,调节电机频率为29.6Hz,对应水槽流速为0.11m/s;

(3) 打开染色液阀门并调节流量大小,使染色液出口处染色液附着在翼面上为止;

(4) 观察翼面流动状态,有何特点,能否观测到涡流;

(5) 观察前后两个染色液孔流出的染色液的轨迹;

(6) 观察前缘涡的破裂现象;

(7) 注意观察涡破裂位置,涡破裂位置是否稳定,左右两个涡破裂位置变化有何规律;

(8) 调节迎角,观察三角翼表面涡系变化。

4.4.6 实验报告要求

(1) 简要介绍实验原理和实验步骤;

(2) 画出两种涡破裂的示意图;

(3) 结合实验照片,描述不同迎角下三角翼前缘涡的流态,并作出简要解释。

4.4.7 思考和讨论

(1) 染色显示实验中，可能影响真实流态的主要因素有哪些？
(2) 流动显示的实验方法属于拉格朗日方法还是欧拉方法？
(3) 前缘涡的破裂会给飞行器带来什么样的影响？

4.5 动量方程实验

4.5.1 实验目的

(1) 通过定量测量实验，在进一步理解流体动力学的动量定理的基础上，验证不可压缩流体定常流的动量方程，测定管嘴射流的动量修正因数。
(2) 通过对动量与流速、流量、出射角度、动量矩等因素间相关性的分析，进一步掌握流体动力学的动量守恒定律。
(3) 了解活塞式动量定律实验仪原理、构造，启发与培养创造性思维与能力。

4.5.2 实验装置

实验装置及各部分名称如图 4.20 所示。

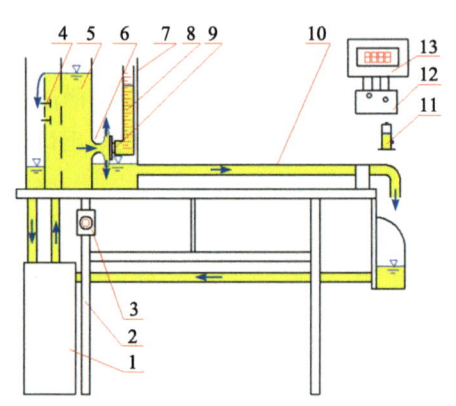

图 4.20 动量方程实验装置及各部分名称
1. 自循环供水器；2. 实验台；3. 水泵电源开关；4. 水位调节阀孔；5. 恒压水箱；6. 管嘴；7. 集水箱；8. 活塞套测压管；9. 活塞翼片抗冲平板；10. 上回水管；11. 内置式稳压筒；12. 传感器；13. 智能数显流量仪

自循环供水装置由离心式水泵和蓄水箱组合而成。水泵的开启、流量大小的调节均由调速器控制。水流经供水管供给恒压水箱，溢流水经回水管流回到蓄水箱内。流经管嘴的水流形成射流，冲击带活塞和翼片的抗冲平板，并以与入射角成 90°的方向离开抗冲平板。抗冲平板在射流冲力和测压管中的水压力作用下处于平衡状态。活塞形心水深 h_c 可由测压管测得，由此可求得射流的冲力，即动量力 F。冲击后的弃水经集水箱汇集后，再经上回水管流出，最后经漏斗和下回水管流回蓄水箱内，形成循环工作流路。

测力机构由带活塞套并附有标尺的测压管和带活塞翼片的抗冲板组成。为了自动调节测压管内的水位，以使带活塞的平板受力平衡，并减小摩擦阻力对活塞受力的影响，精确测量动量修正因数，实验装置应用了自动控制的反馈原理和动摩擦减阻技术。带活塞翼片的抗冲板和带活塞套的测压管的配合和受力如图 4.21 所示，是活塞退出活塞套时的情况，活塞中心设有一细导水管，进口端位于平板中心，出口端伸出活塞头部，出口方向与轴向垂直。在平板上设有翼片，活塞套上设有窄槽。工作时，活塞置于活塞套内，沿轴向可以自由滑移，在射流冲击力作用下，水流经导水管向测压管内加水。当射流冲击力大于测压管内水柱对活塞的压力时，活塞内移，窄槽关小，水流外溢减少，使测压管内水位升高，活塞所受的水压力增大。反之，活塞外移，窄槽开大，水流外溢增多，测管内水位降低，活塞所受的水压力减小。在定常射流冲击下，经短时段的自动调整，射流对平板的冲击力和测压管中水柱对活塞的压力处于平衡状态，测压管中的液位也随之达到稳定，这时活塞处在半进半出、窄槽部分开启的位置上，过导水管流进测管的水量和过窄槽外溢的水量相等。活塞形心处水深 h_c 可由测压管的标尺测得，由此可求得活塞的水压力，此力即为射流冲击平板的动量力 F。由于在平衡过程中，活塞需要做轴向移动，为此抗冲板上设有翼片，在水流冲击下，翼片带动活塞旋转，因而克服了活塞在沿轴向滑移时的静摩擦力，提高了测力机构的灵敏度，翼片还采用了双平板狭缝出流方式，精确地引导射流的出流方向垂直于来流方向。

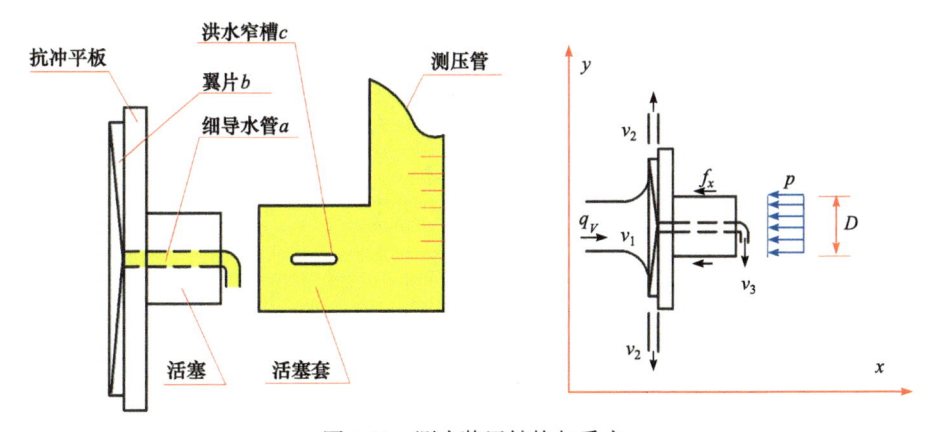

图 4.21 测力装置结构与受力

管嘴体积流量采用智能化数显流量仪进行测量，测量精度一级。使用前需要先调零，即在水泵关闭而传感器连通大气时，将显示值调零。水泵开启后，流量将随水箱水位淹没管嘴的高度而变，此时流量仪显示的数值即为管嘴出流的体积流量值。

实验装置操作方法：①测压管定位。待恒压水箱满顶溢流后，松开测压管固定螺丝，调整方位，使得测压管轴线竖直，螺丝对准十字中心，使活塞转动松快，然后旋转螺丝固定好。②恒压水箱水位调节。旋转水位调节阀，可打开不同高度上的溢水孔盖，调节恒压水箱水位，使得管嘴作用水头改变，同时调节调速器，使溢流量适中，待水头稳定后，即可进行实验。③活塞形心处水深 h_c 测量。标尺的零点已固定在活塞圆心的高程上，当测压管内液面稳定后，记下测压管内液面的标尺读数，即为作用在活塞形心处的水深 h_c 值。④管嘴作用水头测量。管嘴作用水头是指水箱液面至管嘴中心的竖直深度。在水箱的侧面上刻有管嘴中心线，用直尺测读水箱液面和管嘴中心线的高度值，其差值即为管嘴作用水头值。⑤测量流量。记录智能化数显流量仪的体积流量值。

4.5.3 实验原理

定常流动量方程为

$$F = \rho \dot{Q}(\beta_2 v_2 - \beta_1 v_1)$$

其中，β 称为动量修正系数，是考虑到管道流速非均匀时，用一维流的动量流量来表达实际非均匀流的动量流量而引入的一个修正系数。取如图 4.22 所示的控制体，设平板对控制体的作用力为 F_x，方向向左。

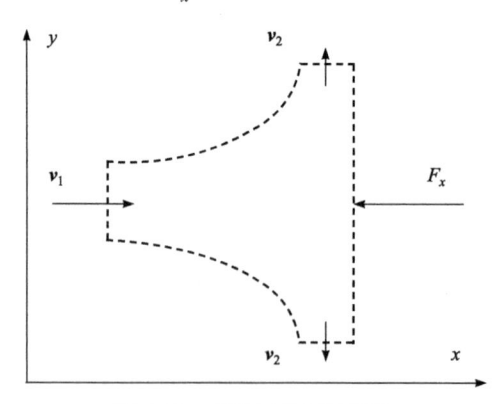

图 4.22 实验工作区控制体

由 x 方向动量方程

$$-F_x = \rho \dot{Q}(0 - \beta_1 v_{1x})$$

$$F_x = \rho \dot{Q} \beta_1 v_{1x}$$

射流作用在平板上的力大小与此相等，方向向右。射流产生的冲击力与测压管产生的压力相平衡(考虑到轴、套之间的滑动摩擦阻力水平分力很小，可以忽略不计)，故

$$F_x = p_c A = \gamma h_c \frac{\pi}{4} D^2$$

所以有

$$\frac{\pi}{4} \gamma h_c D^2 = \beta_1 \rho \dot{Q} v_{1x}$$

式中，h_c 为活塞形心处的水深，D 为活塞直径，ρ 为射流密度，$\dot{Q}$ 为射流体积流量，v_1 为射流速度，β_1 为动量修正系数。实验中，在平衡状态下，只要测得射流流量 $\dot{Q}$ 和活塞形心水深 h_c，给定管嘴直径 d 和活塞直径 D，便可测定射流的动量修正系数 β_1 值，验证动量方程。测压管标尺零点已固定在活塞形心处，因此液面标尺读数，即为活塞形心处的水深。

4.5.4 实验步骤

(1) 熟悉实验装置，以及各部分名称、结构特征、功能作用，并记录有关数据。

(2) 开启水泵，打开调速器开关，启动水泵 2~3min 后，关闭水泵 2~3s，利用回水排出离心式水泵内滞留的空气。

(3) 检查或调整测压管位置状态，待恒压水箱满顶溢流后，根据测量原理要求检查设备运行状态，如需调整，松开测压管固定螺丝，调整方位使得测压管竖直且螺丝对准十字中心，使得活塞转动松快，然后旋转螺丝固定。

(4) 测量测压管水位，标尺的零点固定在活塞圆心位置上，当测压管内液面稳定后，记下测压管内液面的标尺读数，即为 h_c 值。

(5) 测量管嘴流量，用体积法或重量法测量流量时，每次时间要大于 20s，用流量仪时，注意调零，均需重复测量三次再取均值。

(6) 改变水头重复实验，逐次打开不同高度上的溢水孔盖，改变管嘴作用水头并调节调速器，使溢流量适中，待水头稳定后，按步骤(3)~(5)重复进行实验，通常重复做三次不同管嘴作用水头的实验。

(7) 收拾实验台，整理数据。

4.5.5 实验数据

(1) 记录有关常数。

实验装置台号：No＿＿＿＿＿＿

管嘴内径(cm)：$d =$＿＿＿＿＿＿

活塞直径(cm)：$D = $ _____

(2) 实验数据记录计算表格(表 4.2)中填写实测数据和计算结果。

表 4.2 实验测量数据记录

测次	管嘴作用水头 $H_0/(10^{-2}\text{m})$	活塞作用水头 $h_c/(10^{-2}\text{m})$	管嘴流量 Q /($10^{-6}\text{m}^3/\text{s}$)	流速 v /(10^{-2}m/s)	动量修正系数 β_1
1					
2					
3					

4.5.6 思考讨论

(1) 实测 $\overline{\beta}$ (平均动量修正系数)与确认值 $\beta=(1.02\sim1.05)$ 是否符合？如不符合，试分析原因。

(2) 翼片狭缝出流和细导水管分流均与轴向垂直，对实验受力分析有无影响？

4.5.7 注意事项

实验过程中要注意观察活塞转动情况，若活塞转动不灵活，则会影响实验精度，需要对活塞与活塞套的接触面进行处理，如涂抹铅笔芯。

4.6 能量方程(伯努利方程)实验

4.6.1 实验目的

(1) 验证不可压缩定常流的能量方程。

(2) 通过对流体动力学诸多水动力现象的实验分析，进一步掌握有压管流能量转换特性。

(3) 掌握流速、流量、压强等流体动力学水力要素实验量测技能和水头线测量分析方法。

(4) 训练流体力学理论分析与实验研究相结合的研究方法。

4.6.2 实验装置

实验装置及各部分名称如图 4.23 所示。

实验装置测压管有两种：①皮托管测压管(标号为①、⑥、⑧、⑫、⑭、⑯和

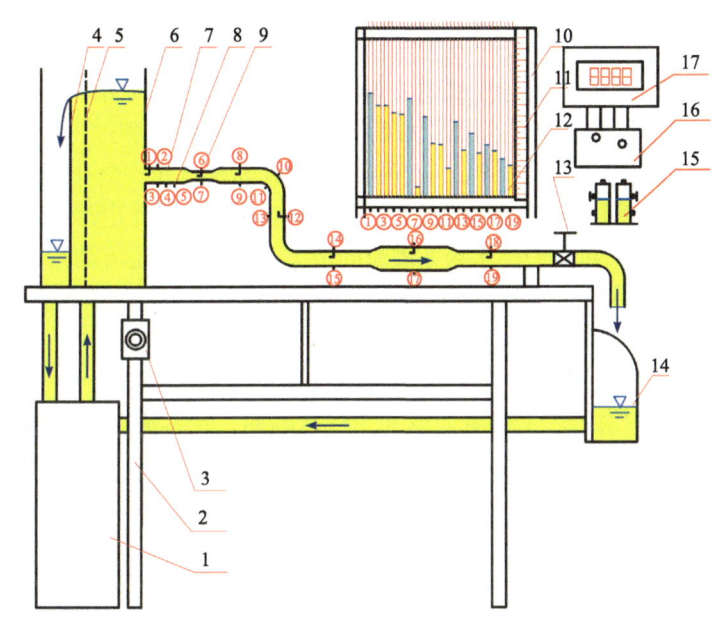

图 4.23 能量方程实验装置及各部分名称

1. 自循环供水器；2. 实验台；3. 水泵电源开关；4. 溢流板；5. 稳水孔板；6. 恒压水箱；7. 实验管道；8. 测压点(19个)；9. 皮托管；10. 测压计；11. 滑动测量尺；12. 测压管(19个)；13. 流量调节阀；14. 回水漏斗；15. 稳压筒；16. 传感器 17. 数显流量仪

⑱的测压管)，用以测量皮托管探头对准点的总水头值 $H'\left(Z + \dfrac{p}{\gamma} + \dfrac{u^2}{2g}\right)$，注意一般情况下 H' 与断面总水头 $H\left(Z + \dfrac{p}{\gamma} + \dfrac{v^2}{2g}\right)$ 不同(一般 $u \neq v$)，H' 只能近似替代所在断面的平均总水头值，水头线只能定性表示总水头变化趋势，可用于定性分析，但不能用于定量计算。②普通测压管(标号为②、③、④、⑤、⑦、⑨、⑩、⑪、⑬、⑮、⑰和⑲的测压管)，用以测量相应测点的测压管水头值。标号为⑥和⑦的测管测量位置直径为 d_2，为收缩管最小直径，标号为⑯和⑰的测管测量位置直径为 d_3，为扩张管最大直径，其余测量位置直径均为 d_1，为等截面管，标号为⑩和⑪的测压管测量位置分别位于弯管外侧和内侧。

采用流量调节阀控制实验流量，采用体积时间法、重量时间法或流量仪测量流量。智能化数显流量测量系统包括实验管道内配套流量计、稳压筒、高精密传感器和智能化数显流量仪，该流量仪为管道式瞬时流量仪，测量精度一级，使用时需先排气调零，待水箱溢流后，间歇性全开和全关管道出水阀数次，排出连通管内气泡，再全关流量调节阀，待稳定后将流量仪调零，实验时待水流稳定后，流量仪所显示的数值即为瞬时流量值。

实验装置操作方法为：①测压管与稳压筒排气，打开开关供水，使水箱充水并溢流，间歇性全开、全关管道流量调节阀数次，直至连通管及实验管道中无气泡滞留。再检查调节阀关闭后所有测压管水面是否齐平，如不平则需查明故障原因(如连通管受阻或夹气泡等)并加以排除，直至调平。②定常流操作，全开调速器，水箱保持溢流，流量调节阀开度不变的情况下，实验管道流动可看作定常流。③非定常流操作，调速器开、关过程中，水箱无溢流的情况下，实验管道流动为非定常流。④流量测量，采用流量调节阀控制实验流量，并记录数显流量仪的体积流量值。

4.6.3 实验原理

在实验管路中沿管内水流方向取 n 个过水断面，定常流动时，可以列出进口断面(1)至另一断面(i)的能量方程即伯努利方程($i=2,3,\cdots,n$)

$$z_1 + \frac{p_1}{\rho g} + \frac{\alpha_1 v_1^2}{2g} = z_i + \frac{p_i}{\rho g} + \frac{\alpha_i v_i^2}{2g} + h_{w1-i}$$

取 $\alpha_1 = \alpha_2 = \alpha_n \cdots = 1$，选好基准面，从已设置的各断面的测压管中读出 $z + \frac{p}{\rho g}$ 值，测出通过管路的流量，即可计算出断面平均流速 v 及 $\frac{\alpha v^2}{2g}$，从而可得到各断面测管水头和总水头。均匀流测管水头符合静压强的分布规律，即在同一断面上 $z + \frac{p}{\rho g} = C$，非均匀流或弯管急变流断面上 $z + \frac{p}{\rho g} \neq C$。

4.6.4 实验步骤

(1) 熟悉实验装置，分清哪些测管是普通测压管，哪些测管是皮托管测压管，以及两者功能的区别。

(2) 打开开关供水，使水箱充水，待水箱溢流，关闭流量调节阀后，检查所有测压管液面是否齐平。如不平则需查明故障原因(如连通管受阻或夹气泡等)并加以排除，直至调平。完成流量仪调零。

(3) 打开流量调节阀，观察并分析思考。

(a) 当流量增加或减少时测管水头如何变化。

(b) 均匀流动断面上不同高度位置，如测点②、③测管水头关系如何。

(c) 高度相同，不同直径位置，测管水头如何变化。

(d) 直径相同，不同高度位置，测管水头关系如何。

(e) 测管水头线的变化趋势如何。

(f) 总水头线的变化趋势如何。

(g) 弯管测管水头如何分布。

(4) 调节流量调节阀开度,待流量稳定后,测记各测压管液面读数(皮托管供演示用而不必测记读数),同时测记实验流量。

(5) 改变流量两次,重复上述测量。其中一次流量调节阀开度大到使⑲号测压管液面接近标尺零点。

(6) 收拾实验台,整理数据。

4.6.5 实验数据

(1) 明确实验目的、内容、原理、步骤。

(2) 记录有关常数。

实验装置台号 No:_____

均匀段(cm)D_1=_____

缩管段(cm)D_2=_____

扩管段(cm)D_3=_____

水箱液面高程(cm)h_0 =_____

上管道轴线高程(cm)h_z =_____

(3) 量测$(Z+p/\gamma)$,记录在表4.3中。

(4) 计算流速水头和总水头,记录在表4.4和表4.5中。

表 4.3 测记 $\left(Z+\dfrac{p}{\gamma}\right)$ 数值表(基准面选在标尺的零点上) (单位:cm)

测点编号		2	3	4	5	7	9	10	11	13	15	17	19	Q/(cm³/s)
实验次序	1													
	2													
	3													

表 4.4 计算数值表,流速水头 $\left(\dfrac{av^2}{2g}\right)$ (单位:cm)

管径 d /cm	Q= cm³/s			Q= cm³/s			Q= cm³/s		
	A/cm²	v/(cm/s)	$\dfrac{av^2}{2g}$/cm	A/cm²	v/(cm/s)	$\dfrac{av^2}{2g}$/cm	A/cm²	v/(cm/s)	$\dfrac{av^2}{2g}$/cm

表 4.5　计算数值表，总水头 $\left(Z+\dfrac{p}{\gamma}+\dfrac{av^2}{2g}\right)$　　（单位：cm）

测点编号		2	3	4	5	7	9	13	15	17	19	Q/(cm³/s)
实验次序	1											
	2											
	3											

4.6.6　思考讨论

(1) 测压管水头线和总水头线的变化趋势有何不同？为什么？

(2) 流量增加，测压管水头线有何变化？为什么？

(3) 测点②、③和测点⑩、⑪的测压管读数有什么特点？分别说明了什么问题？

4.6.7　注意事项

打开供水开关时，流量调节阀应为开启状态，检查测压管液面是否齐平前应排尽管内气泡。

4.7　雷诺实验

4.7.1　实验目的

(1) 观察层流、湍流的流态及其转捩特征。

(2) 测定临界雷诺数，掌握圆管流态判别准则。

(3) 了解流体力学中应用无量纲参数进行实验研究的方法及其实用意义。

4.7.2　实验装置

实验装置及各部分名称如图 4.24 所示。

供水流量由无级调速器调控，使恒压水箱始终保持微溢流状态，以提高进口前水体稳定度。恒压水箱设有多道稳水隔板，可使稳水时间缩短到 3～5min。有色水经有色水水管注入实验管道，可根据有色水散开与否判别管内流态。为防止自循环水污染，有色指示水采用自行消色的专用色水。实验流量由流量调节阀调节控制。采用智能化数显流量仪测量管道体积流量，使用时须先排气调零，测量瞬时流量值，具有一级测量精度。水温由数显温度计测量和显示。

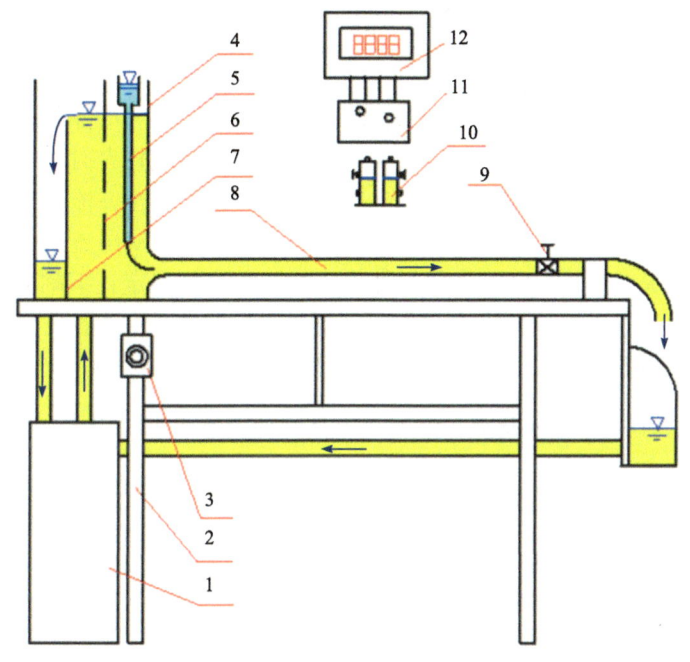

图 4.24 雷诺实验装置及各部分名称

1. 自循环供水器；2. 实验台；3. 水泵电源开关；4. 恒压水箱；5. 有色水水管；6. 稳水隔板；7. 溢流板；
8. 实验管道；9. 流量调节阀；10. 稳压筒；11. 传感器；12. 数显流量仪

4.7.3 实验原理

1883 年雷诺采用与如图 4.24 所示的实验装置类似的装置观察到流体在管道中存在着层流和湍流两种流态：当流速较小时，流动有条不紊地呈层状有序的分层直线运动，流层间没有质点混掺，这种流态称为层流。当流速增大时，流体质点做杂乱无章的无序运动，流层间会有质点混掺，这种流态称为湍流。雷诺实验还发现存在着湍流转变为层流的临界流速 v_c，临界流速 v_c 与流体运动黏性系数 v 以及圆管直径 d 有关。这样要判别流态，需要确定各种情况下的 v_c 值，还需要对这些相关因素的不同量值组合后进行实验研究，工作量巨大。雷诺实验的贡献不仅在于发现了两种流态，还在于运用量纲分析的原理，得到了流态的无量纲判据——雷诺数 Re，使问题得以简化。雷诺实验完成了管流流态从湍流过渡到层流时的临界值雷诺数 Re_c 值的测定，以及是否为常数的验证，结果表明 Re_c 值为常数。无量纲参数雷诺数 $Re = \dfrac{vd}{v}$ 是流态由湍流转变为层流的判据，适合于任何管径和任何牛顿流体从层流过渡到湍流状态称为流动的转捩，管中流态取决于雷诺数的大小，原因在于雷诺数具有明确的物理意义即惯性力与黏性力之比

$$Re = \frac{vd}{\nu} = \frac{4\dot{Q}}{\pi\nu d} = \frac{4\dot{Q}}{\pi\nu d} = K\dot{Q}, \quad K = \frac{4}{\pi d \nu}$$

式中，v 为流速，ν 为流体运动黏性系数，d 为圆管直径，$\dot{Q}$ 为圆管内过流流量，K 为计算常数。当雷诺数较小时，管中为层流；当雷诺数较大时，管中为湍流。转捩所对应的雷诺数称为临界雷诺数。当流量由大逐渐变小，流态从湍流变为层流时对应下临界雷诺数 Re_c；当流量由零逐渐增大，流态从层流变为湍流，对应上临界雷诺数 Re'_c。上临界雷诺数受外界干扰，数值不稳定；下临界雷诺数 Re_c 值比较稳定，一般以下临界雷诺数作为判别流态的标准。雷诺经反复实验，得出圆管流动的下临界雷诺数 Re_c 值为 2300，工程上常取 Re_c=2000。当 $Re<Re_c$ 时，管中流动为层流，反之为湍流。对于非圆管流动，雷诺数可以表示为 $Re = \frac{vR}{\nu}$，式中 $R = \frac{A}{\chi}$，R 为过流断面的水力半径，A 为过流断面面积，χ 为湿周(过流断面上液体与固体边界接触的长度)。以水力半径作为特征长度表示的雷诺数也称为广义雷诺数。由于实验过程中水箱的水位稳定，管径、水的密度与黏性系数不变，因此可用改变管中流量也就是改变流速的办法改变雷诺数。

4.7.4 实验步骤

(1) 测量记录实验有关常数。

(2) 观察两种流态及其转捩。

打开水泵开关使水箱充水至溢流水位。经稳定后，微微开启流量调节阀，并打开颜色水管道阀门，将颜色水注入实验管内，可以观察到颜色水流成一条直线状，通过颜色水流观察管内水流的层流流态。然后逐步开大流量调节阀，通过颜色水线的变化观察层流转变到湍流的流态特征，当流量增大到一定程度时，可见管中颜色水发生混掺，直至消失，表明流体质点已经发生无序的杂乱运动，这时的流态即为湍流。待管中出现完全湍流后，再逐步关小调节阀，观察由湍流转变为层流的流态特征。

(3) 测定下临界雷诺数。

将调节阀打开，使管中呈现完全湍流，再逐步关小调节阀使流量减小，每次调节流量后，需稳定一段时间并观察流动形态，当流量调节到使颜色水在全管刚呈现出稳定直线时，表明刚好由湍流转为层流，此时管流即为下临界状态。待管中出现临界状态时，用体积法、重量法或流量仪测定流量，重新打开调节阀，使其形成完全湍流，按照上述步骤重复测量不少于三次，记录数显温度计所显示的水温值，从而求得水的运动黏性系数，由此计算出下临界雷诺数，并与公认值(2300)比较，若偏离过大，则需重测。注意，每调节阀门一次，均需等待几分钟，调节过程中流量调节阀只可关小，不可开大，接近下临界流动状态时流量应微调，随出水流量减小，应适当调小供水流量，以减小溢流引发的扰动。

(4) 测定上临界雷诺数。

先调节管中流态呈层流状，再逐步开大流量调节阀，使管中水流由层流过渡到湍流，每调节一次流量后，稳定一段时间并观察流动形态，当颜色水开始散开混掺时，表明刚好由层流转变为湍流，此时管中流动即为上临界状态。此时记录数显流量仪的流量值，重复测量不少于三次，并测量水温，即可得出上临界雷诺数。注意，流量应微调，调节过程中流量调节阀只可开大、不可关小。

(5) 收拾实验台，整理数据。

4.7.5 实验数据

(1) 记录、计算有关常数。

实验装置台号 No：_____

圆管直径 $d=$ _____ cm

水温 $t=$ _____ ℃

运动黏性系数 $\nu = \dfrac{0.01775}{1+0.0337t+0.000221t^2} =$ _____ cm²/s

计算常数 $K=$ _____ s/cm³

(2) 记录实验现象和数据，计算实测临界雷诺数，填写表 4.6。

表 4.6 实验现象和数据记录

实验次序	颜色水线形态	流量 Q/(cm³/s)	雷诺数(Re)	阀门开度增(↑)或减(↓)	备注

实测下临界雷诺数平均值：

注：颜色水形态指稳定直线、稳定略弯、直线摆动、抖动、断续、完全散开等。

4.7.6 思考讨论

(1) 流态判据为何采用无量纲参数，而不采用临界流速？

(2) 为何认为上临界雷诺数无实际意义，而采用下临界雷诺数作为层流与湍流判据？实测下临界雷诺数为多少？

(3) 雷诺实验得出的圆管流动下临界雷诺数为 2320，而目前有些教科书中采用的下临界雷诺数是 2000，是什么原因？

4.7.7 注意事项

(1) 为了使得实验过程中始终保持恒压水箱内水流处于微溢流状态，应在调节流量调节阀后，相应地调节可控硅调速器，改变水泵的供水流量。

(2) 实验中不要推、压实验台，也不要激烈走动和大声喧哗，以防水体受到过度扰动。

4.8 平板边界层内速度分布测量实验

4.8.1 实验目的

(1) 了解和掌握测压排管测量速度分布的基本原理和实际操作中的注意事项；
(2) 测量低速平板边界层中的速度分布，分析低速平板边界层速度分布的特点；
(3) 比较层流边界层与湍流边界层速度分布的不同。

4.8.2 实验原理

如图 4.25 所示，当直匀流流过平板时，由于空气的黏性作用，使紧贴平板表面的气流速度为零，沿平板法线方向，气流速度逐渐增大，最后达到相当于无黏性时的气流速度。对平板来说，约等于来流速度。由于空气黏性很小，在来流速度不是很小时，流速变化大的区域只局限在靠近平板表面很薄的一层气流内，这一薄层气流通常称作边界层。人为地规定，自板面起，沿着它的法线方向，达到 99%来流速度处的距离，称为边界层厚度 δ。

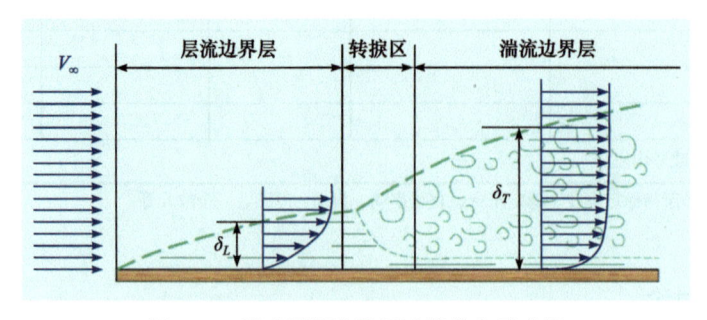

图 4.25 低速平板边界层速度分布示意图

低速不可压缩流场中，每一点处的总压 p_0 等于该点处的静压 p 和动压 $\dfrac{1}{2}\rho v^2$

之和，即 $p_0 = p + \frac{1}{2}\rho v^2$，则这一点的速度就可以表示为

$$v = \sqrt{\frac{2(p_0 - p)}{\rho}} \tag{4.8.1}$$

因此只需测出边界层内各测点处的静压 p 和总压 p_0，即可计算出各测点处气流的速度。但考虑到垂直平板方向的静压梯度等于零(即 $\partial p / \partial y = 0$)，我们只需在平板表面开一静压孔，所得静压就等于该测点所在的平板法线方向上距平板不同高度各测点的静压。故测边界层内的速度分布就只需测出沿平板法线方向上各测点的总压即可。实验原理见图 4.26。

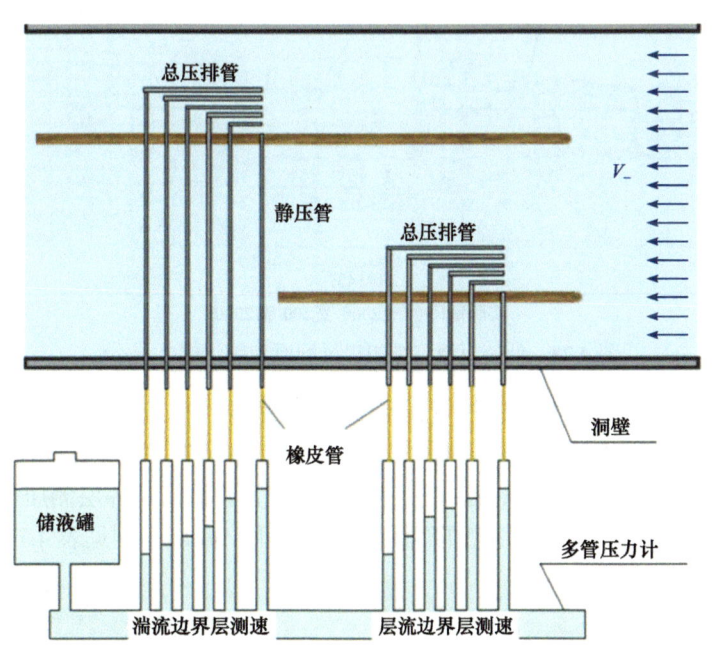

图 4.26 平板边界层测量速度分布实验原理图

4.8.3 实验装置和实验方法

1. 实验设备

低速直流式二维闭口风洞如图 4.27 和图 4.28 所示。实验段长×宽×高=2.8×0.2×2.0；最大风速 45～47m/s；湍流度 1%～2%。

2. 实验模型

实验模型是两块安装在实验段内的尖前缘平板，平板与风洞实验段等宽。测

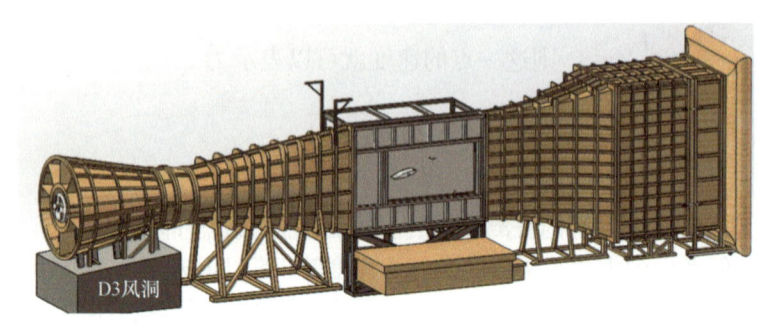

图 4.27 低速直流二维闭口风洞

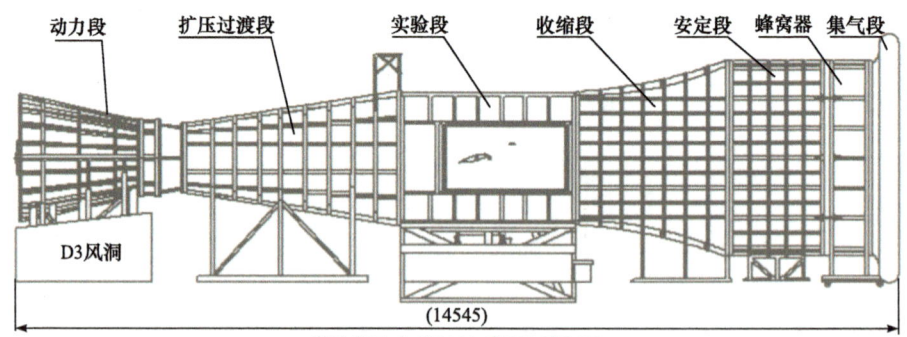

图 4.28 低速直流二维闭口风洞原理图(单位：mm)

量层流边界层速度分布的平板较短，置于风洞实验段中心偏上位置；测量湍流边界层速度分布的平板较长，置于风洞实验段中心偏下位置，如图 4.29 所示。图 4.30 是平板上的测压排管放大图，层流边界层测压排管和湍流边界层测压排管分别由 11 个和 15 个测压管组成，各测压管距平板表面垂直高度分别见表 4.7 和表 4.8。

图 4.29 平板边界层实验模型

图 4.30 平板边界层测压排管

表 4.7　层流边界层测压管距平板表面垂直高度(mm)；测压排管距平板前缘 340mm

序号	1	2	3	4	5	6	7	8	9	10	11
y_i	0.6	1.2	1.8	2.4	2.94	3.36	4.02	4.62	5.2	5.82	6.3

表 4.8　湍流边界层测压管距平板表面垂直高度(mm)；测压排管距平板前缘 1105mm

序号	1	2	3	4	5	6	7	8	9	10
y_i	0.6	1.98	3.34	4.7	6.2	7.6	8.84	10.2	12	13.4
序号	11	12	13	14	15					
y_i	14.92	18.1	19.48	20.4	16.32					

3. 测量仪器

多管压力计根据连通器原理制作，见图 4.31，可在同一瞬时测量多测点的压强，各玻璃管中液柱高度以毫米计。风速管及其工作原理如图 4.32 所示，其原理和使用方法见前章。动槽水银气压计(福丁式/福廷式水银气压计)根据托里拆利实验原理制成，见图 4.33。将一根顶端抽成真空的玻璃管插入水银槽内，但并不固定，水银管上端密闭真空，上有一吊环，悬挂在天秤一端挂钩上，使之自然垂下，保持垂直。在大气压力的作用下，涌入真空玻璃管内的水银柱将保持一定的高度，此时水银柱对水银槽中水银表面产生的压力与作用于槽内水银面的大气压力相平衡。本实验采用的动槽水银气压计采用 hpa(百帕)标度。

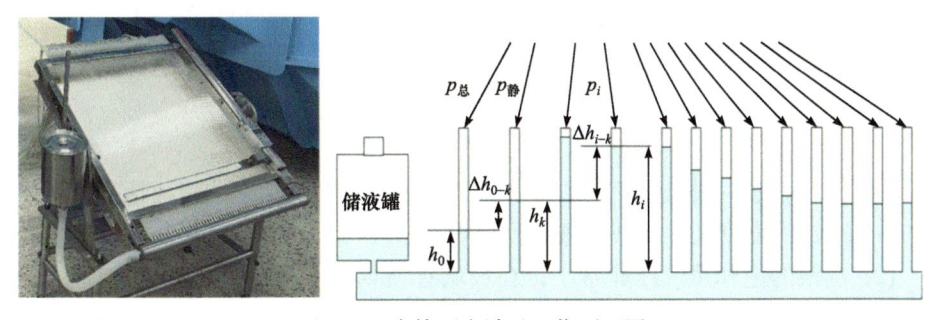

图 4.31　多管压力计及工作原理图

在大气压力数值相同的情况下，测量值仍可能因气压计所处测量地点气温及重力加速度的不同而不同。为了正确地反映大气压力，必须规定一个标准状态，限定条件如下：

(1) 取 0℃的水银密度，即 $\rho = 13.5951 \times 1000 \text{ kg/m}^3$；
(2) 取标准重力加速度，即 $g = 9.80665 \text{m/s}^2$。

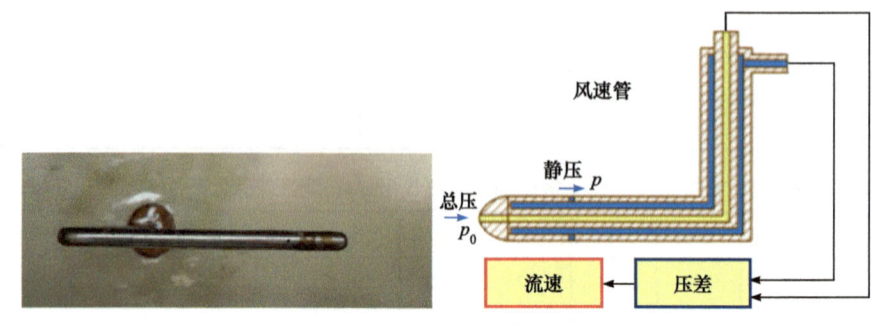

图 4.32　风速管及工作原理图

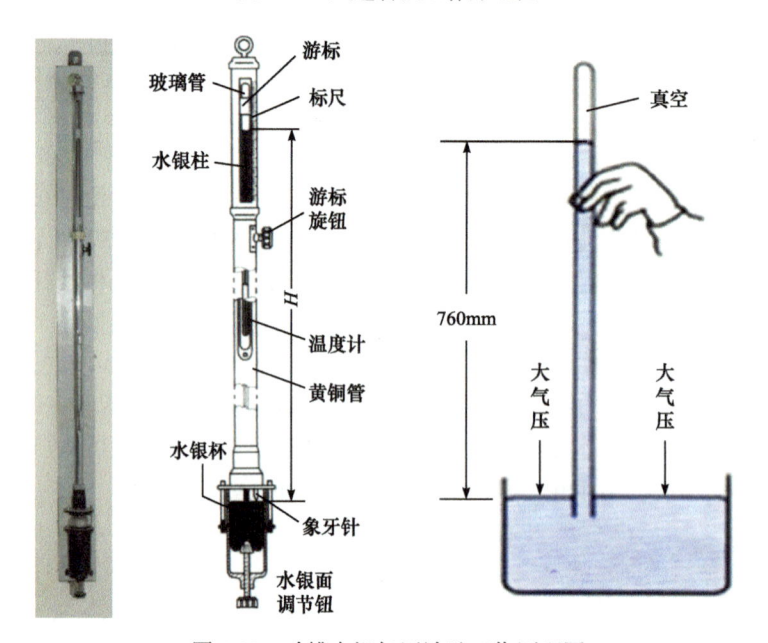

图 4.33　动槽水银气压计及工作原理图

理论上，任意一种液体都可以用来制造气压表，但是水银有其独特的优越性：
(1) 水银的密度大，形成的液柱高度合适；
(2) 水银的饱和蒸气压非常小，在玻璃管顶真空部分中的水银蒸气产生的额外压力对读数精度的影响可以忽略不计；
(3) 经过一定的工艺处理，容易得到纯度较高的水银。

使用时，轻转水银面调节钮，使槽内水银面恰好跟象牙针尖接触(即与刻度尺的零点在同一水平线上)，然后由管上刻度尺及游标读出水银柱的高度，即为当时当地大气压的大小。

实验时使用的动槽水银气压计为 DYM-1 型，其测量范围：810～1100hPa，最小分度值：0.1hPa，游标准确度：1/10，游标形式：2n−1，测量精度：±0.4hPa，使用温度：-15℃～45℃。

4. 实验方法

根据式(4.8.1)，边界层内各测点处的速度(m/s)为

$$v_i = \sqrt{\frac{2\gamma \Delta h_i \sin\phi}{\rho}} \tag{4.8.2}$$

$$\gamma = \rho_{\text{alcoch}} g$$

v_i 表示各测点速度；γ 表示多管压力计所使用的液体(乙醇)重度($kg/(m^2 s^2)$)；Δh_i 表示各测点总压管与静压管的液柱高度差(mm)；ρ 表示空气密度(kg/m^3)，可依据实验时室温及大气压强由表查出或由公式计算；ϕ 表示多管压力计倾斜角(°)。通常边界层内的速度分布用无量纲的形式表示为

$$\frac{v_i}{v_l} = f\left(\frac{y_i}{\delta}\right)$$

y_i 为测点距板面的高度(mm)，δ 为边界层厚度(mm)，v_l 为边界层外边界的速度(m/s)，对平板来说即为来流速度。

v_l 可通过风速管的静压和总压在多管压力计上的液柱高度差 Δh_l (mm)得到，由下式算出

$$v_l = \sqrt{\frac{2\gamma \Delta h_l \sin\phi}{\rho}} \tag{4.8.3}$$

由式(4.8.2)和式(4.8.3)，可得

$$\frac{v_i}{v_l} = \sqrt{\frac{\Delta h_i}{\Delta h_l}} \tag{4.8.4}$$

测量总压用的排管由一组很细的空心钢管(皮托管)组成。为了能同时测量较多的点，又避免各总压管之间过分接近，产生相互间干扰，所以将总压排管倾斜安装在平板上，并用橡皮管连到多管压力计上。总压排管倾斜后，各测点就不在平板同一法线上。考虑到二维流动的特点，仍可视为同一法线上所测的结果，见图 4.34。

总压排管各测点的 y_i 值用高度尺量出。根据式(4.8.4)，求出各测点 y_i 的 $\frac{v_i}{v_l}$ 值后，用线性插值求出 $\frac{v_i}{v_l} = 0.99$ 处所对应的 y 值，即为边界层厚度 δ。最后画出 $\frac{v_i}{v_l} = f\left(\frac{y_i}{\delta}\right)$ 的曲线。

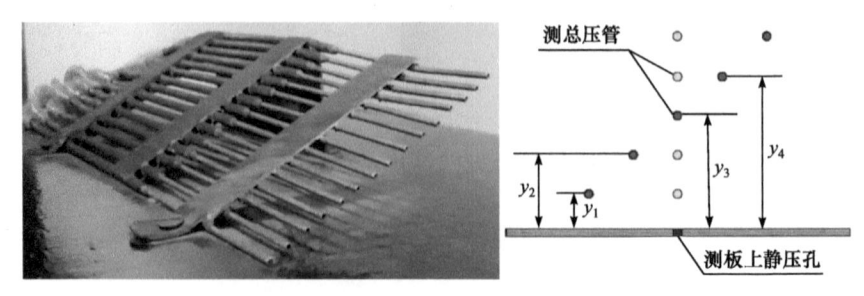

图 4.34 倾斜的测压排管及其界面示意图

4.8.4 实验内容和步骤及注意事项

(1) 分别记录层流边界层和湍流边界层内各测点距平板前缘的距离 x_{laminar} 和 $x_{\text{turbulent}}$，测量出各测点距板面的高度 y_i；

(2) 检查各测点总压排管及板面静压孔、风速管和多管压力计的连接是否符合要求，橡皮 1 管是否有闭塞或漏气现象；

(3) 用角度仪测量、调整多管压力计倾斜角，并记录多管压力计的倾斜角 ϕ；

(4) 记录乙醇的密度值，记下当日大气压及室温，由表和曲线查出或由公式计算出实验时空气密度 ρ 及运动黏性系数 ν；

(5) 调整多管压力计，注意各玻璃管内酒精中有无气泡，若有则需要将其赶出才可进行实验。记下初读数 $h_{i\text{初}}$；

(6) 开风洞，调整电机转速到所需风速，测层流边界层速度分布时风速要小些，约 5m/s 左右，测湍流边界层速度分布时风速要大些；约 10m/s 左右；

(7) 当多管压力计中的液柱高度稳定后，记下液柱高度的末读数 $h_{i\text{末}}$；

(8) 关闭风洞，整理实验场地，将记录交给老师检查；

(9) 整理实验数据，写好实验报告；

(10) 注意开、关风洞要严格按照操作规程进行，调整电机转速时要慢且匀速，同时注意关注电机的声音和振动情况。

4.8.5 实验报告要求

(1) 简要写出实验原理和实验步骤；

(2) 计算来流风速 v_l 和 Re_{laminar}，$Re_{\text{turbulent}}$；

(3) 计算各测点 y_i 处的 $\dfrac{v_i}{v_l}$，并求出 δ_{laminar}，$\delta_{\text{turbulent}}$；

(4) 用坐标纸画出 $\dfrac{v_i}{v_l} = f\left(\dfrac{y_i}{\delta}\right)$，用曲线板连成光滑曲线，并比较层流边界层和湍流边界层速度分布的不同；

(5) 用边界层厚度的经验公式求出 δ_{laminar} 和 $\delta_{\text{turbulent}}$，再与实验求得的 δ_{laminar} 和 $\delta_{\text{turbulent}}$ 作比较，分析产生误差的原因。

4.8.6 思考和讨论

(1) 如何提高实验的精确度？本实验在测量中采取了哪些措施？

(2) 如何判断边界层是层流边界层还是湍流边界层？

(3) 为什么测量边界层内速度分布时只测板面静压而不需测量沿法线上各测点的静压？

附录 平板边界层速度测量实验数据记录

1. 基本实验参数

多管压力计倾斜角 $\phi = 10°$

大气压强 $p = 101.25\text{kPa}$

室　　温 $t = 16.1℃$

空气密度 $\rho = 1.2379\text{kg/m}^3$

运动黏性系数 $\nu = 1.4171 \times 10^{-5}\text{ m}^2/\text{s}$

多管压力计液体重度 $\gamma = 7840\text{kg}/(\text{m}^2 \cdot \text{s}^2)$

2. 实验数据记录及整理

1) 层流边界层实验数据记录及计算结果

(1) 来流风速实验数据(测量数据记录在表 4.9 中)。

$$X_{层} = 0.34\text{m}, \quad Re_{层} = \frac{v_l x_{层}}{\nu} = 1.391574 \times 10^5$$

表 4.9　层流边界层实验来流风速测量数据记录及计算结果

风速管数据		静压	总压	$\Delta h_i = h_{静} - h_{总}$	$v_l = \sqrt{\dfrac{2\gamma \Delta h_i \sin\phi}{\rho}}$
	$h_{初}$	10.3mm	8.0mm		
	$h_{末}$	36.7mm	19.2mm	15.2mm	5.8m/s
	$h = h_{末} - h_{初}$	26.4mm	11.2mm		

(2) 层流边界层各测点数据(测量数据记录在表 4.10 中)。

表 4.10 层流边界层测量数据记录及计算结果

序号 i	板上静压 $h_{静}$	总压管 1	2	3	4	5	6	7	8	9	10
$h_{i初}$/mm	5.8	5.9	2.0	8.1	2.2	5.7	7.2	10.5	10.3	10.5	2.1
$h_{i末}$/mm	32.8	33.3	27.2	31.6	22.7	23.3	23.4	23.6	21.9	21.9	12.8
$h_i(=h_{i末}-h_{i初})$/mm	27.0	27.4	25.2	23.5	20.5	17.6	16.2	13.1	11.6	11.4	10.7
$\Delta h_i(=h_{静}-h_i)$/mm	×	−0.4	1.8	3.5	6.5	9.4	10.8	13.9	15.4	15.6	16.3
$\dfrac{v_i}{v_l}=\sqrt{\dfrac{\Delta h_i}{\Delta h_l}}$	×	×	0.34	0.48	0.65	0.79	0.84	0.96	1.01	1.01	1.04
测点高度 y_i/mm	×	0.5	1.7	2.3	2.84	3.62	3.92	4.52	5.1	5.72	6.2
y_i/δ	×	0.10	0.34	0.45	0.56	0.71	0.77	0.89	1.00	1.13	1.22

2) 湍流边界层实验数据记录及计算结果表

(1) 来流风速实验数据(测量数据记录在表 4.11 中)。

$$X_{紊}=1.105\text{m}, \quad Re_{湍}=\frac{v_l x_{湍}}{v}=8.109519\times 10^5$$

表 4.11 湍流边界层实验来流风速测量数据记录及计算结果

风速管数据		静压	总压	$\Delta h_l = h_{静}-h_{总}$	$v_l=\sqrt{\dfrac{2\gamma\Delta h_l\sin\phi}{\rho}}$
	$h_{初}$	10.3mm	8.0mm	48.7mm	10.4m/s
	$h_{末}$	77.9mm	26.9mm		
	$h=h_{末}-h_{初}$	67.6mm	18.9mm		

(2) 湍流边界层各测点数据(测量数据记录在表 4.12 中)。

表 4.12 湍流边界层测量数据记录及计算结果

序号 i	板上静压 $h_{静}$	总压管 1	总压管 2	总压管 3	总压管 4	总压管 5	总压管 6	总压管 7
$h_{i初}$/mm	6.2	9.7	11.4	9.6	6.3	5.1	5.1	6.8
$h_{i末}$/mm	74.0	60.3	58.2	52.1	46.4	41.4	37.3	35.7

续表

序号 i	板上静压 $h_{静}$	总压管 1	总压管 2	总压管 3	总压管 4	总压管 5	总压管 6	总压管 7
$h_i(=h_{i末}-h_{i初})$/mm	67.8	50.6	46.8	42.5	40.1	36.3	32.2	28.9
$\Delta h_i(=h_{静}-h_i)$/mm	×	17.2	21.0	25.3	27.7	31.5	35.6	38.9
$\dfrac{v_i}{v_l}=\sqrt{\dfrac{\Delta h_i}{\Delta h_l}}$	×	0.59	0.66	0.72	0.75	0.80	0.86	0.89
测点高度 y_i/mm	×	0.5	1.88	3.24	4.6	6.1	7.5	8.74
y_i/δ	×	0.03	0.13	0.22	0.31	0.42	0.51	0.59

序号 i	总压管 8	总压管 9	总压管 10	总压管 11	总压管 12	总压管 13	总压管 14	总压管 15
$h_{i初}$/mm	8.2	7.3	7.2	10.1	12.1	12.2	13.4	6.0
$h_{i末}$/mm	35.0	30.5	28.8	30.2	30.6	29.8	31.3	22.7
$h_i(=h_{i末}-h_{i初})$/mm	26.8	23.2	21.6	20.1	18.5	17.6	17.9	16.7
$\Delta h_i(=h_{静}-h_i)$/mm	41.0	44.6	46.2	47.7	49.3	50.2	49.9	51.1
$\dfrac{v_i}{v_l}=\sqrt{\dfrac{\Delta h_i}{\Delta h_l}}$	0.92	0.96	0.97	0.99	1.01	1.02	1.01	1.02
测点高度 y_i/mm	10.1	11.9	13.36	14.82	16.22	18	19.32	20.3
y_i/δ	0.68	0.80	0.90	1.00	1.10	1.22	1.30	1.37

3. 绘制实验结果曲线图(在坐标纸上画出 $\dfrac{v}{v_l}=f\left(\dfrac{y}{\delta}\right)$ 曲线，如图 4.35 所示)

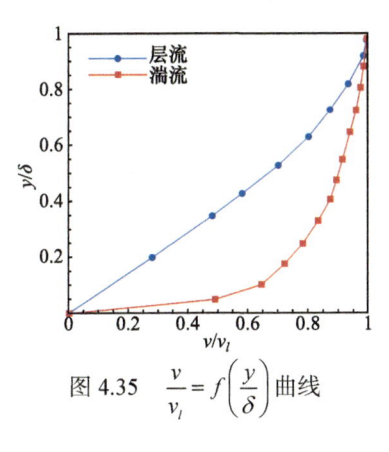

图 4.35 $\dfrac{v}{v_l}=f\left(\dfrac{y}{\delta}\right)$ 曲线

4.9 翼型表面压强分布测量实验

4.9.1 实验目的

(1) 熟悉测定物体表面压强分布的方法；
(2) 测定给定翼型在给定迎角下的压强分布；
(3) 掌握低速翼型小迎角姿态表面压强分布特性。

4.9.2 实验原理

1. 测定物体表面压强分布的意义

低速翼型小迎角姿态典型表面压强分布如图 4.36 所示，测定表面压强分布有以下几方面意义：为飞机强度设计提供气动载荷分布的原始数据；确定作用在翼型或机翼上的升力和压差阻力；确定模型表面最小压强点的位置及该点处压强的大小，从而确定最大速度点的位置和速度的大小，由此可近似地算出高亚声速时飞机的临界马赫数；确定翼面附面层转捩点和分离点的位置，从而可大致确定模型表面附面层的状态；可以帮助计算机翼压力中心的位置。

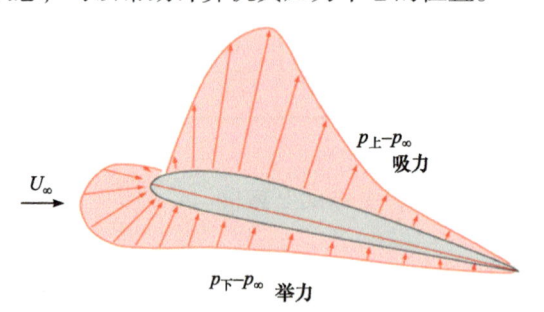

图 4.36 低速翼型小迎角姿态典型表面压强分布示意图

2. 实验原理

根据如下公式

$$C_{p_i} = \frac{p_i - p_\infty}{\frac{1}{2}\rho V^2} = \frac{\Delta h_i}{\Delta h_k}\frac{1}{\xi}$$

其中，p_∞ 表示来流静压，$\frac{1}{2}\rho V^2$ 表示来流动压。

故只要测出模型上各测点的静压 p_i、实验段来流总压 p_0 和来流静压 p_∞，即可根据上述公式计算出模型上各测点的压强系数。

3. 实验原理图

实验系统和测量原理如图 4.37 所示。

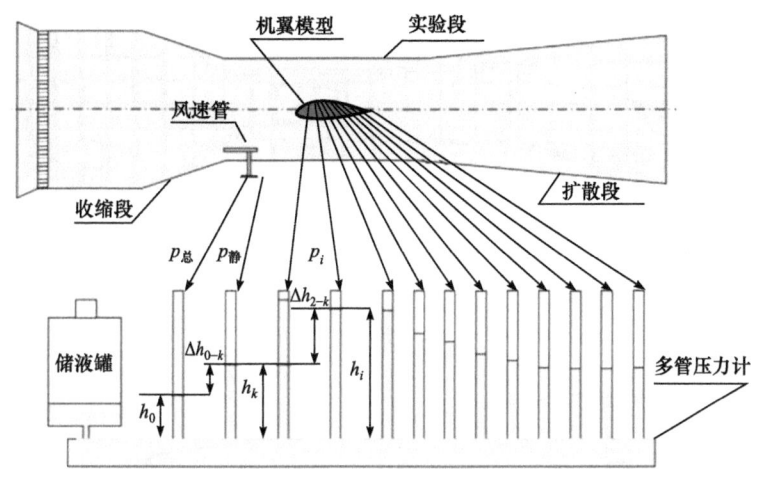

图 4.37 测翼型表面压强分布测量实验原理图

4.9.3 实验装置及实验方法

1. 实验风洞

实验在北航 D8 风洞中进行，见图 4.38 和图 4.39。该风洞为三维低速直流闭口风洞，实验段尺寸 2m×1m×1m(长×宽×高)，收缩比 6.25，最大风速 35m/s，湍流度 0.23%。

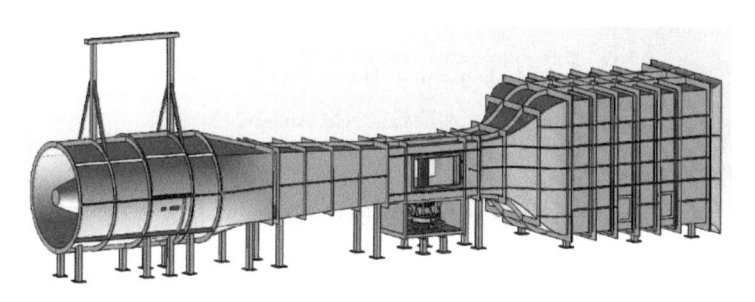

图 4.38 北航 D8 风洞

2. 实验模型

1) 实验翼型

实验模型为矩形机翼，翼型为 NACA65-2-215，分别见图 4.40 和图 4.41，弦长 300mm。

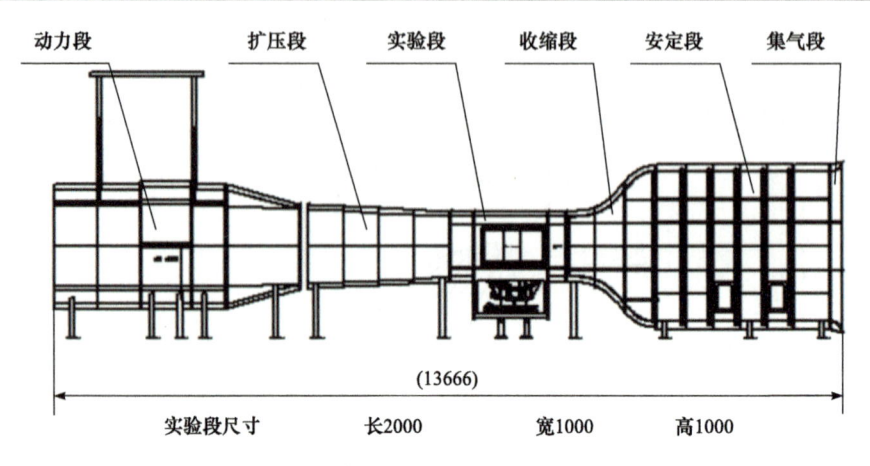

图 4.39 北航 D8 风洞原理图(单位：mm)

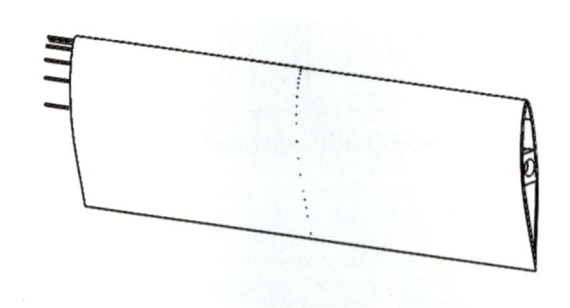

图 4.40 实验模型—矩形机翼

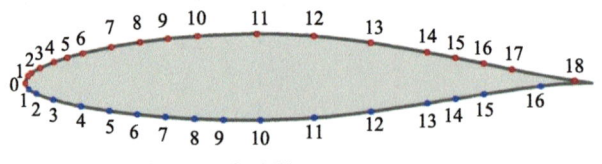

图 4.41 实验翼型 NACA65-2-215

2) 实验模型构造

将选定翼型等弦长加工，制作成矩形机翼，展长依风洞实验段尺寸决定。在模型表面各测点位置垂直机翼蒙皮钻测压孔(测压孔位置见图 4.41)，孔径约 0.5mm。测压孔沿翼型弦线方向，具体分布位置见表 4.13 和表 4.14。测压孔底部与埋置在模型内部的细金属管相通，细金属管的一端伸出模型外(见图 4.42)，通过细橡皮管与多管压力计上各支管相接，各测压孔与多管压力计上各支管都编有号码，根据各支管内液面高度的不同，即可判断出各测点的压强分布。

表 4.13 上翼面测压孔：相对弦长的测压孔位置

序号	0	1	2	3	4	5	6	7	8	9
$\bar{x}_l$	0	0.005	0.011	0.027	0.052	0.076	0.104	0.154	0.206	0.255
序号	10	11	12	13	14	15	16	17	18	
$\bar{x}_l$	0.306	0.41	0.51	0.61	0.71	0.76	0.81	0.86	0.97	

表 4.14 下翼面测压孔：相对弦长的测压孔位置

序号	1	2	3	4	5	6	7	8	9
$\bar{x}_l$	0.006	0.02	0.05	0.1	0.15	0.2	0.25	0.3	0.35
序号	10	11	12	13	14	15	16		
$\bar{x}_l$	0.416	0.51	0.61	0.71	0.76	0.81	0.91		

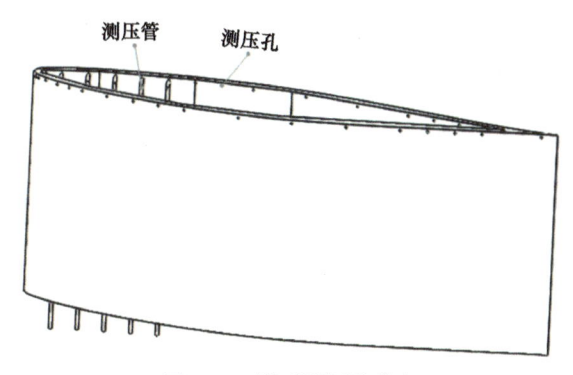

图 4.42 模型测压孔分布

3. 测试仪器

实验采用的多管压力计、大气压力计、风速管见图 4.43。多管压力计、动槽水银气压计、风速管的原理及使用方法和注意事项参见上文 4.8 节相关内容。

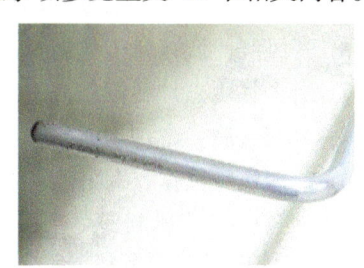

图 4.43 多管压力计、大气压力计、风速管

4. 实验方法

模型上的压强分布以无量纲压强系数表示。根据实验原理图 4.37，风速管的静压孔、总压孔以及实验模型表面各测压孔，分别用橡皮管连到多管压力计上，于是

$$p_i - p_\infty = \gamma(h_i - h_k)\sin\phi$$

$$\frac{1}{2}\rho V^2 = \xi\gamma(h_0 - h_k)\sin\phi$$

其中，h_i 表示多管压力计上翼面各测压管液柱高度(mm)；h_0 表示多管压力计上风速管总压管液柱高度(mm)；h_k 表示多管压力计上风速管静压管液柱高度(mm)；Δh_{i-k} 表示多管压力计上各测点压强与来流静压液柱高度差(mm)；Δh_{0-k} 表示多管压力计上来流总、静压液柱高度差(mm)；ξ 表示风速管修正系数；γ 表示多管压力计所使用的液体(乙醇)重度($kg/(m^2 s^2)$)；ϕ 表示多管压力计的倾斜角(°)。

翼型表面各测点的压强系数 $C_{p_i} = \dfrac{p_i - p_k}{\frac{1}{2}\rho v^2} = \dfrac{\Delta h_{i-k}}{\Delta h_{0-k}}\dfrac{1}{\xi}$

4.9.4 实验内容和步骤及注意事项

(1) 调节多管压力计的倾斜角 ϕ，令 ϕ=30°，用角度仪检查；
(2) 记录翼型弦长，调节翼型到指定迎角；
(3) 记录多管压力计中液体重度 γ，风速管修正系数 ξ；
(4) 查看大气压力计，记录下实验时大气压及室温，由表和曲线查出或由公式计算出空气密度 ρ 及运动黏性系数 v；
(5) 调整多管压力计液柱的高低，记下各测压管中液柱高度初读数 $h_{i初}$；
(6) 开风洞，调至所需的风速，约 6m/s；
(7) 当多管压力计各液柱高度稳定后，记下末读数 $h_{i末}$；
(8) 关闭风洞，整理实验场地，将记录交老师检查；
(9) 整理实验数据，写好实验报告；
(10) 注意开、关风洞要严格按照操作规程进行，调整电机转速时要慢且匀速，同时注意关注电机的声音和振动情况。

4.9.5 实验报告要求

(1) 计算出给定迎角下，翼型表面各测点的压强系数，在坐标纸上画出 $C_{p_i} = f(\overline{x_i})$，用曲线板连成光滑曲线。

(2) 作 $C_{p_i} = f(\overline{x_i})$ 曲线时，应注意以下几点：

(a) 图上横坐标位置是模型样板上所标出的测压孔位置在横坐标上的投影，所以必须在图上用样板画出翼型形状，标出测压孔位置。

(b) 纵坐标 C_{p_i}，一般向上为负，向下为正，要标出刻度。

(c) 前驻点处 $C_{p_i} = 1$，有时驻点处没有测压孔，算出 C_{p_i} 的数据中，没有 $C_{p_i} = 1$ 的点，但作图时应把此点画出来并标注清楚。

(d) 根据库塔-茹科夫斯基后缘条件，当后缘角不为零时，后缘处必为驻点 $C_{p_i} = 1$，由于空气黏性的存在，实际上后缘处应是不大的正值，约为 0.1；大迎角时也可能是负值，因为实际上气流是有黏性的，边界层内的气流顺流而下，形成尾流区。后缘处上下翼面的压强是相等的，后缘处压强系数曲线封闭。不封闭是因为测量点不够密。

(e) 应在图上注明实验时所用翼型的编号、迎角以及实验雷诺数。

4.9.6 思考与讨论

(1) 如何根据压强分布，判断驻点的位置？
(2) 如何根据压强分布，判断分离现象的发生？
(3) 如何粗略地判断出零升力迎角？
(4) 用什么方法可以延缓分离？
(5) 为何模型上表面前半部的测压孔较密？

附录　翼型表面压强测量实验数据及处理结果

多管压力计斜角 $\phi = 30°$

大气压强 $p = 103750$ Pa

室　温 $t = 16.2℃$

空气密度 $\rho = 1.24935$ kg/m³

运动黏性系数 $\nu = 1.43617 \times 10^{-5}$

多管压力计中液体密度 $\gamma = 7840$ kg/(m² · s²)

翼型弦长 $c = 300$ mm，翼型迎角 $\alpha = 5°$

1. 风速管测量数据及相应计算结果(测量数据记录在表 4.15 中)

表 4.15 风速管测量数据记录及计算结果 $\left(Re = \dfrac{vc}{\nu} = 3.133334 \times 10^5\right)$

风速管数据		静压 h_0	总压 h_k	$\Delta h_i = h_{静} - h_{总}$	$v_i = \sqrt{\dfrac{2\gamma \Delta h_i \sin\phi}{\rho}}$
	$h_{初}$	9.2mm	9.2mm	×	×
	$h_{末}$	52.7mm	16.7mm	×	×
	$h = h_{末} - h_{初}$	43.5mm	7.5mm	36.0mm	15.0m/s

2. 上翼面测压数据及计算结果(测量数据记录在表 4.16 中，迎角为 5°，$h_0 = 43.5$mm，$h_k = 7.5$mm，$h_0 - h_k = 36.0$mm，$\xi = 1$)

表 4.16 上翼面测压数据记录及计算结果

测点号	1	2	3	4	5	6	7	8	9	10
$h_{i初}$/mm	8.5	8.6	6.4	8.7	6.1	7.8	8.8	9.9	9.6	10.2
$h_{i末}$/mm	123.2	169.7	152.9	152.4	103.6	98.1	93.2	88.6	82.2	77.3
h_i/mm	114.7	161.1	146.5	143.7	97.5	90.3	84.4	78.7	72.6	67.1
$(h_0 - h_i)$/mm	−71.2	−117.6	−103.0	−100.2	−54.0	−46.8	−40.9	−35.2	−29.1	−23.6
C_{p_i}	−1.98	−3.27	−2.86	−2.78	−1.50	−1.30	−1.14	−0.98	−0.81	−0.65
$\overline{x_i}$	0	0.005	0.013	0.027	0.052	0.104	0.154	0.206	0.306	0.407

测点号	11	12	13	14	15	16	17	18	19	20
$h_{i初}$/mm	6.4	6.2	7.7	7.8	8.9	9.8	9.2			
$h_{i末}$/mm	67.5	63.8	64.2	63.8	64.7	65.7	63.3			
h_i/mm	61.1	57.6	56.5	56.0	55.8	55.9	54.1			
$(h_0 - h_i)$/mm	−17.6	−14.1	−13.0	−12.5	−12.3	−12.4	−10.6			
C_{p_i}	−0.49	−0.39	−0.36	−0.35	−0.34	−0.34	−0.29			
$\overline{x_i}$	0.507	0.609	0.708	0.759	0.809	0.860	0.985			

第 4 章 基础性实验

3. 下翼面测压数据及计算结果(测量数据记录在表 4.17 中，迎角为 5°，$h_0 = 43.5$mm，$h_k = 7.5$mm，$h_0 - h_k = 36.0$mm，$\xi = 1$)

表 4.17 下翼面测压数据记录及计算结果

测点号	1	2	3	4	5	6	7	8	9	10
$h_{初}$/mm	7.8	7.4	8.6	7.4	7.5	8.3	7.1	8.8	10.1	6.9
$h_{末}$/mm	19.0	16.1	24.3	31.6	36.2	40.6	45.8	51.0	52.8	49.8
h_i/mm	11.2	8.7	15.7	24.2	28.7	32.3	38.7	42.2	42.7	42.9
$(h_0 - h_i)$/mm	32.3	34.8	27.8	19.3	14.8	11.2	4.8	1.3	0.8	0.6
C_{P_i}	0.90	0.97	0.77	0.54	0.41	0.31	0.13	0.04	0.02	0.02
$\overline{x_i}$	0.006	0.024	0.052	0.103	0.152	0.204	0.406	0.505	0.607	0.708
测点号	11	12	13	14	15	16	17	18	19	20
$h_{初}$/mm	7.9	9.6	5.8							
$h_{末}$/mm	52.3	53.0	50.0							
h_i/mm	44.4	43.4	44.2							
$(h_0 - h_i)$/mm	-0.9	0.1	-0.7							
C_{P_i}	-0.03	0.003	-0.02							
$\overline{x_i}$	0.758	0.808	0.909							

4. 绘制 $C_p = f(\overline{x})$ 曲线图(图 4.44)

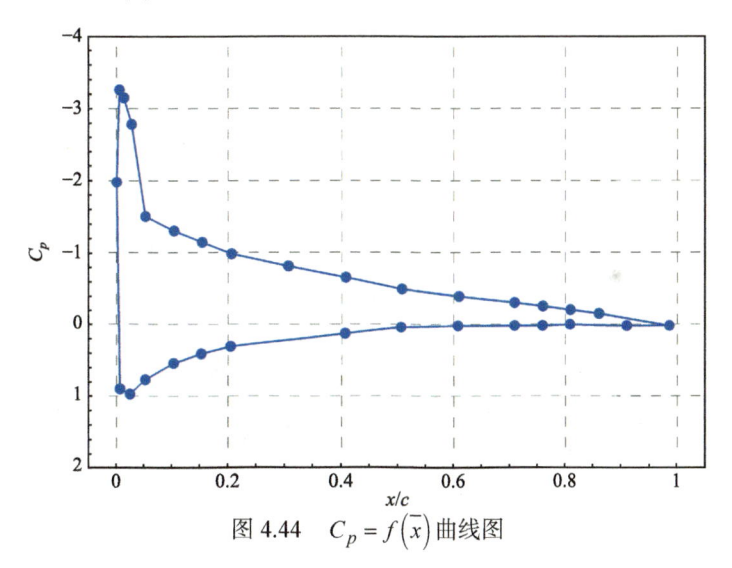

图 4.44 $C_p = f(\overline{x})$ 曲线图

4.10 超声速风洞激波观测实验

4.10.1 实验目的

(1) 了解拉瓦尔喷管超声速流动特性，测量超声速风洞喷管沿程马赫数分布；

(2) 观察超声速气流绕过二维尖劈时的附体斜激波，理解斜激波形成机理与特征；

(3) 测量二维尖劈超声速绕流斜激波前后气流参数，验证二维斜激波理论关系式。

4.10.2 实验设备

实验设备 G1 超声速风洞系统实物图和原理图如图 4.45 和图 4.46 所示。G1 超声速风洞系统由气源和风洞洞体两大部分组成。气源由空气压缩机、油水分离器、单向阀、纯化器以及储气罐组成。特别需要指出的是，空气经拉瓦尔喷管膨胀加速到实验段，马赫数增大，温度和密度会很低，如果空气中含有水分和油，就会凝结，进而影响实验结果，增加凝结危险性，所以油水分离器是超声速风洞气源系统至关重要的部件。

风洞洞体由调压阀、稳定段、拉瓦尔喷管、实验段、第二喉道和扩压段组成。①调压阀的作用是：由于压缩空气不断从储气罐中流出，气罐内压力不断变化，为了保证稳定段总压 p_0 不变，使用调压阀调节气流流通面积，使得稳定段总压恒定。②稳定段的作用是：经调压阀进入稳定段的气流不均匀，经稳定段调整达到

图 4.45 G1 超声速风洞系统实物图

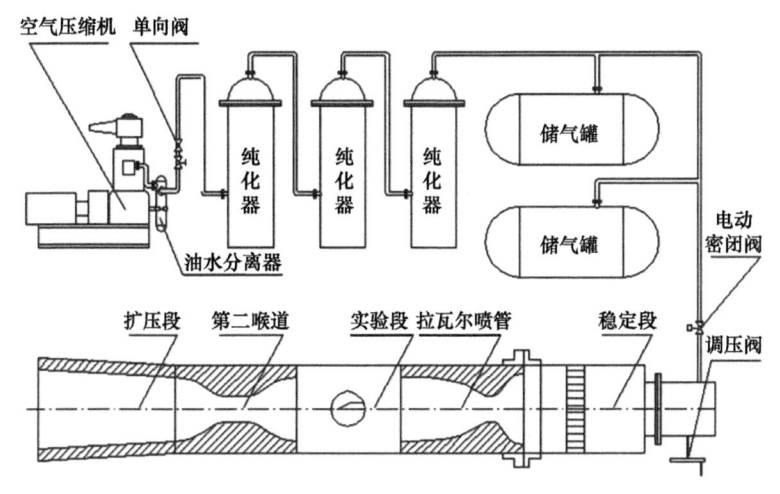

图 4.46　G1 超声速风洞系统原理图

均匀，稳定段内装有蜂窝器和阻尼网，可以耗散旋涡使得气流均匀。③拉瓦尔喷管的作用是：拉瓦尔喷管是产生超声速气流的关键部件，是先渐缩后渐扩管道，最小截面为喉道，亚声速气流加速到喉道处达到声速，然后超声速膨胀加速，对于定常一维管流，流过任意截面的质量流量都相等，根据定常一维等熵流连续方程和动量方程有 $(Ma^2-1)\dfrac{\mathrm{d}V}{V}=\dfrac{\mathrm{d}A}{A}$，其中 Ma、V、A 分别为马赫数、流速、管道截面积，方程表达了可压缩流体定常一维等熵管流速度变化与管道截面积变化之间的关系，由此可设计先渐缩、后渐扩管道流动，在满足一定压比的条件下，可使得流动由亚声速逐渐加速到超声速，最小截面即喉道处为声速，可见管道先收缩后扩张是产生超声速气流的必要条件。④实验段的作用是：实验段是安装模型进行实验的空间区域，需满足实验流动在方向和大小上都很均匀，实验段两侧开有观察窗，以便进行光学观测，观察窗采用光学玻璃窗，实验段侧壁开有测压孔，用来测量实验段静压，模型最大迎风面积与实验段截面积之比要按超声速气流规律严格控制，因为当实验段有效流通面积小于喷管喉道面积时，气流声速将产生于实验段最小截面处，从而得不到实验所需超声速气流，这种状况称为风洞"壅塞"。⑤第二喉道和扩压段的作用是：使得超声速气流减速到亚声速，将第二喉道设计成当超声速气流通过第二喉道上游时，超声速气流轻微压缩产生几道较弱斜激波，气流穿过激波变成较低马赫数超声速气流，在到达第二喉道稍下游位置时，又产生一道较弱正激波，气流穿过正激波后减速到亚声速，气流在第二喉道减速到亚声速后，再经扩压器减速、扩压以适应风洞出口反压条件(大气压)，使得气流顺利排出风洞，这样就使得稳定段内所需压力大大降低。

4.10.3 实验原理

对空气可压缩流动，根据连续性方程和动量方程可推导出声速

$$a = \sqrt{\gamma RT}$$

其中，γ、R 分别为热完全空气的比热比和气体常数，$\gamma = 1.40$，$R = 287 \text{J}/(\text{kg} \cdot \text{K})$。根据定常一维绝热流动能量方程有

$$\frac{T_0}{T} = 1 + \frac{\gamma - 1}{2} Ma^2$$

对于等熵流动，再根据等熵关系和状态方程

$$\frac{p_0}{p} = \frac{\rho_0{}^\gamma}{\rho^\gamma}$$

$$\frac{p_0}{p} = \frac{\rho_0}{\rho} \frac{T_0}{T}$$

可得定常一维等熵流动关系式

$$\frac{p_0}{p} = \left(\frac{T_0}{T}\right)^{\frac{\gamma}{\gamma-1}} = \left(1 + \frac{\gamma-1}{2} Ma^2\right)^{\frac{\gamma}{\gamma-1}}$$

$$\frac{\rho_0}{\rho} = \left(\frac{T_0}{T}\right)^{\frac{1}{\gamma-1}} = \left(1 + \frac{\gamma-1}{2} Ma^2\right)^{\frac{1}{\gamma-1}}$$

由此可得

$$Ma = \sqrt{\frac{2}{\gamma-1}\left[\left(\frac{p_0}{p}\right)^{\frac{\gamma-1}{\gamma}} - 1\right]}$$

实验测得总压和静压，就可以得到当地马赫数。另外，对于定常一维等熵管流，如果某截面流速等于当地声速，该截面就是临界界面，参数为临界参数，也就是说，当地声速与流速相等时的参数是临界参数。对于拉瓦尔喷管，喉道处的气流达到声速，喉道参数为临界参数，喉道为临界截面，根据连续方程和能量方程，可得到总参数、临界参数、当地参数的关系，并可得到马赫数与面积比的关系

$$\frac{A}{A_*} = \frac{1}{Ma} \sqrt{\left[\left(\frac{2}{\gamma+1}\right)\left(1 + \frac{\gamma-1}{2} Ma^2\right)\right]^{\frac{\gamma+1}{\gamma-1}}}$$

其中，A_* 为喉道也即临界截面面积，Ma 为面积为 A 截面处马赫数。

实验时可测量拉瓦尔喷管侧壁上沿轴向任意静压孔处静压值 p_i，气流从稳定

段经拉瓦尔喷管到实验段流动过程近似为等熵过程,因此任意测点处气流马赫数可由测得静压计算得到

$$Ma_{i实} = \sqrt{\frac{2}{\gamma-1}\left[(p_0/p_i)^{\frac{\gamma-1}{\gamma}} - 1\right]}$$

气流总压 p_0 近似等于稳定段内压强(稳定段内流速很低,静压近似等于总压),可用压力表读出(注意,压力表读数为表压,计算时应换算成绝对压强)。

超声速飞机飞行时,机翼尖前缘将产生斜激波,斜激波是波面与飞行器运动方向成斜角的平面波。实验时,在 G1 超声速风洞实验段中,放置尖顶角 $\delta=21°38'$ 的二维尖劈模型,当马赫数为 Ma_1 的均匀超声速气流流过尖劈时,尖劈头部可产生斜激波,实验可观测。如图 4.47 所示,在尖顶角 δ 足够小的条件下为附体斜激波,气流通过斜激波后流动方向折转 δ 角变成平行于尖劈壁的流动,同时流动马赫数减小,而压强、密度、温度增大,总压降低。

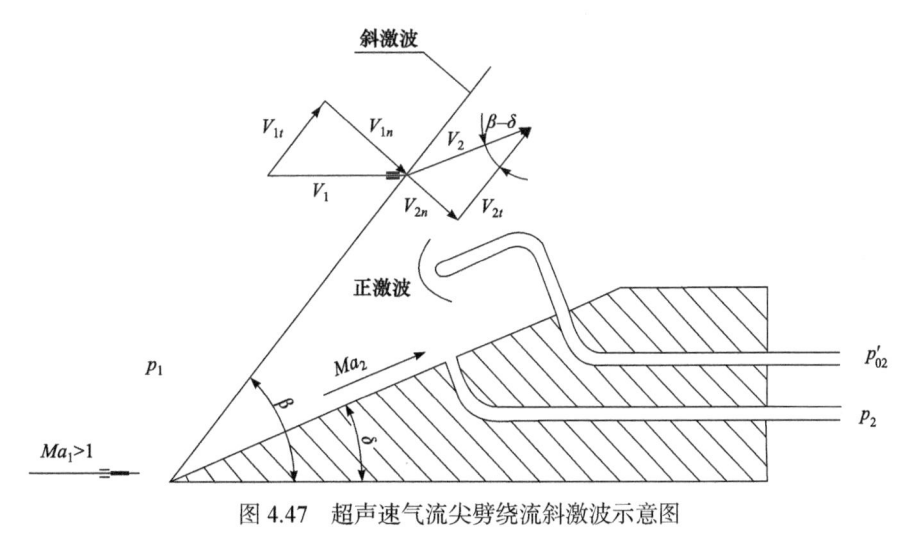

图 4.47 超声速气流尖劈绕流斜激波示意图

斜激波切向没有压差,气流穿过斜激波切向分速度无变化,而法向分速度经过激波突然变化,气流折转角 δ 与尖劈表面平行,所以气流折角直接由尖劈表面斜角决定,波前马赫数确定后,波后法向分速度应有多大突跃是由波后气流应平行于尖劈表面这个边界条件所决定的,也就是激波斜角 β 是由气流折角 δ 决定的。考虑连续方程、法向动量方程、能量方程、状态方程有

$$\frac{p_2}{p_1} = \frac{2\gamma}{\gamma+1}Ma_1^2 \sin^2\beta - \frac{\gamma-1}{\gamma+1}$$

式中,β 为斜激波与来流方向间的夹角,也称为激波斜角。其中波前、波后静压 p_1、p_2 可通过实验测量得到,波前马赫数 Ma_1 可通过实验测量和计算得到

$$Ma_1 = \sqrt{\frac{2}{\gamma-1}\left[\left(\frac{p_0}{p_1}\right)^{\frac{\gamma-1}{\gamma}} - 1\right]}$$

式中，p_1、p_0 分别为波前静压和总压，波前总压可用稳定段气流总压代替，进而计算出激波斜角。另外，还可得到斜激波前后密度比、温度比、波后马赫数 Ma_2、总压比

$$\frac{\rho_2}{\rho_1} = \frac{(\gamma+1)Ma_1^2 \sin^2\beta}{(\gamma-1)Ma_1^2 \sin^2\beta + 2}$$

$$\frac{T_2}{T_1} = \left(\frac{2\gamma}{\gamma+1}Ma_1^2 \sin^2\beta - \frac{\gamma-1}{\gamma+1}\right)\frac{(\gamma-1)Ma_1^2 \sin^2\beta + 2}{(\gamma+1)Ma_1^2 \sin^2\beta}$$

$$Ma_2 = \frac{Ma_1^2 + \frac{2}{\gamma-1}}{\frac{2\gamma}{\gamma-1}Ma_1^2 \sin^2\beta - 1} + \frac{\frac{2}{\gamma-1}Ma_1^2 \cos^2\beta}{Ma_1^2 \sin^2\beta + \frac{2}{\gamma-1}}$$

$$\frac{p_{02}}{p_{01}} = \left(\frac{2\gamma}{\gamma+1}Ma_1^2 \sin^2\beta - \frac{\gamma-1}{\gamma+1}\right)^{-\frac{1}{\gamma-1}} \left[\frac{(\gamma+1)Ma_1^2 \sin^2\beta}{(\gamma-1)Ma_1^2 \sin^2\beta + 2}\right]^{\frac{\gamma}{\gamma-1}}$$

测量出波前 p_1、p_{01} 和波后 p_2，计算出波前马赫数 Ma_1，便可计算出激波斜角 β，以及波后总压 p_{02}。波后总压 p_{02} 本可以用尖劈上表面总压管测得，但是由于总压管前出现了正激波，总压管实测是正激波波后总压 p'_{02}，根据正激波总压比关系式有

$$\frac{p'_{02}}{p_{02}} = \left(\frac{2\gamma}{\gamma+1}Ma_2^2 - \frac{\gamma-1}{\gamma+1}\right)^{-\frac{1}{\gamma-1}} \left[\frac{(\gamma+1)Ma_2^2}{(\gamma-1)Ma_2^2 + 2}\right]^{\frac{\gamma}{\gamma-1}}$$

其中，Ma_2 为斜激波波后、正激波波前马赫数，斜激波波后总压相当于尖劈上表面总压管正激波波前总压。

4.10.4 实验步骤

1. 拉瓦尔喷管沿程马赫数测量实验步骤

(1) 参观 G1 超声速风洞系统，了解系统工作原理；
(2) 开启阀门控制柜电源，并开启测压传感器电源；
(3) 开启测控计算机，启动采样计算程序，输入数据；
(4) 在实验程序界面上开启阀门按钮，打开电动密闭阀，待阀门开启到位后，

单击开始实验按钮(此时调压阀将伴随实验压强比需求而逐渐开启);

(5) 实验结束后,关闭电动密闭阀,风洞停止运行,备份实验数据。

2. 二维尖劈斜激波观测实验步骤

(1) 在矩形实验段内安装尖顶角 $\delta=21°38'$ 二维尖劈,迎角为零,关好风洞;
(2) 安置透镜式纹影仪($d=80\text{mm}$, $f=500.2\text{mm}$),对齐光轴并与风洞轴线垂直;
(3) 确定刀口切割方向,相应调整狭缝方向;
(4) 接通电源,将纹影仪光源电压调到 24V;
(5) 调节纹影仪与反光镜间的距离和相互位置;
(6) 调整毛玻璃与观察镜相对位置,以观察实验激波;
(7) 启动风洞,待总压稳定后,观测和拍摄激波形状及位置;
(8) 将纹影仪光源电压缓慢调至最小,关闭纹影仪开关,切断电源;
(9) 待风洞停止运行,记录测控计算机屏幕上的实验数据和大气压强。

注:①稳定段高压气体经拉瓦尔喷管膨胀加速,在实验段内达到实验马赫数,均匀超声速气流经第二喉道减速为亚声速气流,最终经扩压段增压排入大气。②拉瓦尔喷管侧壁沿轴向等间距开有系列静压孔,用来测量静压 p_i,其中 p_0 为稳定段压强,近似看作气流总压,气流马赫数可根据定常一维等熵流关系式计算。

4.10.5 实验数据

1. 拉瓦尔喷管沿程马赫数测量实验数据与处理

总压 $p_0=$ _____ N/m²

数据文件为采集的原始压强数据,第一列为采集时间,依次为气流总压 p_0、尖劈总压 p'_{02}、尖劈静压 p_2、测点 1、测点 2、测点 3、…、测点 19 数据,取 4~9s 内任意行压强数据作为计算数据,计算实测马赫数,并按给出的面积比 A/A^* 计算马赫数理论值,画出喷管沿程 p_i/p_0、$Ma_{实}$ 和 $Ma_{理}$ 变化曲线(已知相邻测量孔间距离为 2cm)。

2. 二维尖劈斜激波观测实验波前、波后气流参数测量报告

(1) 根据风洞运行实测数据计算来流马赫数,也就是尖劈斜激波波前马赫数 Ma_1。

(2) 根据实测 p_2/p_1 和斜激波波前马赫数 Ma_1 计算激波斜角 β,计算斜激波波后马赫数 Ma_2,斜激波波前、波后总压比 p_{02}/p_{01}。

(3) 根据测量出的 p_{01}、p_1 计算出斜激波波前马赫数 Ma_1,对于斜激波,以此

为参考，再根据模型给出的气流折角 δ 计算激波斜角 β、静压比 p_2/p_1 和总压比 p_{02}/p_{01} 及斜激波波后马赫数 Ma_2，与测量计算值比较，计算 p'_{02}/p_{02}，理解超声速流总压管测压。

4.10.6 思考讨论

(1) 如何通过实验获得超声速气流？
(2) 如何通过测量确定实验马赫数？
(3) 论述激波观察原理和技术手段？
(4) 实验如何验证激波理论关系式？

4.10.7 注意事项

启动风洞前应先检查风洞出流是否畅通，风洞出口无人，以免发生意外。

第 5 章　综合性实验

5.1　机翼模型机械式天平测力实验

5.1.1　实验目的

(1) 了解测力系统三分量天平的工作原理，掌握其使用方法；

(2) 熟悉风洞实验的基本原理，掌握测定矩形机翼的升力、阻力和俯仰力矩的实验方法；

(3) 验证机翼升力系数、阻力系数和俯仰力矩系数随迎角的变化规律。

5.1.2　实验原理

1. 相对飞行原理

如图 5.1 所示，当飞行器以某一速度在静止空气中运动时，飞行器与空气的相对运动规律和相互作用力，与飞行器固定不动而让空气以同样大小和相反方向的速度流过飞行器的情况是等效的。相对飞行原理为空气动力学的研究提供了便利。人们在实验研究时，可以将飞行器模型固定不动，人工制造直匀气流流过模型，以便观察流动现象，测量模型受到的空气动力，进行实验空气动力学研究。

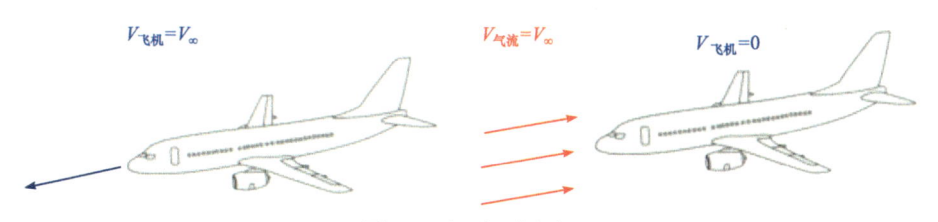

图 5.1　相对飞行原理

在理论上，对飞行器空气绕流现象和受力情况进行分析研究时，可用固接在飞行器上的观察者所看到的绕流图画进行研究，只要远前方气流速度 V 是常数，空气流过物体的绕流图画就不随时间变化，如图 5.2 所示。

2. 相似原理

遵循同一物理方程的现象称为同类现象。如果两个同类现象对应物理量成比例(在对应的时空点，各标量物理量的大小成比例，各向量物理量的大小成比例、方向相同),则称这两个现象为相似现象。

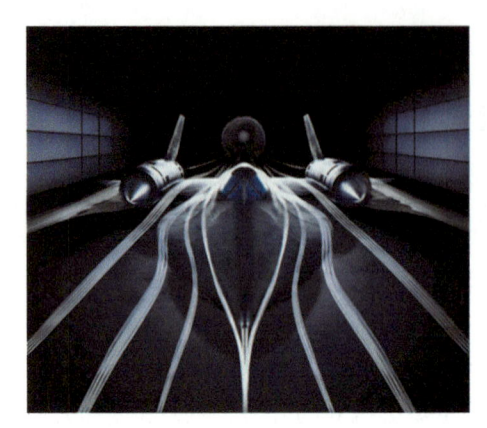

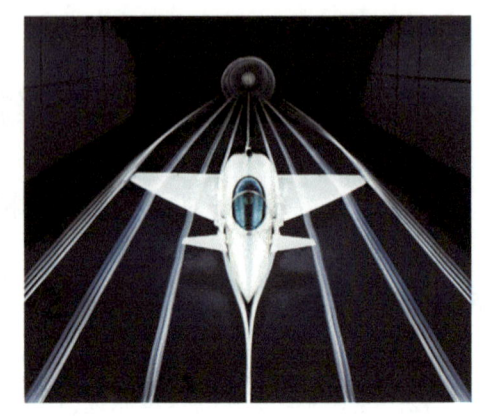

图 5.2　绕流现象

对于动量传输问题,模型(model)与原型(prototype)之间必须满足如下相似条件才能称为相似现象(图 5.3)。

(1) 几何相似:几何相似又称为空间相似,要求模型与原型外形完全一样,对应线段成比例,对应夹角相等,有粗糙度时粗糙度相似;

(2) 运动相似:要求模型与原型对应流线几何相似,对应点速度大小成比例、方向相同;

(3) 动力相似:又称为受力相似,要求模型与原型的两个对应流场受同种外力作用,对应点上对应作用力成比例。

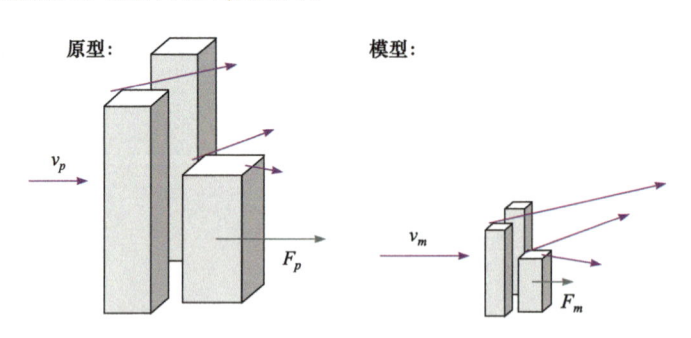

图 5.3　几何相似、运动相似与动力相似

用模型研究法进行实验研究必须保证模型与原型对应的物理现象彼此相似。相似三定律告诉我们如何判断原型与模型对应的物理现象是否相似以及彼此相似现象的性质。

(1) 相似第一定律:彼此相似的现象必定具有数值相同的同名相似准数,如雷诺数 Re、欧拉数 Eu、斯特劳哈尔数 St、马赫数 Ma 等;

(2) 相似第二定律：凡同一种类现象，如果定解条件相似，同时由定解条件的物理量所组成的相似准数在数值上相等，那么这些现象必定相似；

(3) 相似第三定律：描述某现象的各种量之间的关系式可以表示成相似准数之间的函数关系，即

$$F(\pi_1, \pi_2, \cdots, \pi_n) = 0$$

这种关系式称为准数方程。

相似第一定律揭示了相似现象的基本性质，即相似准数相等；相似第二定律反映了现象相似的三个充分必要条件，即同类现象、定解条件相似、相似准数相等；相似第三定律反映了实验数据的处理方法，即将物理量的关系表示为准数方程形式。

5.1.3 实验设备及工作原理简介

1. 风洞

风洞是产生人工气流的设备，其种类繁多。本次实验所用风洞是三元闭口直流式风洞，如图 5.4 所示。其主要组成部分为收缩段、实验段、扩散段和动力装置。

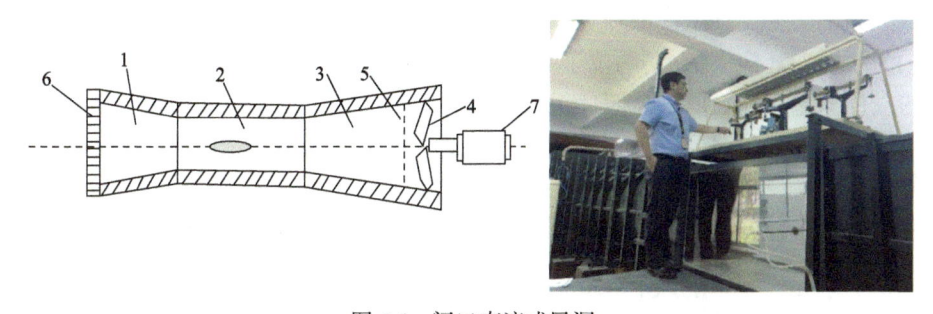

图 5.4 闭口直流式风洞
1. 收缩段；2. 实验段；3. 扩散段；4. 风扇；5. 安全网；6. 整流栅；7. 直流电机

收缩段前装有整流栅，整流栅是做成方格状的，用来消除气流中的大旋涡。气流通过收缩段后，流速增大，这样可使进入实验段的气流较为均匀。实验段的长度为 1.52m，截面是正方形的，尺寸为 0.914m×0.914m，模型放在其中进行实验。

扩散段的功能是使实验段后面的气流减速后再排入大气，以减少能量损失。动力装置包括直流电机和风扇。电机功率为 22kW。风扇转动后，将空气吸入风洞中，通过调节电机转速以获得不同的实验段速度。

2. 机械式三分量天平

1) 工作原理

气动力天平是测量作用在模型上的空气动力的仪器。它和一般测力的天平不

同，气动力天平不仅可以测量气动力，并且还可以测量气动力矩。在进行飞行器的气动力实验时，作用在模型上的总气动力和总气动力矩的确切方向一般是未知的，而气动力天平则具有分解和传递气动力和气动力矩的功能，以分别测量出 X、Y 和 Z 方向的分量。

天平可根据能测量多少个力和力矩分量来分类。我们所做的实验是机翼的纵向气动力实验，只测量升力、阻力和俯仰力矩三个分量，因此使用三分量天平，参见图 5.5。

(a) 力矩测量天平　　　(b) 升力测量天平　　　(c) 阻力测量天平

图 5.5　机械天平实物图

三分量天平及其工作原理见图 5.6。机翼模型用三根支杆与天平相连，前支杆(OF)为两根，其接头(F 点)约位于翼弦的 1/4 弦长处，另一支杆 AB 与机翼后缘伸出的横杆末端相连。$OABF$ 四杆组成一平行四边形，机翼弦线 FB 偏转多少度，则 AO 杆亦偏转同一度数。在 AO 杆上固连一指针，即可在刻度盘上读出相应的迎角值，因实验时模型反装，规定指针顺时针旋转模型迎角增大。松开 O 处固定螺钉，旋转指针位置然后将固定螺钉拧紧即可改变模型迎角。

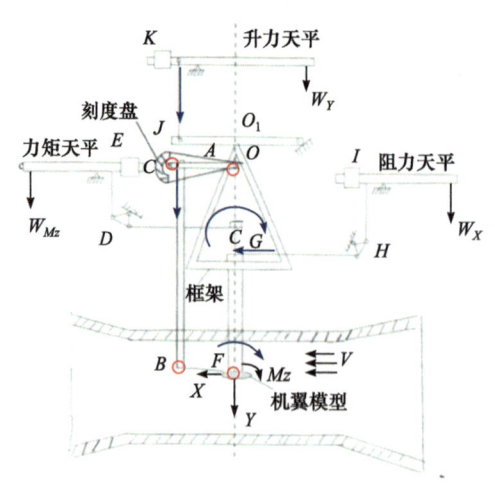

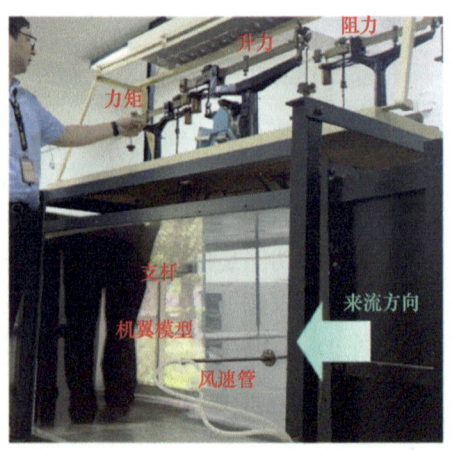

图 5.6　三分量天平及其工作原理

当机翼上受绕 F 点俯仰力矩 Mz 时，AB 杆就有趋势上下移动，于是牵动杆 AO，并连同整个刻度盘都绕 O 点转动，刻度盘上的 C 点就上下转动，再通过传动机构 CDE，把作用力矩传到力矩天平上，即可量出相应的力矩 Mz。

当机翼上受到阻力 X 作用后，就使整个框架向左偏转，再通过传动机构 GHI，就把这个作用力传到阻力天平上，即可量出相应的阻力 X。当机翼上受升力 Y 作用后，就使整个框架上下移动，再通过 JK 拉杆的作用，就可在升力天平上量出相应的升力 Y。

2) 静力校测

天平的校测是通过静校装置，模拟天平工作时的受力状态，对天平施加载荷，得到天平读数与气动力之间的函数关系。在假设天平读数与载荷之间的关系是线性的条件下，可写出如下的函数关系

$$W_X = A_{XX}X + A_{YX}Y + A_{MX}Mz$$
$$W_Y = A_{XY}X + A_{YY}Y + A_{MY}Mz$$
$$W_{Mz} = A_{XM}X + A_{YM}Y + A_{MM}Mz \tag{5.1.1}$$

其中，W_X、W_Y、W_{Mz} 分别为阻力天平、升力天平和力矩天平的读数，X、Y、Mz 为校测天平时所加的载荷阻力、升力和力矩，系数 A_{XX} 意义为加单位阻力时对阻力天平读数 W_X 的贡献，系数 A_{YX} 意义为加单位升力时对阻力天平读数 W_X 的贡献，系数 A_{XY} 为加单位阻力对升力天平读数 W_Y 的贡献，其余类推。若式(5.1.1)的系数矩阵已知，则可解出如下关系

$$X = C_{XX}W_X + C_{YX}W_Y + C_{MX}W_{Mz}$$
$$Y = C_{XY}W_X + C_{YY}W_Y + C_{MY}W_{Mz}$$
$$Mz = C_{XM}W_X + C_{YM}W_Y + C_{MM}W_{Mz} \tag{5.1.2}$$

式(5.1.2)即风洞实验气动力测量应用的公式。根据天平读数 W_X、W_Y、W_{Mz} 即可计算出模型所受的气动力 X、Y、Mz。式中，C_{XX} 意义为单位阻力天平读数对阻力的贡献，C_{YX} 为单位升力天平读数对阻力的贡献，其余类推。

根据上面分析，首先要求出 A_{XX}、A_{YX}、$\cdots$、A_{MM} 等系数，若校测时同时加 X、Y、Mz 等载荷，根据式(5.1.1)无法求出上述系数。根据线性假设各载荷之间无系数的影响，因此可单位加载，例如，只加阻力载荷 X 时式(5.1.1)可写成

$$W_X = A_{XX}X, \quad W_Y = A_{XY}X, \quad W_{Mz} = A_{XM}X \tag{5.1.3}$$

根据式(5.1.3)则可求出

$$A_{XX} = W_X/X, \quad A_{XY} = W_Y/X, \quad A_{XM} = W_{Mz}/X$$

具体阻力加载过程为：从静校架上 a 点引出一条钢丝绳，绕过滑轮，接到一个砝

码盘上，在砝码盘上加砝码 G_d，则钢丝将产生一个数值等于 G_d 的拉力，使天平受到了阻力 X，其数值等于 G_d。此时，记下各天平的读数，改变 G_d，各天平的读数也随之变化。实际测量结果是当只加阻力 X 时，升力天平和力矩天平的读数为零，即 $A_{XX} = W_X/X$，$A_{XY} = A_{XM} = 0$。加升力和俯仰力矩时得到同样结果，即 $A_{YY} = W_Y/Y$，$A_{MM} = W_{Mz}/Mz$，$A_{XY} = A_{MY} = A_{XM} = A_{YM} = 0$。这时式(5.1.2)亦可简化为

$$X = C_{XX}W_X, \quad Y = C_{YY}W_Y, \quad Mz = C_{MM}W_{Mz} \tag{5.1.4}$$

其中，$C_{XX} = A_{XX}$，$C_{YY} = A_{YY}$，$C_{MM} = A_{MM}$。

以上叙述是为说明系数 C_{XX}、C_{YY}、C_{MM} 是如何得到的，实验中不做静力校测。现给出校测结果：$C_{XX} = 2.383\text{N/lb}$，$C_{YY} = 4.462\text{N/lb}$，$C_{MM} = -0.991\text{N}\cdot\text{m/lb}$。天平静力校测示意图如图 5.7 所示。

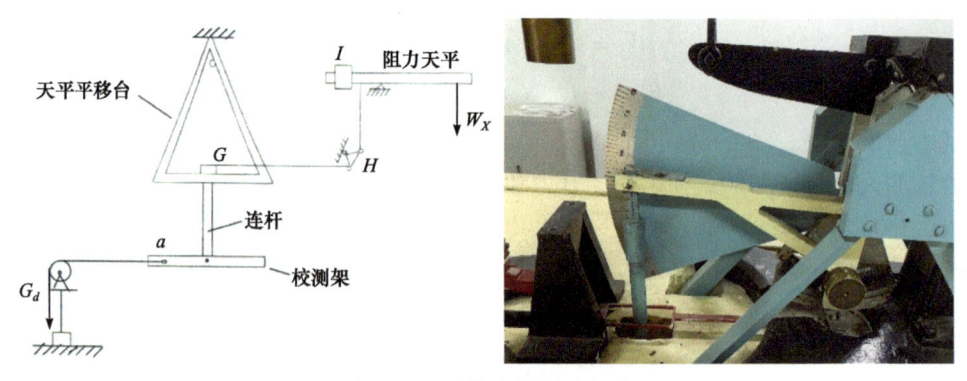

图 5.7 天平静力校测示意图

3. 风速管和 U 形管压力计

风速管是测量气流速度的仪器。如图 5.8 所示，它由内管和外管组成。内管在其前端开口；外管在其侧表面开小孔。当风速管迎向气流时，内管口的气流速度将被阻滞为零，此时内管中感受的是当地总压 p_0，而外管侧表面孔感受的为当地静压 p。根据

$$p + \frac{1}{2}\rho v^2 = p_0$$

即得

$$v = \sqrt{\frac{2}{\rho}(p_0 - p)}$$

图 5.8 风速管

式中，v 表示气流速度；ρ 表示空气密度；总压 p_0 和静压 p 之差可以通过 U 形管压力计测出。U 形管压力计是测量压强差的仪器，如图 5.9(a)所示。测量时将被测量流体压强通过管道引至 U 形管两端，此时两管的液柱差 h 即表示被测量的压强差。它们之间的关系可用下式表示

$$p_1 - p_2 = h\gamma$$

式中，γ 为压力计中液体的比重，单位为 kg/m^3。

为了使目测读数更加精确，常常将压力计倾斜一角度 φ，如图 5.9(b)所示。这时测得压强关系式为

$$p_1 - p_2 = H\gamma$$

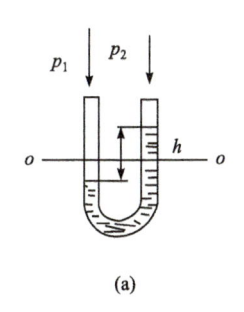

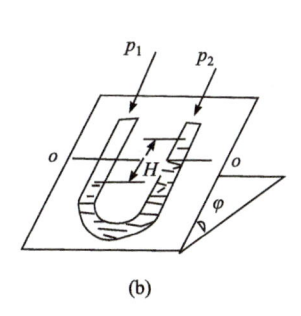

图 5.9 U 形管压力计

4. 计算公式

1) 风速和动压

$$\frac{1}{2}\rho v^2 = (p_0 - p) = \xi\gamma h\sin\varphi$$

$$v = \sqrt{\frac{2}{\rho}\gamma \Delta h \sin\varphi}$$

式中，v 表示气流速度，m/s；ρ 表示空气密度，kg/m³，根据实验时的室温 t 及大气压 p 计算得出

$$\rho = 1.2256 \times \frac{p \times 10^2 (273.16 + t)}{288.16 \times 101325}$$

ξ 表示风速管修正系数，约等于 1.0；γ 表示酒精比重，为 808kg/m³；h 表示压力计液面的高度差，单位 m；φ 表示压力计倾斜角，为 30°。

2) 升力系数

$$C_Y = Y / \frac{1}{2}\rho v^2 S$$

$$Y = C_{YY} \Delta W_Y$$

$$\Delta W_Y = W_Y - W_{Y0}$$

式中，S 表示模型机翼面积，$S = bl$；C_Y 表示机翼升力系数；Y 表示机翼升力。

$$C_{YY} = 4.462\text{N}/1\text{b}$$

3) 阻力系数

$$C_X = X / \frac{1}{2}\rho v^2 S$$

$$X = C_{XX} \times \Delta W_X$$

$$\Delta W_X = W_X - W_{X0}$$

式中，C_X 表示机翼阻力系数；X 表示机翼阻力。

$$C_{XX} = 2.383\text{N}/1\text{b}$$

4) 力矩系数

$$C_{M1/4} = M_{z1/4} / \frac{1}{2}\rho V^2 sl$$

$$M_{z1/4} = C_{MM} \times \Delta W_{Mz}$$

$$M_z = M_{z1/4} + \frac{b}{4} \times Y$$

$$C_{Mz} = M_z / \frac{1}{2}\rho v^2 sl$$

$$\Delta W_{Mz} = W_{Mz} - W_{Mz0}$$

式中，C_{Mz} 表示机翼力矩系数；M_z 表示机翼力矩，以机翼前缘为力矩参考点。

$$C_{MM} = -0.991 \text{N} \cdot \text{m/lb}$$

5. 实验模型

本实验采用一矩形机翼模型，如图 5.10 所示，翼弦 $b = 0.11\text{m}$，翼展 $l = 0.66\text{m}$，翼剖面型号为 NACA23012。

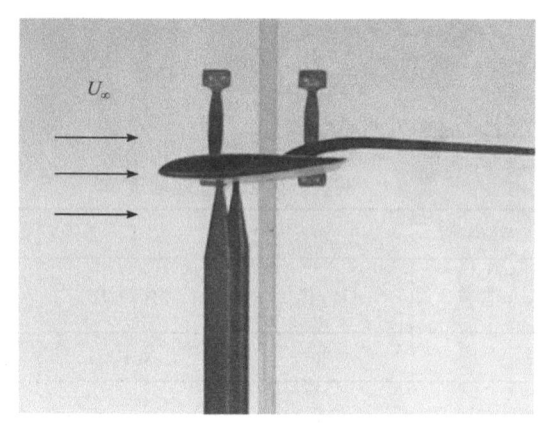

图 5.10 实验模型

5.1.4 实验步骤

(1) 安装模型，并检查各仪器设备是否正常。

(2) 将天平调至平衡位置，记下初读数 W_{Y0}（升力天平）、W_{X0}（阻力天平）和 W_{Mz0}（力矩天平），天平的读数单位为磅。

(3) 开动风洞，记录不同迎角 α 下的升力 W_Y、阻力 W_X 和力矩 W_{Mz}；其中阻力包括与模型相连的支架阻力 $W_{X支}$；同时，从压力计上读出液柱差的高度。

(4) 停车，将天平等仪器恢复到原来状态。

(5) 整理数据，并绘制曲线。

5.1.5 实验报告要求

(1) 根据实验结果绘出升力系数曲线、阻力系数曲线和俯仰力矩系数曲线 $C_Y(\alpha)$、$C_X(\alpha)$、$C_{Mz}(\alpha)$。估算翼型的理论升力系数斜率讨论理论和实验结果有何不同，试解释原因。

(2) 绘制极曲线 C_Y-C_X。

(3) 确定该矩形机翼的零升迎角 α_0，临界迎角 α_k，最大升力系数 $C_{Y\max}$；如果选用实验中机翼作为某飞机的机翼，结合上述迎角、升力系数和极曲线的结果试讨论，该飞机的巡航迎角和起降迎角当如何选取。

5.1.6 思考和讨论

(1) 如何提高实验的精确度？本实验在测量中采取了哪些措施？

(2) 如何判断边界层是层流边界层还是湍流边界层？

(3) 为什么测量边界层内速度分布时只测板面静压而不需测量沿法线上各测点的静压？

5.1.7 实验数据记录

表 5.1 为实验数据记录和处理表。

表 5.1 实验数据记录和处理表

名称	W_Y	ΔW_Y	Y	C_Y
数据的来源	测量	$(1)-W_{Y0}$	4.462×(2)	(3) $Y/(\frac{1}{2}\rho v^2 S)$
单位	lb	lb	N(牛)	—
α	\multicolumn{4}{c}{项}
	(1)	(2)	(3)	(4)
$-4°$				
$-2°$				
$0°$				
$2°$				
$4°$				
$6°$				
$8°$				
$10°$				
$11°$				
$12°$				
$13°$				
$15°$				

$W_{Y0} = 21.45$ lb；$h = 14$ mm；$S = $ ___ m²

$$v = \sqrt{\frac{2}{\rho}\gamma \Delta h \sin\phi}$$

实验记录和处理表(续)

名称	W_X	ΔW_X	X	C_X	C_X
数据的来源	测量	(5)$-W_{X0}$	2.383×(6)	(7) $X/\left(\dfrac{1}{2}\rho v^2 S\right)$	(8) -0.053
单位	lb	lb	N(牛)	—	—
α	\multicolumn{5}{c}{项}
	(5)	(6)	(7)	(8)	(9)
$-4°$					
$-2°$					
$0°$					
$2°$					
$4°$					
$6°$					
$8°$					
$10°$					
$11°$					
$12°$					
$13°$					
$15°$					

$W_{X0} = 0.026$ lb；$\bar{C}_{X\text{支}} = 0.053$

$$v = \sqrt{\dfrac{2}{\rho}\gamma\Delta h\sin\phi}$$

实验记录和处理表(续)

名称	W_{Mz0}	W_{Mz}	ΔW_{Mz}	$M_{z/4}$	C_M
数据的来源	测量	测量	$W_{Mz0}-W_{Mz}$	$-0.991\times(12)$	(13) $Mz/\dfrac{1}{2}\rho v^2 Sb$
单位	lb	lb	lb	N·m	—
α	\multicolumn{5}{c}{项}
	(10)	(11)	(12)	(13)	—
$-4°$					
$-2°$					
$0°$					
$2°$					
$4°$					

续表

名称	W_{Mz0}	W_{Mz}	ΔW_{Mz}	$M_{z1/4}$	C_M
6°					
8°					
10°					
11°					
12°					
13°					
15°					

5.2 全机模型应变式天平测力实验

5.2.1 实验目的

(1) 了解风洞设计流程,认识风洞结构;
(2) 熟悉风洞测力实验的设备及工作原理;
(3) 掌握获得全机模型气动特性曲线的实验方法。

5.2.2 实验设备及工作原理

1. 风洞

风洞是空气动力学的重要研究工具,图 5.11 所示的风洞是北京航空航天大学 D5 风洞,北航 D5 气动声学风洞是一座低速、低湍流度、低噪声回流气动声学风洞。总体长度 25.58m,宽度 9.2m,高度 3.0m。D5 风洞开口实验段风速为 0~80m/s,

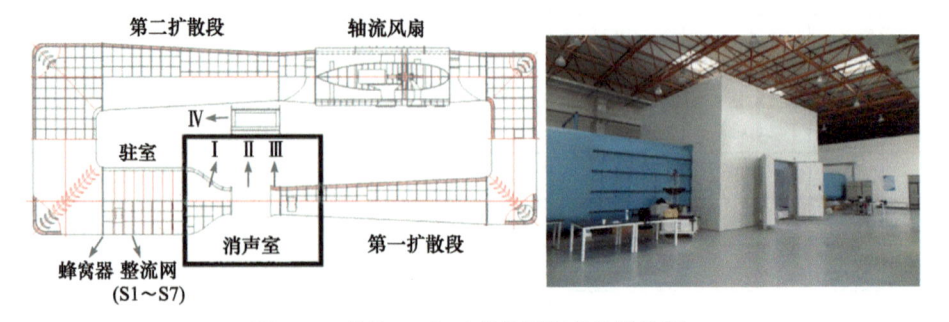

图 5.11 北航 D5 气动声学风洞总体结构图

闭口实验段的风速为 0~100m/s，风洞来流湍流度小于 0.08%。风洞风扇直径 2.26m，轮毂比 0.6，转速 750r/min，设计风速 100m/s，电机 210kW，桨叶 16 片，压增 1600Pa，效率 83.8%。

风洞按照功能可以分为实验段、收缩段、稳定段、扩散段、动力段。

(1) 实验段：为了模拟原型流场，实验段流场品质必须达到一定的要求，如湍流度、均匀性等。

(2) 收缩段：均匀加速，并有助于改善实验段的流场品质；收缩段的设计需要满足：①流速单调增加，避免分离；②出口流动均匀、稳定；③长度适当，兼顾成本和损失。

(3) 稳定段：使来自上游的紊乱的不均匀的气流稳定、使旋涡减弱、使速度方向性提高，包括蜂窝器，蜂窝器的作用是导向和减小旋涡尺度。

(4) 扩散段：减速增压，降低能量损失，防止分离。

(5) 动力段：补充能量损失，使流动速度均匀。

2. 应变六分量天平

应变天平是一种单分量或多分量的应变式测力传感器，是目前风洞中使用最广泛的空气动力测量装置，图 5.12 给出应变天平测量原理图(左)和弯刀变迎角机构(右)。进行风洞测力实验时，应变天平可以在体轴系中同时测量作用在模型上的空气动力载荷，即三个力与三个力矩。天平由天平元件(弹性元件)、应变片和测量电路(测量电桥)三部分组成。

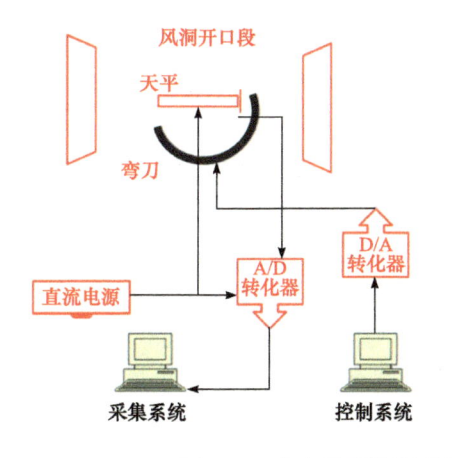

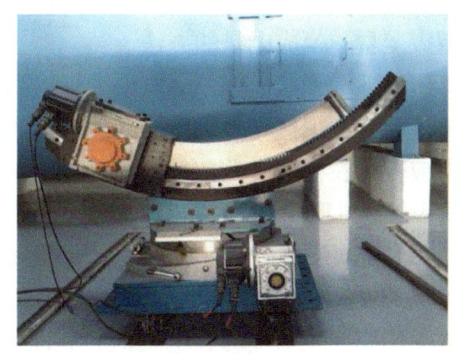

图 5.12 应变天平测量原理图(左)和弯刀变迎角机构(右)

当待测模型置于风洞流场中时，模型产生的气动力会使得天平元件产生一定的变形，使得粘贴在天平元件上的应变片产生相应的形变，使其电阻值发生变化，有一个增量。这个电阻增量在天平元件表面的应变片组成的惠斯通中桥测量电路中把它转化成电压增量信号，将电压信号通过 A/D 转换后，输入到计算机上，通过天平说明书给定的矩阵系数可以反算出作用在模型上的气动力和力矩。

本次实验采用的测力天平为杆式电阻应变六分量天平，校心位置以及坐标轴如图 5.13 所示，可以分别测量天平六个通道的电压变化，经过天平矩阵运算得到对应的力或力矩，其中沿着天平中心线的为 x 轴，天平键槽朝上安装时，垂直于天平中心线向侧方为 y 轴，上方为 z 轴。实验中，机翼平行于地面安装，模型所受法向力方向沿 z 轴方向，侧向力沿 y 轴方向，轴向力沿 x 轴方向，俯仰力矩参考点为天平中心。

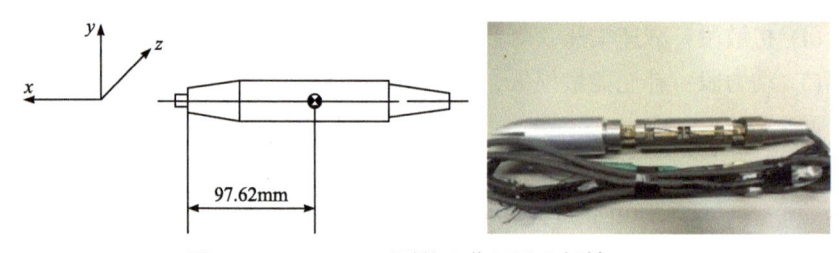

图 5.13　SHN6-24 天平校心位置及坐标轴

电阻应变测量方法是用电阻应变片测量天平的表面应变，再根据应变-应力关系得到构件表面的应力状态，从而对构件进行应力分析。电阻应变测量应变的大致过程如下：将应变片粘贴或安装在天平表面，然后接入测量电路(电桥或电位计式线路)，随着构件受力变形，应变片的敏感栅也随之变形，致使其电阻值发生变化，此电阻值的变化与天平表面应变成比例，测量电路输出应变片电阻变化产生的信号，经放大电路放大后，由指示仪表或记录仪器指示或记录。这是一种将机械应变量转换成电量的方法。

应变计受到载荷作用会发生变形，这种变形会引起电阻值发生变化，通过测量电桥的作用把这种电阻值的变化转换为电信号，这种测量电桥叫做惠斯通电桥。根据应变计在桥壁中的数量不同，惠斯通电桥可分为单臂电桥、双臂半桥和四臂全桥。这里主要介绍一下四臂全桥电路。图 5.14(a)中 R_1、R_2、R_3 和 R_4 为桥臂电阻，U 为输入桥压，ΔU 为输出电压。输出电压与电阻关系公式如图 5.14(b)所示。当 $R_1R_2 = R_3R_4$ 时，$\Delta U = 0$，此时电桥处于平衡状态。当连接在桥臂上的应变计受到载荷作用产生形变时，电阻值会立即发生变化，产生电阻增量 ΔR，这样就会使电桥失去平衡状态，并产生电压输出。

(a) 惠斯通全桥电路　　　　　　(b) 输出电压和电阻关系

$$\Delta U = \frac{R_1 R_3 - R_2 R_4}{(R_1+R_2)(R_3+R_4)} U$$

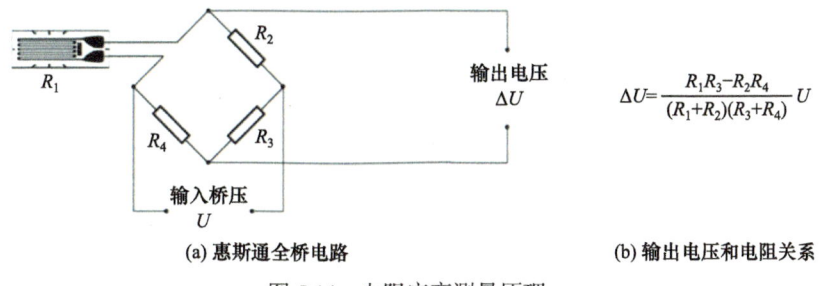

图 5.14　电阻应变测量原理

3. 数据采集与处理

数据采集系统主要由测力六分量天平、NI 数据采集卡、基于 LabVIEW 平台搭建的测力数据采集程序、基于 MATLAB 软件编写的测力数据处理程序组成，如图 5.15 所示。从天平处获得电压信号后，通过 NI PXIe-4330 数据采集卡以及基于 LabVIEW 平台搭建的数据采集程序将电压数据采集到计算机。然后将电压数据文件导入 MATLAB 中，通过电压与气动力和力矩的函数关系，将电压数据转换为气动力和力矩，进而得到气动力系数和力矩系数。

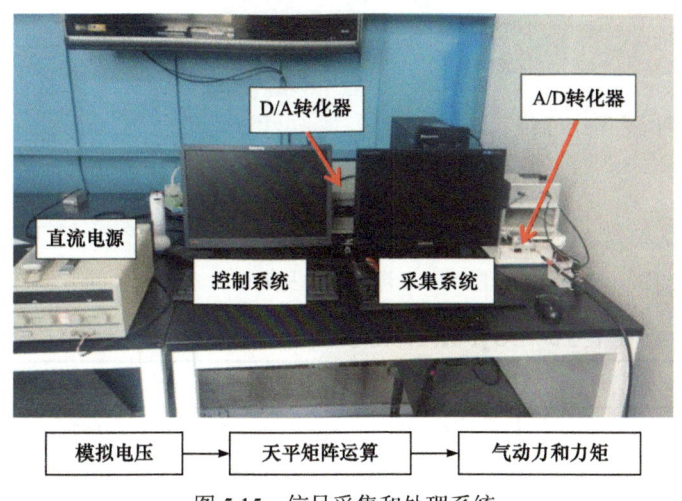

图 5.15　信号采集和处理系统

4. 实验模型

本实验使用《风洞实验手册》中低速风洞标准模型 DBM-02(YF-16)，实验模型和实验装置见图 5.16 和图 5.17。表 5.2 展示了 1∶9 标准模型的主要几何参数。模型力矩参考点的轴向位置在机翼平均气动弦长的 35.2%处。

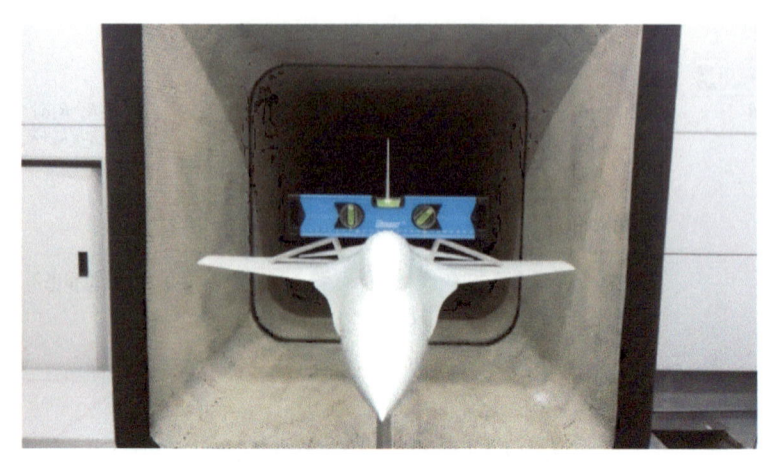

图 5.16 某报告给出的 F-16A/B 的三维总体图

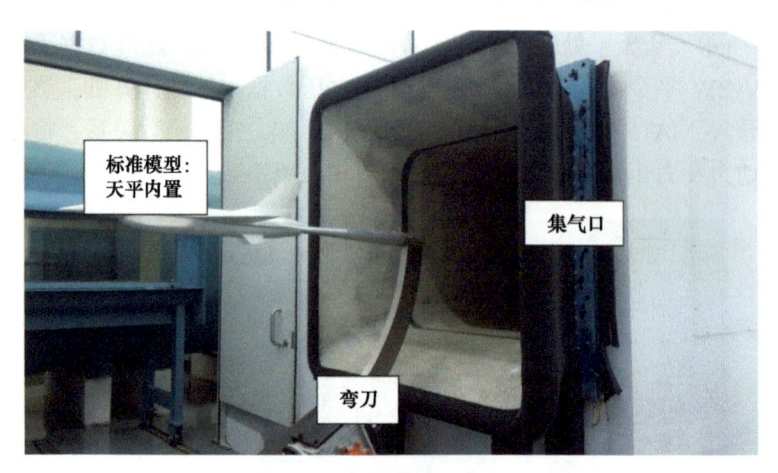

图 5.17 弯刀机构及集气口

表 5.2　DBM-02(YF-16)模型(1∶9)的主要几何参数

	机翼	平尾	垂尾	机身
面积/m²	0.3210	0.0487	0.0630	
展长/m	0.98154			
平均气动弦长/m	0.37038	0.15021		
梢弦长/m	0.12128			
根弦长/m	0.53309			
展弦比	3	2.5981	1.2939	
梢根比	0.2275	0.3	0.4373	
前缘后掠角/(°)	40		47.5	

续表

	机翼	平尾	垂尾	机身
上反角/(°)	0	−10		
翼型	NACA64A-204			
长度/m				1.617
当量直径/m				0.177
最大横截面积/m²				0.0295

5. 误差分析

由于实验方法和实验设备的不完善，周围环境的影响，以及人的观察力，测量程序等限制，实验测量值和真值之间总是存在一定的差异，在数值上即表现为误差。为了提高实验精度，缩小实验测量值和真值之间的差值，需要对实验数据误差进行分析和讨论。

实验误差一般来自于实验装置误差、环境误差、方法误差、人员误差及测量对象变化误差，分为系统误差、随机误差及过失误差三类。此实验测量结果中的误差，主要考虑随机误差，可用标准差的方式进行衡量，越小说明测量结果与测量真实值越接近。

针对实验误差，可以通过进行重复实验后取算术平均值来进行处理，然后根据随机误差的正态分布特性，给出实验平均结果的误差带，一般采用 $\pm 2\sigma$ 或 $\pm 3\sigma$，σ 为实验数据的标准差，如图 5.18 所示。

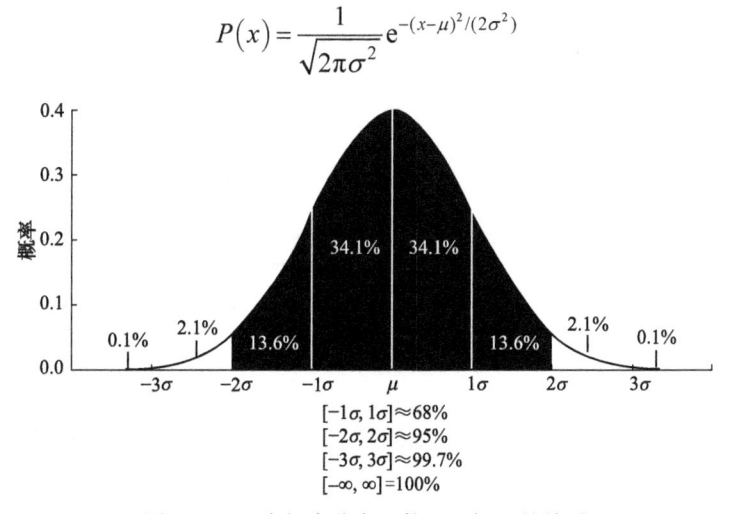

$$P(x) = \frac{1}{\sqrt{2\pi\sigma^2}} e^{-(x-\mu)^2/(2\sigma^2)}$$

图 5.18 正态概率分布函数 $P(x)$ 与 σ 的关系

5.2.3 实验步骤

(1) 检查各仪器设备是否正常。

(2) 在无风条件下,对天平在各个迎角六个通道的电压值进行数据采集,作为初始电压,采集时间为 10s,采样频率为 200Hz,每调整一次迎角后,须静止 10s 以上再进行采集。

(3) 调整迎角 α 为 0°,开动风洞,调整风速为 20m/s,待流速稳定后,对各个迎角下天平六个通道的电压值进行数据采集。时间至少为 60s,采样频率为 200Hz,每调整一次迎角后,须静止 10s 以上再进行采集。

(4) 停车,将天平等仪器恢复到原来状态。

(5) 整理数据,通过 MATLAB 程序将电压值反算为各通道对应的力或力矩,得出各迎角下升力、阻力、力矩系数,并绘制曲线。

5.2.4 实验报告要求

(1) 根据实验结果绘制升力系数曲线、阻力系数曲线和俯仰力矩系数曲线,即 $C_Y(\alpha)$、$C_X(\alpha)$、$C_{M_z}(\alpha)$,给出升力线的斜率与零升迎角;

(2) 绘制极曲线 $C_Y = f(C_X)$;

(3) 绘制升力系数误差分析图。

5.2.5 思考和讨论

(1) 什么是失速?

(2) 本实验中机翼的失速迎角是几度?它是怎样发生的?

(3) DBM-02(YF-16)的升力线斜率与 NACA64A-204 二维翼型的升力线斜率有何不同,不同的原因是什么?

5.2.6 实验数据记录

实验数据记录和处理表见表 5.3~表 5.6

表 5.3 实验数据记录和处理表(一)

名称	U_1	U_2	U_3	U_4	U_5	U_6
数据的来源	测量	测量	测量	测量	测量	测量
α	单位					
	mV	mV	mV	mV	mV	mV
−4°						
−2°						

续表

名称	U_1	U_2	U_3	U_4	U_5	U_6
数据的来源	测量	测量	测量	测量	测量	测量
α	单位					
	mV	mV	mV	mV	mV	mV
0°						
2°						
4°						
5°						
…						
19°						
20°						
…						

表 5.4　实验数据记录和处理表(二)

名称	X	Y	Z	M_x	M_y	M_z
数据的来源	计算	计算	计算	计算	计算	计算
α	单位					
	N	N	N	N·m	N·m	N·m
-4°						
-2°						
0°						
2°						
4°						
5°						
…						
19°						
20°						
…						

表 5.5 实验数据记录和处理表(三)

名称	C_X	C_Y	C_Z	C_{Mx}	C_{My}	C_{Mz}
数据的来源	计算	计算	计算	计算	计算	计算
α	单位					
	—(无量纲)	—	—	—	—	—
-4°						
-2°						
0°						
2°						
4°						
5°						
…						
19°						
20°						
…						

表 5.6 实验数据记录和处理表(四)

名称	C_{Y1}	C_{Y2}	C_{Y3}	σ	2σ
数据的来源	本组	其他组	其他组	计算	计算
α	单位				
	—(无量纲)	—	—	—	—
-4°					
-2°					
0°					
2°					
4°					
5°					
…					
19°					
20°					
…					

5.3 合成射流速度场测量实验

5.3.1 背景和意义

合成射流(synthetic jet)又称零质量射流，通常采用活塞或者压电薄膜通过周期性吹吸存储在空腔中的流体，在射流孔口形成一系列涡环或者涡对。其中，圆形孔口形成涡环，二维狭缝形成涡对，如图 5.19 所示。在吹气过程中，这些旋涡结构在自身诱导作用下向外部流场运动，同时可以显著增强与周围流场的质量交换和动量掺混；而在吸气过程中，旋涡结构距离孔口较远而不会被吸入到孔口中，因此，合成射流具有对外输出动量而输出质量为零的显著特征。与传统的连续射流技术相比，合成射流具有无需额外气源、结构简单紧凑、质量轻、成本低、工作效率高等诸多优点，因此合成射流已经被应用于不同领域施加流动控制，具有巨大的应用价值。

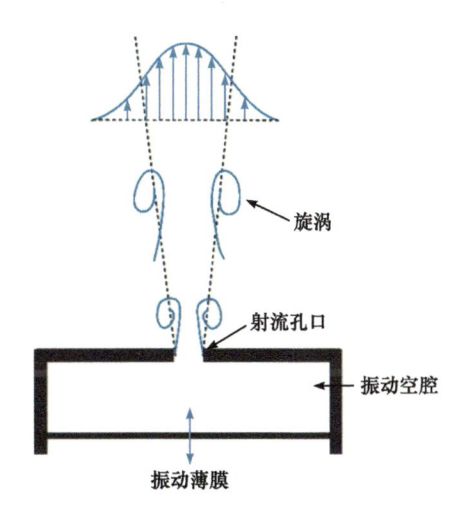

图 5.19　合成射流激励器示意图

本实验将通过建立合成射流激励器速度场测量平台，了解和掌握合成射流激励器工作的基本原理、技术特点、主要控制参数和速度场测量方法；进一步测量不同雷诺数和无量纲冲程下合成射流速度场，分析雷诺数和无量纲冲程对合成射流演化特性的影响规律。

5.3.2　实验原理

对于一个典型的合成射流激励器，合成射流特性受到以下三方面参数影响：①激励器的几何参数，包括孔口直径 D_0、孔口厚度 h、空腔直径 D、空腔深度 H 等；②激励器的工作参数，包括空腔一侧振动的振幅 Δ、激励频率 f；③流体介质特性参数，包括密度 ρ、黏性系数 v 等。为简化合成射流的控制参数，合成射流流场特征主要由两个无量纲参数决定，即雷诺数 Re_{U_0} 和无量纲冲程 L。其中，雷诺数影响合成射流旋涡结构的状态，冲程决定了合成射流旋涡之间的初始距离，同时也会影响旋涡所能承载的最大环量，表达式分别为

$$Re_{U_0} = \frac{U_0 D_0}{v} \tag{5.3.1}$$

$$L = \frac{U_0 T}{D_0} \tag{5.3.2}$$

其中，U_0 为合成射流平均出口速度，定义为激励器整个工作周期内平均吹气速度，表达式为式(5.1.3)，T 为合成射流激励器的工作周期，即 $T = 1/f$。

$$U_0 = \frac{1}{T}\int_0^{\frac{T}{2}} u_0(t)\mathrm{d}t \tag{5.3.3}$$

式中，$u_0(t)$ 为合成射流瞬时出口速度。本实验采用活塞式合成射流激励器产生涡环结构，当连杆长度 l 远大于偏心距 Δ，即 $\Delta/l \ll 1$ 时，基于质量守恒定律，瞬时出口速度可近似表达为

$$u_0(t) \approx 2\pi\Delta f\left(D_p/D_0\right)^2 \sin(2\pi ft) \tag{5.3.4}$$

其中，D_p 为活塞的直径。实验过程中，通过改变激励器的工作参数 Δ 和 f 可以改变合成射流孔口平均速度 U_0，从而获得不同雷诺数和无量纲冲程对应的合成射流流场。

除了基于出口平均速度的雷诺数 Re_{U_0}，基于涡环环量的雷诺数 Re_Γ 也常被用于刻画合成射流旋涡结构的状态，表达式为

$$Re_\Gamma = pLRe_{U_0} \tag{5.3.5}$$

其中，p 是射流出口速度信号的形状因子，对于正弦速度信号，$p \approx 1.23$。通过计算涡环环量雷诺数 Re_Γ 和无量纲冲程 L，根据合成射流涡环转捩图谱，如图 5.20 所示，即可判断对应合成射流涡环结构的状态。

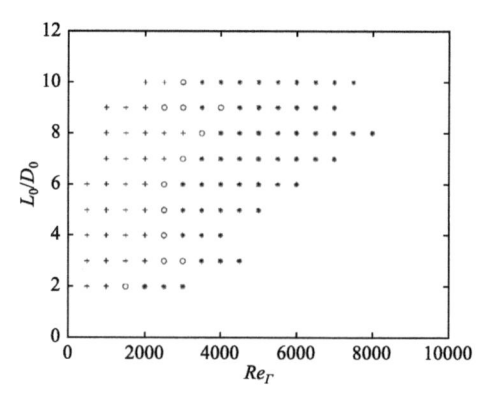

图 5.20 合成射流涡环转捩图谱

-：层流；○：转捩；*：湍流

5.3.3 实验设备仪器和实验过程

1. 实验设备仪器

(1) 合成射流速度场测量实验在一个边长为600mm的立方体有机玻璃水箱中进行，主要的实验装置如图5.21所示。

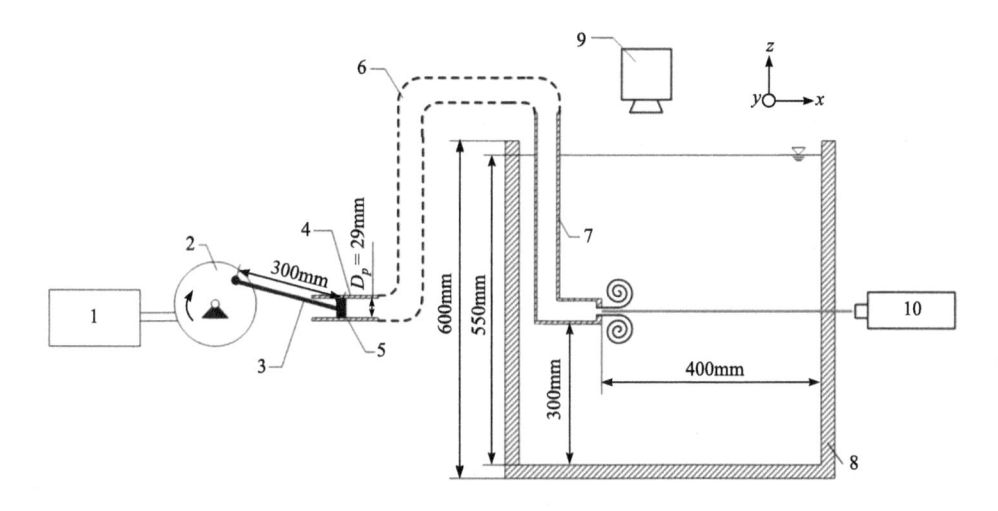

图 5.21 合成射流速度场测量实验装置示意图
1. 伺服电机；2. 偏心轮；3. 连杆；4. 空腔；5. 活塞；6. 硬质橡胶管；7. L形空心玻璃圆柱；
8. 水箱；9. 高速相机；10. 连续激光

(2) 实验采用活塞式激励器产生合成射流，该装置主要组成部分包括伺服电机、偏心轮、连杆、空腔和活塞。活塞的一端与L形空心玻璃圆柱通过一段硬质橡胶管连接，在L形空心玻璃圆柱的水平端布置合成射流孔口，孔口直径$D_0 = 10$mm。实验过程中，通过调节伺服电机的工作频率f和偏心轮的偏心距$\varDelta$能够产生特定的正弦速度信号，驱动活塞在空腔中往复运动，使得空心玻璃圆柱中的流体从合成射流孔口喷出，形成涡环结构。

(3) 实验采用二维粒子图像测速(PIV)技术对合成射流轴对称平面内的速度场进行测量。二维 PIV 测量系统包括示踪粒子(直径为 5~20μm、密度为 1.05g/cm³)、一台功率为 5W(波长为 532nm)的连续激光器、一台 CMOS 高速相机、同步控制器和数据采集系统。

2. 实验过程

(1) 准备水箱、合成射流激励器、激光、高速相机等实验设备，搭建实验平台，对实验设备进行调试，确保设备正常运行，实验开始前保持水箱内水面高度为 550mm，静置超过 24h 以保证水温与室温达到一致。

(2) 选用不同激励器工作参数 f 和 Δ 组合,根据前述公式分别计算合成射流瞬时出口速度 $u_0(t)$ 和平均出口速度 U_0,进而计算雷诺数 Re_{U_0} 和无量纲冲程 L。保证参数组合能够实现,当 L 固定时仅改变 Re_{U_0} 和当 Re_{U_0} 固定时仅改变 L 两种情况。

(3) 开启合成射流激励器,根据设置的激励器工作参数分别产生不同雷诺数和冲程条件下的合成射流流场。

(4) 待合成射流激励器运行稳定后,采用二维 PIV 技术测量合成射流速度场。在水箱中布撒的空心玻璃珠作为 PIV 示踪粒子,使用连续激光器产生激光片光,厚度为 1mm,并使激光平面通过合成射流孔口几何中心。将一台高速相机布置在水箱正上方,对被测流场进行拍摄。

(5) 计算实验数据,分析雷诺数和无量纲冲程对合成射流流场演化特性的影响规律,完成实验报告。

5.3.4 典型实验结果和分析

本实验通过测量合成射流速度场研究雷诺数和冲程对合成射流旋涡结构和流场特征的影响,以下给出典型工况的实验结果和相关分析。

首先介绍合成射流涡环演化的基本流场,图 5.22 给出了 $Re_{U_0} = 332$,$L = 4.5$ 时合成射流在轴对称平面内的相位平均涡量随时间演化的结果。在合成射流吹气阶段,由于流动分离合成射流在孔口附近形成了剪切层,剪切层逐渐卷起形成了涡环结构。在初始阶段,涡环的尺度不断增大,当合成射流吸气开始后,涡环会

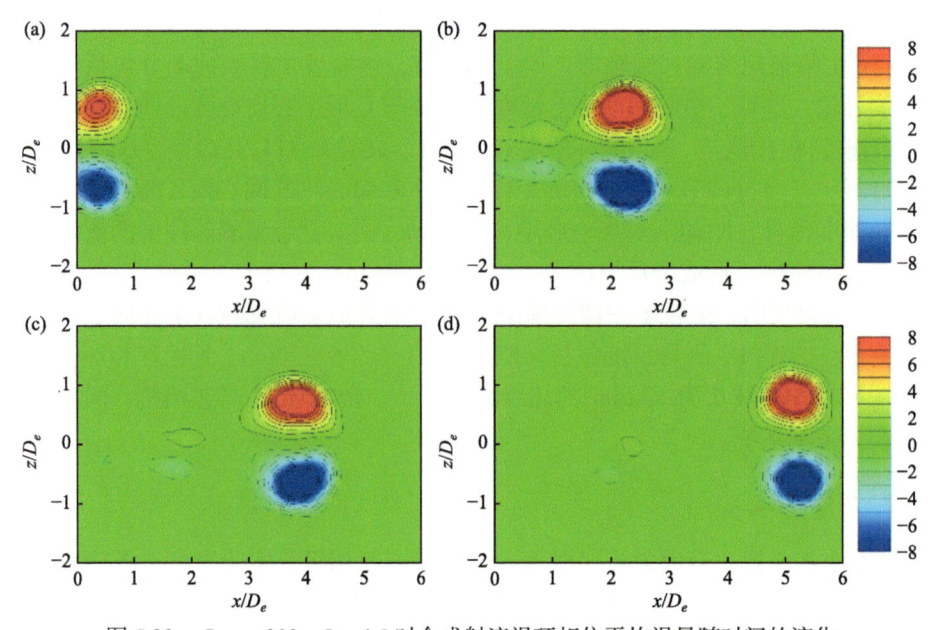

图 5.22 $Re_{U_0} = 332$,$L = 4.5$ 时合成射流涡环相位平均涡量随时间的演化

在自诱导速度的作用下向下游运动,且涡环能够维持层流状态。以下以矩形出口合成射流为例具体介绍雷诺数和冲程对流场演化特性的影响规律。

1. 雷诺数对流场演化特性的影响

图 5.23 给出了 $L = 4.5$,Re_{U_0} = 83、166、332 和 664 时合成射流涡环在长轴平面内的流动显示结果。对于 Re_{U_0} = 83,涡环处于层流状态。由于射流速度较低,涡环强度较弱,导致第一次涡环轴系转换发展较慢。当 Re_{U_0} = 166 时,涡环仍处于层流状态,但涡环对周围流场的掺混明显增强;此外,伴随主涡环的轴系转换,合成射流发展了流向涡、弧形涡等更加复杂的涡系结构。随着雷诺数的增加,Re_{U_0} = 332 时涡环由层流发展为转捩状态。在该雷诺数下,合成射流在孔口附近产生了角区涡结构。同样在流场中观察到了流向涡、弧形涡等结构,且由于雷诺数的影响,这些涡结构随着射流的演化逐渐失稳,甚至发生了涡破裂现象。随着雷诺数进一步增加,Re_{U_0} = 664 时涡环在形成后迅速发展为湍流状态,射流掺混发生了显著增强,这是由于合成射流有向圆湍流射流发展的趋势。

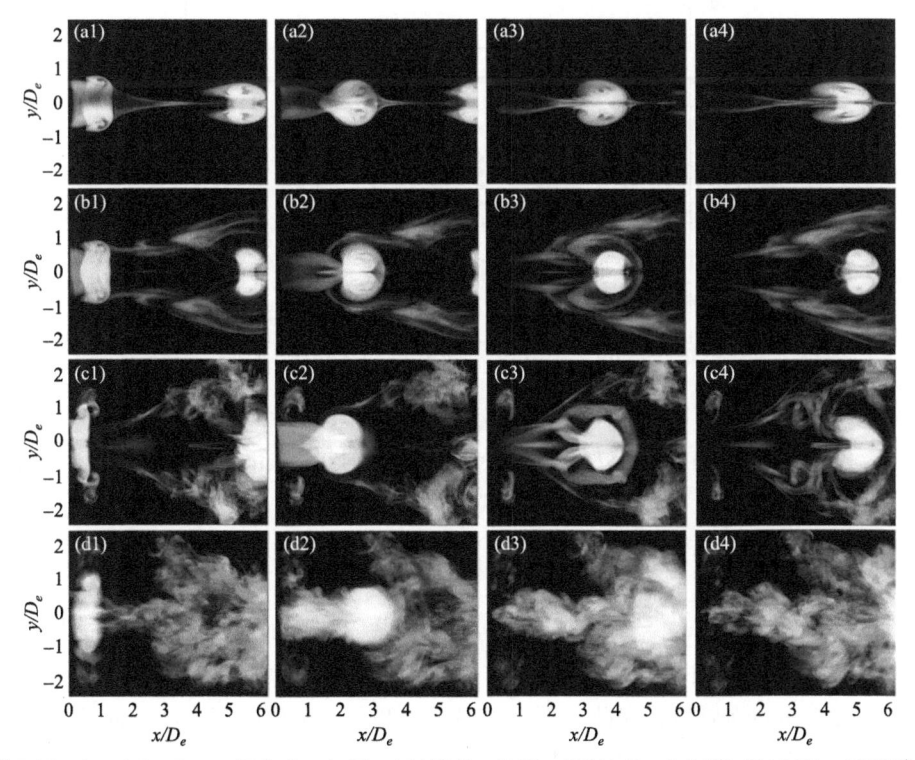

图 5.23 $L = 4.5$,Re_{U_0} = 83((a1)~(a4))、166((b1)~(b4))、332((c1)~(c4))和 664((d1)~(d4))时合成射流涡环在长轴(x-y)平面内随时间的演化

图 5.24 定量描述了雷诺数对合成射流旋涡动力学特性的影响。如图 5.24(a)所示，随着雷诺数的增加，涡环发生第一次轴系转换的时间(虚线所示)提前。相比 $Re_{U_0}=166$ 和 332，$Re_{U_0}=664$ 工况两个特征平面内的涡环直径相差较小，这与高雷诺数时合成射流趋向于发展为圆湍流射流有关。如图 5.24(b)所示，$Re_{U_0}=83$ 工况涡环环量增长较慢，随着时间的演化维持较低的幅值。$Re_{U_0}=166$、332 和 664 时涡环环量在初始增长阶段具有很好的一致性，环量峰值随雷诺数的增加而增加。随后，由于涡环发生轴系转换，两个平面内的环量呈现波动变化。总体上，$Re_{U_0}=664$ 时涡环环量具有更快的衰减率，反映了更强掺混的特征。

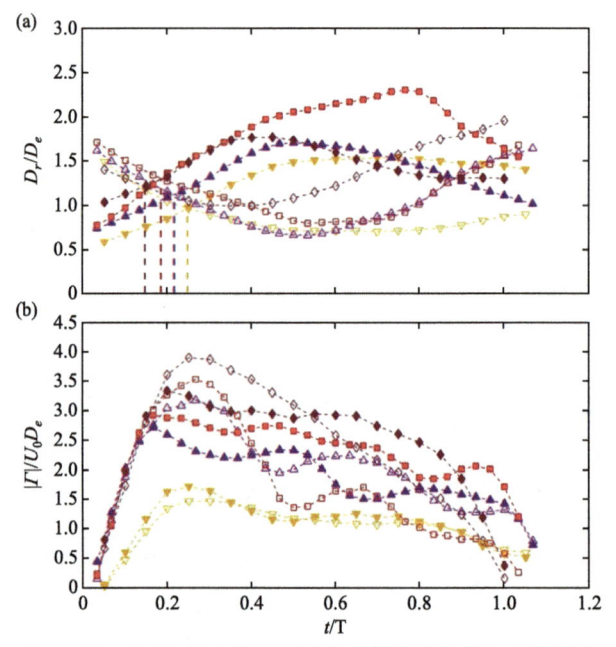

图 5.24 $L=4.5$，$Re_{U_0}=83$、166、332 和 664 时合成射流在长轴(x-y)和短轴(x-z)平面内(a)涡环直径 D_r/D_e 和(b)环量 $|\varGamma|/U_0D_e$ 随时间的演化

-▽-和-▼-：$Re_{U_0}=83$；-△-和-▲-：$Re_{U_0}=166$；-□-和-■-：$Re_{U_0}=332$；-◇-和-◆-：$Re_{U_0}=664$

2. 冲程对流场演化特性的影响

图 5.25 给出了 $Re_{U_0}=166$，$L=4.5$、6.8 和 9 时合成射流的相位平均流场。随着冲程的增加，同一时刻涡环远离射流出口的距离逐渐增大。由于冲程均超过了涡环环量饱和的临界值，因此，更多的涡量会脱落到射流的尾迹中。此外，合成射流产生的弧形涡结构随冲程增加逐渐增强，而弧形涡通过与涡环相互作用，导致主涡环的强度降低，因此 $L=9$ 时主涡环的涡量分布更加分散。

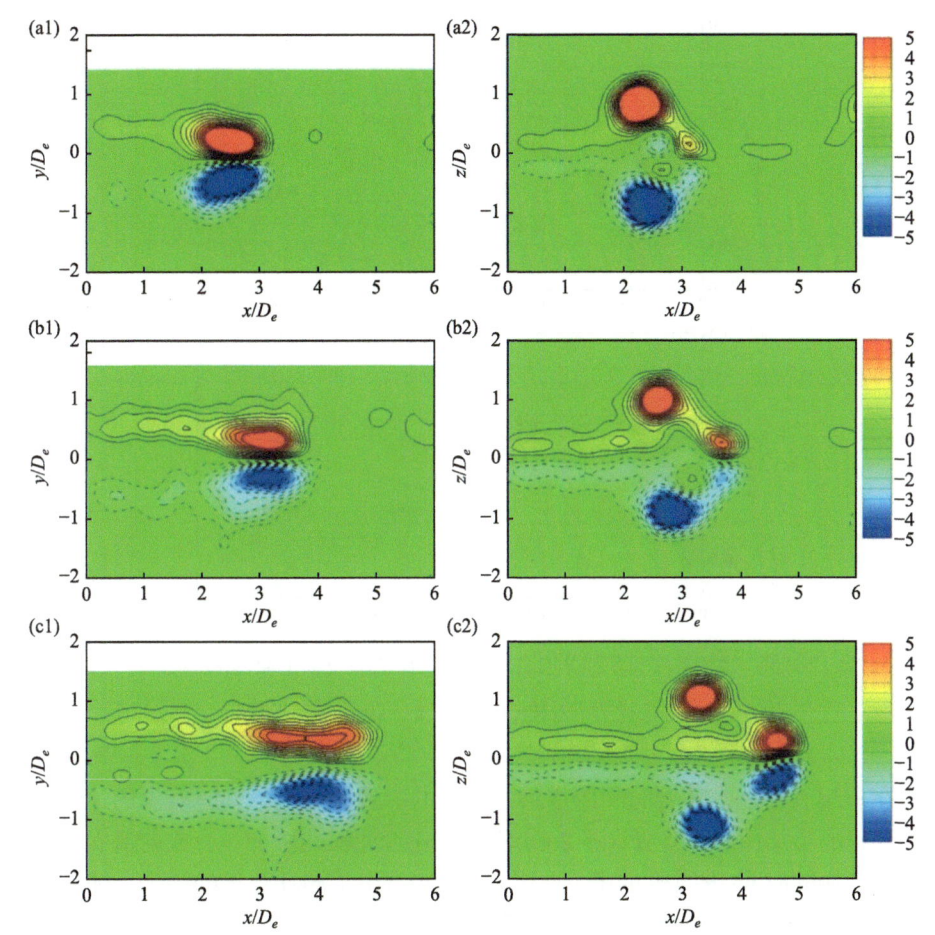

图 5.25　$Re_{U_0}=166$，$L=4.5((a1)和(a2))$、$6.8((b1)和(b2))$ 和 $9((c1)和(c2))$ 时合成射流涡环在长轴 (x-y)和短轴(x-z)平面内的相位平均流场，对应时刻为 $t/T=0.5$

图 5.26 定量描述了冲程对合成射流旋涡动力学特性的影响。图 5.26(a)给出了涡心流向轨迹随时间的变化。在 $t/T<0.4$ 时，不同冲程的旋涡流向轨迹能够近似

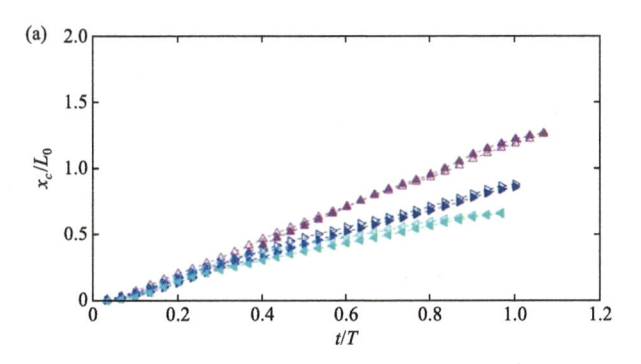

图 5.26　$Re_{U_0}=166$，$L=4.5$、6.8 和 9 时合成射流在长轴和短轴平面内(a)涡心流向轨迹 x_c/L_0、(b)涡环直径 D_r/D_e 和(c)环量 $|\Gamma|/U_0D_e$ 随时间的演化

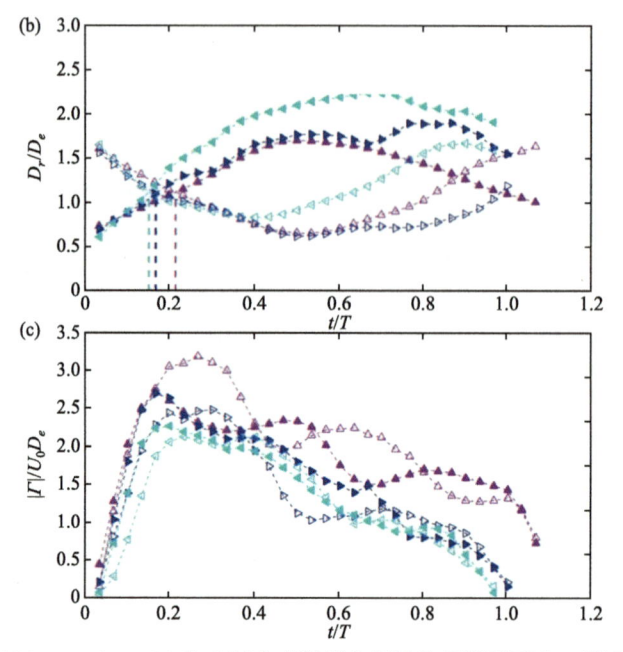

-△- 和 -▲-：$L=4.5$；-▷- 和 -▶-：$L=6.8$；　和　：$L=9$

重合在一起。但是，随着时间的推移，轨迹的一致性变差，同时旋涡的运动速度随着冲程的增加而减小。如图 5.26(b)所示，随着冲程的增加，合成射流涡环第一次轴系转换的时间(虚线所示)提前。图 5.26(c)给出了涡环环量的结果，注意到随着冲程的增加，涡环环量的峰值逐渐降低，这是由于合成射流产生了更强的弧形涡结构，弧形涡通过与主涡环相互作用削弱了主涡环的强度。

5.3.5　思考和讨论

(1) 分析合成射流比连续射流具有更高动量掺混、流动控制效率的原因。
(2) 推导合成射流孔口瞬时出口速度 $u_0(t)$。
(3) 如何定量判断合成射流涡环从层流状态转捩为湍流状态？

5.4　风洞实验段流场品质测量实验

5.4.1　风洞流场品质研究

风洞是指产生人工气流的管道装置，用以研究空气或其他气体绕物体的流动和物体的空气动力特性，广泛用于对一些飞行器模型进行吹风实验，还可用以改

进流线型汽车、机车、船舶的设计,以减小阻力,或测定高层建筑物所受的风力等。换句话说,风洞是在一个按一定要求设计的管道系统内,采用动力装置驱动可控制的气流,根据运动的相对性和相似性原理进行各种气动力实验的设备。

由于飞行实验的局限性,风洞实验这一研究方法一方面节约了测试成本,拓宽了实验范围,另一方面能够更好地控制实验条件和环境,可以进行零部件单独测试以及整体缩比模型的风洞实验研究,通过重复性测量减小实验误差,能够得到更为详细的流动显示结果以及更为可靠的实验测量物理参数。风洞作为空气动力学实验的基本设备,可以用来测试、检验、评估模型在不同工况下的物理参数,与理论预测分析结果相检验,为数值计算结果提供标模数据等。空气动力学的一些经典理论,如"边界层理论"、"升力线理论"等都是与风洞实验结果相关的,是通过大量实验结果分析总结出的。

风洞的流场品质是影响上述风洞测量结果的重要因素,风洞的流场品质反映了流场不均匀性的程度,如果流动呈现定常、稳定、各向同性、均匀的情况,那么流动的平直就相应较高,反映流场不均匀性的统计量如湍流度(脉动速度均方根与平均速度的比值)衡量了流场速度脉动变化的强弱,较低的湍流度意味着流动定常稳定,流场中平均速度沿空间的变化确定了实验可用可控的空间范围,较小的平均速度变化意味着流动定常均匀。另外,上述中速度作为矢量,应涉及各个方向上的速度变化情况,但是一般风洞出口的流动方向是平行的,因而将其余方向的速度变化视为脉动影响考虑。

随着空气动力学研究的逐渐深入,对实验条件的控制以及实验结果的测量精度要求逐渐提高,相应的对风洞流场品质的要求逐渐提高。早期空气动力学研究中对流场品质的要求不高,如莱特希尔兄弟所使用的简易开口风洞,尽管他们安装了防护罩(shield)、筛网(screen)和蜂窝状网格(honeycomb grid),但由于在实验段的上游采用了双叶片风扇作为动力段,所以一定会增加实验段的湍流度。如今对于翼型层流控制实验的成败几乎完全可由风洞湍流度决定,对于湍流度的控制远要高于过去的实验要求。在进行风洞实验前,一方面根据模型缩比尺寸确定风洞是否满足模型尺寸和工况要求,另一方面也要考虑到风洞本身的流场品质,降低无关变量干扰,减小不可控的实验变量,因此风洞实验段流场品质实验是必要的和必需的。

5.4.2 流场数据实验分析方法

实验测量的原始数据是速度场时间序列信号。流场品质是基于上述测量的速度场结果的时均速度大小、脉动速度大小、两者比值构成的湍流度以及速度方向来表征。

测量的速度时间序列信号 u 可以直接求得平均值($\bar{u}$)或者脉动值统计大小

(u_{RMS} 或者 $\sqrt{u'^2}$)，在此基础上通过统计平均速度一定范围内的每次采样速度出现不同范围的概率可以获得概率密度函数(probability density function，PDF)，通过傅里叶变换可以获得不同频率上的功率谱密度(power spectrum density，PSD)，多个空间位置的测点同时测量则可以获得互相关函数。部分定义公式如下，对于等时间间距的固定采样频率下采样的速度时间序列信号 u_i。

时均速度

$$\bar{u} = \frac{1}{N}\sum_{i=1}^{N} u_i \tag{5.4.1}$$

脉动速度

$$u_{\text{RMS}} = \sqrt{\frac{1}{N}\sum_{i=1}^{N}(u_i - \bar{u})^2} \tag{5.4.2}$$

湍流度

$$I = \frac{u_{\text{RMS}}}{\bar{u}}$$

5.4.3 实验设备及风洞

实验段流场品质是相对于喷口处来流速度下实验段内部流场的特性优良与否，涉及来流速度控制以及实验段内部速度场测量，因此测量流场的实验设备是实验段流场品质测试实验的关键。

1. 皮托管和电子压力扫描阀

实验段的速度控制主要是通过皮托管测量来流速度来调整控制的，另外，通过控制皮托管移动空间位置，也可以测量时均速度场。

皮托管测量的总压和静压数据通过气管连接到量程合适对应的压力扫描阀(PSI)上，通过电脑控制 PSI 数据测量软件进行来流速度的实时显示和数据采集。皮托管的测量原理如图 5.27 所示，其布置在风洞出口，皮托管总压口与来流方向平行。来流速度为 V，总压管测量的是皮托管口来流速度滞止为零后的压力 p_t，静压管测量的是皮托管口附近来流速度约等于 V 的静压 p_s，前者测量的总压减去后者测量的静压近似为来流动压，在已知温度大气压下，来流密度可以通过如下公式(5.4.3)计算得到，那么就可以如公式(5.4.4)计算得到来流速度 V，α 为大于 1 的修正系数，一般为 1.054。这一计算过程在 PSI 数据测量软件中可以进行设置，从而可以近似实时测量来流平均速度大小。实验段温度和大气压由于在一段时间内变化较小，一般可以通过温度传感器和大气压传感器测得数据作为长时间平均固定结果进行计算，而在流场品质测量中采用的热线测量由于测量来流速度的机理不同，其采用温度补偿探头获得更高精度的测速同步补偿温度。

$$\rho = \frac{p_{大气压}}{287.05 \times T_{温度}(单位为K)} \tag{5.4.3}$$

$$V = \alpha \sqrt{\frac{p_t - p_s}{\frac{1}{2}\rho}} \tag{5.4.4}$$

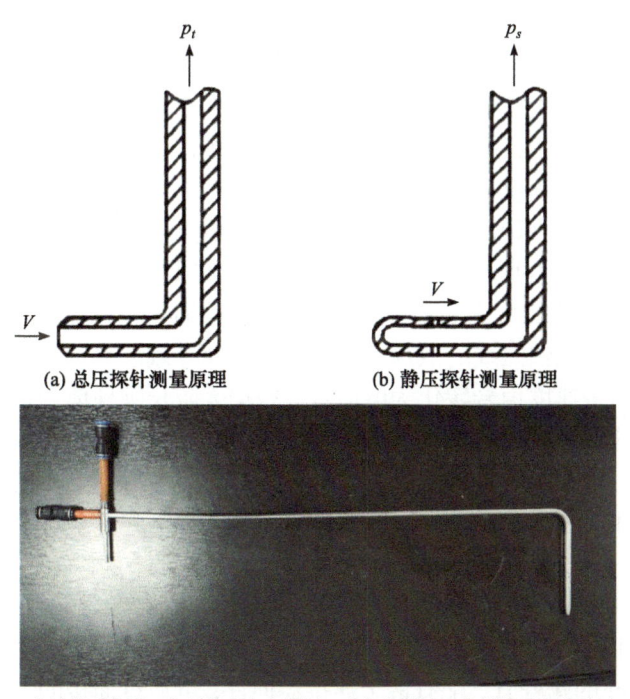

(a) 总压探针测量原理　　(b) 静压探针测量原理

(c) 皮托管示意图，左侧的上方为静压、左方为总压，右侧的下方为总压口

图 5.27　皮托管的测量原理

具体来说，本实验所采用的静压测量设备为 PSI9816 型电子压力扫描仪，又称电子压力扫描阀，如图 5.28 所示。该设备的量程为 ±1psi(约 7000Pa)，精确度为±0.05%，最大采样率可以达到 100Hz，能够满足对风洞实验段流场品质测量的要求。实验结果由设备自带的软件进行记录、储存和输出，然后通过 MATLAB 或 Fortran 编译的程序计算每个测点位置的平均静压值。为确保实验测量结果是稳态的，实验中每组数据的采样时间为 20s。

图 5.28　PSI9816 电子压力扫描阀

2. 热线风速仪

为了获得高置信度下流场湍流度、平均速度大小方向等流场数据来评价流场品质，需要引入更高采样率和精度的流场测量设备，而具有高采样率、高精度的测速仪器就是热线风速仪。

热线风速仪是一种记录气流速度瞬时信号的单点接触式测速仪器。热线是一根极细的金属丝，其本身的电阻随温度变化极其敏感。测速原理是在需要测量的流场位置中放置一根热线，在电流作用下热线会被加热到高于常温的温度，而在气流的作用下又会加快热线的散热，流速的变化会导致散热速度的改变，进而引起电阻的变化而将速度信号转化为电信号。根据无限长圆柱体强迫对流热交换理论，可导出热线被带走的热量与流体的速度 U 之间的关系式(5.4.5)，其中 R、I 分别为热线的电阻和电流，T_s 为热线工作温度，T_0 为被测流体环境温度，A 与 B 为常数，需要在热线实验之前通过速度标定仪器获得。

$$I^2 R = (T_s - T_0)(A + B\sqrt{U}) \tag{5.4.5}$$

本实验采用的一维微型热线探头来自于丹麦的 DANTEC 动态公司。探头主体为直径 1.9mm 的陶瓷管，配有镀金连接器插针，可通过插接的方式连接到探头支架。探头上的探针为分叉结构，热线材质为镀钨线，焊接在两叉之间。镀钨线直径 5μm，长 1.25mm，常温下电阻为 3.5Ω，电阻随温度的变化率为 0.36%/℃。这种类型的探头适用于大多数低湍流强度的一维流动，测量的速度范围为 0.05~500m/s，最高测量频率为 400kHz。热线的测量方式为恒温测量。

本实例实验所使用的热线设备为丹麦 DANTEC 公司生产的恒温热线风速仪，如图 5.29(a)所示，可以实现对高频速度信号的精确测量，其最高采样频率可达 240kHz。实验中主要使用型号为 55P11 的一维热线探头和型号为 55P14 的一维边界层热线探头进行速度测量，如图 5.29(c)和(d)所示。采样频率设置为 40000Hz，采样时间在 20~60s，在大批量采样之前均进行过校核以确保平均速度不会有明显的波动，即采样时间是足够的。

此外，一个可以通过外控以及电脑控制的二自由度坐标架被用于安放热线探头和支架并能够精确地实现 x、y 两个方向的位置变化，如图 5.29(b)所示，坐标架的位移精度为 0.01mm。采集完成后速度信号的后处理由 MATLAB 或 Fortran 程序进行处理，可以计算速度信号平均值、均方根值、能谱、概率密度函数等基本物理量。

(a) 恒温热线风速仪　　(b) 二自由度坐标架安装图

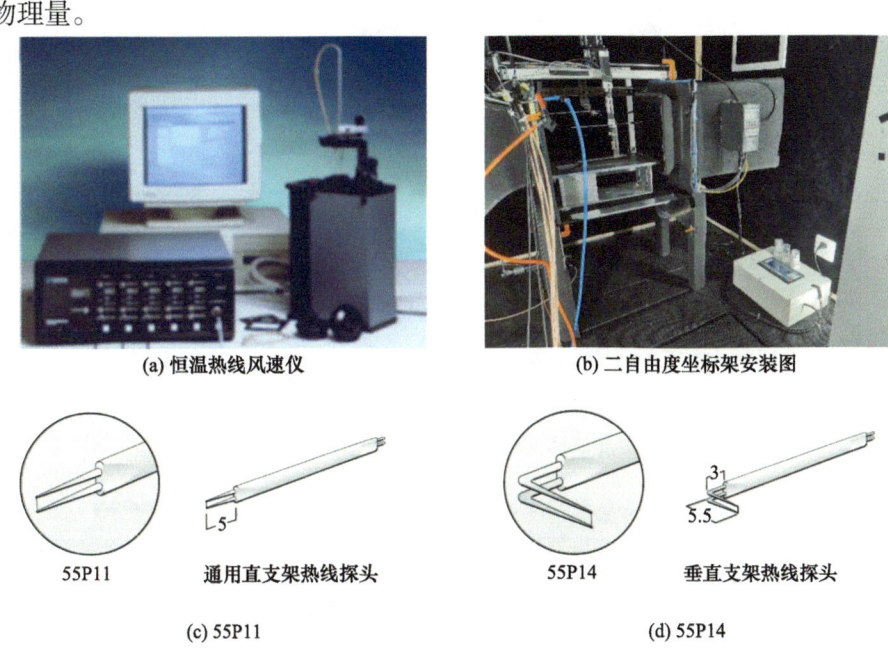

55P11　　通用直支架热线探头　　55P14　　垂直支架热线探头

(c) 55P11　　(d) 55P14

图 5.29　主要的流场测量设备

3. 实验风洞

本实验针对实验段流场品质的测量介绍举例是在北航 D7 风洞中进行的。该风洞是北航 4m×3m 低湍流度气动声学风洞(BHAW)的 1∶15 缩比模型风洞，是一座低湍流度低噪声的低速回流风洞。动力段采用了低噪声风扇设计、微穿孔板消声器，洞壁装有声衬降噪技术。实验段为开口，长 500mm，其截面尺寸为 200mm×200mm，射流核心区湍流度小于 0.1%，测试风速范围为 0.1~50m/s。实验段外为一座小型的消声室，如图 5.30 所示，消声室的长、宽、高分别为 1.4m、1.6m 和 1.884m。在设计风速 50m/s 下场外噪声为 72dBA。开口实验段流场品质测量实验采用热线进行速度场测量，典型实验图如图 5.30 所示，以交叉垂直的方式将两根热线探杆固定在一根竖直的钢条上。钢条的上方连接着一台双滑轨组合式二维坐标架，能分别沿着流向和竖直方向以指定的距离移动。水平方向固定的那一根探杆上安装的是 55P11 探针，如图 5.31 所示，用于监测来流速度的波动以便对实验数据进行修正。竖直固定的那一根探杆安装的则是 55P14 探针，如图 5.31 所示，用于测量来流边界层与腔口剪切层内的速度信息。热线的采样频率为 50kHz，总的采样时间为 20s。

图 5.30 北航沙河校区 D7 气动声学风洞及其消声室

图 5.31 开口段流场品质测量实验热线探杆在风洞中的固定方式

5.4.4 典型结果分析

风洞的实验段流场品质分析，主要是需要测量风洞出口以及实验段气动参数空间分布情况，即在出口附近以及实验段流场时均速度空间分布的不均匀度、流速偏角，以及脉动速度大小和湍流度。实验段流场品质测量不需要将全部区域的气动参数都进行测量，而是重点关注中心位置的。以 D7 风洞流场品质测量实验为例，D7 风洞实验段为开口，长 500mm，其截面尺寸为 200mm × 200mm，流场品质测量只需要选取来流方向风洞中心线流向方向上的流向速度分布，以及垂直来流方向剖面的多个展向和垂向速度分布，这里来流方向为 X 方向，垂向为 Y 方向，展向为 Z 方向，如图 5.32 所示，约定坐标原点为喷口处中心点。

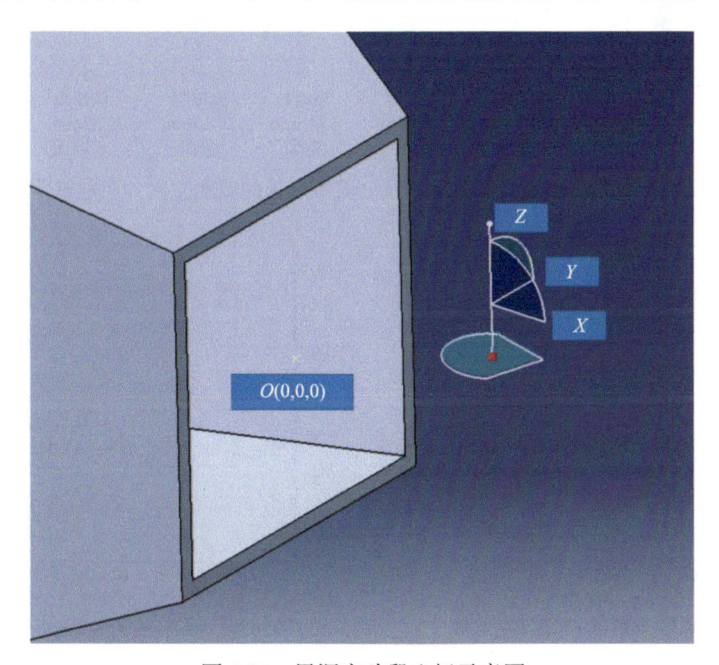

图 5.32　风洞实验段坐标示意图

下面是多个典型的测量后处理结果，针对如图 5.33 所示的多个流向截面，比较测点处皮托管结果相对于固定在喷口处皮托管结果的多个统计结果，定义测点处为速度 2，喷口处为速度 1，如图 5.34 所示。对于实际测量中，重复性问题也是流场品质的一部分，即长时间内，每个时间段内来流速度维持大小变化情况应当相对一致，即各自的速度大小和分布应当接近，这部分就可以采用概率密度分布函数来确定实验段流场在重复性稳定性上的品质，如图 5.35 所示，将时长在 20s 的测量数据分成 10 段处理后进行对比，发现重复性稳定性良好。这里相比较上述图 5.34 中采用皮托管测量展向分布，图 5.36 为采用热线测量的一个截面处沿垂向分布图，从平均速度和脉动速度来说，D7 风洞整体流场是湍流度较低并且比较对称的高品质流场。

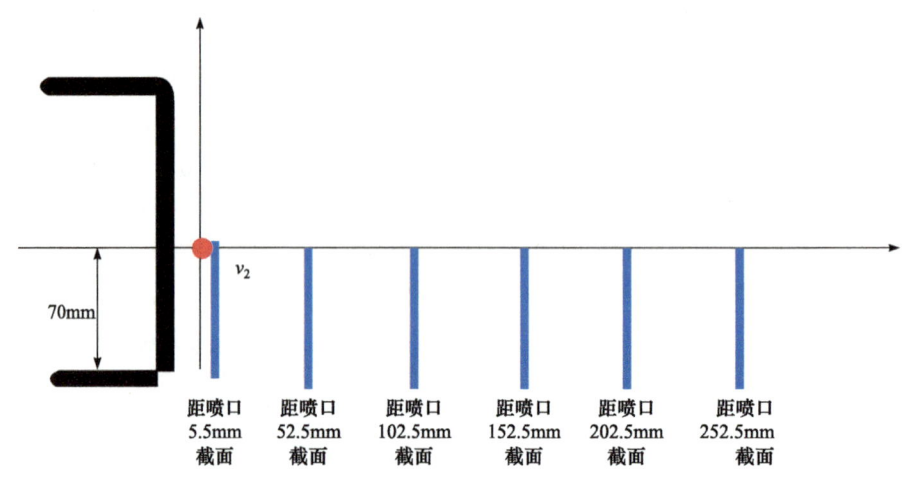

图 5.33 距离喷口皮托管测量所处的多个流向截面空间分布示意图

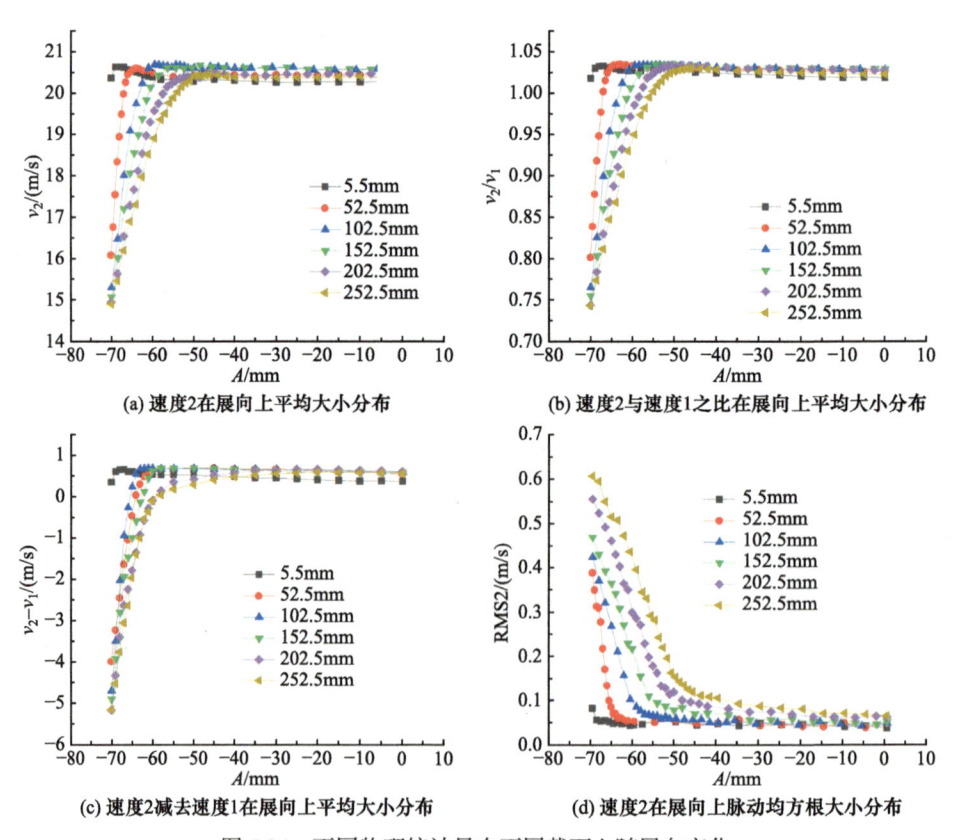

(a) 速度2在展向上平均大小分布

(b) 速度2与速度1之比在展向上平均大小分布

(c) 速度2减去速度1在展向上平均大小分布

(d) 速度2在展向上脉动均方根大小分布

图 5.34 不同物理统计量在不同截面上随展向变化

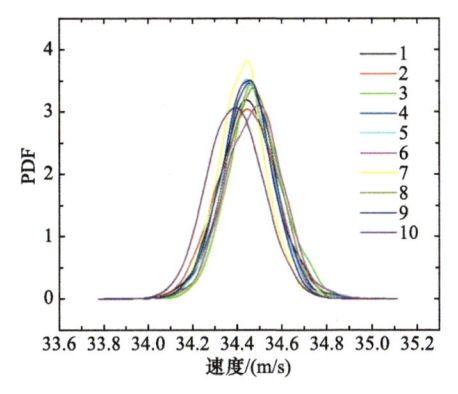

图 5.35 某个测点多个等时间段的能谱大小比较

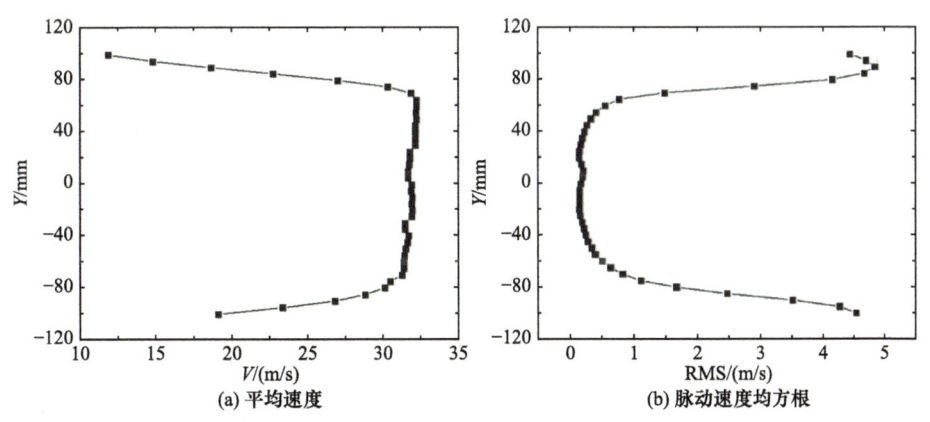

图 5.36 流向方向 $X=150\text{mm}$，展向上 $Z=-85\text{mm}$，沿垂向上 Y 从 -110mm 到 110mm 范围测量的平均速度大小和脉动速度均方根

5.4.5 小结

风洞流场品质关系到模型来流条件是否可控，关系到流场参数处理结果的信噪比，关系到风洞实验结果的可信度。本实验通过介绍皮托管和热线测速，及其在 D7 气动声学风洞获得的流场品质测量实验部分数据，介绍总结了风洞实验段流场品质测量的基本步骤、分析方法和结果，对空气动力学实验有一定的参考作用。

5.5 多段翼表面压强分布测量实验

5.5.1 增升装置简介

现代民机为了实现良好的起降性能以及高速巡航状态下的飞行品质，必须设计一套合理、可靠的增升装置系统。增升装置指机翼上用来改善气流状况和增加升力的活动面，其剖面为多段翼。Equation Section 2 多段翼的研究国内外已经进行了很长时间，A.M.O. Smith 给出了较为全面系统的解释，为增升装置空气动力学提供了分析的基础。他认为符合合理的空气动力效应的多段翼应该有这样几个效应：①前翼的缝隙效应：前翼产生的环量在后翼前缘产生的速度方向与当地速度相反，使得主翼上翼面吸力峰值减小，减小了压力恢复的需要，推迟分离；②环量效应：后缘襟翼产生的环量使主翼环量增大，增加了前翼升力；③倾卸效应：后翼上表面的高速流动使前翼后缘的边界层离开物面时有更高的速度，从而减小了前翼上翼面的逆压梯度，抑制前翼分离的产生；④离开物面的压强恢复：前翼的尾迹由于前面提到的倾卸效应，其速度较高，减速是在离开物面进行的，比在物面边界层中减速更有效；⑤每一翼段都开始一个新的边界层，薄的湍流边界层就更能抵抗逆压梯度，从而不易分离。

多段翼的流动现象十分复杂。对于二维多段翼型，如图 5.37 所示，可能出现的各种流动现象包括：边界层转捩、激波/边界层干扰、尾迹/边界层掺混、边界层分离、层流分离泡、分离的凹角流动、流线大幅弯曲等。对于三维多段机翼，复杂流动还包括转捩形式以及尺度效应。转捩形式包括：T-S 波稳定性、层流气泡分离、横流稳定性、接触线稳定性和来自上游的湍流污染等。复杂的流动现象给风洞实验和数值模拟都带来了很大的困难。

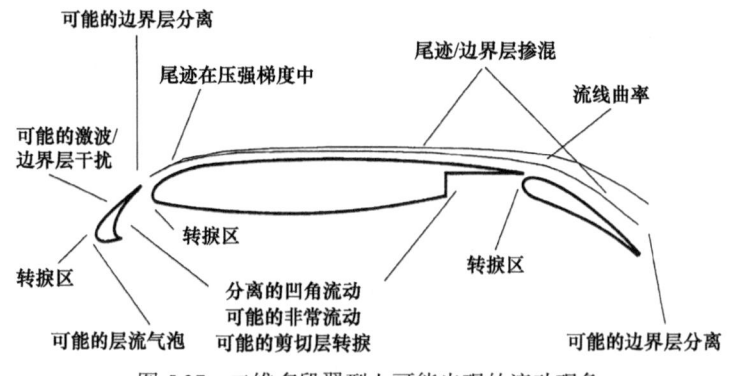

图 5.37 二维多段翼型上可能出现的流动现象

5.5.2 实验装置及模型

1. 实验装置

本次实验使用的是美国压力系统国际公司(Pressure Systems International Inc.)的 PSI9816 电子压力扫描仪，如图 5.38 所示。每台电子压力扫描仪由 8 个模块组成，每个模块有 16 个通道，可以同时对 128 个测压孔进行压力测量，量程是±1psi，

相当于±6895Pa，精确度为±0.05%FS。PSI设备采集得到的各个测点数据通过计算，可以得到模型表面的压力系数

$$C_p = (p - p_\infty)/\frac{1}{2}\rho U_\infty^2$$

其中，p为电子压力扫描仪所测得压力值，p_∞为风洞的参考压力，ρ为空气密度，U_∞为来流速度。

图 5.38　PSI9816 电子压力扫描仪

2. 实验模型

实验模型的二维翼剖面是基于麦道公司设计的常规、无后掠的三段翼增升构型。即 MD30P30N 翼型，它是 BANC-II(Benchmark Problems for Airframe Noise Computations)会议的标准研究翼型。

如图 5.39 所示。三段翼型收起后的干净翼型弦长 $c = 0.457\text{m}$，展向长度是 1m，前缘缝翼和后缘襟翼弦长分别为干净翼型弦长的 15%和 30%，增升装置全部打开构型的前缘缝翼和后缘襟翼的偏转角均为 30°，构型的详细几何参数见表 5.7。

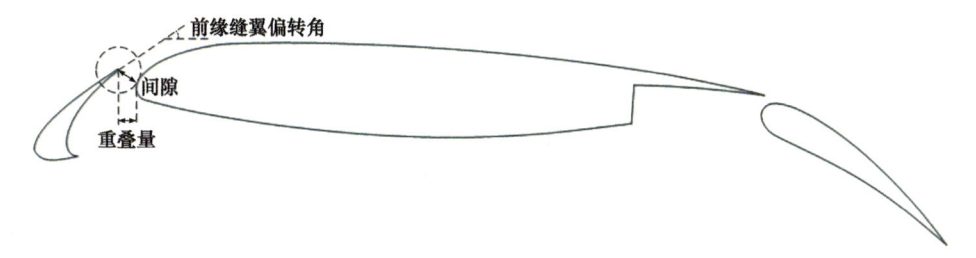

图 5.39　MD30P30N 翼型横截面和间隙、重叠量与缝翼偏转角的几何定义

表 5.7 MD30P30N 翼型的几何构型参数

高升力装置	偏转角 $\delta/(°)$	间隙 $g/\%$	重叠量 $o/\%$	弦长 $/\%$
前缘缝翼	30	2.95	−2.50	15
后缘襟翼	30	1.25	0.25	30

选择笛卡儿坐标系，将来流速度的方向设置为 x 轴正向，将翼型横截面内垂直来流指向上翼面吸力面的方向设置为 y 轴正向，翼型的展向方向设置为 z 向，正负根据右手定则判断，翼型的中心定义为(0,0)，$z = 0.5\text{m}$ 定义为展向中间的截面。在翼型的三个展向截面 $z = 0.4\text{m}$、0.5m、0.6m 布置三排测压孔，其中在前缘缝翼上仅在中间截面布置有 9 个测压孔，而在主翼和后缘襟翼的三个截面都布置了测压孔，主翼和后缘襟翼的每个截面分别布置了 35 个和 12 个，测压孔的具体分布如图 5.40 所示。

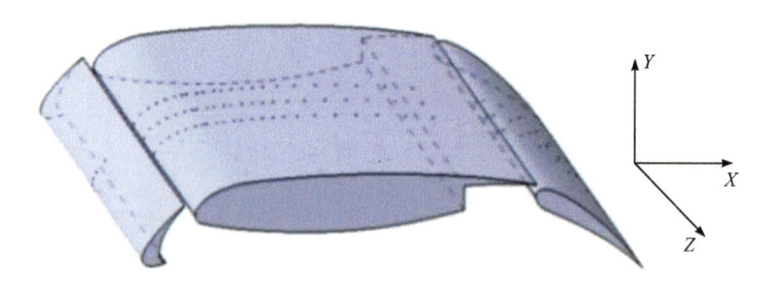

图 5.40 静压测孔分布示意图

5.5.3 多段翼表面压力系数测量结果

在陆士嘉实验室，使用 Kevlar 布和穿孔板组成的气动闭口和声学开口的两种闭口实验段，对 MD30P30N 二维三段翼实验模型的表面压力系数进行测量，两种改造的闭口实验段中测量的表面 C_p 分布和日本 JAXA 相对应迎角下的数据进行对比，数据曲线对比的结果如图 5.41 所示。第二种闭口实验段中测量得到的表面

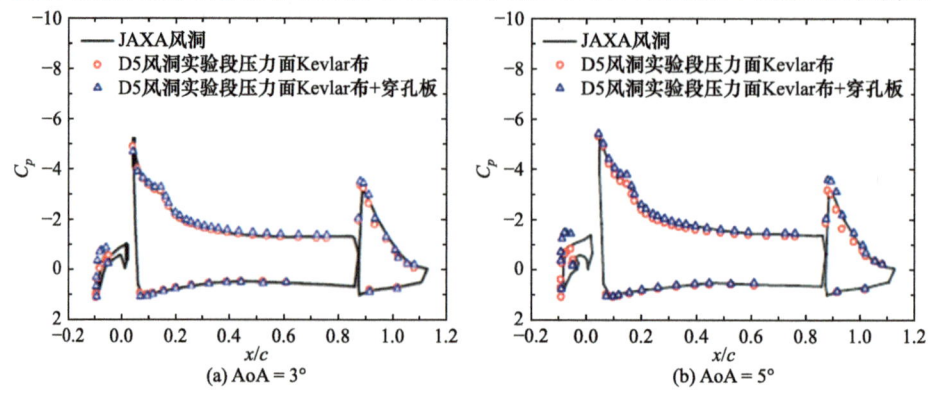

(a) AoA = 3°   (b) AoA = 5°

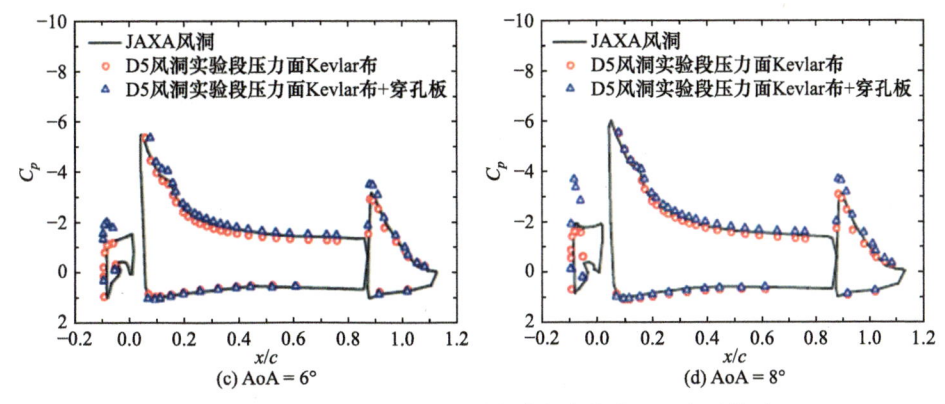

图 5.41　MD30P30N 翼型在不同实验段中的表面压力系数对比

压力系数 C_p 分布要略小于第一种闭口实验段中测量得到的表面压力系数 C_p 分布，更接近于 JAXA 测量得到的结果。

5.5.4　小结

通过风洞实验测量，对多段翼模型表面压力系数进行研究，能够得到多段翼表面压力系数分布图，揭示增升装置的气动特征及增升原理。

5.6　细长旋成体绕流速度场 PIV 实验

5.6.1　背景和意义

随着现代化战争能力的发展，空战科技作为军事前沿科技的重要体现，成为决定现代战争胜负的关键因素。因此，各国都把提高战斗机和以其为打击目标的空空导弹的机动性作为重要的研究目标，以使它们分别具有率先占据有利攻击位置和精准打击锁定目标的能力。大迎角飞行是战斗机和导弹实现高机动性的有效手段，因此新型战斗机和导弹在研制过程中必须保证其具有优良的大迎角空气动力特性。但无论是战斗机机身基本特征的尖头细长旋成体，还是导弹弹身基本特征的钝头细长旋成体，大迎角状态飞行时都会出现非对称背涡流动现象，如图 5.42 所示，诱导出作用在飞行器上的侧向力和偏航力矩，诱导力矩甚至大于舵面产生的控制力矩，进而诱发复杂的非指令运动，如偏航及绕体轴的摇滚运动，极大地影响了战斗机或导弹的飞行性能。因此需要对细长旋成体大迎角下的非对称流动开展研究。然而，尽管细长旋成体大迎角下的非对称绕流现象自发现以来已经历时半个世纪的研究，但由于流动现象过于复杂且奇特，尤其流动过程中出现的非线性流动行为使研究者无法理解和感到困惑，阻碍了人们对细长旋成体大迎角非对称绕流现象及其形成机理的了解和认识。因此本实验以设计和研制高机动战斗机和导弹的需求为背景，通过 PIV(SPIV)实验对细长旋成体大迎角非对称背涡结构进行测量，刻画出细长旋成体大迎角非对称背涡流动的流场结构，建立非对称背涡结构物理模型，为进一步发展抑制战斗机和导弹的偏航及摇滚运动的新型控制技术打下了坚实的物理基础，进而促进了先进高机动战斗机和空空导弹的发展。

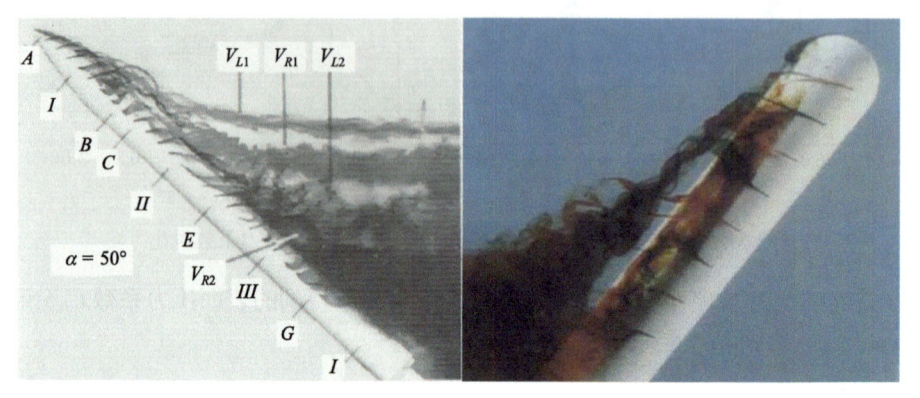

图 5.42　细长旋成体非对称旋涡流动

5.6.2　实验原理

细长旋成体非对称流动具有"滚转角效应"，即当轴对称的细长旋成体绕其体轴滚转时，旋成体上的非对称背涡流场及其诱导的横向气动力会随着模型滚转角位置的变化而发生随机变化。非对称流动产生的原因目前被广泛接受的是：大迎角下，模型头部的微小不对称及加工误差导致了流动的不对称性，即边界分离的不对称导致了涡流场的不对称，则"滚转角效应"产生的原因是细长旋成体头尖部的肉眼不可见的微小不对称及加工误差随着滚转角的变化而变化。之后的大量研究表明，在细长旋成体头尖部粘贴微小颗粒(一般 0.4~0.8mm 直径，不需无量纲)，作为人工扰动，可以主控旋成体大迎角下的非对称流场结构，只要人工扰动在旋成体头尖部的周向位置固定，则非对称流动结构固定，如图 5.43 所示，固定扰动

(a) 尖头细长旋成体　　　　　　　　(b) 钝头细长旋成体

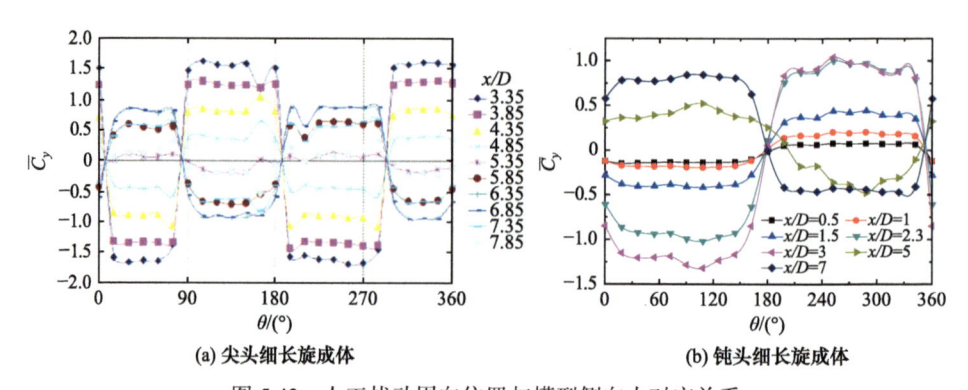

图 5.43　人工扰动周向位置与模型侧向力对应关系

位置诱导固定的非对称流动结构(图 5.44)，得到固定的侧向力。因此为了保证该实验中所测量的非对称流动的可研究性，需要提前在细长旋成体头尖部粘贴人工扰动，实验过程中，固定人工扰动的周向位置，且避开正负侧向力切换位置。

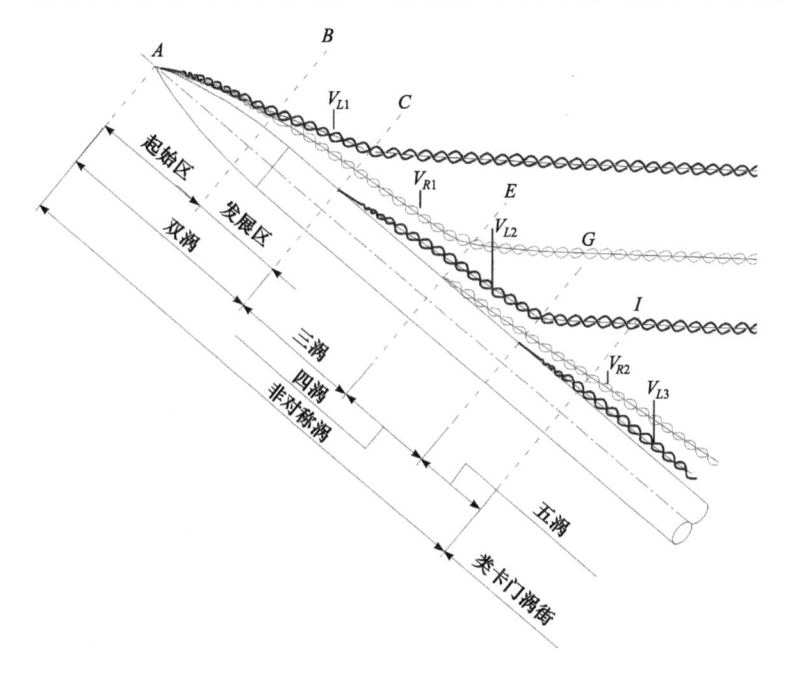

图 5.44　细长旋成体非对称背涡结构的物理模型

5.6.3　实验设备仪器和实验过程

1. 实验模型

本实验所用模型为铝制钝头细长旋成体模型，如图 5.45 所示，模型由三部分组成，后体为等直段，其直径为 D = 100mm；头部为半径 R = 41.2mm = 0.412D 的球体的一部分，轴向长为 0.32D；等直段和球头部分由锥面相连接，其全长为 0.5789D，且锥面角为 18°。模型全长为 x = 1230mm，即总长细比为 x/D = 12.3。模型的钝度定义为球头直径与模型后体直径的比值，本书所研究的钝头细长旋成体的钝度为 80%。此外，迎角 $α$ 定义为来流风速方向与模型轴线的夹角。坐标轴系定义在模型钝头的顶点处即为坐标原点，模型轴线定义为 x 轴，垂线定义为 z 轴(图 5.45(a))，模型的法向定义为 y 轴(图 5.45(b))。此外，通过在模型头部粘贴球形人工扰动颗粒得到确定流场结构，人工扰动在头部位置通过子午角 $γ$ 和周向角 $θ$ 确定，子午角 $γ$ 定义为扰动所在位置的半径线与模型轴线的夹角(图 5.45(a))，周向角 $θ$ 定义为扰动所在位置的截面半径线与 z 轴正向的夹角(图 5.45(b))。

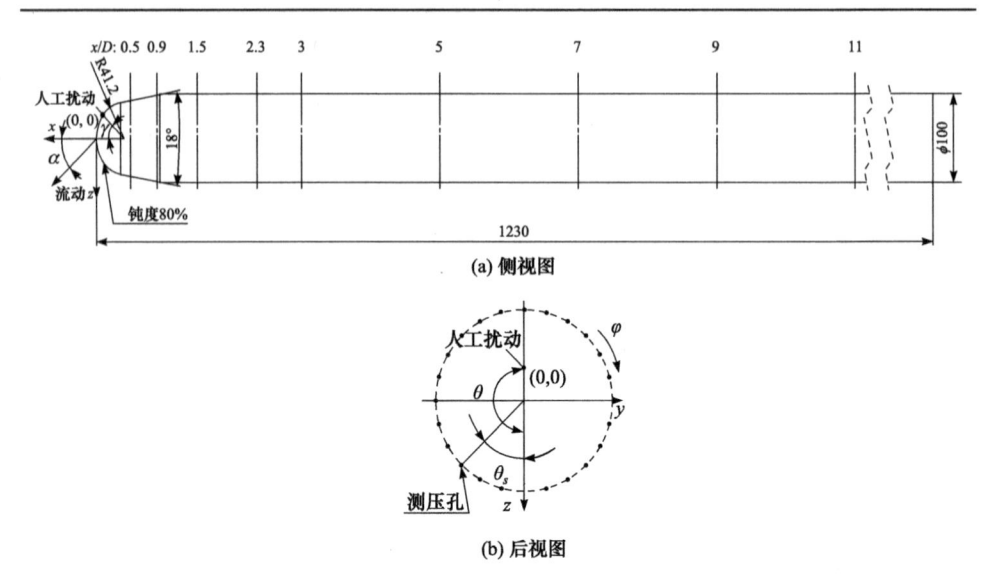

图 5.45 模型结构示意图及轴坐标系

2. 实验装置

本次细长旋成体绕流速度场测量 PIV 实验中，PIV 设备由多个品牌组装而成，包括激光器系统、高速相机、粒子发生器、同步器和 DynamicStudio 软件等。其中，激光器为 LABest 公司生产的 PIV-350 双脉冲 Nd:YAG 激光器系统，其光波的波长为 532nm，脉冲能量 5 挡可调，两个脉冲的时间间隔及频率均可调节，能量最高可调至 350mJ，最高频率为 15Hz。此外，一根长 1.8m 的导光臂用于光路引导，一个可调节片光厚度的片光头使片光束腰处厚度在 1~6mm 范围内可调。相机为佳能 Phantom M120 高速互相关跨帧 CCD 相机，相机镜头的焦距为 85mm/f1.4。通过 Dantec 公司生产的型号为 10E03 粒子发生器向流场中散播粒子，本实验中的粒子为植物油液滴，直径约为 1μs。数据采集与后处理用 Dantec 公司配套软件 DynamicStudio，该软件具有数据采集、数据存取、数据分析及分析结果演示等多种功能，且具有自适应相关、互相关、噪声消除等数据处理方法，还有 2D 最小二乘匹配法、动态模态分解、正交分解法等多种数据分析方法，每种方法均可通过手动设置参数按照需求进行处理分析。

如图 5.46(a)所示为 PIV 原理图。同步器控制两脉冲激光与 CCD 相机采集的同步性，两束激光的时间间隔可调，本实验设置该值为 30μs，产生激光的同时相机拍摄两幅粒子图像，本实验的 PIV 图像采集视场为 512mm×320mm。对两组图片基于快速傅里叶变换进行自适应互相关运算得到二维速度矢量场，进一步处理得到涡量场。后期数据处理设置询问窗口的尺寸为 32 像素×32 像素，视场内共有 24817 个矢量元素，粒子间距约为 2.9mm(0.029D)。本实验的 PIV 测量每组采集 200 对图片。

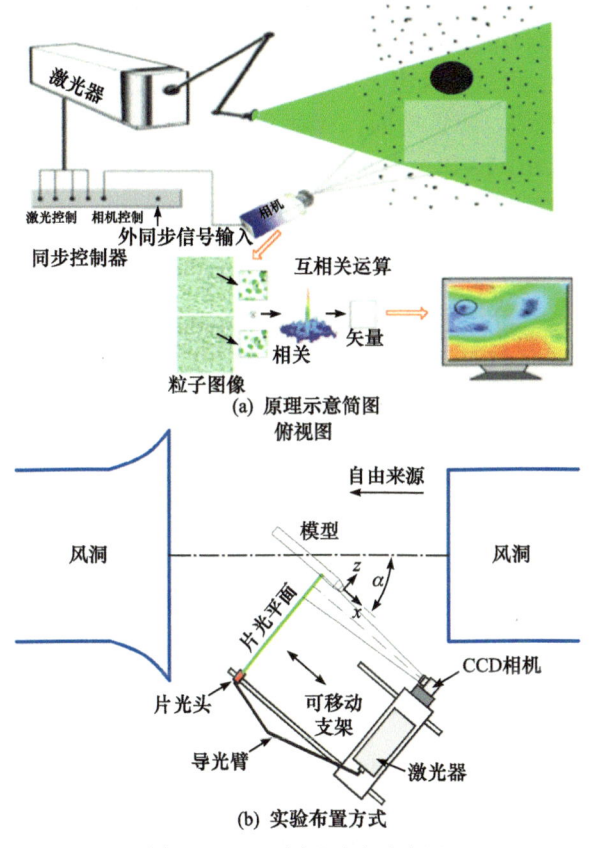

图 5.46 PIV 原理及实验布置

图 5.45(b)为 PIV 实验的设备布置示意图，为测量方便，模型迎角用迎角机构的侧滑角调节功能进行调节，激光片光头从模型 z 轴的负方向进行打光，即激光片光垂直于 x 轴，以获得横向流动的流场结构，相机光轴垂直于片光进行拍摄。实验过程中激光器、相机的位置相对固定，因此它们保证相对位置后固定在同一支架上，且支架可以沿模型 x 轴方向的轨道移动，可以沿钝头细长旋成体 x 轴方向拍摄不同截面的流场结构，进而提高实验效率。

5.6.4 典型实验结果和分析

1. 人工扰动主控作用

针对细长旋成体大迎角非对称流动明显的截面，本实验建议选择 $x/D = 3$ 截面，非对称二涡结构在 $x/D = 3$ 位置得到充分发展且流动结构稳定。

PIV 测量获得 $x/D = 3$ 截面上 y-, z-方向的速度场值，计算得到涡量场，如图 5.47 所示。本实验为钝头细长旋成体，分别将人工扰动置于模型中心纵面对称位置 $\theta = 90°$ 和 $270°$，可以发现当人工扰动位置对称时，非对称流动结构对称，当 $\theta = 90°$ 时，左涡为低涡，靠近壁面，右涡为高涡远离壁面，定义该涡系结构为左涡系(left vortex pattern，LVP)；当 $\theta = 270°$ 时，右涡为低涡，靠近壁面，左涡为高涡远离壁面，定义该涡系结构为右涡系(right vortex pattern，RVP)，验证了人工扰动的主控作用。

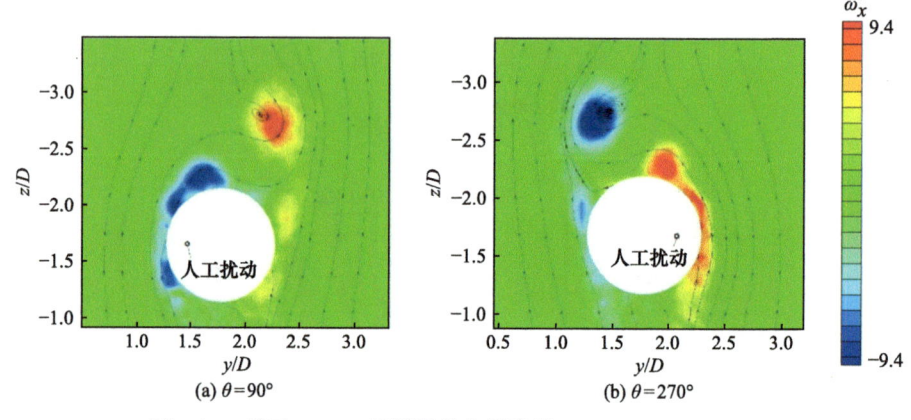

图 5.47 截面 $x/D = 3$ 的涡量分布及流线 ($\alpha = 50°$, $\gamma = 10°$)

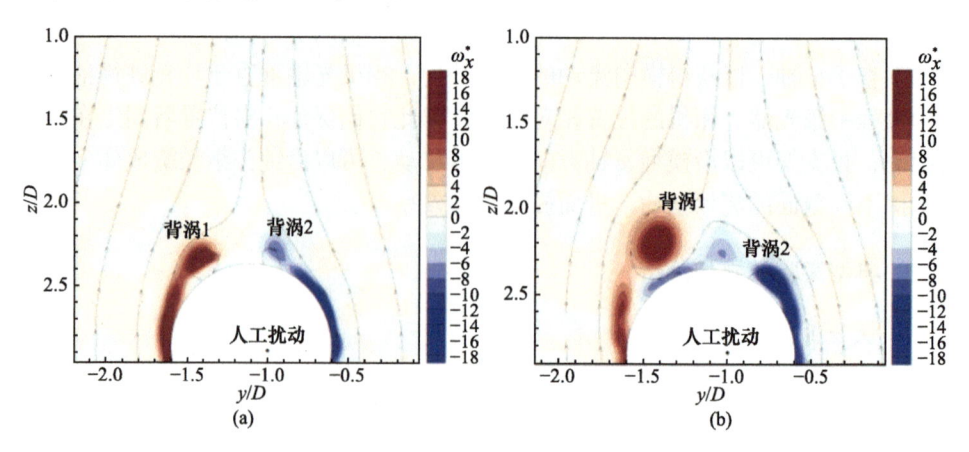

2. 非对称二涡流动的空间发展

本部分实验内容为从细长旋成体头尖部沿体轴向后移动，选取三个测量截面，进行非对称二涡流动的发展测量，建议截面选取 x/D 小于 3，如图 5.48 所示，了解非对称二涡结构的产生和发展。

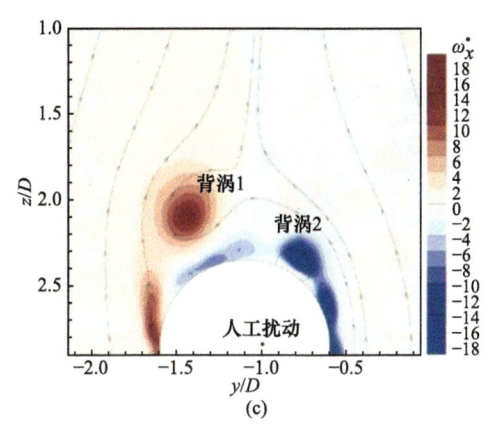

图 5.48 非对称二涡流动的空间发展
(a) $x/D = 1.4$，(b) $x/D = 2.2$，(c) $x/D = 2.6$

5.6.5 思考题

通过风洞 PIV 实验测量，对细长旋成体非对称流动的前体涡进行研究，了解细长旋成体非对称流动的主控因素，思考非对称流动产生的物理机制，尝试提出非对称流动控制技术，为发展高机动战斗机和空空导弹提供理论指导。

5.7 螺旋桨气动与噪声特性风洞实验

5.7.1 螺旋桨研究现状

螺旋桨是一种把发动机的动力变成拉力的装置，常被应用于航空飞行器与船舶的动力系统。螺旋桨风洞实验的主要研究对象是空气螺旋桨。

从航空启蒙时代起，空气螺旋桨技术的发展就和飞机的发展紧密相连。目前空气螺旋桨不仅应用于一般飞机上，还广泛应用于飞艇和直升机上(图 5.49)，后者的升力完全靠螺旋桨产生。此外它还应用于地面效应飞行器或游艇上。在其他工业领域，例如，水平轴式风力发电机以及家用电扇等产品亦都是根据空气螺旋

(a) A-400M涡桨运输机　　　　　　　　(b) 高空飞艇

(c) 武直-10　　　　　　　　　(d) V22鱼鹰式倾转旋翼机

图 5.49　多种螺旋桨飞行器

桨的原理发展起来的。

为提高螺旋桨的工作效率,英、美等国的科研机构,在提高气动性能、降低噪声方面,进行了大量的基础研究工作,针对螺旋桨工作特点研制专用翼型系列。美国 NASA 与哈密顿公司开发了 HS-1、HS-2 翼型系列,英国航空研究协会(ARA)与道蒂公司开发了 ARA-D 翼型系列。这些翼型都属于超临界翼型,能满足空气动力和使用的要求。在更高负载下,它们比同等的 NACA16 族翼型具有更高升力系数和更高拉力水平。按照简化的桨叶截面拉力表达式

$$T \propto C_L b V_0^2$$

可以看出,翼型具有较大的升力系数时,b 值(弦宽)可以变窄,转数可降低,因而可以减轻重量和降低噪声。同时,在大升力系数范围内,具有高升阻比。在低升力系数时,又具有高的临界马赫数。这样,在高的巡航状态下,可以达到或接近理想效率。另外,新的翼型具有良好的防腐和抗冲击外形,并且翼型的几何形状在数学上为同族,当由桨根到桨尖变化时,叶片型面能顺利耦合,使得剖面制造变得容易。使用这种新翼型在起飞状态下,螺旋桨效率可以提高 2%~4%;在巡航状态下可提高 1%~2%。

为了进行理论设计计算,也是为了作为发展螺旋桨技术的基础,国外建立了十分保密的螺旋桨数据库。在桨叶气动性能计算方法上,除采用二元片条理论外,还发展了三元流计算理论,并大量使用计算机进行优化设计,使理论计算与测试结果相比精度差值小于 1%。

对于航空螺旋桨、直升机旋翼和各类叶轮机械来说,其共同特征是由旋转叶片产生噪声。旋转叶片周围流场的特征之一就是流动的非定常性。因为在研究螺旋桨、旋翼和叶片机械的流动问题时,不可避免地将涉及固定于静止机匣的绝对坐标和与叶片同轴旋转的相对坐标,所以流动的非定常性是无法回避的本质特征。正是由于流动的非定常性,气动噪声同样也是无法回避的。

通过对螺旋桨飞机在飞行中实测的噪声频谱图进行分析可知,螺旋桨的噪声是在宽带噪声的基础上叠加了一系列的离散声,又称旋转噪声。因此,从频谱特

性来看，螺旋桨噪声可进一步区分为旋转噪声和宽带噪声。

对于旋转噪声，可根据声源特征进一步区分为厚度噪声、载荷噪声和四极子噪声。具有一定厚度的螺旋桨桨叶周期性地扫过周围空气介质，并导致空气微团的周期性非定常运动，于是就产生了厚度噪声。载荷噪声是拉力噪声与阻力噪声的组合，是由桨叶叶面的压力场变化而引起的。四极子噪声包含非线性源与非线性传播两个因素，仅当螺旋桨处于桨尖相对运动超声速及跨声速运行工况时才是重要的。

螺旋桨的降噪是螺旋桨技术中的一个重要问题，除了调整几何参数改变叶片的形状来降噪以外，目前研究较多的新型降噪技术是反声源主动控制技术。其基本思路是根据对原有声场的测量，使用计算机控制系统来驱动反声源，发出与原有声场强度相等而相位差180°的反声以相互抵消，从而大幅度降低噪声。

5.7.2　螺旋桨风洞实验相似准则

1. 螺旋桨气动性能相似准则

为了能够根据螺旋桨缩比实验结果推测真实螺旋桨的气动性能，需要保证螺旋桨缩比模型与真实螺旋桨气动相似。根据气动相似理论，要求缩比模型与真实螺旋桨几何相似、运动相似以及动力相似。

(1) 几何相似：对螺旋桨而言，几何相似意味着缩比模型与原型螺旋桨的翼型和桨叶数目相同，且两者具有相同的扭矩分布和弦长分布。同时，两者的桨毂在外形上相似且尺寸比值与其他尺寸的比值相同。

(2) 运动相似：运动相似要求缩比模型与原型螺旋桨在对应点的速度成比例且角度相同，则对于模型与原型而言，任意点前方来流与旋转速度所形成的速度三角形是相似的，即

$$\frac{V_m}{\pi n_{m,S} D_m} = \frac{V_n}{\pi n_{n,S} D_n}$$

其中，$n_{m,S}$、$n_{n,S}$分别为模型与原型螺旋桨的每秒钟转速，D_m、D_n分别为模型与原型螺旋桨的直径。为了简化，定义$J = V_\infty / n_S D$为螺旋桨的前进比，表征轴向速度和桨尖速度大小的比值。也就是说如果想满足运动相似，必须保证模型与原型螺旋桨的前进比相同。

(3) 动力相似：对于空气螺旋桨而言，一般不考虑重力和弹性力，因此主要考虑非定常惯性力、对流惯性力和黏性力，与之分别对应以下动力参数的相似。

(a) 雷诺数(Re)相似准则：对于螺旋桨而言，一般情况下，桨叶中间位置的拉力贡献最大，为了方便不同螺旋桨的对比，一般取$r/R = 0.7$位置的雷诺数

$$Re_{0.7} = \frac{\rho V_{0.7} b_{0.7}}{\mu}$$

$V_{0.7}$ 为 $r/R=0.7$ 处的旋转速度 ($V_{0.7} = 0.7\pi D n_s$)。

(b) 马赫数(Ma)相似准则：对于螺旋桨而言，速度一般取桨尖速度

$$Ma_T = \frac{n_s D}{c}$$

(c) 弗劳德数(Fr)相似准则：对于螺旋桨而言，速度一般取桨尖速度

$$Fr_T = \frac{n_s D}{\sqrt{gD}}$$

对于空气螺旋桨而言，重力作用是次要的，因此对于空气螺旋桨的风洞实验而言，一般不太考虑弗劳德数相似。

(d) 斯特劳哈尔数(St)：对于螺旋桨而言，斯特劳哈尔数相似准则要求螺旋桨的前进比相同

$$St = \frac{V_\infty}{\pi n_s D}$$

因模型和原型采用同一空气介质，所以同时满足各相似准则是困难的。一般在螺旋桨缩比模型风洞实验中，常用的几种相似准则组合有：St 和 Re 相似准则，St 和 Ma 相似准则，St 和 Fr 相似准则。

2. 螺旋桨气动声学相似准则

当两个几何相似的螺旋桨来流速度相同时，前进比和马赫数相似时螺旋桨的厚度噪声和载荷噪声也相似。对于相似螺旋桨，两者对应测量点的声压级之差为

$$L_{P1} - L_{P2} = 20\lg\left(\frac{D_1}{D_2}\right) + 20\lg\left(\frac{r_2}{r_1}\right)$$

r_1 和 r_2 为测点离螺旋桨的距离。需要注意的是该式只对线性远场范围内的声压级适用。

5.7.3 实验装置与模型

1. 实验装置

实验装置包括支撑机构、气动力测量装置与噪声测量装置。如图 5.50 所示，由于实验段中心距离地面较高，采用整体支架可能会导致螺旋桨在转动过程中震动较大。因此，为了减小该震动，自下而上支撑机构依次包括地面固定座、水平

支撑平台和电机支架。其中，地面固定座用于将整个上层机构紧密地固定在桩基上，在其上方为水平支撑平台，距离地面高度 1.15m。

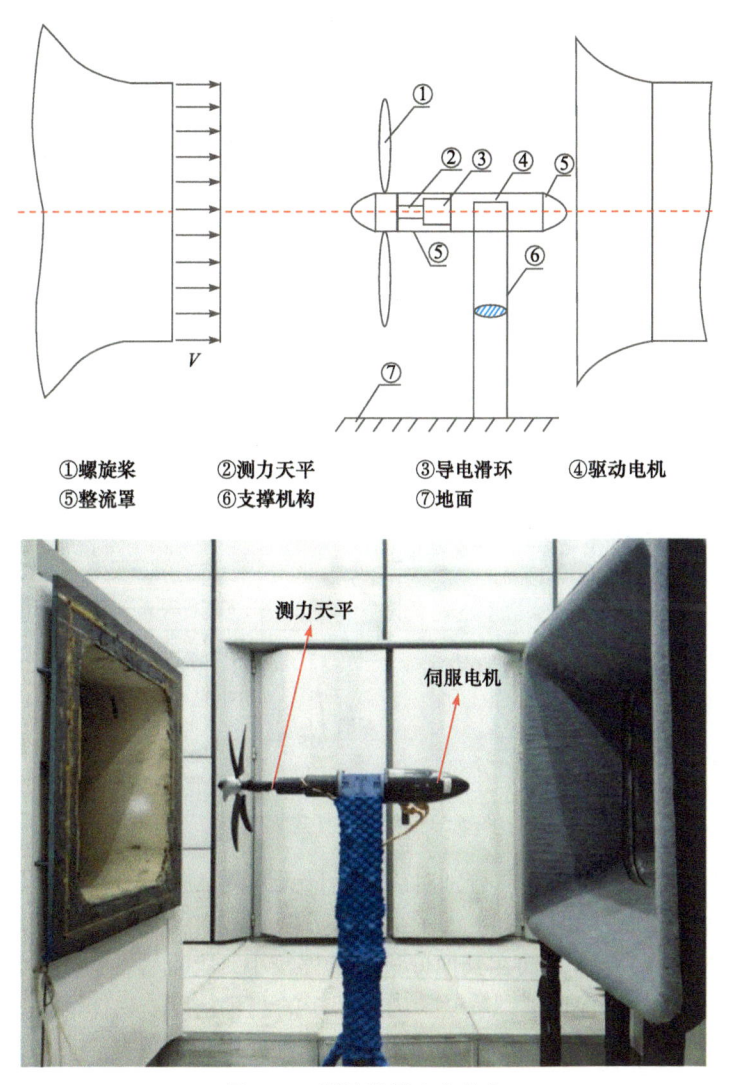

①螺旋桨　　②测力天平　　③导电滑环　　④驱动电机
⑤整流罩　　⑥支撑机构　　⑦地面

图 5.50　螺旋桨测力实验台

风洞应变天平是一种能够将力信号转变为相应电信号的传感器。如图 5.51 所示，当待测模型置于气流场中时，模型产生的气动力会使得天平支杆产生一定的形变，使得粘贴在天平支杆上的应变片产生相应的形变，并进而导致应变片的电阻产生相应的变化，通过惠斯通电桥(图 5.52)便可以将该电阻值的变化转化为电压信号。

图 5.51　应变天平的测量原理

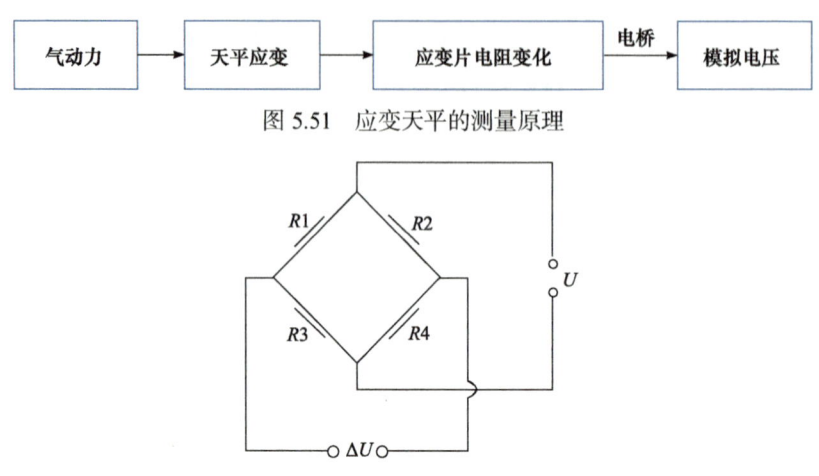

图 5.52　惠斯通电桥

实验中使用由中国航空工业动力研究院设计并制造的 LXJTP 型六分量天平，其外形和天平坐标系如图 5.53 所示。

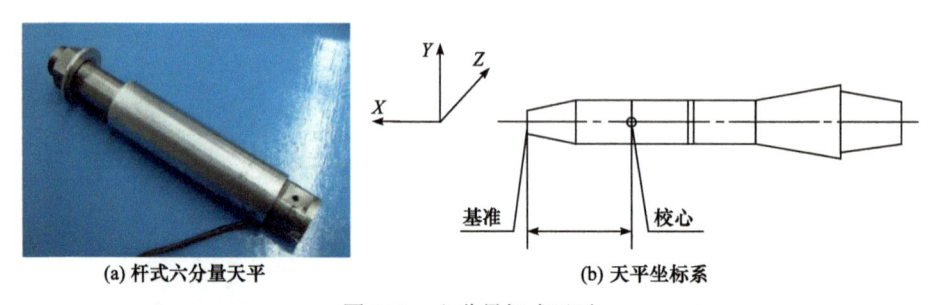

(a) 杆式六分量天平　　(b) 天平坐标系

图 5.53　六分量杆式天平

螺旋桨的拉力和扭矩方向分别对应六分量天平的 X 和 M_x 两个分量。根据这一特点，该天平在设计时刻意扩大了 X 和 M_x 两个方向的量程，最大设计载荷分别达到 300N 和 13N·m，而在其他分量上量程较小，从而尽量避免了其他方向对主测量方向的干扰，保证了螺旋桨拉力和扭矩的测量精度。总体而言，该天平测量精度可控制在 0.3% 以内。表 5.8 给出该天平各分量量程数据。

表 5.8　各分量量程　　　　　　　　(单位：N，N·m)

项目\单元	Y	M_z	M_x	X	Z	M_y
设计载荷	800	29	13	300	240	20

实验采用 12 通道声学振动分析系统进行噪声测量，如图 5.54(a)所示。该系统包含单独的 12 通道的紧凑型 LAN-XI 模块和 1/2in(1in = 2.54cm)自由场传声器

(type4189)，传感器的敏感度是 50mV/Pa，动态范围是 14.6~146dB。4189 型预极化电容传声器与 2671 型前置放大器安装在一起，通过 BNC 同轴电缆与 LAN-XI 数据采集系统前端连接，并将采集数据经由网线传输至个人计算机(PC)端进行保存和后处理。电容式传声器的特点是频率范围宽，频率响应好，灵敏度变化小，长期稳定性好，体积小等，但内阻高，需要加极化电压。为保证传声器进行实验测量时不会受到周围环境中较大气流的影响，在进行测量时将多孔聚氨酯海绵专用防风罩套在传声器前端。

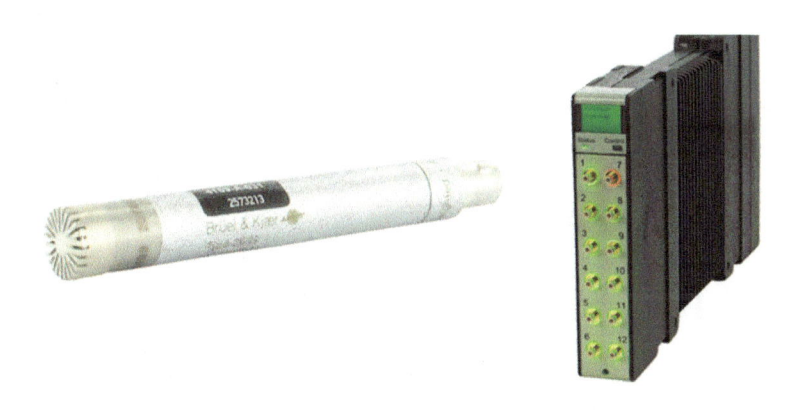

图 5.54 自由声场传感器(a)、数据采集系统(b)

实验测量了远场噪声以及螺旋桨气动噪声的指向性。大量螺旋桨气动噪声实验表明，螺旋桨气动噪声的远场距离一般要大于 2 倍直径，例如，取螺旋桨气动噪声的远场距离为 L=2.5m=4.2D，符合远场距离大于 2 倍直径的要求。螺旋桨气动噪声的指向性需要测量不同方位角(观测者与来流之间的夹角)的气动噪声特性，由于受到消声室内部结构的限制，螺旋桨气动噪声指向性测量的方位角范围为 50°~130°，$\varDelta$ = 20°。测点的布置如图 5.55 所示。

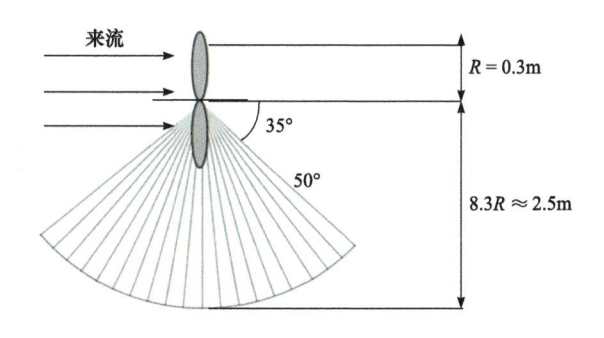

图 5.55 指向性测点布置图

实验布置了多个自由声场传声器的测点，考虑到普通麦克风的三脚支架在距离和角度控制方面会引起较大的误差，从而导致采集到的声压信号失真。为了消除自由声场传声器由于空间位置不同带来的误差，针对螺旋桨气动噪声实验特定设计了一种便于固定和调节自由声场传声器位置的机构，如图 5.56 所示。该机构高度为 1400mm，由半径 $r = 2.5$m 的圆弧段和 6 根支撑立柱构成，在圆弧段上每隔 5°就有一个定位孔以确保麦克风的位置准确，为了避免声波在传播过程中的壁面反射而对噪声信号采集造成二次干扰，需要在自由声场传声器支架上包裹吸声棉。

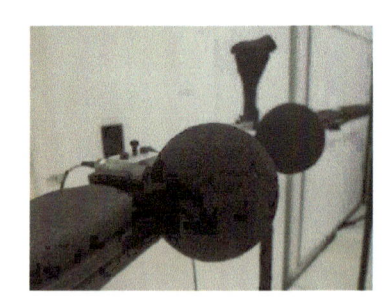

图 5.56 远场传声器支架模型实物图

实验还采用了声学噪声源识别定位分析系统,本系统是由 64 个 GRAS40PHCCP 阵列麦克风(图 5.57)、高科技设计的阵列以及 PXIe1082 机箱构成。能够进行最多 64 通道的阵列麦克风的测量采集，实时地显示选定通道的波形、频谱、倍频程、声压级趋势等信号，其中倍频程支持 1/3、1/6、1/12，提供基本的波束成形算法的噪声源识别结果。

2. 实验模型

实验中所使用的螺旋桨为电机驱动的可调距螺旋桨，在 $0.7R$ 处调整安装角，表示翼型的几何弦线与旋转平面之间的夹角。实验模型包括整流罩、螺旋桨转子两部分。图 5.58 为缩比螺旋桨的示意图。叶片采用碳纤维复合材料，表面平整光滑，强度满足需求，根部由圆柱段和倒楔组成，用于与桨毂叶组件连接，桨叶按气动设计的剖面分为多个截面进行过渡层铺设计。

图 5.57 远场麦克风阵列设备图

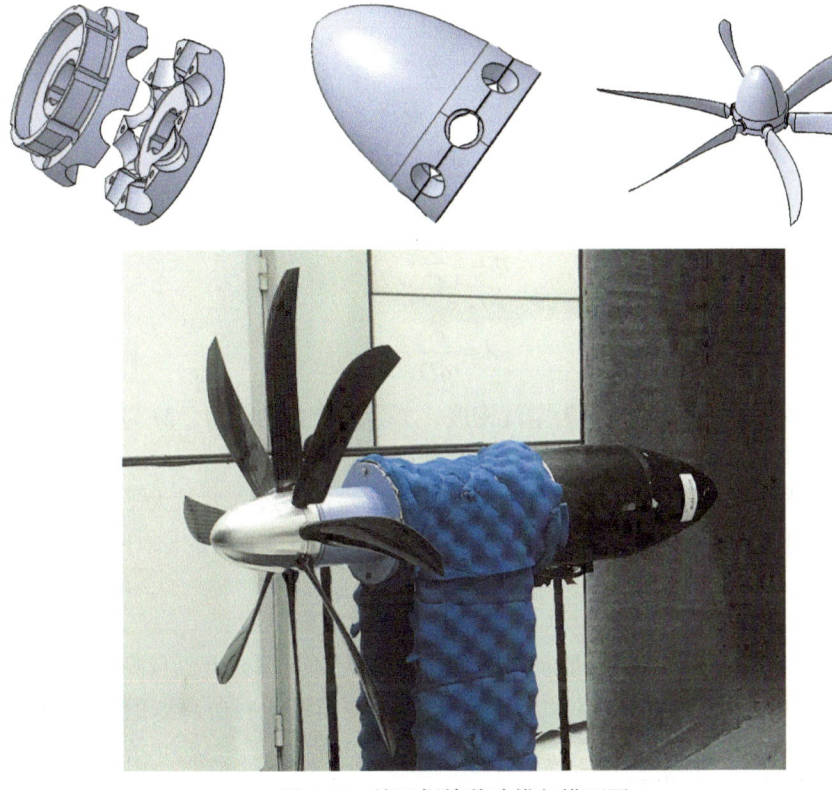

图 5.58 缩比螺旋桨建模与模型图

5.7.4 实验步骤

(1) 设计实验，确定实验工况；
(2) 搭建实验台，安装支撑机构、伺服电机与测力天平，布置自由声场传感器与远场麦克风阵列设备；
(3) 对测力天平、自由声场传感器与远场麦克风阵列进行校准；
(4) 调整桨叶安装角，将实验桨安装于实验台上；
(5) 启动风洞与伺服电机，在设计工况下采集气动力与噪声数据；
(6) 重复性实验；
(7) 处理与分析实验数据。

5.7.5 实验数据处理

1. 螺旋桨气动数据处理

实验中主要测量的螺旋桨参数有拉力系数(C_T)、功率系数(C_P)、效率(η)、

前进比(λ)。相应的计算公式分别为

$$C_T = \frac{T}{\rho n^2 D^4}$$

$$C_P = \frac{M \cdot 2\pi}{\rho n^2 D^5}$$

$$\eta = \lambda \frac{C_T}{C_P}$$

$$\lambda = \frac{V}{nD}$$

其中，V 为风洞气流速度，ρ 为空气密度，T 为螺旋桨的拉力，M 为螺旋桨的扭矩，D 为螺旋桨的直径，n 为螺旋桨的旋转速度。

在风洞里进行一系列小尺寸螺旋桨的模型实验，通过六分量天平获取螺旋桨空气动力性能拉力 T、功率 P 和效率 η 后，需要再按照一定的原则换算到原型上去。

1) 螺旋桨扭矩值修正

在风洞中进行模型实验，驱动电机位于测力天平前端，电机自身所带来的扭矩损耗约占测量值的 5%，在对缩比桨进行扭矩测量时应将所获取的扭矩值扣除 5%的电机扭矩损耗值。

2) 螺旋桨拉力值修正

图 5.59 给出了雷诺数对螺旋桨推进效率的影响规律。可以看出，当雷诺数较小时，螺旋桨的推进效率快速下降，雷诺数在此范围内对螺旋桨叶片绕流产生了较大影响。而当雷诺数足够大时，其对螺旋桨气动性能的影响较小，甚至可以忽略。在这个范围内，称之为雷诺数"自准区"。一般来讲，当雷诺数大于 3.5×10^5 时可以不考虑雷诺数的影响。

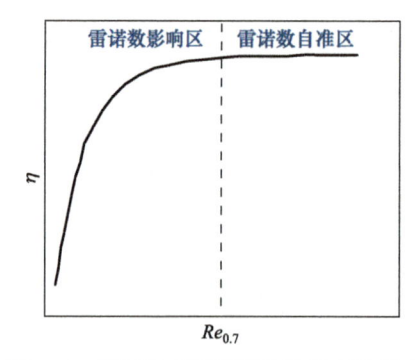

图 5.59 雷诺数对螺旋桨推进效率的影响

对于螺旋桨风洞缩比实验而言，一般情况下要求模型与原型的雷诺数相同，但实际中由于风洞及电机设备等条件限制较难到达一致。由于雷诺数的影响会导致拉力系数偏小，需要予以修正。

2. 螺旋桨气动噪声数据处理

对于螺旋桨气动噪声声压数据的处理分析使用的是 B&K 公司生产的 PULSE Labshop 系统。其原理为首先假设相关函数为

$$R(\tau) = P(t)P(t+\tau)$$

然后对其进行快速傅里叶变换

$$P_e^2(f) = \frac{1}{2\pi}\int_{-\infty}^{\infty} R(\tau)\mathrm{e}^{-\mathrm{i}f\tau}\mathrm{d}\tau$$

式中，$P_e^2(f)$ 为随频率变化的有效声压，噪声声压级可表示为

$$\mathrm{SPL} = 10\lg\frac{P_e^2}{P_{\mathrm{ref}}^2}$$

其中，$P_{\mathrm{ref}} = 2\times10^{-5}\mathrm{Pa}$ 作为参考声压，是人们在日常生活中能听到的最小声压值。

在 PLUSE 软件快速傅里叶变换(FFT)分析仪界面设置频谱线数为 3200，分析带宽为 25.6kHz，采样频率为 65.536kHz，频率分辨率为 8Hz，采样时间为 50s。自由远场传声器对远场声压信号进行测量后，快速傅里叶变换分析仪对传声器采集到的时域数据进行快速傅里叶变换，可得到声压级频谱曲线。

3. 麦克风阵列数据处理

KeyVES-T 64 声学相机配备的声音成像软件 KeyCam，通过 LEMO 与电脑连接便可实时看到噪声在空间的分布状况，准确定位噪声位置。其阵列分析算法为波束成型(beamforming)，提供处理结果以及数据采集保存导出界面操作，支持麦克风自检。由 LabVIEW 开发完成，程序灵活开放，具备二次开发接口，支持 LabVIEW 编程二次开发，支持用户自定义算法的开发定制。

5.7.6 实验结果

1. 气动力测量结果

不同安装角条件下，螺旋桨的拉力系数、功率系数和推进效率随前进比的变化规律可以分别表示为 $C_T = C_T(\varphi_{0.7}, J)$、$C_P = C_P(\varphi_{0.7}, J)$ 以及 $\eta = \eta(\varphi_{0.7}, J)$ 的形式。实验结果记录在表 5.9 中，也可以相应地用如图 5.60 所示的曲线进行展示。其中，横坐标均为前进比，纵坐标分别为拉力系数、功率系数和推进效率。

表 5.9 螺旋桨气动力数据表

桨叶角/(°)	转速/(r/min)	扭矩/N·m	拉力/N	拉力系数	功率系数
0					
5					

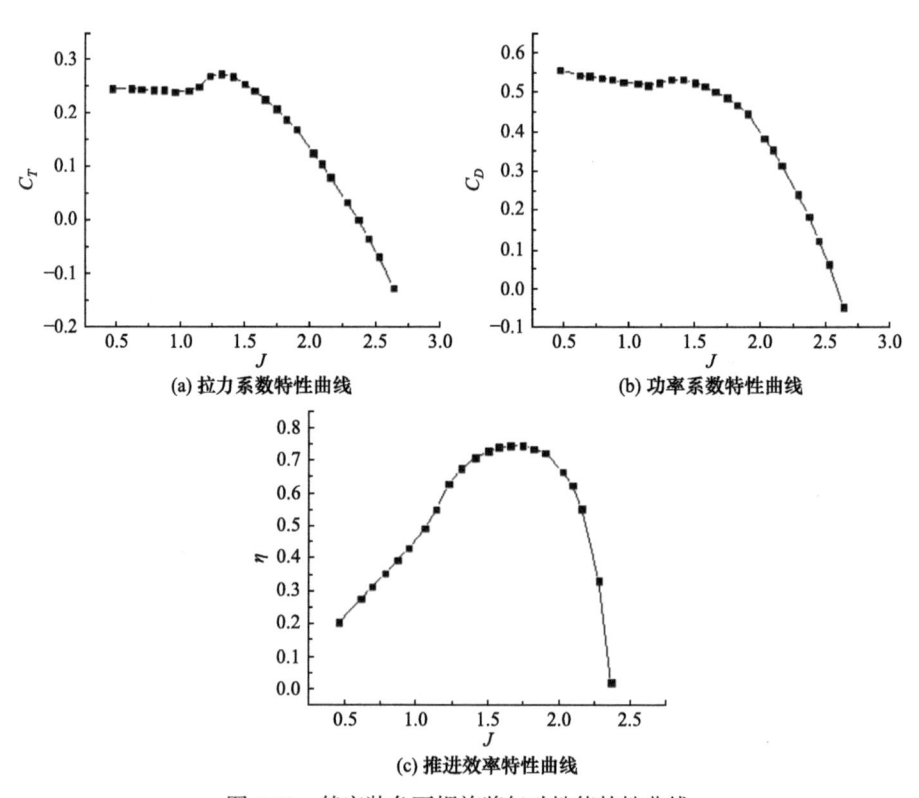

(a) 拉力系数特性曲线

(b) 功率系数特性曲线

(c) 推进效率特性曲线

图 5.60 某安装角下螺旋桨气动性能特性曲线

2. 噪声测量结果

气动噪声数据可以展示为声压级频谱特性曲线，噪声指向性图，以及 1/3 倍频程中心频率噪声源定位图，如图 5.61 所示。

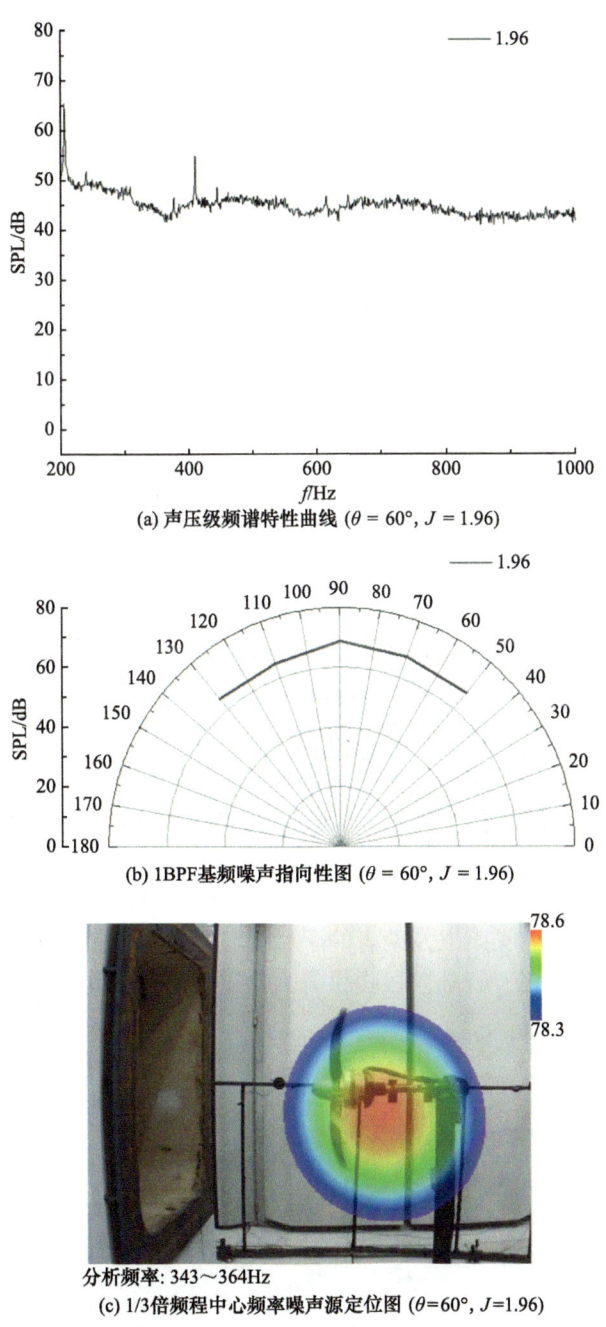

(a) 声压级频谱特性曲线 ($\theta = 60°$, $J = 1.96$)

(b) 1BPF基频噪声指向性图 ($\theta = 60°$, $J = 1.96$)

分析频率：343~364Hz
(c) 1/3倍频程中心频率噪声源定位图 ($\theta=60°$, $J=1.96$)

图 5.61 螺旋桨气动噪声特性

5.7.7 思考题

(1) 随着前进比改变，拉力系数、功率系数和推进效率呈现什么样的变化规律？试阐述其原理。

(2) 安装角的变化会对拉力系数、功率系数和推进效率产生什么样的影响？试阐述其原理。

(3) 螺旋桨噪声频谱图有什么样的特征？随着来流速度的增大会产生什么样的变化？

(4) 螺旋桨噪声指向性有什么特点，来流速度的增大会产生什么样的影响？

5.8 多段翼气动噪声实验

5.8.1 增升装置气动噪声研究现状

随着当代民用航空业的快速发展，飞机噪声成为众人越来越关心的问题。国际民用航空组织(ICAO)、美国 NASA、欧洲的 ACARE 计划都对未来降低民航机噪声提出了目标。2017 年 12 月 31 日，美国联邦航空管理局(FAA)和国际民用航空组织(ICAO)环境保护委员会(CAEP)开始采用第五段适航标准，明确要求对于当日或以后提交的，最大起飞重量大于或等于 54t 的新设计飞机噪声要求在第四阶段基础上再降低 7dB。因此，民用客机噪声水平逐渐成为航空公司采购飞机时需要考虑的重要指标。这就对我国大型民用客机 C919 和中俄联合研制的大型宽体客机 CR929 等重要民机型号提出了更高要求，噪声水平成为其能否取得适航证及未来在世界航空领域占据一席之地的关键因素之一。

关于飞机噪声，是指飞机在飞行时所产生的各种噪声源的辐射总和，其中包括推进系统噪声、机体噪声以及两者的干扰噪声，如图 5.62 所示。其中，飞机的增升装置作为飞机起飞、着陆阶段提供升力的重要部件，其存在保障了飞机的飞

图 5.62 大型飞机主要噪声源示意图

行安全，然而展开的增升装置(前缘缝翼和后缘襟翼)同样也是主要的机体噪声源，如图 5.63 所示。可以看出，对于短程客机而言，在进近阶段中飞机增升装置的有效感觉声压级(EPNL)尤为明显，特别是前缘增升装置。

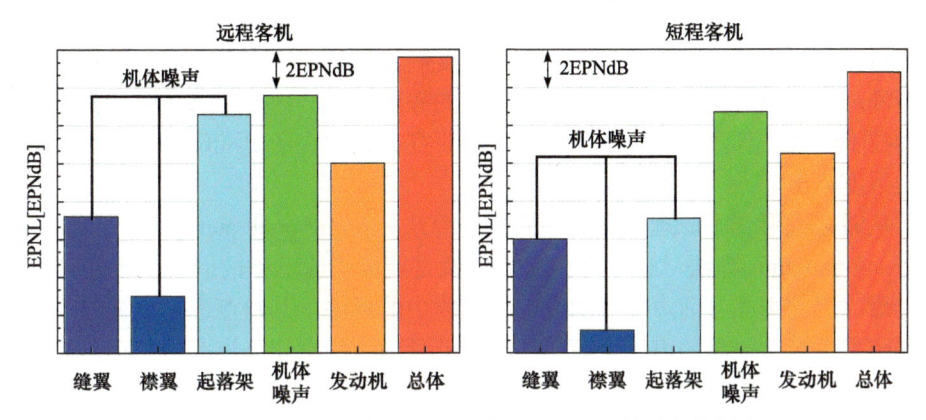

图 5.63 进近阶段各个主要噪声源对飞机总体噪声的影响

由于现代大型飞机为了提升机翼的低速气动特性，降低飞机在起降过程中对机场跑道长度的要求，大多采用多段翼增升构型作为飞机的机翼，并在起飞与着陆阶段将前、后缘增升装置展开，从而增加机翼的有效面积以及有效弯度。而为了在巡航时恢复机翼原本平滑的气动外形，多段翼构型上存在着各种各样的腔体，以便于增升装置在巡航时被收起。再加之受到加工条件的限制，多段翼的尾缘通常为钝尾缘。打开前缘缝翼和后缘襟翼的增升装置三段翼型可以说是由三段独立的翼型组成的，每段翼型之间还有缝道、拐点等不规则部分存在，几何上是十分复杂的，也就导致了气流流过三段翼型的流场特性是复杂的，而这些复杂的流场特性进一步导致多段翼增升构型的各种噪声的产生。气流流过一个常规典型的前缘缝翼和后缘襟翼的三段翼型，会出现很多的流动现象：前缘缝翼下表面会产生分离在前缘凹槽内形成空间自由剪切层，剪切层还会在下游再附于缝翼尾缘附近的下翼面，前缘缝翼的尾缘的上下翼面流速不相同还会导致分离出来尾迹中的剪切层，前缘缝翼的凹槽和主翼的下表面尾缘部分都会形成"死水区"的回流流动，后缘襟翼的上翼面在某些情况下会发生分离，气流流经主翼和襟翼的缝道会与前缘缝翼尾缘的剪切层发生掺混的现象，流动中还会有层流分离泡和流动从层流到湍流的转捩等复杂的流动现象。对于机翼，三维效应会使流动更加复杂。

5.8.2 麦克风阵列测试原理

在声学研究中，常见的测量与分析方法是利用麦克风阵列测试技术识别噪声源，并结合气动数据和声学的远场噪声结果进行气动噪声的机理分析。麦克风阵列测试技术主要有两种，一种是近场声全息技术，另一种是波束成形(beamforming)技术。前者需要阵列面靠近被测物体，且适用于静止介质中低频噪声源的识别和定位，主要应用于飞机舱室内部、汽车内部声场、房间声场、机器内部噪声定位，也可对机电产品等结构噪声和水下声源进行测量诊断。后者则可以进行远场测量，且频率范围宽，定位精度高，可适用于有来流的运动介质内的噪声源远场测量，广泛应用于航空飞行器的噪声测量。因此，许多研究者对波束成形技术的处理算法进行了广泛而深入的研究，目的在于更准确、清晰地给出声源的强度分布。

从波束成形基本原理出发得到的传统算法(conventional method)就是延时-求和(delay-and-sum)算法。这个算法的特点就是能够清除低频的回响噪声，是最简单也最广泛使用在目前声学风洞和外场实验中的算法。其缺点也是显著的，声源数据结果中包含较高的声源旁瓣，对于较低频信号的空间分辨率差，有强背景噪声时实验的信噪比也很低。为了发展麦克风阵列技术，很多基于波束成形技术的优化算法如雨后春笋层出不穷。下面简单介绍一下波束成形技术的原理。

假设空间存在点声源模型，根据点声源声场分布公式(5.8.1)计算麦克风阵列中每个麦克风处的声压信号 13，其中 C 为常数，r 是声音传播距离，ω 是声源的频率，c_0 表示声速。麦克风阵列模拟"采集"这些声音信号。麦克风阵列数据处理时将这些模拟"采集"的信号作为数据处理程序的输入信号

$$p(r,t) = \frac{s(t-r/c_0)}{r} = \frac{C}{r}e^{j\omega\left(t-\frac{r}{c_0}\right)} \tag{5.8.1}$$

二维麦克风阵列平面与 Z 轴垂直，阵列中心空间位置为 (x_0,y_0,z_0)。假设在阵列平面附近存在一单极子声源，其时域上是周期性正弦信号构成的时间序列信号，频域上是固定频率的离散峰值噪声，位置为 (x_1,y_1,z_1)，选取阵列中心位置作为参考点，计算可得点声源到各阵元的距离 Ric_1 和点声源到阵列参考点的距离 Ric_2，波束成形计算时会选择可能包含声源的一个面进行扫描，如图 5.64 所示，扫描平面平行于阵列平面，则对于扫描面上的任一扫描点，阵列的指向向量为

$$\hat{e} = [e_1 \ e_2 \ \dots \ e_m]^\mathrm{T} \tag{5.8.2}$$

进而可得第 i 个麦克风的指向向量 e_i

$$e_i = A_i \frac{\text{Ric}_{1i}}{\text{Ric}_{2i}} \exp\{j2\pi f \tau_i\} \tag{5.8.3}$$

其中，A_i 为第 i 个麦克风的剪切层振幅修正因子，τ_i 表示声波到达参考点与声波到达第 i 个麦克风的延迟时间，则

$$\tau_i = \frac{\text{Ric}_{1i} - \text{Ric}_{2i}}{c_0} \tag{5.8.4}$$

对于由 m 个麦克风组成的麦克风阵列，可形成一个 $m \times m$ 的互谱矩阵 R

$$\hat{R} = \hat{e}.*\hat{e}^H \tag{5.8.5}$$

利用互谱矩阵和阵列的指向向量，对进行互相关处理后的麦克风阵列信号进行延迟求和计算，得到阵列对每一个扫描点的输出功率谱如下

$$p(\hat{e}) = \frac{\hat{e}^T \hat{R} \hat{e}}{m^2} \tag{5.8.6}$$

$p(\hat{e})$ 表示单位带宽的声压的压力均方值，除以麦克风数量表示将阵列输出功率谱转化到单一麦克风的量级。对得到的功率谱矩阵进行归一化处理，即把扫描点传播到第 m 个麦克风的信号幅值、相位修正为与扫描点传播到麦克风中心点的信号幅值、相位相同，将修正后的每个麦克风的信号平方相加(延迟求和计算)，输出功率最大的点就是声源位置。

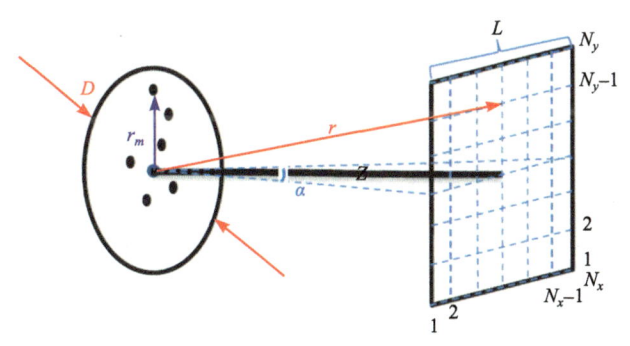

图 5.64　阵列定位声源示意图

5.8.3　实验装置及模型

1. 实验装置

声学测量系统使用 B&K 公司生产的 PULSE Labshop 系统进行声场数据采集与处理分析系统，如图 5.65 所示。该系统包含单独的 12 通道的紧凑型 LAN-XI 模块和 1/2in 自由场传声器(4189 型)，传声器的敏感度是 50mV/Pa，动态范围是 14.6~146dB。4189 型预极化电容传声器与 2671 型前置放大器安装在一起，通过 BNC 同轴电缆与 LAN-XI 数据采集系统前端连接，并将采集数据经由网线传输至 PC 端进行保存和后处理，如图 5.66 所示。电容式传声器的特点是频率范围宽、频率响应好、灵敏度变化小、长期稳定性好、体积小等，但内阻高，需要加极化电压。为保证传声器进行实验测量时不会受到周围环境中较大气流的影响，在进

行测量时将多孔聚氨酯海绵专用防风罩套在传声器前端。

图 5.65　实验中使用的 12 通道声学振动分析系统

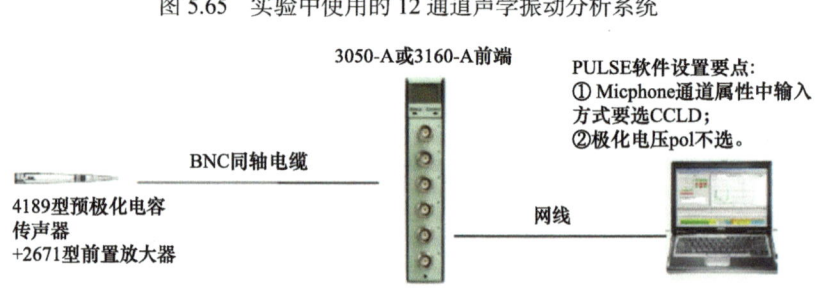

图 5.66　传感器与 LAN-XI 数据采集系统前端的连接示意图

在实验测量开始前和结束后，需要用已知频率、幅度的声压级值对传感器和前端组成的整个测量系统进行两次声学校准。实验前标定是为了检查其是否符合实验的要求，实验后标定是为了确认测量过程中仪器的参数没有太大变化。本次实验使用 B&K 4231 型声校准器校准整个测量系统，该型声校准器能够在频率 1000Hz 处持续产生一个声压级为 94dB 或 114dB 的声压信号。

图 5.67 是麦克风阵列，麦克风阵列被用来捕捉噪声源的位置。声学麦克风阵列上布置了 64 个 Grass 麦克风传感器，麦克风呈螺旋状分布在一个直径 1m 的圆盘上。实验中将麦克风阵列安装在模型正前方即 270°方位角处，距离模型形心 2m。麦克风阵列中的

图 5.67　麦克风阵列

单个麦克风传感器测量的动态范围是32~135dB。

2. 实验模型

实验模型的二维翼剖面是基于麦道公司设计的常规、无后掠的三段翼增升构型——30P30N翼型，它是BANC-Ⅱ(Benchmark Problems for Airframe Noise Computations)会议的标准研究翼型。

如图5.68所示，三段翼型收起后的干净翼型弦长$c=0.457$m，展向长度是1m，前缘缝翼和后缘襟翼弦长分别为干净翼型弦长的15%和30%，增升装置全部打开构型的前缘缝翼和后缘襟翼的偏转角均为30°，构型的详细几何参数见表5.10。

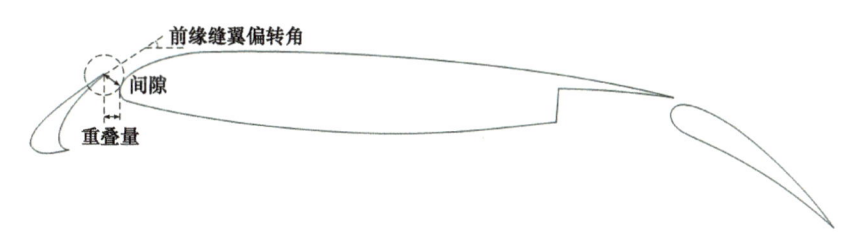

图 5.68　MD30P30N翼型横截面和间隙、重叠量与缝翼偏转角的几何定义

表 5.10　MD30P30N翼型的几何构型参数

高升力装置	偏转角$\delta/(°)$	间隙$g/\%$	重叠量$o/\%$	弦长/%
前缘缝翼	30	2.95	−2.50	15
后缘襟翼	30	1.25	0.25	30

5.8.4　多段翼气动噪声测量结果

图5.69展示了在四个马赫数Ma=0.09、0.12、0.15、0.17下无量纲化后的远场声谱随迎角变化的特性，从四个马赫数下的声谱可以得到相同的结论，能谱密度曲线在低频范围是随着频率f-0.7减小，而在中高频的频率范围内是随着频率f-2

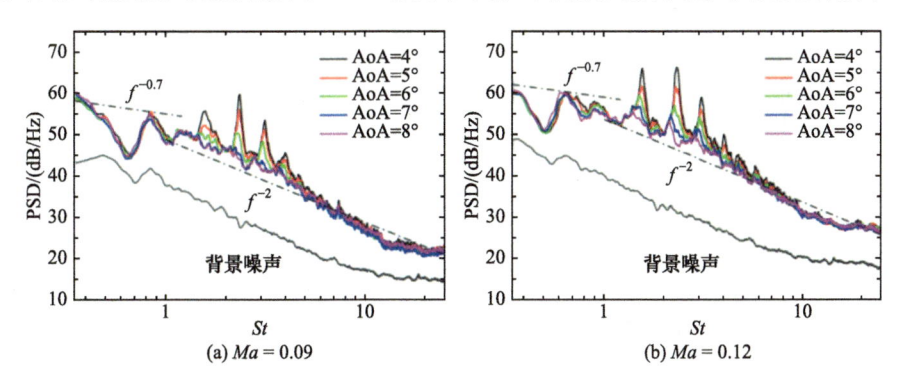

(a) $Ma=0.09$　　　　　　　　　　(b) $Ma=0.12$

(c) $Ma = 0.15$ (d) $Ma = 0.17$

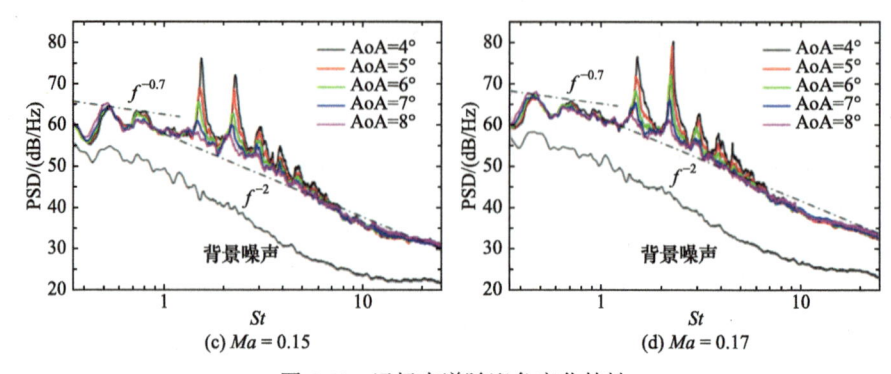

图 5.69 远场声谱随迎角变化特性

下降。图 5.70 展示的是 AoA=4°迎角下的远场噪声，图中在同一个迎角下不同马赫数的曲线重合得很好，离散峰值的强度有略微的差异，无量纲后的频谱重合得更好。

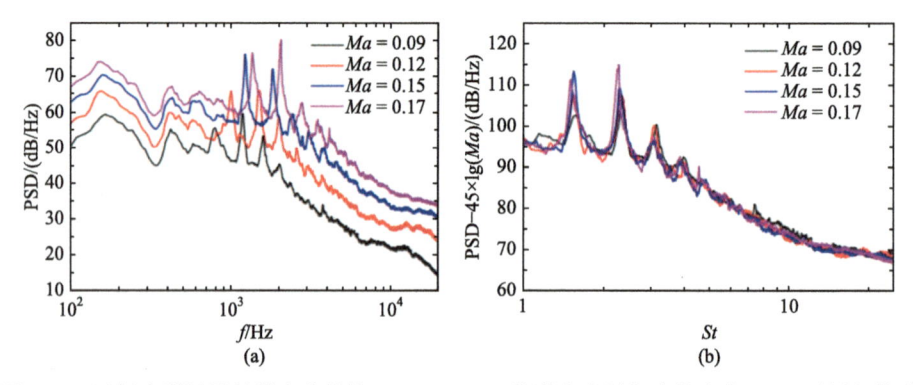

(a) (b)

图 5.70 远场声谱随马赫数变化特性(AoA=4°)((a) 能谱密度随频率的变化；(b) 无量纲能谱密度随 St 的变化)

图 5.71 给出了噪声源分布阵列视角的几何示意图，从阵列的视角看向模型的方向，即翼型的下翼面也就是飞机过顶飞行的视角，以便接下来噪声源定位时使

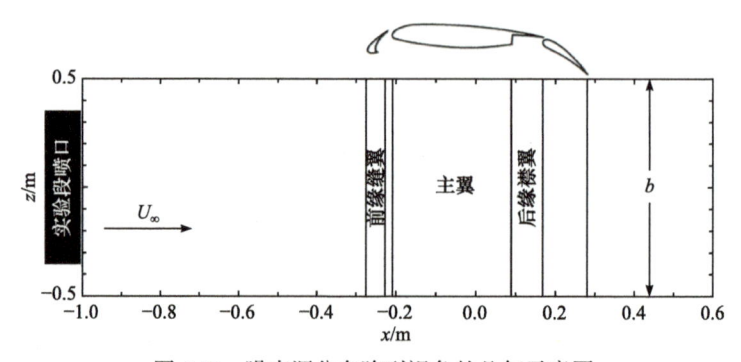

图 5.71 噪声源分布阵列视角的几何示意图

用。图 5.72 三个分图给出了在马赫数 $Ma = 0.17$，迎角 AoA = 6°的工况下，三个 1/3 倍频中心频率 $f = 1.25\text{kHz}$、$f = 2\text{kHz}$ 和 $f = 2.5\text{kHz}$ 的噪声源分布情况。图 5.73 三个分图给出了在马赫数 $Ma = 0.15$，迎角 AoA = 8°的工况下，三个 1/3 倍频中心频率 $f = 1.6\text{kHz}$、$f = 2.5\text{kHz}$ 和 $f = 3.15\text{kHz}$ 的噪声源分布情况。从图 5.72 中可以看出，噪声源在 $f = 2\text{kHz}$ 频率下是最强烈的，在 $f = 2.5\text{kHz}$ 频率下是最弱的，与

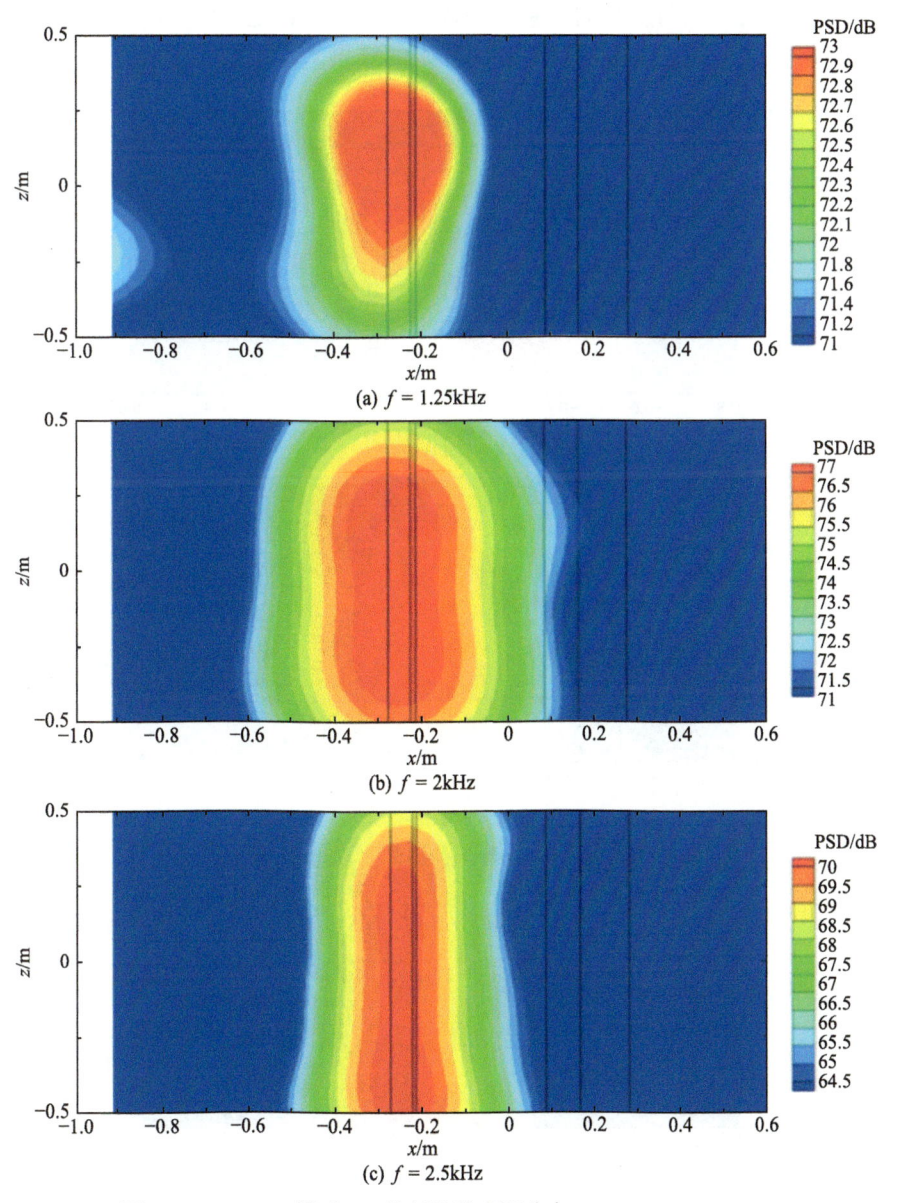

(a) $f = 1.25\text{kHz}$

(b) $f = 2\text{kHz}$

(c) $f = 2.5\text{kHz}$

图 5.72 30P30N 模型 1/3 倍频的噪声源分布($Ma = 0.17, \text{AoA} = 6°$)

远场声谱所反映的现象是一致的，而且噪声源的分布可以看出低频下噪声源覆盖了前缘缝翼和主翼之间的大部分区域，而随着频率增加，噪声源分布越来越集中在前缘凹槽和与主翼的缝道，因此我们可以认为声谱中的比较显著的离散峰值是由于前缘与主翼之间的这部分区域所产生和辐射出的。从图 5.73 中我们也可以得到相同的结论，噪声源在 $f = 1.6\text{kHz}$ 频率下是最强烈的，在 $f = 3.15\text{kHz}$ 频率下是最弱的，与远场声谱所反映的现象是一致的，噪声源也是集中在前缘缝翼和主翼之间的区域。这一观点与现有资料和文献中的结果基本上是一致的。

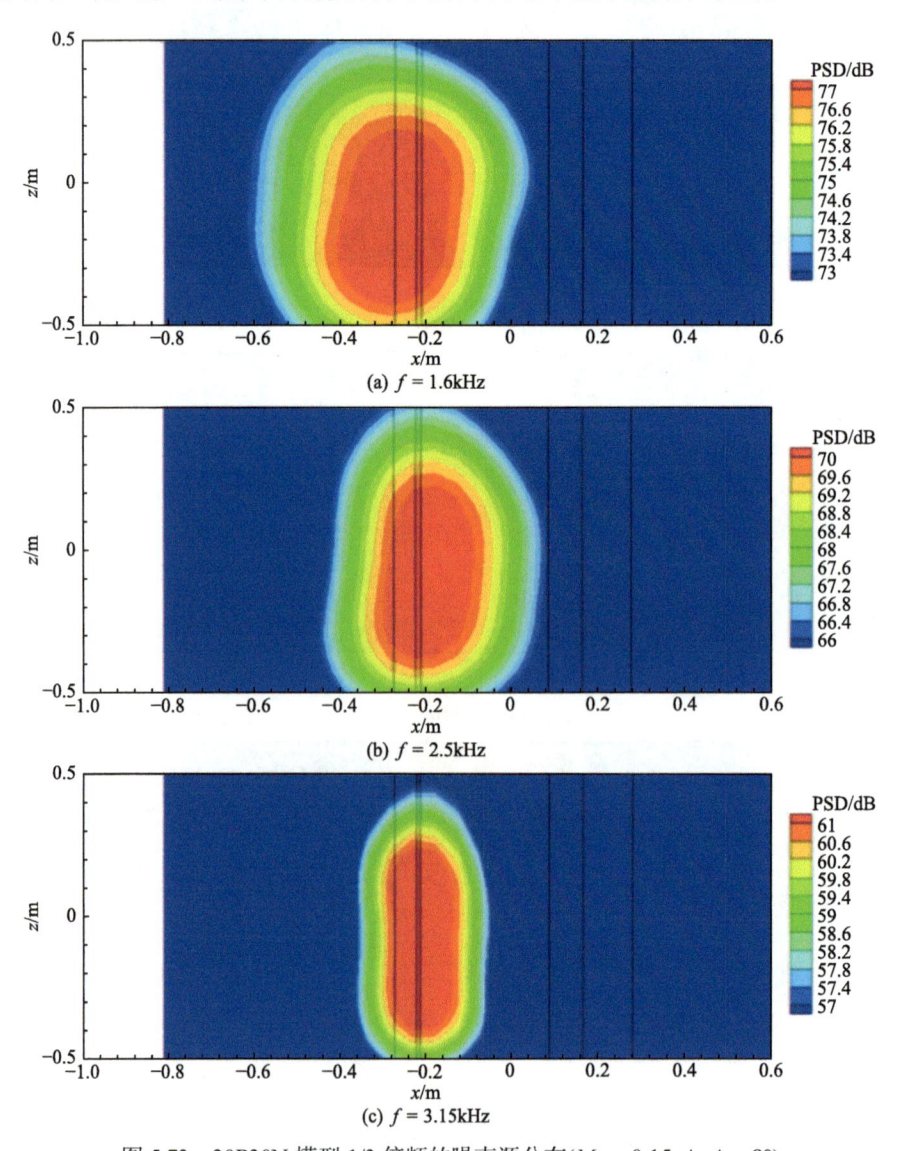

(a) $f = 1.6\text{kHz}$

(b) $f = 2.5\text{kHz}$

(c) $f = 3.15\text{kHz}$

图 5.73　30P30N 模型 1/3 倍频的噪声源分布($Ma = 0.15$, AoA $= 8°$)

5.8.5 小结

通过风洞实验，对 30P30N 多段翼模型的气动噪声进行研究，给出多段翼的远场噪声频谱特性以及声源特性。实验结果表明，多段翼远场噪声主要源于前缘缝翼，由此导致的离散噪声与缝翼凹腔构型形成的空腔噪声有关。

第 6 章 进阶性实验

6.1 昆虫扑翼运动学观测实验

6.1.1 背景和意义

自然界有近 100 万种采用扑翼方式飞行的昆虫，昆虫是最早出现、数量最多和体积最小的飞行者。其中很多物种具备高超且高效的飞行能力，例如，蜻蜓可以实现悬停、侧飞、倒飞等运动；迁飞的飞蝗可以在一天内飞行数百千米。自古至今，扑翼生物的飞行就一直启迪着世人，Leonardo da Vinci 就曾根据自己对鸟类飞行的观察，绘制了人力扑翼机的设计草图。近年来，国内外研究者均设计出了大量仿生昆虫的扑翼飞行器。常规飞行器的雷诺数(Reynolds number)约在 10^7 左右，而昆虫及仿生扑翼飞行器由于尺寸小、速度低，其扑翼特征雷诺数远小于常规飞行器，范围一般为 $10^3 \sim 10^4$ 乃至更低。低雷诺数下空气黏性的影响更加显著，扑动翼受到的黏性力也相对增大，同时，附面层趋于层流特征，容易出现分离。低雷诺数的空气动力学特性较高雷诺数飞行有明显的不同，传统的定常附着流理论难以解释飞行生物通过扑翼获得高升力的机理。昆虫是如何在低雷诺数下产生高升力的，是流体力学和生物学工作者都十分关心的问题。要回答这一问题，毫无疑问首先需要对昆虫扑翼动作有着细致详实的认知，这就要求对自由飞行中的昆虫扑翼开展实验观测。高速相机则是获得昆虫扑翼运动细节的绝佳工具。事实上，鸟类及昆虫的扑翼行为自高速摄影术诞生之日起就一直是热点拍摄对象之一，如图 6.1 中展示了高速摄影术的创始人法国 Étienne-Jules Marey 于 1874 年通

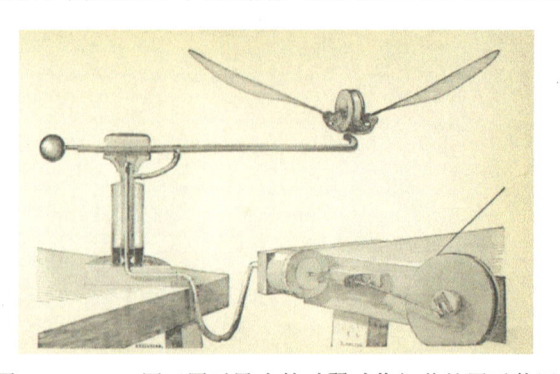

图 6.1 Marey 用于展示昆虫扑动翼动作细节的展示装置

过实验观察发现昆虫扑动翅呈现"8"字形翅尖轨迹，并基于此设计制造出一套展示昆虫扑动翼动作细节的装置。

自此，随着实验观测手段的不断进步，人们采用高速摄影技术对大量昆虫的扑翼飞行开展了实验观测，并结合数值模拟与实验测量技术极大地丰富了低雷诺数扑翼非定常空气动力学的认知。不同于鸟类，昆虫通常以较高的频率(数十至数百赫兹)扑翼飞行，其扑动翅的运动规律也更为复杂，如图 6.2 所示，草蛉悬停飞行时，前、后翅及身体在一个周期内(拍动角、攻角及抬升角等各个角度)与变形(展向、弦向)均呈现出非常复杂的规律，各参数的定义请参考图 6.3。

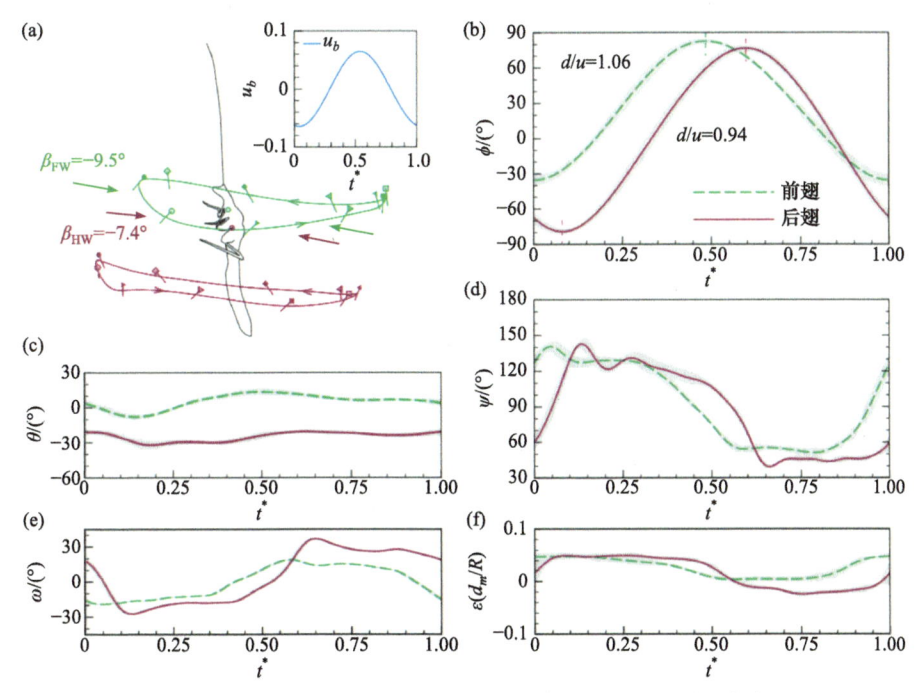

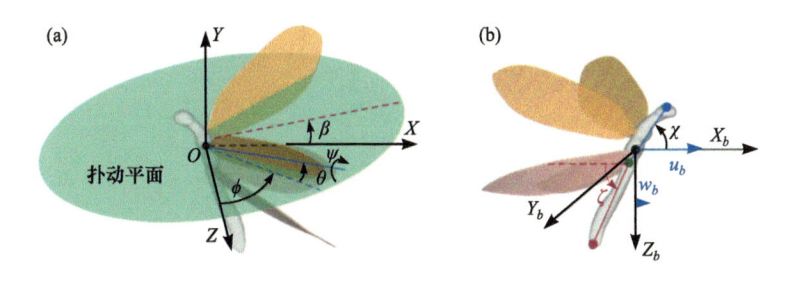

图 6.2 悬停飞行时一个周期内草蛉身体及扑动翅运动学数据
(a) 前后翅扑动轨迹、瞬时姿态与身体速度规律；(b) 前后翅拍动角规律；(c) 前后翅抬升角规律；(d) 前后翅攻角规律；(e) 前后翅弦向扭转规律；(f) 前后翅展向变形规律

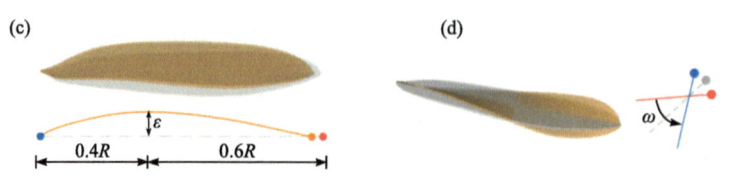

图 6.3　草蛉身体及扑动翅运动学参数定义

(a) 前后翅扑动平面及其倾角(β)、拍动角(ϕ)、攻角(ψ)、抬升角(θ)定义；(b) 身体坐标系($OX_bY_bZ_b$)、水平速度(u_b)与垂直速度(w_b)定义；(c) 翅展向变形(ε)定义；(d) 翅弦向扭转角(ω)定义

本实验以介绍高速摄影为主线，以自由飞行昆虫为对象介绍昆虫飞行实验观测的基本方法、步骤与流程。

6.1.2　实验原理

受限于设备，早期往往采用单个相机对昆虫扑翼飞行开展观测，这首先要求昆虫对称飞行，即昆虫处于悬停或直飞等状态，也就是昆虫无明显侧向运动，显然不适用于昆虫机动动作。其次，昆虫形态上也呈现对称性。同时，单一相机往往会面临遮挡等问题而失效。故此，在近期的研究中几乎全部采用多相机系统来拍摄自由飞行昆虫，后续基于几何光学即可通过对应特征的空间匹配求出运动学。

典型的昆虫扑翼飞行高速观测系统组成示意见图 6.4，三台高速相机(high-speed camera)彼此正交布置且事先对焦于同一点。将实验昆虫放置于飞行箱(flight arena)中以限制其活动范围。由于实验昆虫尺寸往往仅为数毫米，为提高空

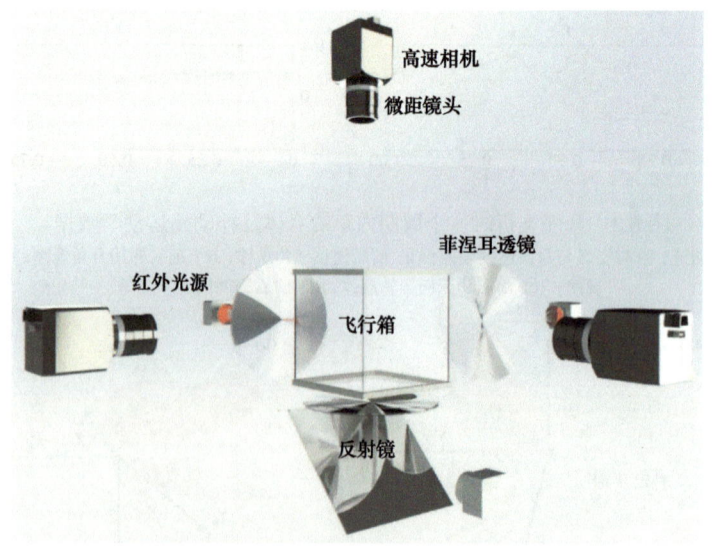

图 6.4　昆虫扑翼飞行高速观测系统示意图

间分辨率,通常拍摄视场较小,仅为数十毫米。故此,宜采用微距镜头(marco lens)。结合昆虫复眼生理特征,实验中一般采用红外光源(IR led)并使用菲涅耳透镜(Fresnel lens)在较大区域内形成均匀背光照明。

实验设计阶段需要集中考虑的参数主要是实验对象的翼展与扑翼频率。以果蝇(fruit fly)为例,其翼展(单侧)约为 3mm,扑翼频率在 100Hz 左右。为了详尽地捕捉其扑翼细节,如一个扑翼周期内获取 50～100 幅图像就需要将高速相机的拍摄频率(frames per second,FPS)设定在 5000～10000Hz。受限于数据带宽,不同型号高速相机在不同拍摄 FPS 下的分辨率也不尽相同,具体数据请参阅高速相机数据表。例如,本实验中所采用的 36G 内存 iX-713 高速相机,其常用拍摄频率、分辨率及时长见表 6.1。当选定拍摄频率与分辨率后,就需要确定拍摄视场的尺寸,这里首要解决的是测量系统的空间分辨率与拍摄时长、难度的矛盾,前者即每像素对应的空间尺寸,自然是越小精度越高;但过小的视野范围也将导致拍摄时长不可避免地缩短及拍摄难度的增大。一般来说,需要保证每侧扑翼图像最少沿展向包含一百个像素点,以果蝇为例,选定拍摄频率在 5000Hz 时,图像水平和竖直方向分辨率为 1904×1416,以短边为基准,设定其视野范围不大于 35mm,即像素数与空间尺度对应关系约为 40pixels/mm,即可保证每翅上沿展向约包含 120 个像素点。

表 6.1 iX-713 高速相机常用分辨率、速率与拍摄时长数据表

拍摄频率(FPS)/Hz	2000	4260	5000	6380	10000	20000	30000	50000
分辨率($H×V$)/pixels	2048×1536	2048×1536	1904×1416	1920×1080	1344×984	952×672	728×546	560×420
时长/s	4.0	1.9	1.9	1.9	1.9	2.0	2.2	2.2

感光度(ISO)、光圈和快门为常规摄影中的三要素,高速相机的 ISO 往往都很高且无法调整,因此需要考虑的仅仅为光圈和快门即曝光时间。前者影响着景深(depth of field,DOF)的深浅,景深是指在相机镜头或其他成像器前沿能够取得清晰图像的成像所测定的被摄物体前后距离范围。光圈的大小、镜头的焦距及焦平面到拍摄物的距离即物距是影响景深的重要因素,其各自的影响如下:

(1) 光圈越大(光圈值 f 越小)景深越浅,光圈越小(光圈值 f 越大)景深越深;
(2) 镜头焦距越长景深越浅、反之景深越深;
(3) 主体即物距越近,景深越浅,主体越远,景深越深。

拍摄频率的选取则应考虑在此时间内，扑动翼的位移在图像中应小于一个像素，否则就会造成运动模糊，加大后续处理的难度。

由于昆虫飞行路径无法预估，为获取清晰的成像需要尽可能大的景深。故实验设计阶段需要综合考量各个限制因素，合理地选取镜头的焦段、光圈的大小与曝光时间，在不发生衍射的前提下尽可能地选择较小的光圈，在背光强度满足需求的前提下选择尽量短的曝光时间。在此实验中，我们使用 Nikon F 接口的 60mm 焦距微距镜头，光圈值设定在 F/8~F/11，曝光时间一般为 20μs。

6.1.3 实验设备仪器和实验过程

飞行扑翼观测实验较为耗时，首先需要以铝型材为支撑件搭建如图 6.4 所示的实验系统并完成多相机标定，然后进行实验昆虫的准备工作，继而开展昆虫自由飞行扑翼高速摄影拍摄，最后完成实验昆虫的形态学测量。下面逐一介绍各流程及步骤。

1. 多相机标定

多相机标定问题是一个烦琐的问题，其精度直接影响后期的基于多相机的三维场景重建精度。本实验遵循张正友的两步标定法，使用棋盘格标定板在 MATLAB 的 Camera Calibration Toolbox 中完成单相机及多相机的标定，具体流程请参考 MATLAB 的帮助文档。

2. 实验昆虫的准备

实验前选取较为健壮、完整且活跃的昆虫，使用吸虫管采集，然后立即将实验昆虫放入容器中，使用二氧化碳气体使其麻醉。使用小号镊子夹取昆虫并用微量天平(BT25S, Sartorius AG, 精度 ± 0.01mg)完成昆虫总重的称量。然后将实验昆虫放置于飞行箱体内。

3. 昆虫自由飞行扑翼高速摄影拍摄

打开各高速相机并设置好分辨率、拍摄频率及曝光时间，检查各相机镜头的光圈数值。确认无误后即可开始高速相机的采集，此时高速相机将不断循环采集图像序列到内存中，一旦观察到实验昆虫飞经实验区域即可按下触发按键，高速相机将事先设定好的时段内所采集的图像保存至相机内存中。逐一检查各高速相机中昆虫的飞行状况，若在各个视角下均获得较为满意的图像序列即可开始经由网络下载图像序列到本地计算机。若对拍摄得到的图像序列不满意或已完成下载,则可再次开始高速相机的采集,如此循环直到获得满意的结果为止。但需注意,每只昆虫的实验时长不宜过长,通常不超过二十分钟。实验拍摄中,可用软毛刷或磁铁等物体轻触实验对象以促使其起飞,也可利用实验对象的不同习性,如趋光性、避水性等,使用其他辅助诱导手段。

4. 实验昆虫的形态学测量

结束高速摄影拍摄后,尽快使用吸虫管取出实验昆虫并将其置入浸有乙酸乙酯或苦杏仁碎的毒瓶中加以毒杀。再次使用微量天平测量昆虫的总重,然后使用解剖刀将昆虫翅切下,测量昆虫的体重。总重与体重之差的一半可视作翅的重量,对于前后俱翅的昆虫,上一步骤需进行两次,分别得到前后翅重量。使用平板扫描仪以较高的分辨率(4800DPI)扫描翅获取翅的平面形状,从不同角度扫描昆虫的身体获取其俯视与侧视轮廓。依照 Ellington 昆虫翅及身体形态学参数定义确定各参数数值。

6.1.4 典型实验结果和分析

图 6.5 给出了近似悬停飞行时,草蛉一个周期内若干特殊时刻各个视角下高

图 6.5 草蛉悬停飞行三视角下一个周期内的扑翼详情。由左至右分别为俯视、正视及侧视图。由上至下分别为下拍开始、下拍中段、上拍开始及上拍中段时刻

速相机采集的图像。由图像获取拍动翅及身体的算法较为复杂，在此不做赘述。逐帧处理所拍摄图像，即可获得如图 6.2 所示身体及前后翅的运动学数据。结果显示，草蛉悬停飞行时左右翅扑动近似对称，扑翼频率约为 30Hz，且腹部亦以相同频率绕胸腹关节点周期性摆动。前翅稍超前于(~0.08T)后翅开始下拍且前翅下拍周期(0.49T)稍短于后翅(0.52T)。前翅拍动角范围(~90°)比后翅拍动角范围约大 30%，前翅平均拍动位置较为靠前(~30°)而后翅前翅平均拍动位置靠近中间(仅 3°)，前后翅拍动角近似正弦变化。前翅的抬升角几乎一直为正值，即在拍动平面之上，而后翅正好相反，这样可以有效避免二者的碰撞发生。在上下拍中段，前后翅均以远大于常规机翼失速迎角的大攻角(40°~50°)拍动，然后迅速翻转翼面朝向与拍动角方向，周而复始。

图 6.6 给出较大的雷诺数范围内八种不同尺寸的昆虫悬停飞行时，一个周期翅尖轨迹、各瞬时扑翼角速度、攻角随雷诺数变化的规律。如图 6.6 所示，较大型昆虫上拍阶段翅尖轨迹较为平滑，而随着雷诺数的降低，其上拍时段抬升角变化幅度加剧，导致其翅尖轨迹呈现越发深邃的"U"字形。这一规律在实验观察及后续的 CFD 分析中揭示了随着尺度的降低与雷诺数的减小，昆虫越发地依赖阻力机理而非升力机理产生托举体重的气动力。

第 6 章 进阶性实验

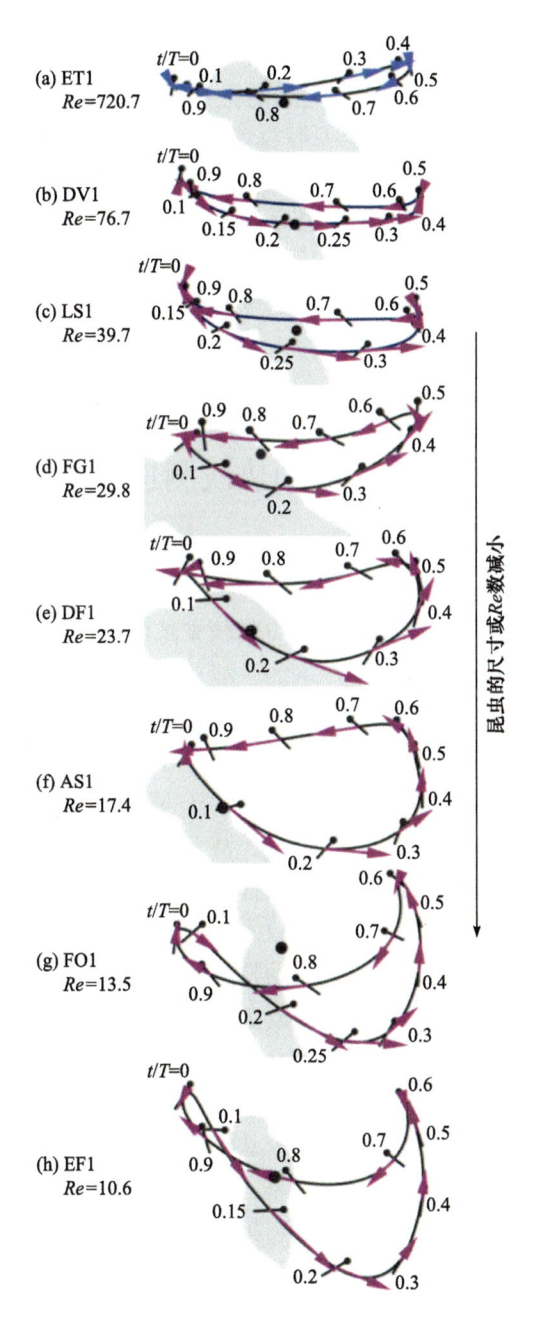

图 6.6 八种昆虫悬停飞行一个周期内的翅尖轨迹与各时刻拍动翼瞬时角速度及攻角

$t/T=0.0,0.1,\cdots,0.9$ 表示一个无量纲周期内各个时刻，紫色箭头表示当前角速度方向及大小，黑色线段表示 r_2 处弦当地攻角，原点为前缘

6.1.5 思考题

(1) 昆虫体长、翅展与拍动频率之间的关系如何？

(2) 昆虫扑翼中段迎角远大于一般翼型的失速迎角，此时采用何种高升力机理？

(3) 不同尺寸昆虫扑动翅形貌上也存在显著差异，请结合日常生活经验分别给出常见昆虫翅的形貌特征。

(4) 不同种类昆虫因习性、生活环境等因素亦呈现出趋同进化，请给出一两个例子。

(5) 昆虫扑翼行为与习性之间的关联，请就常见昆虫举例说明。

6.2 空腔流动热线测速实验

6.2.1 空腔流动研究意义

随着空腔构型在航空航天领域中的应用越来越广泛，空腔非定常流动已成为先进飞行器研发中的常见气动问题。例如，战斗机内埋武器舱打开后，舱内会产生强烈的压力脉动，可能诱发武器舱薄壁结构的疲劳破坏以及舱内电子器件的失灵失效。民用客机起飞和着陆时，起落架舱是主要噪声源之一，若不能有效控制其辐射噪声，将制约客机的适航取证。超燃冲压发动机燃烧室内用于稳定火焰的凹腔，若设计不当，不仅会降低燃烧效率，甚至还可能导致熄火，迫使发动机停车。另外，航天飞机表面的凹陷在一定条件下可能促发转捩，使局部热流增大，导致表面热防护材料失效，酿成发射事故。除了以上几种典型情况，空腔在其他方面也有大量的应用。因此开展空腔流动特性研究，有助于加深对空腔复杂流动的认识，改进空腔气动设计，解决空腔复杂流动诱发的噪声、振动以及分离等一系列问题。

空腔流动涉及剪切层和旋涡的形成与发展，旋涡与固壁的碰撞，激波/旋涡/剪切层的相互作用，流动自激振荡和声腔共鸣等，牵扯到流动、噪声两个物理场的耦合作用，是一种十分复杂的气动现象。研究表明，影响空腔流动特性的因素非常多，如空腔几何外形、来流马赫数、雷诺数以及来流边界层等。腔体流动包含着极其复杂的流动物理现象：波系相交和反射、剪切层/激波干扰等，因此对于腔体流动的研究既有基础理论研究价值又存在实际工程应用价值。

6.2.2 实验装置及模型

空腔流动热线测速实验在北京航空航天大学 D7 气动声学风洞中进行，参见

图 6.7。该风洞为小型回流式风洞。风洞动力段采用低噪声风机设计，风洞内壁设计有声衬降噪结构。风洞实验段长度为 0.5m，出风口截面尺寸为 0.2m×0.2m。射流核心区湍流度小于 0.1%，设计实验风速为 0.1~50m/s。为了满足气动声学风洞的条件，实验段外建有声衬壁面的消声室。消声室尺寸为 1.4m×1.6m×1.884m。在风速达到 50m/s 时，测得室外噪声为 72dBA。

图 6.7　北京航空航天大学 D7 风洞

1. 恒温热线风速仪

本书使用的是丹麦 DANTEC 公司生产的热线风速仪进行空腔流动中流场数据的采集，其速度测量范围为 0.05~500m/s，采样频率最高可以达到 400kHz，本书中使用的采样频率为 100kHz，每次采样时间为 50s，使用快速傅里叶变换对热线信号进行分析时，采用汉宁(Hanning)窗函数，快速傅里叶变换点数设置为 25000，取 200 次结果的平均值，重叠率设置为 50%。实验中用到了两个型号的一维热线探头，分别为 55P11 与 55P14 探头，其示意图如图 6.8 所示。其中 55P11 一维热线探头为最基础也是成本最低的探头，用于测量自由流场中一点的流动特征。55P14 一维热线探头为 L 型探头，在摆放位置上较 55P11 探头更加灵活，适用于边界层以及空腔剪切层的测量。

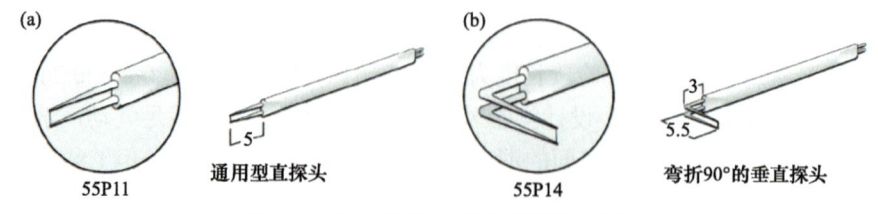

图 6.8 DANTEC 一维热线探头示意图

2. 空腔模型

本次实验研究的空腔材料为铝合金，空腔流向长度 L 为 80mm，展向宽度 W 为 60mm，深度 D 为 120mm。空腔前缘距风洞出风口的距离为 100mm，以空腔前缘中心点为原点 O，来流方向为 X 轴正方向，垂直向上为 Z 轴正方向，垂直 XY 平面远离观察者的方向为 Y 轴正方向，空腔及其坐标位置示意图如图 6.9 所示。

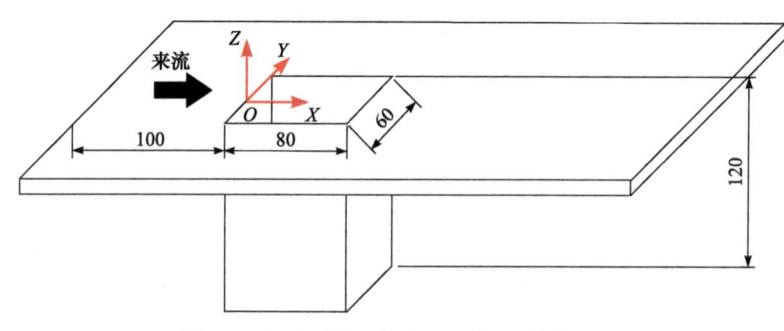

图 6.9 空腔及其坐标位置示意图(单位:mm)

3. 速度测量与数据处理方法

本次实验中的速度测量与数据处理方法同 5.4.2 节所述。

6.2.3 空腔剪切层测量

1. 来流边界层特征分析

空腔来流边界层对空腔自激振荡噪声的特征有着重要的影响，在速度为 22.75m/s 的情况下，使用 55P15 边界层热线探头对空腔前缘边界层进行测量。边界层的测量采取先自上而下再自下而上的测量方法，既能通过两次测量验证结果的重复性，又能通过第一次测量的结果调整测量间隔，得到更加精细的测量结果。如图 6.10 所示为两次测量的结果对比，可以看到本次边界层测量具有良好的重复性，并且通过壁面边界层名义厚度 δ 的定义 $u|_{Z=\delta} = 0.99U$ 可以得到边界层名义厚度为 2.26mm。

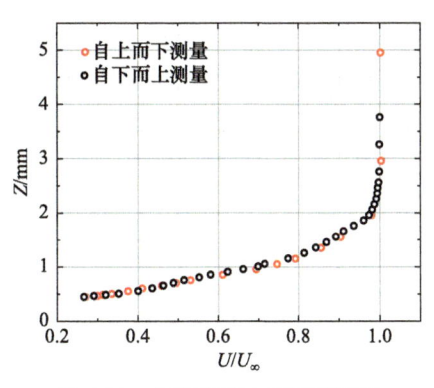

图 6.10 空腔前缘边界层速度型

边界层的位移厚度 δ_1 以及动量厚度 δ_2 都可以通过对边界层内的速度分布进行积分得到，边界层的形状因子 H 为两者的比值，具体定义见公式，实验中得到的值见表 6.2，根据文献给出的形状因子 H 对应的边界层性质，本次实验边界层 $H=2.79$ 大于 2.6 为层流边界层。如图 6.11 所示，通过边界层名义厚度 δ 对其速度分布与壁面的距离 Z 进行归一化，可以看到归一化后的速度分布与布拉休斯(Blasius)层流解吻合良好，也可以证明来流边界层为层流。

表 6.2 来流边界层参数

参数	值
名义厚度	2.26mm
位移厚度	0.81mm
动量厚度	0.29mm
形状因子	2.79

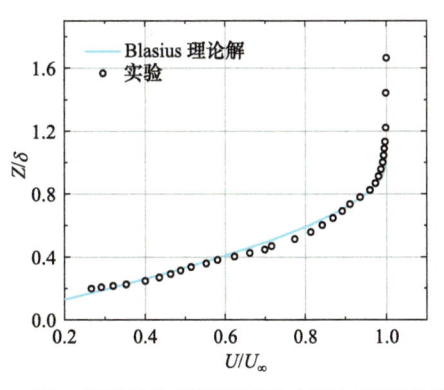

图 6.11 归一化后的边界层速度分布型与正弦曲线对比

来流边界层的 RMS 如图 6.12 所示，当测点位于边界层上方的流场中时，测得的来流 RMS 为 0.64，随着热线探头与壁面距离逐渐减小，即探头逐渐进入边界层中，可以看到在边界层中的 RMS 值是一个先增大再减小的过程，边界层中测得的最大 RMS 为 1.79。边界层中的湍流度特征如图 6.13 所示，随着热线探头与壁面距离逐渐减小，湍流度也呈现出不断减小的趋势。

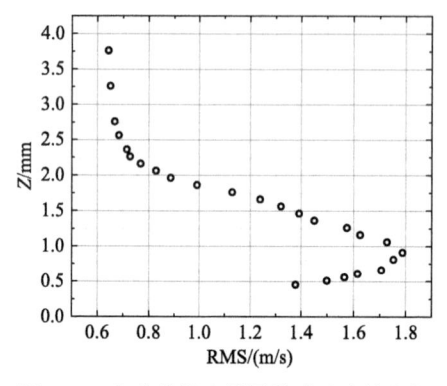

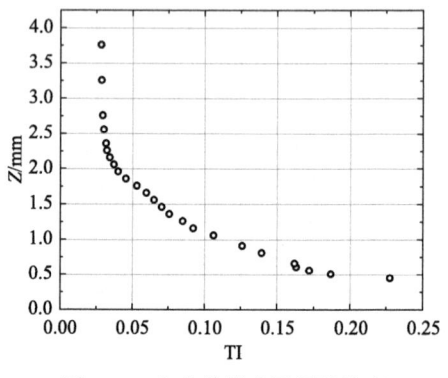

图 6.12　空腔前缘边界层脉动速度均方根

图 6.13　空腔前缘边界层湍流度

2. 空腔剪切层特征分析

在来流速度为 25m/s 时对空腔剪切层进行测量，观察模态切换过程中剪切层的性质，如图 6.14 所示，使用 55P14 热线探头分别测量了 X=10mm、30mm、50mm 以及 70mm 四个流向位置上的剪切层的速度特性，图中四条虚线分别表示实验中测量的四个站位，每条虚线的右侧为此站位所测得的时均速度场的信息，从图 6.14(a) 的剪切层速度分布中可以看出在流向位置为 X=10mm 时，速度由来流速度减小到最低速度的纵向距离最小，随着流向位置的向后移动，剪切层中速度从来流速度

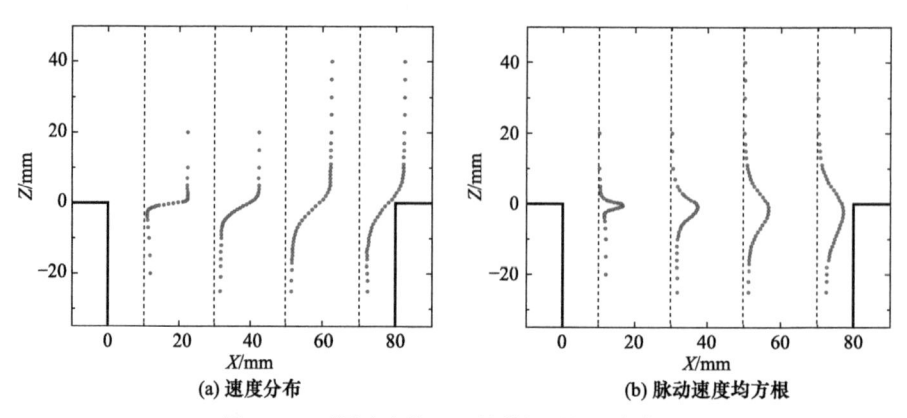

(a) 速度分布

(b) 脉动速度均方根

图 6.14　不同流向位置上的剪切层的速度特性

减小到最低速度的纵向距离不断增大,这反映了由空腔前缘边界层分离产生的剪切层随着流动厚度不断增加的过程。而在 $X=10\text{mm}$ 的站位,在进入空腔后所测得的速度有一个略微增加的过程,这是由空腔内部存在的大尺度回流涡导致的。图 6.14(b)中显示的是不同站位空腔剪切层中的脉动速度均方根值,可以看出,在空腔剪切层中不同站位的脉动速度均方根的最大值基本一致,随着流向位置的向后移动,剪切层的厚度不断增加,导致脉动速度在纵向上的范围不断扩大。并且脉动速度最大值的纵向位置不断降低,这是因为重力的作用,所以剪切层在流动的过程中出现向下偏移的现象。

郭知飞在研究空腔剪切层的过程中使用双曲正切函数对剪切层的特性参数进行拟合,使用 $u(z)$ 来表征剪切层在纵向上对应点的时均速度,剪切层中的速度值应满足公式

$$\frac{[u(z)-(U_\infty-\Delta u)]}{\Delta u}=\frac{1}{2}\left[1+\tanh\left(\frac{z-z_s}{2\delta_\theta}\right)\right] \tag{6.2.1}$$

其中,Δu 表示空腔上表面剪切层速度跨度,z_s 表示空腔剪切层内最大剪切位置相对于空腔上表面的纵向坐标,δ_θ 表示空腔剪切层的动量厚度,这三个空腔剪切层的特征参数都是未知量,需要通过公式进行拟合。

使用双曲正切曲线对不同站位剪切层内时均速度进行拟合,如图 6.15(a)所示,可以看到,不同站位的剪切层时均速度的实验值能与双曲正切曲线有较高的重合度,但在流向上所测站位越靠前,在速度刚开始减小的位置与双曲正切曲线的偏离值越大,这是因为在流向位置比较靠前时,空腔剪切层的上缘有轻微的流动加速现象,所以这部分的实验值较曲线偏大。不同流向位置剪切层通过双曲正切曲线拟合出来的三个特征参数如表 6.3 所示。从表 6.3 中可以看出,随着流向位置向后移动,空腔剪切层内最大剪切位置相对于空腔上表面逐渐降低,这是重力作用的结果,而在 $X=70\text{mm}$ 时 z_s 值有所增高,这可能是由于此位置较为接近空腔后壁面,后壁面对剪切层流动产生的影响导致的。从剪切层的动量厚度来看,剪切层随着流向位置的向后发展,动量厚度在 $X=10\sim 50\text{mm}$ 处是几乎均匀增加的,而在 $X=70\text{mm}$ 处的增加值明显减小,也就是说空腔剪切层的发展是先均匀再减速的增厚过程。而从空腔上表面剪切层速度跨度来看,在 $X=10\text{mm}$ 处,空腔上表面速度最大,为来流速度的 0.93 倍,而其他流向位置的空腔上表面速度值差别不大。

使用拟合出来的空腔剪切层特征参数 z_s、δ_θ 对不同流向位置所测空腔脉动速度均方根值的纵坐标进行归一化,如图 6.15(b)所示可以看出,进行归一化后不同流向位置的脉动速度能有较高的重合度,这说明拟合方法的准确性较高,而当 $X=70\text{mm}$ 时,在 $(z-z_s)/\delta_\theta<0$ 的情况下,脉动速度均方根值比其他几个站位略有增加,这同样是由于此站位过于靠近空腔后壁面导致的。

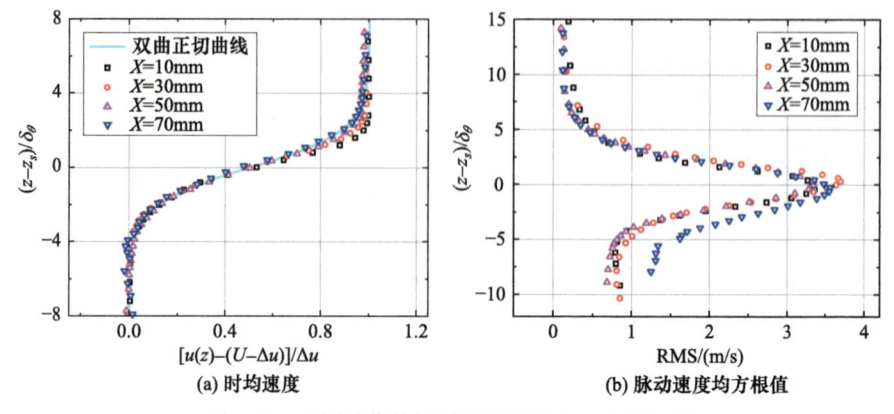

图 6.15　不同站位剪切层速度特性归一化对比图

表 6.3　拟合得到的剪切层特征参数

X/mm	z_s/mm	δ_θ/mm	$\Delta u/U_\infty$
10	−0.4	0.5	0.93
30	−1.5	1.6	0.85
50	−2	2.6	0.86
70	−1.3	3.0	0.82

对流向位置为 $X=10\text{mm}$ 与 $X=70\text{mm}$ 处的剪切层中所测得的速度频谱进行分析，可以看到，在空腔剪切层中基本都能测到两个离散峰的存在，但在流场中不同位置所测得的两个离散峰的强度都有所不同，越靠近剪切层中的最大剪切位置，离散峰越高。

6.2.4　小结

通过热线实验对空腔流场特征进行测量和分析，测得空腔来流边界层为层流，并得到了空腔剪切层中的时均速度分布以及脉动速度均方根值分布。通过使用双曲正切曲线对空腔剪切层的速度分布进行拟合，可以发现剪切层最大剪切位置先增高再降低的变化规律，以及剪切层的动量厚度随流向位置的增加而不断增大的特性。

6.3　机翼俯仰振荡迟滞环动力学测量实验

6.3.1　机翼俯仰振荡研究背景

现今，以 F-22、F-35、T-50 和歼-20 为代表的第四代战斗机(新标准为第五代)的出现将空战推向了一个新的高度。四代机 4S 标准 super maneuverability(超机动性)，super sonic cruise(超声速巡航)，stealth(隐身性能)，superior avionics for battle awareness and effectiveness(超视距打击)将机动性能放在了首位。虽然有人预测说第四代战斗机所主宰的空战将主要在超视距的量级上进行，但机载雷达在超视距范围内发现敌机的可能性将随着现代战斗机隐身性能的不断提高而大幅降低。因此，若空战时敌我双方战斗机的隐身性能差不多，再加上电子干扰等的影响，则战斗机间发生近距格斗的可能性将非常大。近距格斗可以说是最传统的空战模式，飞机的机动性好坏往往决定了战斗的胜负。在近距格斗中，防守方的飞机必须要有较高的速度和转弯速率来摆脱攻击，而进攻方的飞机则要有快速锁定并攻击和保持高于对手的转弯速率的能力以有效发动攻击。防守方的飞机转弯时间越长，对手就有更充足的时间来锁定目标并发动攻击。虽然新出现的高机动性、高可靠度全向空空导弹能大角度离轴发射，但拥有将机头快速指向目标的能力依然能使进攻方掌握先发制人的优势。因此超机动性对于现代战机来说依旧极其重要。

超机动性不仅要求战机具有较高的转弯率和爬升率以在进攻和防守的过程中占据和保持较为有利的位置，更要求战机在机动过程中可以迅速改变机头指向从而在进攻中快速锁定对方或在防守时进行非常规机动躲避。在 2013 年巴黎航展中 Su-35 战机通过一系列快速筋斗和旋转充分展示了超机动性在现代空战格斗中的重要意义，而早在 1989 年的巴黎航展上，"普加乔夫眼镜蛇机动"就已经成为衡量战斗机是否具备超机动性能的招牌动作之一。

为了兼具低速大迎角机动的能力，旋涡分离流设计成为新一代战斗机设计的主要方向。这种布局设计理念的战机通常采用以三角翼为基本布局的布置方式，借助前缘涡产生的涡升力提升战机大迎角下的过失速机动性能，如图 6.16 所示。

(a) F-22 战斗机　　　　　　　　　　(b) 歼-20 战斗机

图 6.16　现代战斗机

在飞机进行低速大迎角、高俯仰速率的飞行过程中，机翼周围的流场处在强非定常状态，其气动力也将会产生迟滞环，因此，飞机的气动性能与正常巡航状态有很大不同。所以，研究三角翼布局战斗机做大振幅俯仰机动时的气动特性、探究其迟滞现象背后的机理，进而能够预测这种气动迟滞现象，对当今战斗机的设计具有重要意义。

6.3.2 气动力迟滞原理

到目前为止，关于静态三角翼，研究者已经做了非常深入和广泛的研究，主要分为气动力和流场结构两大部分。Earnshaw 和 Lawford 对不同后掠角的三角翼进行了测力研究，他们发现随着后掠角的增加，三角翼的失速迎角和最大升力系数会得到显著提高，小迎角下升力曲线斜率会相应变小。在流场方面，静态三角翼流场结构的最大特点是在背风面卷起形成的一对反向旋转的前缘涡，前缘涡产生的涡升力极大推迟了机翼的失速迎角。而涡破裂的出现导致涡升力的丧失，随着涡破裂位置不断前移，机翼失速。

当三角翼做俯仰振荡运动时，相比于静态情况，俯仰运动使得失速迎角增大，气动力系数出现迟滞环，迟滞环尺寸与振荡幅值、俯仰频率等因素都密切相关。过往研究中主要通过缩减频率 k 来定义俯仰运动的非定常性。对于线性的俯仰运动，缩减频率定义为 $k = \dot{\alpha}c/2U_\infty$，其中 $\dot{\alpha}$ 为角速度，c 为弦长，U_∞ 为远前方来流速度；对于周期性的俯仰运动，缩减频率定义为 $k = \pi f c/U_\infty$，f 为俯仰运动的频率。

当三角翼大振幅俯仰振荡时，上仰过程中前缘涡的发展发生迟滞现象，从而使翼面上出现前缘涡及涡破裂的迎角推迟(图 6.17)，进而提升了升力系数；而下俯过程中，前缘涡的再生成同样发生迟滞现象，使前缘涡的存在迎角范围减小，进而减小了升力系数。在研究中，飞机上仰及下俯过程中，气动力系数包裹形成

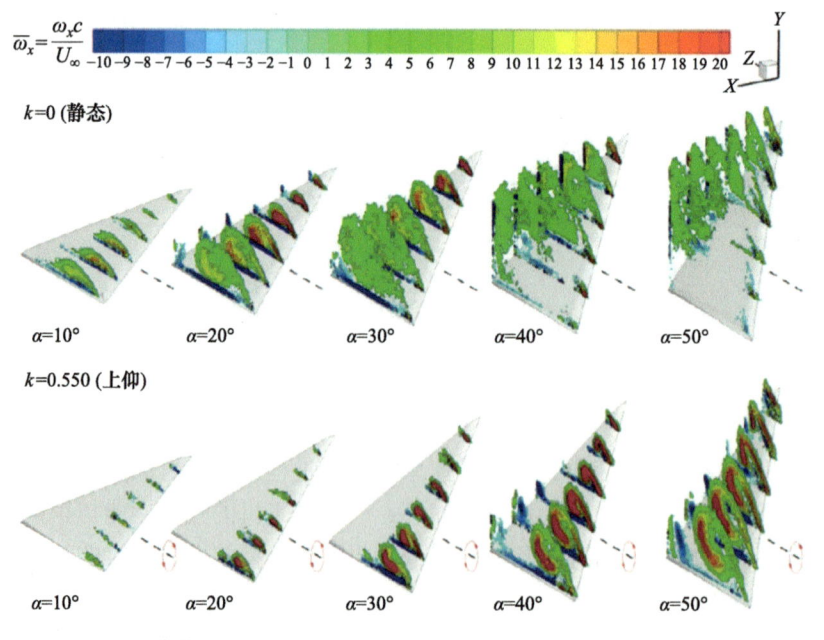

图 6.17 半模三角翼在静态及上仰过程中不同迎角下的流向涡量分布

的图形被称为"迟滞环"。当缩减频率增加时,此迟滞现象更为明显,表现为前缘涡的生成迎角更为滞后,涡破裂将在更大的迎角出现,因此机翼的失速迎角将被进一步推迟。

6.3.3 实验设置

以下以北京航空航天大学刘沛清教授课题组进行的三角翼俯仰振荡实验为例,介绍实验设置。

如图 6.18 所示,本实验在北京航空航天大学沙河校区陆士嘉实验室的低雷诺数回流水槽中进行,此水槽建立于 2012 年,上游设有两道 25%的穿孔板和两层 30 目的阻尼网,是一座低速、低湍流度($\varepsilon=\sqrt{\overline{u'^2}}/U_\infty \leqslant 1\%$)、低噪声的循环式水槽。

图 6.18 陆士嘉实验室低湍流度回流水槽

该水槽可提供的稳定流速范围为 0~0.5m/s,实验段尺寸长 6000mm,横截面宽 400mm×高 525mm,四周由优质透明钢化玻璃围成。实验模型采用铝合金制式的半模三角翼,后掠角 $\Lambda=50°$,根弦长 c_r 为 156mm,模型厚度为 4mm,在前缘与尾缘进行双边 45°对称倒角处理。

本实验通过大振幅变频率的动态俯仰机构来完成模型的"眼镜蛇"机动过程。这套机构由伺服电机产生的匀速圆周运动通过圆周-线性运动转换模块、皮带传动机构和齿轮齿条传动机构的传递可最终转换为研究所需的正弦俯仰振荡运动。通过调节电机的转速与圆周-线性运动转换模块上电机的偏心距,可以确保当前的动态俯仰机构实现-60°~60°迎角范围内不同缩减频率下的俯仰振荡过程。模型运动中的瞬时迎角由固连在齿轮-齿条传动机构上的角度传感器进行记录,升力大小通过实验室的四分量测力天平测得并借助数据采集系统收集并传输进电脑的处理程序中,如图 6.19 所示。

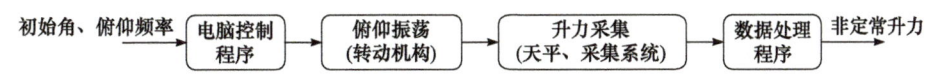

图 6.19 实验操作示意图

进行实验时,模型正弦俯仰振荡的旋转轴通过主翼的质心,即俯仰轴位于 2/3 倍主翼根弦长处,俯仰角范围为 0°～60°,俯仰运动的具体表达式如下

$$\alpha = \frac{\pi}{6} - \frac{\pi}{6}\cos(2\pi ft) \quad (6.3.1)$$

式中,f 为俯仰运动频率,t 为运动时间。

实验中对于 0°～60°迎角范围内动态俯仰构型的俯仰频率选择如表 6.4 所示。

表 6.4　动态俯仰实验频率

俯仰频率 f/Hz	0.025、0.05、0.1、0.2、0.25、0.4
缩减频率 $k = \pi f c_r / U_\infty$	0.069、0.138、0.275、0.55、0.689、1.102

6.3.4　数据采集及处理过程

1. 数据采集

实验中,静态模型在单个迎角下采样时间为 60s;对于稳定后的俯仰运动,在单个固定频率下采集 60 个周期的数据进行相位平均作为单个俯仰运动周期内的数据。

在气动特性测量的过程中,由于天平轴向与重力方向平行且并不监测该方向的作用力,因此在测量过程中模型和天平的自重对实验没有影响。静态测量结果即为随体作用力;对于动态俯仰过程中的气动力测量,在水槽上水前针对空气中的构型先进行动态测量作为基准(惯性力),水槽上水运行稳定后的动态测量结果减去基准后即可获得最终的动态随体气动力数据。

2. 气动力计算

气动载荷采集系统测得的数据最终结果以无量纲系数展示和分析,升力系数 C_L 和阻力系数 C_D 以如下公式计算,其中 L 为升力,D 为阻力,ρ 为来流密度,U_∞ 为来流速度,S 为参考翼面积

$$C_L = \frac{L}{\frac{1}{2}\rho U_\infty^2 S} \quad (6.3.2)$$

$$C_D = \frac{D}{\frac{1}{2}\rho U_\infty^2 S} \quad (6.3.3)$$

3. 误差分析

当进行测力实验时,实验结果的真值通常是不可知的,因而无法直接进行误差计算,但是我们可以对测量结果的不确定度(Δ)进行具体的评议。所谓不确定度,

是指由于测量误差的存在，对被测量结果的可信性、有效性的不确定程度，可用于定量地反映测量数据的质量，不确定度越小，测量结果与被测量真值越接近。式(6.3.4)给出了常规实验中不确定度的简化评定方法

$$\Delta = \sqrt{\sigma^2 + \Delta_{仪}^2} \tag{6.3.4}$$

式中，σ 代表多次重复测量数据的统计学标准差，$\Delta_{仪}$ 代表仪器设备的不确定度。对于测力实验，$\Delta_{仪}$ 主要源于测力天平的测量不确定度，据说明书 $\Delta_{仪} \approx 0.5\%$。

为对实验中具体测力数据的不确定度展开分析，将三角翼布局在水槽中进行 6 次重复性的静态测力，以此实验结果进行测量不确定度的计算，计算出的相应结果在表 6.5 中列出。

表 6.5 三角翼静态升力系数的不确定度计算

$\alpha /(°)$	$\overline{C_L}$	σ	Δ
0	0.01103	0.02154	0.02211
3	0.17214	0.02456	0.02506
6	0.35827	0.03038	0.03079
9	0.51037	0.03432	0.03468
12	0.66375	0.02498	0.02548
15	0.76511	0.02365	0.02417
18	0.86581	0.03794	0.03827
20	0.90199	0.02862	0.02905
22	0.89962	0.0231	0.02363
24	0.8897	0.02567	0.02615
26	0.89815	0.02942	0.02984
28	0.8599	0.04112	0.04142
30	0.81989	0.03743	0.03776
32	0.785	0.0462	0.04647
34	0.77297	0.02375	0.02427
36	0.76114	0.03925	0.03957
39	0.74204	0.02972	0.03014
42	0.71716	0.02748	0.02793
45	0.71726	0.04083	0.04114
48	0.69076	0.04473	0.04501
51	0.67245	0.0333	0.03367
54	0.63624	0.04718	0.04744
57	0.57839	0.0488	0.04906
60	0.54114	0.03632	0.03666

由表 6.5 可得，最大平均升力系数 $\overline{C_{L\max}}$ =0.90199，所测迎角范围内的平均不确定度 $\overline{\Delta}$ =0.0337，则平均相对不确定度 $\overline{\Delta_r}$ =100%× $\overline{\Delta}/\overline{C_{L\max}}$ =3.74%。基于表 6.5 的数据值，图 6.20 绘出了三角翼静态测力的平均值与误差分布情况。

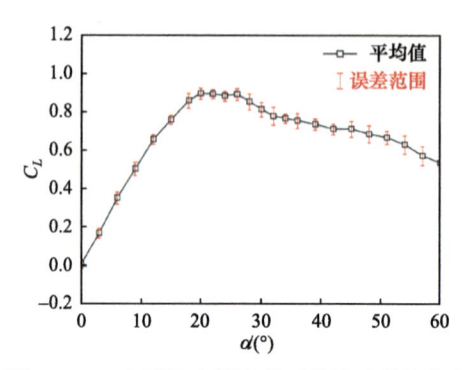

图 6.20 三角翼静态测力的平均值及误差分布

6.3.5 测量结果

图 6.21 和图 6.22 分别给出流速维持在 0.178m/s 时，三角翼在不同缩减频率下的升力系数、阻力系数曲线。

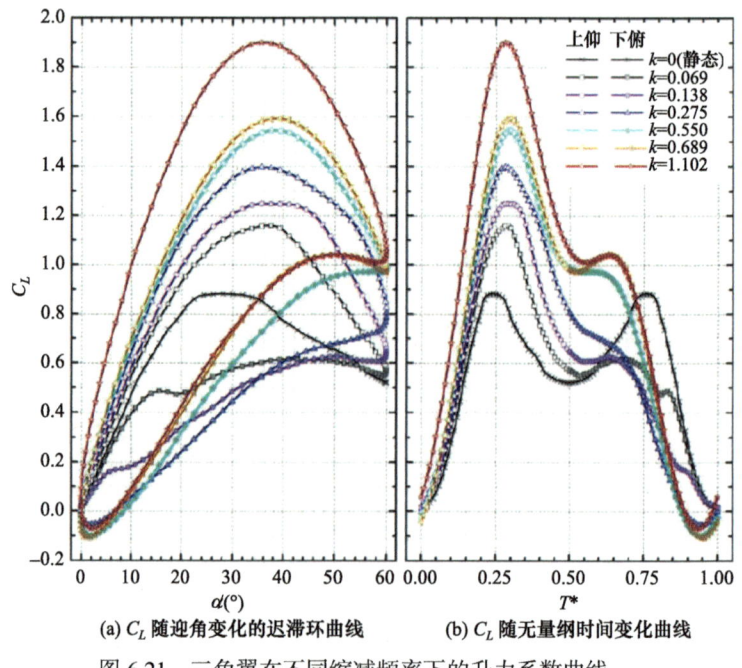

(a) C_L 随迎角变化的迟滞环曲线　　(b) C_L 随无量纲时间变化曲线

图 6.21 三角翼在不同缩减频率下的升力系数曲线

缩减频率对三角翼布局的气动特性有很大影响。在较低缩减频率下的 C_L 迟滞环可以基本包裹静态的气动力曲线，随着缩减频率的增加，迟滞环首先体现为极值位置的 C_L 超过静态数值和迟滞环的向外扩张，C_D 迟滞环与 C_L 迟滞环类似。在更高的缩减频率工况中，下俯过程在小迎角区域会产生负的升力。

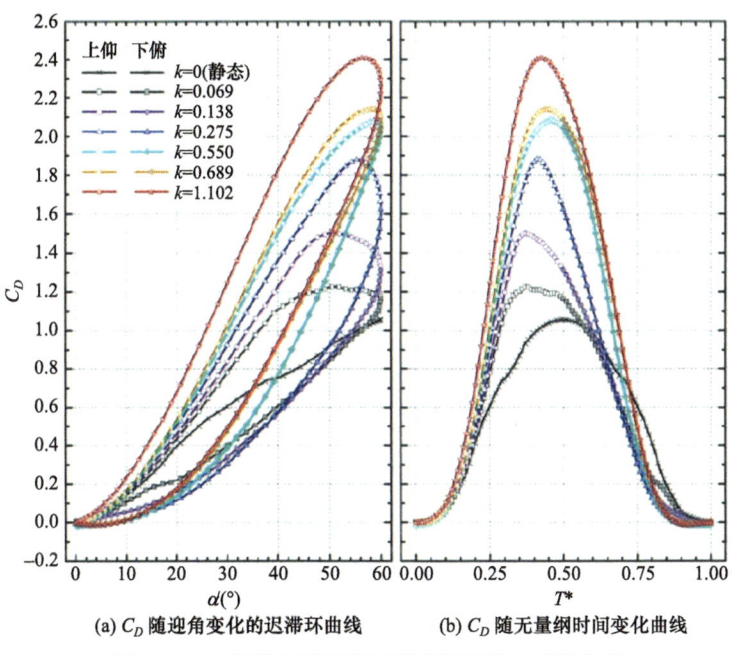

(a) C_D 随迎角变化的迟滞环曲线　　(b) C_D 随无量纲时间变化曲线

图 6.22　三角翼在不同缩减频率下的阻力系数曲线

6.3.6　思考题

(1) 评价现代战斗机性能好坏的"4S"评价标准都是什么？什么是超机动性？

(2) 与保持静态(固定迎角)相比，机翼在做动态俯仰时，气动力随迎角变化上有哪些特点？

(3) 对于典型分离流三角翼布局，出现气动力迟滞的流动机理是什么？缩减频率对此有什么影响？

(4) 想一想：与三角翼相比，带有边条翼或鸭翼的战斗机布局在做俯仰机动时，气动力变化有什么不一样？

6.4　微流动 Micro-PIV 测量实验

6.4.1　背景和意义

微尺度粒子图像测速技术(micro scale particle image velocimetry，简称

Micro-PIV)，是微流体学基础研究以及微流体应用优化方面的有力的实验工具，被广泛应用于生命科学、微流控芯片、生物医药、微化学工程、分析化学以及其他相关领域的实验研究中。该方法在 PIV 技术的基础上发展而来，两者原理基本相同，都是通过已知时间间隔的跨帧图像对之间的相关性匹配来获得局部范围内示踪粒子的空间平均位移，从而获得速度信息的一种非接触式、全局、定量的测速技术。但是，两者在光路设计以及部件组成方面有着很大的差异，因此被认为是两种独立的测速技术。

Micro-PIV 最早于 1998 年由 Santiago 等首次提出，他们利用落射荧光显微镜对离散的粒子图像进行记录，通过互相关算法计算得到速度场，其空间分辨率小于 10μm。近年来，Micro-PIV 已经不断发展为一种成熟、标准的实验手段，并在此基础上有很多的拓展与变化，基于这项技术的研究成果越来越多。Sinton、Lindken 等以及 Wereley 和 Meinhart 对此进行了详细介绍。与传统 PIV 技术相比，Micro-PIV 的示踪粒子粒径相对于照射光源波长较小、布朗运动明显，测量体采用体光源照射。这些差异也是影响 Micro-PIV 实验不确定性的主要因素。

牙齿健康与我们息息相关。根管治疗术(root canal therapy)，又称牙髓治疗(endodontic therapy)，是牙医学中治疗牙髓坏死和牙根感染的一种手术。对于未能以一般补牙修复的蛀牙，根管治疗可尽量保留自然牙，临床上与拔牙术互补。然而，即使是一些执行高标准治疗流程的根管，仍然会出现治疗失败的情况。临床实践及术后分析表明根管冲洗的效果与治疗效果密切相关。由于根管超填，冠部封闭状态欠佳，根管侧穿未发现和治疗过程中断针、棉捻、纸片的遗留等医源性因素，以及冲洗不干净导致根管内微生物感染等因素均可能导致手术失败。

冲洗液在不同冲洗方式的搅动或者冲击下进行杂乱无章的运动，由此使得牙本质碎屑、玷污层等杂质被剥离并携带出根管，而且可以使得化学消毒液与根管内致病菌充分接触以杀死细菌。从微观角度而言，为分析其背后的物理作用机制，需要从冲洗引起的流动结构以及流场强度入手，由此对其作出诊断与评价。从临床治疗的角度出发，通过体外实验对冲洗牙根管时产生的流场进行研究，有利于把握不同冲洗方式背后的机理，并且通过定量的测量与计算对冲洗作用的程度进行评估，给临床治疗提供指导性意见。从科学研究的角度出发，牙根管属于具有复杂结构的微管道，对管内冲洗流场的研究，属于介观尺度流体力学的范畴，而利用流体力学的知识与方法对牙根管内流场进行测量与探究，也是医工结合的跨学科研究方法的一个重要应用。

6.4.2 实验原理

目前临床上常见的激光辅助冲洗手段中的激光类型主要为铒(Er)族激光，包括 Er:YAG 激光和 Er, Cr:YSGG 激光(俗称"水激光")。利用激光进行根管冲洗，可在根管内产生强烈的空穴效应和冲击波以促进冲洗剂迅速流动。

本实验主要针对三种激光辅助冲洗的模式进行探究，分别是：光子诱导光声流(photon-induced photoacoustic streaming，PIPS)、冲击波增强发射光声流(shock wave enhanced emission photoacoustic streaming，SWEEPS)、微短脉冲(micro short pulse, MSP)。三者的主要区别在于脉宽以及脉冲排布形式(图 6.23)。

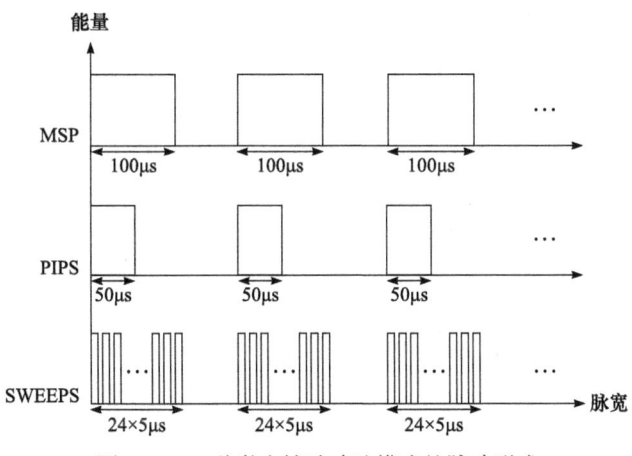

图 6.23 三种激光辅助冲洗模式的脉冲形式

三种模式的脉冲波形均为方波，对于 PIPS 模式，激光脉冲的脉宽为 50μs；对于 MSP 模式，激光脉冲的脉宽为 100μs；而对于 SWEEPS 模式来说，每个激光脉冲中又包含 24 个子脉冲，而每个子脉冲的脉宽为 5μs，以上模式每个脉冲的能量可调，脉冲能量以及工作频率共同决定了该激光辅助振荡系统的工作功率，而功率的选择依据实际临床需求。

实验中三种模式的工作频率均设定为 15Hz，能量根据需要分为 20mJ、30mJ、40mJ 和 50mJ 四个不同挡位，冲洗用激光选择波长为 2940nm 的铒激光。

6.4.3 实验设备仪器和实验过程

1. 实验搭建及准备

Micro-PIV 系统由示踪粒子、光学成像系统和计算机图像处理系统三部分组成，如图 6.24 所示。其中，二向色镜又称为分色镜，用来选择性地透射一定范围内波长的光而折射其他波长的光。实验中，绿光被折射，而橙黄色光可以透射。同步器通过时钟信号触发控制相机快门和激光脉冲同步，保证获得一对或者连续几对可以用来计算速度场的粒子图像。物镜前方测量体内均匀散布有荧光粒子作

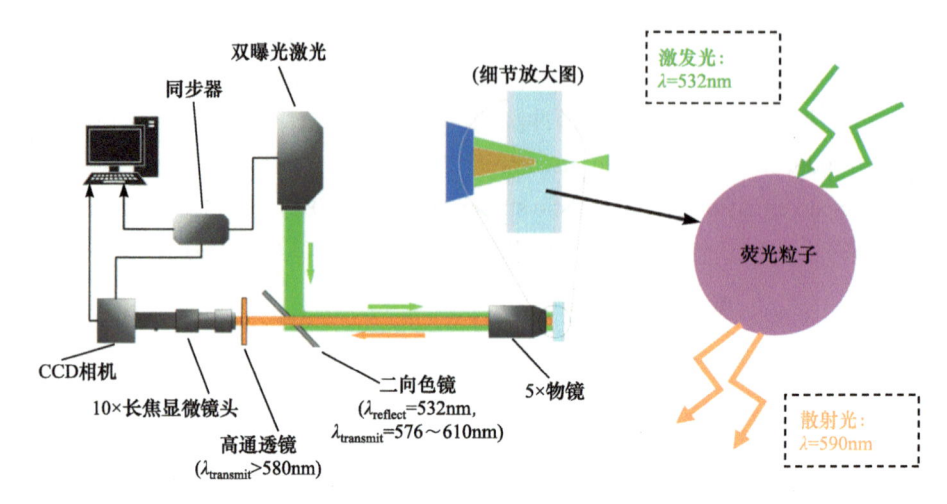

图 6.24　Micro-PIV 实验平台及荧光粒子示意图

为示踪粒子，粒子直径约为 7μm，表面镀有荧光染料罗丹明-B，该染料在低波长的绿色激光的照射下，被激出橙黄色的荧光。

图 6.25 为本实验中的牙根管模型，模型材质为有机玻璃(聚甲基丙烯酸甲酯，PMMA)，具有透光度高的特点，有利于在 Micro-PIV 实验中清晰成像。

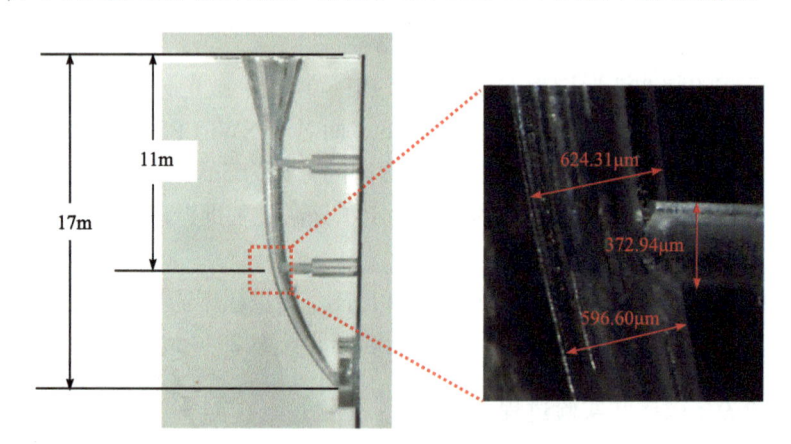

图 6.25　带有侧枝的牙根管模型

该模型除了一个长 17mm、根尖直径 0.30mm、锥度为 5%的呈弯曲状的圆锥形主根管之外，还有两个水平的侧枝根管与之相连通。其中红色虚线框给出了本实验研究的测量范围，其具体尺寸见右侧，侧枝根管的直径约为 373μm。在整个实验过程中，为模拟真实牙齿环境，两个侧枝根管的末端以及根尖处全部用红蜡片封堵，避免冲洗液侧漏。实验前，会利用蒸馏水对模型内部进行多次冲洗；实验时，根管内充满经过超声充分振荡搅拌的蒸馏水以及示踪粒子混合液，以减少粒子结块现象的出现。

2. 图像后处理

在实验过程中，尤其是注射器针头冲洗的实验中，由于牙根管模型内壁并非完全光滑，加上根管模型空间狭小，形状弯曲，而且存在分支结构，示踪粒子很容易黏附在根管壁上以及根管交界处，使得拍摄得到的粒子图像质量受到影响，从而影响速度场的结果。此外，由于实验中图像的形成经过了光学系统多次放大，因此粒子的像素直径要比传统PIV实验中的粒子直径大将近一个量级，若运用传统PIV的互相关算法，那么其查询窗口就需要相应增大来保证匹配的成功，这使得速度场计算的分辨率受到限制。为解决上述困难，提高速度场的计算精度，可首先采用基于本征正交分解(POD)的去噪声背景方法对粒子图像进行前处理，再利用基于光流法的MILK算法进行粒子匹配，获得速度场。

在POD的去噪过程中，首先将拍摄得到的一组粒子图像分成奇数组和偶数组两组，之后利用该方法对图像序列进行处理，结果见图6.26。对比POD处理前后黄色虚线圆内部区域的图像，大块光斑被有效去除，而粒子变得更加清晰可见。结果表明，基于POD的图像前处理方法有效地去除了模型内壁黏附杂质而形成的光亮背景，并在一定程度上减小了图像的噪声。

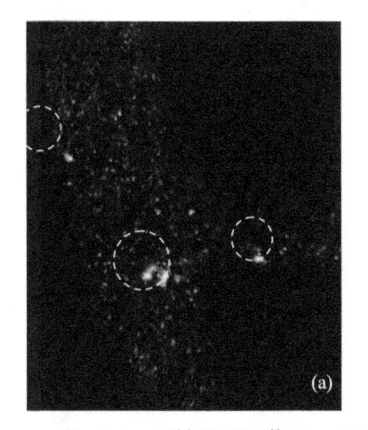

图 6.26 原始粒子图像(a)；POD去背景处理之后的粒子图像(b)

传统PIV通常使用互相关技术获得速度场信息，而该技术精度依赖于查询窗口大小，一般经验是，每个查询窗口内至少要包含3~4个粒子。若采用此方法，则本实验需要很大的查询窗口进行粒子匹配。而光流法基于图像灰度信息时空变化的连续性约束条件计算速度场，理论上可以摆脱查询窗口大小的束缚，提高测量精度。不失一般性，利用该算法对数值模拟生成的一组粒子图像对(参数见

表 6.6)进行计算,其中预设速度场的竖直方向速度为零,水平方向速度在壁面处为零,随高度线性递增,水平速度最大位移量为 15 个像素。

表 6.6 数值模拟生成粒子场的相关参数

X 向粒子平均直径/像素	28	粒子图像大小/像素	2456×2058
Y 向粒子平均直径/像素	28	粒子填充率/%	0.5
粒径标准差/%	0.1	片光源厚度/像素	100
Z 向粒子位置标准差/%	0.5	最大位移量/像素	15

图 6.27 为 MILK 算法以及传统互相关算法(CORR)得到的速度场与真实速度场(Real)的对比情况:水平和竖直方向速度绝对误差的概率密度曲线图以及累积分布曲线图,其中子图(a)和(b)为瞬时场的对比结果,(c)和(d)是由 50 个瞬时场系综平均而得到的平均场的结果。

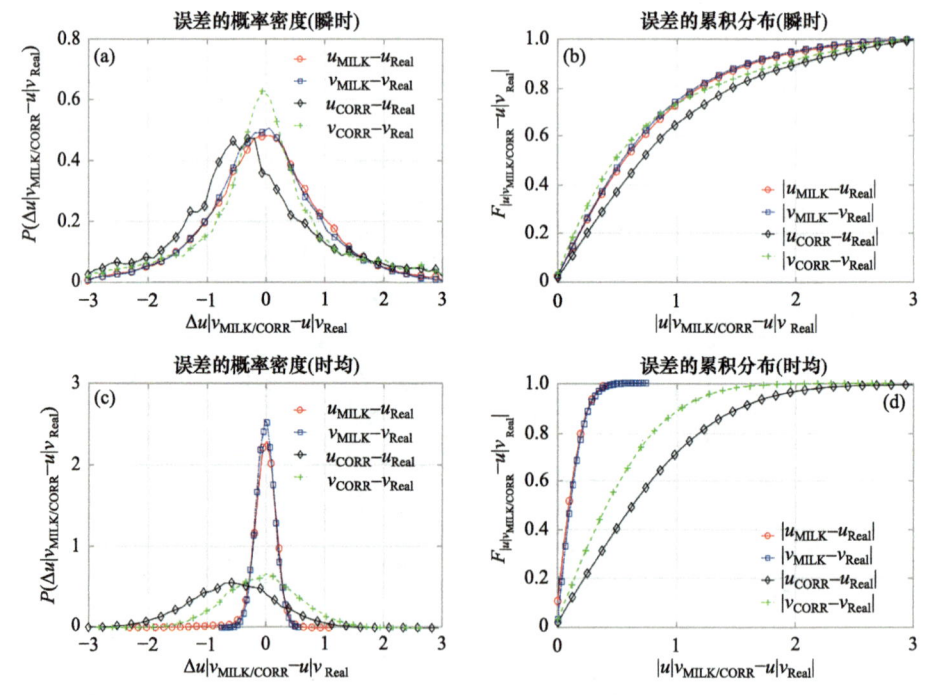

图 6.27 互相关及 MILK 算法瞬时和平均结果与真值相比的绝对误差(像素)

可以看出,在瞬时结果中,对于竖直方向速度,两种算法差异不大,1 个像素的绝对误差约占总结果数的 70%,而 2 个像素的绝对误差约占总结果数的 95%以上,经计算,这两个绝对误差约为预设粒子直径(28 个像素)的 3.5%和 7.1%;

而对于水平方向的速度，互相关算法的概率密度曲线峰值偏移零点，而 MILK 算法结果与其水平方向基本无异。对于平均场的结果来说，MILK 算法结果有明显的提高，绝对误差在 0.3 个像素以下(90%)，约为粒子直径尺寸的 1.1%；而互相关算法得到的结果与瞬时结果相比变化不大。由此可见，MILK 在计算 Micro-PIV 拍摄得到的粒径较大的粒子图像时与传统互相关算法相比有着较高的可信度，而且不需要受制于查询窗口大小的选择。

6.4.4　典型实验结果及分析

1. 不同冲洗模式下的瞬时流场结果

图 6.28 为三种不同模式的激光器辅助冲洗在 20mJ、15Hz 的工作能量和频率作用下，低频连续采样得到的瞬时速度场结果。

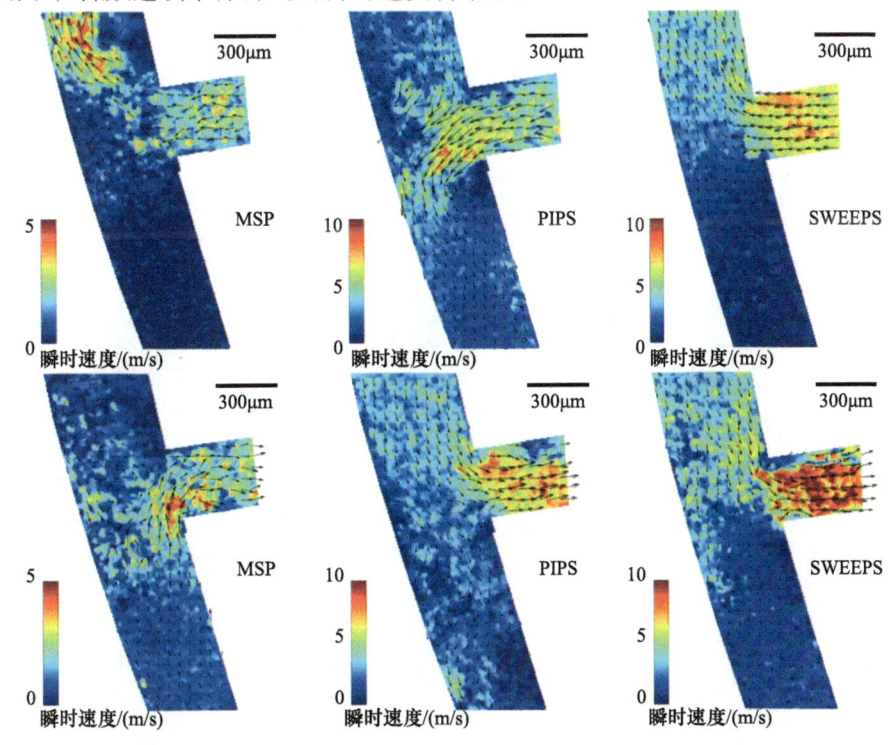

图 6.28　三种激光冲洗模式 20mJ、15Hz 工况下的瞬时流场

从图 6.28 中可以看出，相比于注射器针头冲洗以及超声振荡冲洗，激光辅助冲洗产生的流场速度显著增大，增加可达一个量级以上。MSP 模式下，局部最大速度约 5m/s；PIPS 模式下，局部最大速度约 8m/s；而对于 SWEEPS 模式，局部最大速度超过了 10m/s。这是因为 PIPS 模式较 MSP 模式单个脉冲的脉宽更窄，相同功率下每个脉冲的能量更加集中，工作尖对局部冲洗液的加热更加迅速，因

此气泡的膨胀与塌陷更加剧烈，于是可以获得更加高速的流动；而 SWEEPS 的波形比较特殊，每一个激光脉冲又包含多个子脉冲，因此在这种模式下的每一个脉冲中，前一个子脉冲的激励会形成气泡，这些气泡破裂又有可能会形成二次气泡，而在这些气泡还没有完全湮灭的时候，紧接着会由于后一个子脉冲的作用形成新的气泡与二次气泡，并作用于上一个子脉冲形成的那些气泡。由此，多个子脉冲之间产生的气泡会相互作用，产生气泡之间膨胀又破裂的级串效应，推动根管内的冲洗液产生极其高速的流动。

2. 不同冲洗模式下的平均流场结果

根据侧枝根管截面整体平均速度的方向以及大小，选择速度方向相同而且大于该方向速度整体平均值的瞬时，对多次测量的多组实验数据取条件平均，结果如图 6.29 所示。

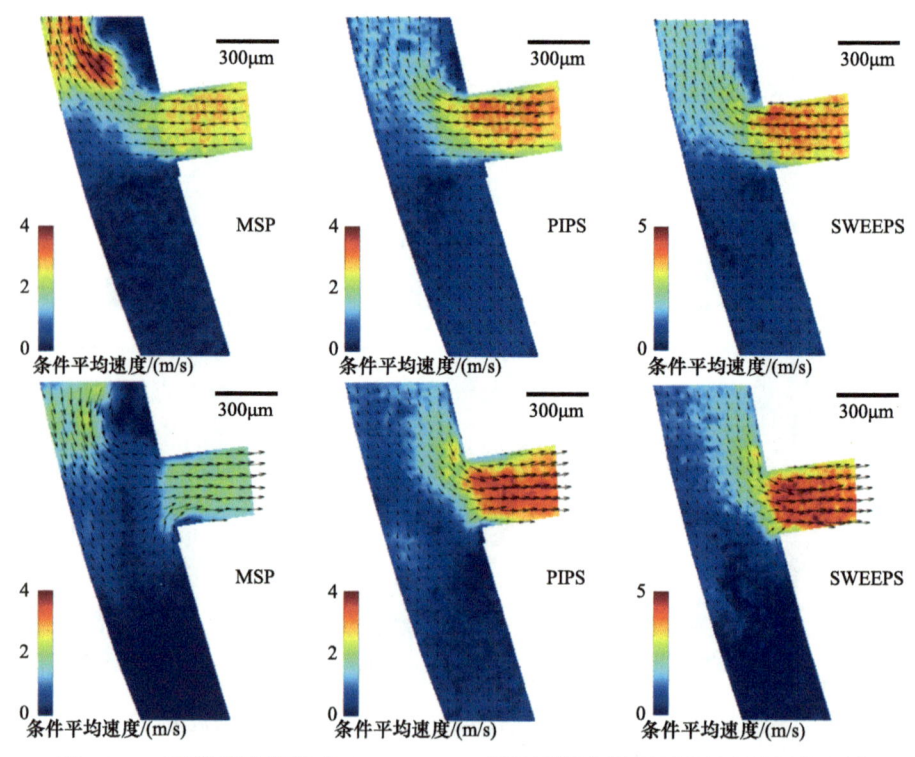

图 6.29　三种激光冲洗模式 20mJ、15Hz 工况下侧枝根管截面处的条件平均流场

可以看出，速度场相对于瞬时场更加光滑，而可以捕获到的最大速度也变小，这是因为，低频连续采样捕获到的瞬时场具有一定的随机性，而平均时所基于的条件不够严格，因此满足条件的瞬时场不一定流速恰好达到最大，于是整体拉低了平均流场的速度。另外，从条件平均场的流动形态来看，所有以侧枝根管入口

处整体平均速度为条件进行平均的结果，无论是流体进入侧枝根管还是流出侧枝根管，均会在侧枝根管上方的主根管中形成明显的流动，这是因为流入侧枝根管的液体主要来自主根管，上方根管口光纤尖处的液体经激光冲洗作用而迅速向下运动，到达侧枝根管处时一部分液体继续向下，另外一部分液体冲入侧枝根管形成图示流动；而对于液体流出侧枝根管来说，由于流出时速度较大，因此液体会与主根管凸侧的内壁相碰撞，而主根管的弯曲使得该侧壁面与侧枝根管不垂直，于是从侧枝喷出的液体会向上折流向主根管口，形成图示流动。

在主根管下方截面处，根据该截面的整体平均速度对 PIPS、SWEEPS 两种模式在 20mJ、15Hz 工作条件下的瞬时流场进行了条件平均，结果如图 6.30 所示。

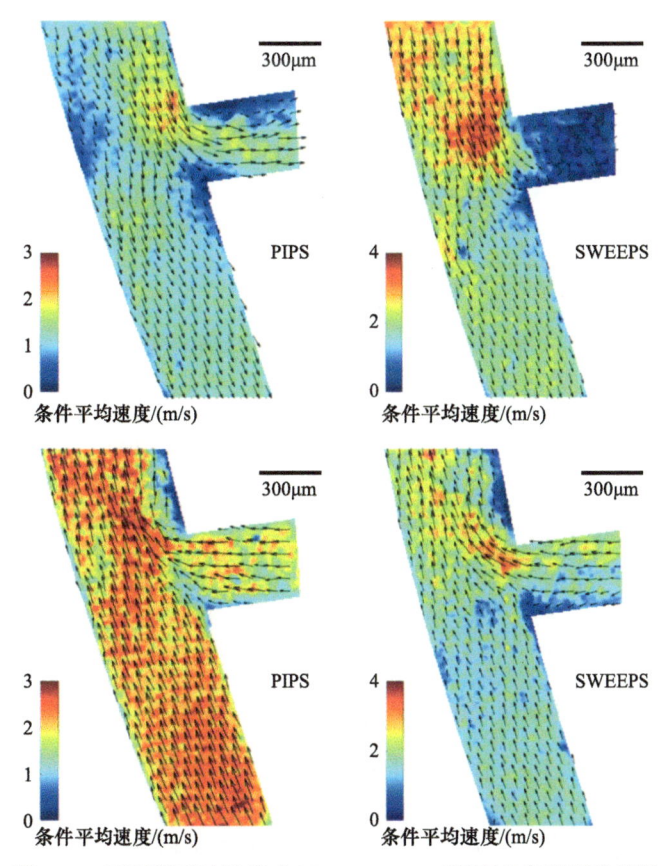

图 6.30 两种激光冲洗模式 20mJ、15Hz 工况下的条件平均流场

可以发现，流动着的冲洗液充满了测量区域内的整个主根管，而且此时在侧枝根管内也可以观测到液体的流动，这说明激光辅助冲洗可以对整个根管起到冲洗清洁的效果。对比分别根据以上两个截面上的整体平均速度条件平均得到的平均场的流动形态可以发现，在侧枝根管有剧烈的液体流动时，主根管下方不一定

有明显的流动,而在主根管下方有明显流动时,侧枝一般也会有液体的流入或者流出,而且液体流入或流出侧枝根管的速度要大于其在主根管下方的速度,这说明,激光辅助冲洗对于该模型侧枝根管的清洁效果不亚于其对主根管的清洁效果。

3. 不同冲洗模式下的清洁程度评价

为了进一步分析不同模式以及不同工作能量对该模型侧枝根管的清洁程度的影响,我们以侧枝根管截面的整体平均速度作为评价指标,分别得到三种不同模式在 20mJ、15Hz 工况下整体平均速度的累积分布函数曲线(图 6.31)以及 PIPS 模式下不同能量的整体平均速度的累积分布函数曲线(图 6.32)。

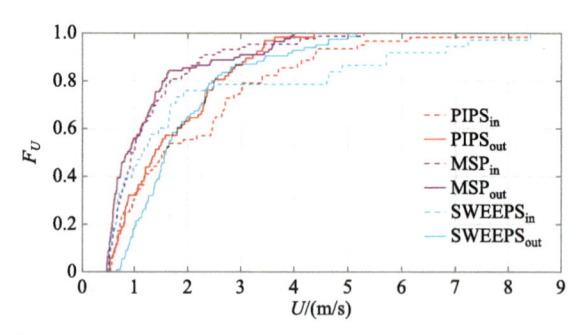

图 6.31 三种激光冲洗模式 20mJ、15Hz 工况下侧枝根管截面整体平均速度累积分布函数曲线

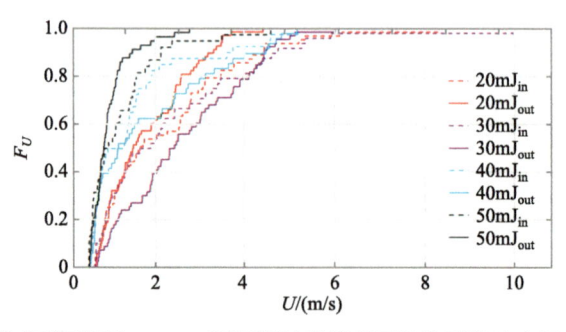

图 6.32 PIPS 模式不同能量 15Hz 工况下侧枝根管截面整体平均速度累积分布函数曲线

由图 6.31 可以得到,不论是对于液体流入(虚线)还是流出(实线)侧枝根管,SWEEPS 模式可以达到的最大速度(纵坐标为 1 时,横坐标对应的取值)均在三者中最大,而且曲线整体位于更加靠右的位置,这说明该模式下会获得更多的较大的整体平均速度;PIPS 模式次之;而 MSP 模式可达到的最大速度在三者中最小且曲线整体位置更加靠左,这在一定程度上可以说明,对于三种模式的冲洗效果,SWEEPS 最优,MSP 最差,而这一点与前面针对三种模式的不同类型脉宽对冲洗液的作用之分析是相一致的。而同一种模式不同工作能量下的冲洗情况,从图 6.32 针对 PIPS 模式的分析看出,对于流入和流出侧枝根管两种情况,PIPS 模式 30mJ、

15Hz 时在该截面得到的整体平均速度最大，40mJ、15Hz 时次之，而 50mJ、15Hz 时反而最小，这说明同种模式下，冲洗效果的好坏并不与工作能量的大小成正相关，而这个结果对临床实践有着重要的指导意义和价值。

6.4.5 思考题

(1) 你认为还有哪些方法可适用于图像后处理时的 POD 去噪和粒子匹配？请简述大体实现原理。

(2) 从流动的角度，解释三种不同冲洗模式冲洗效果背后的物理机制。

(3) 除了本实验中提出的整体平均速度作为清洗评价指标外，请思考是否还有其他评价指标。

6.5 油膜干涉法测量壁面摩擦应力实验

6.5.1 背景和意义

壁面摩擦应力又称壁面剪切应力，是空气动力学实验重要的测量参数之一。壁面摩擦应力的面积分可以得到摩擦阻力；流动控制技术的减阻(摩阻)效果可以通过测量摩擦阻力的变化来验证；准确的摩擦阻力测量结果还可用于验证数值模拟技术的可靠性和精度。壁面剪切应力的特点是量值小，所以难以准确测量，也是因为这个原因出现了众多测量方法，比较各种方法，各有优劣，单从测量壁面摩擦应力时均值方面考察，其中的油膜干涉方法目前最有希望发展成为常规的测量技术手段，而在实际工程问题中，绝大多数情况下更关注的是壁面剪切应力时均值。油膜干涉法除能够定量测量壁面剪切应力外，还兼具表面流动的显示功能，多用于分析和研究边界层的典型流动现象，如层流、转捩、湍流、激波、流动分离和再附等相关的问题，是一种非常必要和有效的实验方法。

本项油膜干涉法教学实验的目的有以下三方面：

(1) 掌握油膜干涉法测量壁面摩擦应力的基本原理、应用方法和测量过程中应注意的技术问题；

(2) 以不同攻角下平板边界层流动为观测对象，学会利用油膜干涉法测量壁面摩擦应力；

(3) 学会利用油膜干涉法作为流动显示手段观察复杂表面流动的典型现象，如判定边界层转捩位置、流动分离和再附及分离泡等。

6.5.2 实验原理

油膜干涉法是基于薄油膜在剪切应力作用下表现出的特性，原理如图 6.33 所示。首先将油涂于模型表面形成薄油膜，当有流体流过时，油膜变薄。利用干涉法测量油膜厚度随时间和壁面位置的变化，通过薄油膜方程可以确定当地壁面剪切应力。油膜干涉法积分形式的壁面摩擦应力(亦称剪切应力)系数计算公式

$$C_f = \frac{2n_0 \cos\theta \Delta x}{N\lambda \int_{t_1}^{t_2} \frac{q_\infty(t)}{\mu(t)} dt}$$

其中，n_0 为硅油的折射率，在硅油的规格说明上可以找到；θ 为光线折射角，先测量入射角 θ_i 再计算得到；λ 为实验选用单色光的波长；$q_\infty(t)$ 为来流动压；Δx 为实验干涉图像中 N 级条纹的总宽度，如图 6.33 所示；μ 为硅油动力黏性系数；t 为时间，吹风时间为 t_1 到 t_2。

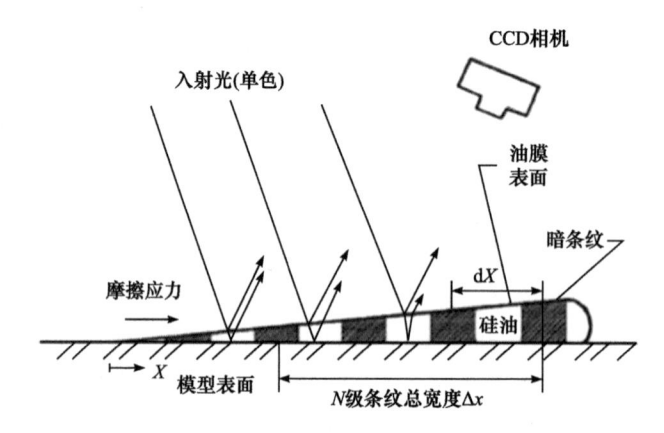

图 6.33　油膜干涉法测量表面摩擦应力原理图

6.5.3　实验设备仪器和实验过程

1. 水洞设备

北航 D1 风洞为三元回流式开口低速风洞，实验段截面呈椭圆，尺寸为 1.02m×0.76m，长 1.45m。最大风速 40m/s，本次实验风速可设定为 30m/s。D1 风洞更详细技术资料参见 3.2 节。

2. 实验模型

实验采用平板模型，如图 6.34(a)所示，弦长 400mm，展长 560mm，厚 20mm。头部采用 1∶3 半椭圆形状。为保证流动二维性，侧面采用两块直径为 600mm、厚 20mm 的端板，端板边缘加工成圆弧用于整流。模型安装时，转轴将平板模型和两端板连接起来，转轴位于端板中心。实验时，两端板固连于风洞，模型可转动。根据实验攻角变化间隔和范围，在端板上加工一组定位销孔，通过销钉与模

型上销钉孔分别对应，实现攻角变化。可变攻角范围 $\alpha = 0°\sim20°$，间隔$\Delta\alpha=2°$。

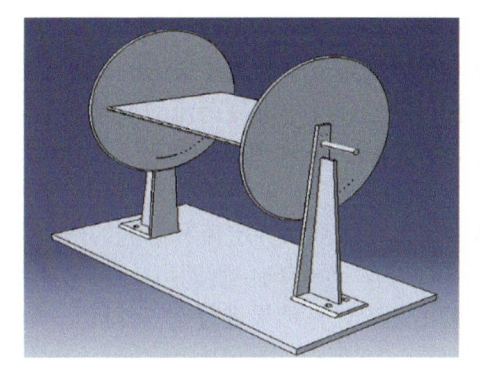

(a) 实验模型

(b) 实验装置

图 6.34 实验模型和实验装置

3. 实验装置

实验装置如图 6.34(b)所示。包括照明灯具，模型表面处理，硅油和图像记录设备。

(1) 照明灯具：选用欧司朗牌高压钠灯，波长 589nm，功率 250W。

(2) 模型表面处理：模型表面要求可反射光，表面粗糙度低，折射率高。故需在测量区域粘贴聚酯薄膜(Mylar 膜)，然后熨斗熨烫，保证薄膜贴附平整牢靠，避免起皱、气泡和划痕，如图 6.35 所示。

图 6.35 实验准备

(3) 硅油：选用阿拉丁牌实验室级二甲基硅油，黏度为100mPa·s，折射率为1.4。

(4) 图像记录：选用 SONY DV 摄像机(型号 HXR-MC58C)进行拍摄和记录干涉条纹图像，1200 万像素，记录频率 25FPS。

4. 实验观测内容

实验内容分为两部分，定性观测和定量测量。

(1) 定性观测：通过油膜干涉法，观测不同攻角下平板边界层内的流动，重点关注不同攻角下边界层流的性态(层流还是湍流)和发生的复杂流动现象，如转捩、流动分离和再附等，并判断这些流动变化发生位置(转捩点、分离点及分离泡范围等)。实验攻角范围 $\alpha = 0° \sim 20°$。

(2) 定量测量：根据上述定性观测结果，选择边界层为层流和湍流的两个典型状态，定量测量对应的壁面摩擦应力大小(计算一个流向位置即可)，给出测量结果。对于其中的层流边界层测量结果，给出理论计算结果进行比较分析。

5. 实验记录

(1) 必要的实验参数，如照明光波长和折射角，硅油黏度(和温度有关)和折射率等。

(2) 利用照相机或摄像机记录油膜干涉法的干涉条纹图像。

(3) 定量测量过程需记录整个风洞吹风过程中动压的数据 $q_\infty(t)$，如图 6.36 所示。

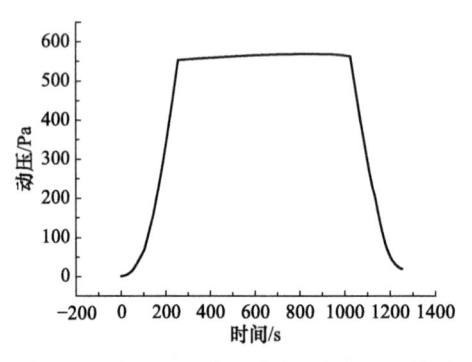

图 6.36 吹风过程动压随时间变化记录结果

6. 实验步骤与实施

(1) 熟悉实验设备和仪器，安装模型和实验测试系统，做好实验准备；

(2) 记录必要实验参数；

(3) 调整并确认实验攻角，模型表面涂油膜；

(4) 开车启动风洞，风速调整到 30m/s；

(5) 观察油膜干涉图像，图像效果比较好时，关闭风洞，近距离拍摄吹风后油膜干涉图像；

(6) 清除模型表面油膜，调整攻角到新的状态，重复步骤(3)~(5)。

注：定量测量壁面摩擦应力实验需要全程记录动压数据。

7. 实验报告要求

1) 实验条件和参数记录

(1) 实验雷诺数 $Re= V_\infty L /\nu$，其中 V_∞ 为实验风速，L 为平板长度，ν 为空气运动黏性系数；

(2) 实验平板攻角 α；

(3) 定量测量实验还需记录：硅油的折射率 n_0，硅油动力黏性系数 μ，单色光的波长 λ，光线入射角折射角 θ(通过测量入射角 θ_i 再计算得到)，实验过程来流动压 $q_\infty(t)$，干涉条纹结果中 N 级条纹的总宽度 Δx，以及吹风起始时间 t_1 和 t_2 等。

2) 实验结果和分析

(1) 通过油膜干涉法定性观测结果，描述和分析平板边界层流动随迎角变化的典型流动现象，重点关注不同攻角下边界层流的性态(层流还是湍流)和发生的复杂流动现象，如转捩、流动分离和再附等，并给出这些流动变化发生的位置(转捩点、分离点及分离泡范围等)。

(2) 根据上述定性观测结果，选择边界层为层流和湍流的两个典型状态，定量测量对应的壁面摩擦应力大小，给出测量结果。对于测量边界层测量结果($\alpha = 0°$)，计算理论结果进行比较分析。

要求：报告中关于定性和定量实验结果都必须附有必要的实验图像结果。

6.5.4 典型实验结果和分析

1. 定性流动显示

$\alpha = 0°$：干涉条纹从前缘至后缘，条纹宽度变化不明显，边界层流动保持层流，如图 6.37 所示。

图 6.37 迎角 $\alpha=0°$ 时层流条纹

$\alpha = 2°$：干涉条纹在靠近前缘部分条纹宽度小，分布细密，边界层流动保持层流；下游某一位置条纹开始变宽，进入转捩过程，转捩过程结束后在向下游，条纹宽度又基本保持不变，进入湍流状态，如图 6.38 所示，转捩位置距前缘约 0.185m。

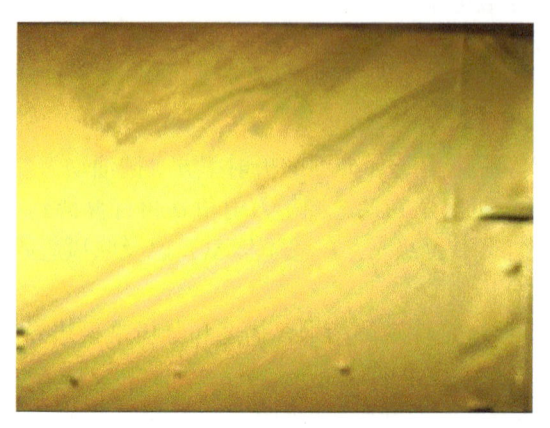

图 6.38　迎角 α=2°时转捩现象

α = 14°：边界层在靠近前缘不远处发生层流分离，分离点接近前缘，在本次实验条件下难以确定分离确切位置；流动分离后大约在距前缘 0.221m 处再附，上游形成分离泡。图 6.39(a)和(b)分别给出分离区和再附点实验记录结果。分离区典型现象表现为：①壁面油流被向前吹；②分离区内局部可观察到的干涉条纹位于所布油线位置的上游(图 6.39(a))。二者都是分离区内近壁区回流的作用结果。再附点位置距前缘约 0.2m，再附点上下游流向速度方向相反(图 6.39(b))；再附点下游，干涉条纹又回到所布油线位置的下游，条纹宽度明显加大，显示出边界层湍流再附状态(图 6.39(c))。

(a) 分离区内　　　　　(b) 再附点周围　　　　　(c) 再附区下游

图 6.39　迎角 α=14°时油膜干涉法实验结果

2. 定量壁面摩擦应力测量

实验条件：来流速度 V_∞=30m/s，平板迎角 α=0°，测点位置距前缘 0.2m，当地雷诺数 Re_x=3.26×10^5。油流干涉条纹图像见图 6.40，测量结果：C_f = 0.00094。

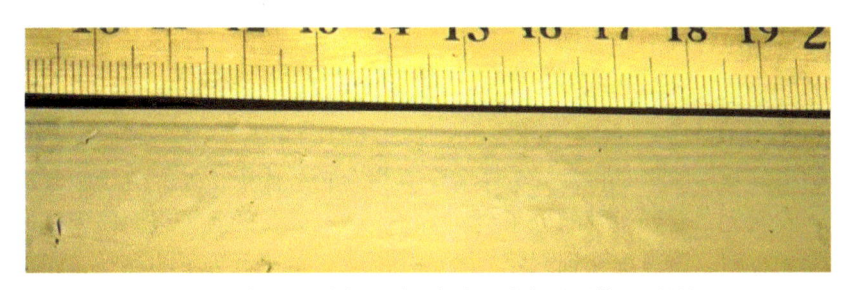

图 6.40 迎角 α=0°时定量测量实验干涉条纹图像和测量标尺

6.5.5 思考和讨论

(1) 通过实验测量过程，分析哪些环节可能产生误差？并提出如何改进测量可靠性。

(2) 如何利用油膜干涉法观测边界层转捩、流动分离和再附？

(3) 如果测量有曲率的模型表面，如机翼表面的剪切应力，会有什么问题？如何消除曲率影响？

6.6 压敏漆压力分布测量实验

6.6.1 背景和意义

表面压力测量是飞行器空气动力学研究的必备手段，对于了解飞行器气动性能及流动状态具有重要意义。传统压力测量技术需要在模型表面开孔，测压孔通过管道连接压力传感器。但是，测压孔测压存在一些局限性，具体包括：压力测量实验的准备工作需要耗费较大人力、物力、财力，并且不可避免地对模型表面流动产生一定干扰；测压孔测压只能获得离散的压力分布，限制了压力分布的空间分辨率；较难以应用于曲面、薄模型以及振动模型等。

压力敏感漆(pressure sensitive paint，PSP)，简称压敏漆，是 20 世纪 80 年代发展起来的一种基于发光分子氧猝灭原理的全流场测压技术。与传统测压方法相比，压敏漆测压技术是一种非接触测量方法，可以对复杂模型表面进行压力测量，空间分辨率高，对模型干扰小，易于操作。该方法可用于测量复杂部件压力分布，实现整个模型表面的压力测量，既可以积分获得整个模型的气动力，又可以获得局部部件的气动力，具有重要应用价值。

本实验将通过建立压敏漆测压硬件平台和软件系统，了解和掌握压敏漆测压技术的基本原理、硬件构成、标定方法和测量方法；进一步，通过压敏漆测压技术研究喷管距离壁面高度和雷诺数对射流撞击壁面的影响，借以分析压敏漆测压技术与传统测压技术的优劣性。

6.6.2 实验原理

压敏漆的基本原理是将发光分子分散在聚合物载体中，发光分子吸收特定波长的光受到激发，受到激发的分子会发出一个波长较长的光子进而回到基态，亦即光致发光过程。该过程受到氧猝灭效应的影响，由于氧分子的存在，激发后的发光分子与氧分子相互作用，影响发光强度。氧含量越高，氧猝灭效应越明显，光致发光强度越低，氧含量低时则相反。由于氧含量与空气压力成正比，发光强度与空气压力之间的关系可以通过 Stern-Volmer 关系式来表示

$$\frac{I_{\text{ref}}}{I} = A + B\frac{p}{p_{\text{ref}}}$$

式中，I_{ref} 和 p_{ref} 分别表示参考条件下的发光强度和压力，通常在无风条件下测量；I 和 p 分别是实验状态的发光强度和压力；系数 A 和 B 与压敏漆特性相关，可通过标定实验获得。因此，压敏漆通过测量模型表面光强变化，进而获得压力分布。

6.6.3 实验设备仪器和实验过程

1. 实验设备仪器

本实验将通过对低速射流撞击平板的壁面流动进行压力分布测量，研究雷诺数和喷管距离壁面高度对壁面压力分布特性的影响规律。

(1) 实验平台包括气源、圆形出口喷管以及撞击平板，如图 6.41 所示。实验使用压气机作为气源，利用压力表和流量计控制流量大小。喷管采用长度为 200mm、内径 d 分别为 5mm 及 3mm 的黄铜管，长细比均大于 40，管口流动可认为是完全发展的管流。射流撞击的平板为 300mm×300mm 的硬铝平板。

(2) 压敏漆测压硬件系统包括压力敏感涂料、光源、相机、滤光片等，如图 6.42 所示。其中，压力敏感涂料喷涂在模型表面；光源需要满足激发压敏漆光致发光波长的需求，能够产生均匀、稳定的入射光，通常是紫外光；相机用于记录图像，通过数字图像处理获得定量发光强度；滤光片需要配合光源或者相机使用，亦即采用窄通滤光片使得光源产生特定波长的入射光，或者使得相机只采集特定波长的被激发光。在射流撞击平板壁面的实验过程中，光源斜向照射模型喷涂区域，与喷管轴线成 45°；相机布置在光源同侧，与喷管轴线成 30°，以尽量减小喷管阴影部分带来的无效区域面积，如图 6.41 所示。实验中环境温度保持恒温，以消除温度变化对压敏漆性能的影响。

第 6 章　进阶性实验

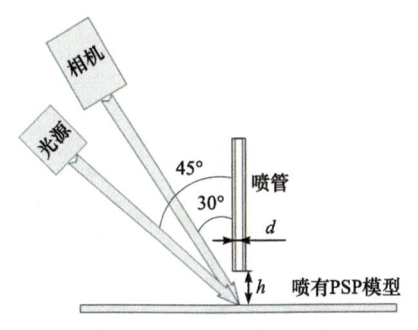

图 6.41　实验平台示意图

图 6.42　压敏漆测压硬件系统
(a) 喷涂压敏漆的平板模型；(b) 光源；(c) 相机；(d) 滤光片

(3) 压敏漆特性受到环境温度等因素的影响，因此，需要对实验状态的压敏漆样片进行标定，获得标定系数。标定实验在压力标定舱进行，如图 6.43 所示。其核心部件是温度、压力可以精确调节及测量的空腔，样片放置于空腔内，采用压敏漆测压系统进行标定实验。固定温度，调节并测量标定舱压力，通过相机获得相应的光强，亦即完成一组数据，改变标定舱压力并重复该过程，即可获得特定温度下的标定曲线，进而获得标定系数。

图 6.43 压敏漆标定系统

此外，利用流场中某些特殊点(如驻点等)的数据也可以拟合得到压敏漆的标定曲线。这里采用喷管高度 $h/d = 3$ 时不同雷诺数下的驻点数据拟合标定曲线：驻点压强等于喷管出口的射流动压与大气压强之和，标定曲线中的压强比值可以通过各雷诺数下出口动压与大气压强之和除以大气压强得到，标定曲线中的灰度比值可以通过无风图像驻点灰度除以有风图像驻点灰度得到。将不同雷诺数下的结果线性拟合，即可得到如图 6.44 所示的标定曲线。拟合结果具有较高的相关系数，验证了所用压敏漆具有较好的线性特性。

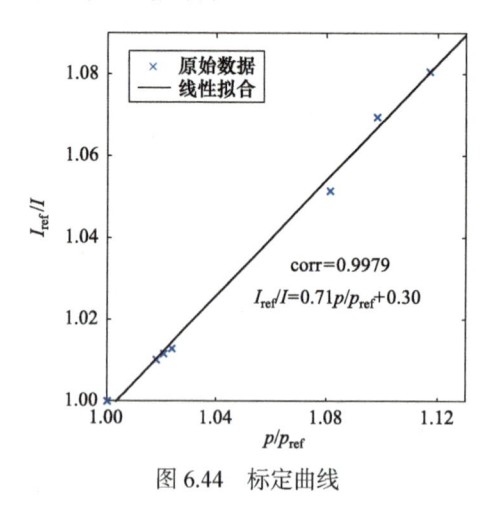

图 6.44 标定曲线

2. 实验过程

(1) 准备实验平台、光源、相机等实验设备，搭建实验平台，确保设备正常运行。

(2) 固定射流雷诺数，拍摄不同喷管高度对应的射流撞击壁面光强分布结果。
(3) 固定喷管高度，拍摄不同射流雷诺数对应的射流撞击壁面光强分布结果。
(4) 开展压敏漆标定实验，通过标定实验获得压敏漆标定系数。
(5) 通过光强分布结果和标定系数计算壁面压力分布。
(6) 分析实验结果，完成实验报告。

6.6.4 典型实验结果和分析

本实验通过压敏漆测压技术研究喷管距离壁面高度和雷诺数对射流撞击壁面的影响，以下给出典型工况的实验结果和相关分析。

1. 喷管高度对压强分布的影响

图 6.45 给出了雷诺数 $Re = 16800$、喷管高度 $h/d = 3$ 时射流撞击平板壁面的压强分布结果。连续射流撞击平板壁面形成的压力分布呈现轴对称特性，压强比值在射流撞击中心达到最大，远离中心压强比值逐渐减小，压强比值的等值线基本为同心圆。值得注意的是，由于喷管细长，喷管在局部存在内凹，所以压强分布不是正圆。不同雷诺数、不同喷管高度下的结果呈现出相似的特性。与传统测压管测压只能得到离散点的压强数据不同，压敏漆测压可以得到模型全域的压强分布。模型各点压强可以通过实际坐标与像素点的对应关系得到，具有很高的空间分辨率。

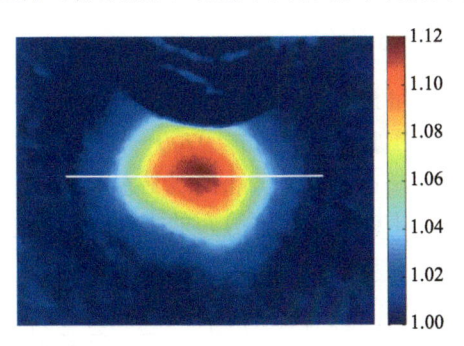

图 6.45　$h/d = 3$，$Re = 16800$ 时射流撞击平板壁面的压强云图

图 6.46 绘制了 $Re = 16800$ 时不同高度下的压强分布曲线，其中压强分布曲线的提取截面在图 6.45 中用白色直线标出。结果显示，该截面上的压强呈现近似高斯分布特性。定义驻点的峰值压强为 p_s，定义峰值压强一半 $p_s/2$ 对应位置之间的距离为半宽度 $b_{1/2}$。当 $h/d < 6$ 时，压强分布曲线的峰值压强和半宽度随喷管高度变化基本不变；当 $h/d > 6$ 时，峰值压强随着高度的增加迅速减小，半宽度则随着高度增加而增大。采用峰值压强和半宽度对不同喷管高度的压强分布曲线进行无量纲化，压强分布曲线呈现自相似特性，如图 6.47 所示。

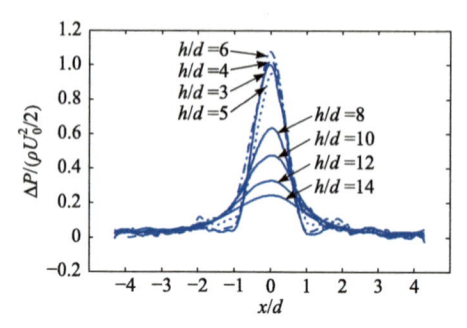

图 6.46 $Re = 16800$ 时射流撞击平板不同高度对应的压强分布曲线

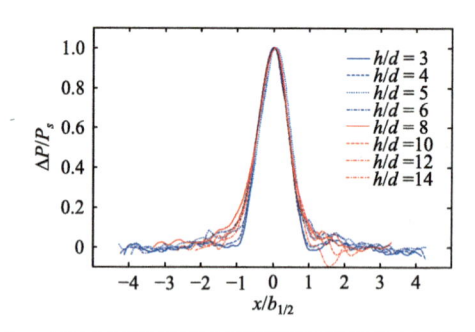

图 6.47 $Re = 16800$ 时射流撞击平板不同高度对应压强的归一化曲线

2. 雷诺数对压强分布的影响

图 6.48 给出了 3mm 和 5mm 喷管在喷管距离壁面高度 $h/d = 3$ 时不同雷诺数下的压强分布曲线。在本实验研究的 $Re = 9700 \sim 16800$ 内，各雷诺数下的压强分布曲线峰值压强和半宽度基本相同，分布曲线基本重合，呈现出很好的自相似特性。这表明在该范围内，雷诺数对压强分布的影响较小，壁面压力呈现相同的自相似特性。

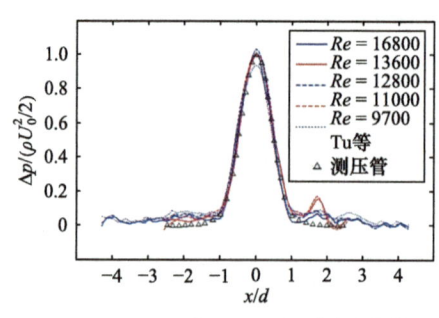

图 6.48 $h/d = 3$，$d = 3$mm 和 5mm 时不同雷诺数压强分布曲线

6.6.5 思考和讨论

(1) 比较分析压敏漆测压和传统测压技术的优缺点。

(2) 分析连续射流撞击壁面压力分布具有哪些规律。

(3) 本实验中，可以严格保证平板在实验过程不发生任何位移。但是在风洞实验中，不同时刻拍摄图像对应的模型可能存在位移。如何解决模型位移可能带来的测量误差问题？

6.7 起落架气动噪声特性与控制实验

6.7.1 起落架气动噪声的研究背景

大型飞机的噪声问题已经成为飞机设计中必须要考虑的一个环节，波音、空客等飞机制造公司甚至在进行气动布局设计时将飞机噪声问题放到与气动特性同等重要的地位。现代大型商用飞机的噪声主要由两部分组成，一部分是发动机噪声，另一部分则是机体噪声，包括起落架噪声、增升装置噪声以及各部件相互干扰产生的噪声，如图 6.49 所示。早期人们对飞机噪声问题的研究主要集中在发动机噪声方面，那是因为当时普遍采用的低涵道比涡扇发动机会产生很强的噪声从而使得机体噪声问题在当时并不突出。但是从 20 世纪 80 年代开始，随着高涵道比涡扇发动机的广泛使用以及发动机短舱的声衬处理、花瓣喷嘴等降噪技术的应用，发动机噪声已经被大幅降低。特别是在飞机进近和降落阶段，由于飞机发动机处于低功率状态而起落架和增升装置全部打开，此时气流流过飞机机体部件产生的气动

图 6.49 现在大型商用飞机的主要噪声源分布图

噪声要强于发动机噪声，因此进行飞机机体部件的气动噪声研究就显得非常有必要。

Dobrzynski 总结过去的机体噪声研究成果后指出，对于现代大型商用飞机的主要机体噪声源，按其产生的噪声大小排序分别为起落架、缝翼、襟翼侧缘、增升装置导轨、部件连接结构等。而对于某些单通道飞机或支线飞机，增升装置的噪声与起落架噪声量级相当。如图 6.50 所示为 A340 和 B777 飞机在飞过机场附近时用大型传声器阵列捕捉的主要噪声源分布图，从中不难看出，起落架是现代飞机在进场、降落阶段最主要的一个发声部件，对其噪声特性进行分析并相应地提出高效的降噪措施是下一阶段飞机降噪的关键所在。正因如此，需要通过实验手段进行简化起落架模型和部分典型的起落架发声部件相关噪声问题的研究。

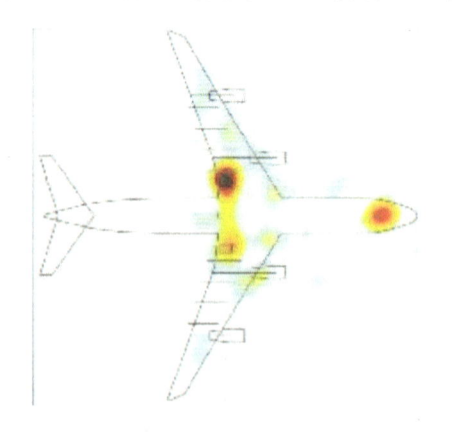

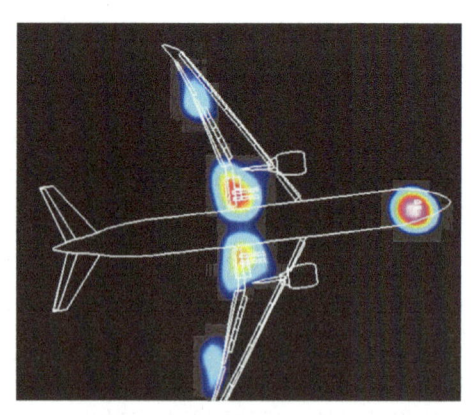

(a) A340 飞行实验　　　　　　(b) B777-300ER 飞行实验

图 6.50　部分飞行实验测量的主要噪声源位置分布

早在 20 世纪 70~80 年代，起落架的气动噪声问题就已经引起了国外部分学者的注意。但是受实验设备、计算能力等条件的限制，起落架噪声问题的研究进展比较缓慢。自 20 世纪 90 年代以来，随着低噪声航空气动声学风洞的投入使用以及高性能计算机、高精度的计算算法等的快速发展，起落架噪声的研究才逐渐活跃起来，在起落架噪声的产生机理、辐射特性、相应的降噪方法等领域取得了丰硕的成果。

6.7.2　实验装置及模型

1. 实验装置

实验所采用声场测量设备包括远场传声器、三维麦克风阵列、NI 数据采集分析系统等设备。其中，远场传声器为 Brüel & Kjær 公司生产的 1/2in 自由场传声器，型号为 4189 型，如图 6.51(a)所示。实验数据的采集、存储和部分后处理分析等过程都通过 Brüel & Kjær 公司开发的软件 Labshop 和 Reflex 进行操作，其中软件操作界面和数据采集卡等设备如图 6.51(b)所示，可以满足单个探头的实时测量分析以及多个探头的同时测量分析等功能。这里进行的所有远场噪声测量实验，采样频率均为 65536Hz，采样时间为 50s。进行传统的功率谱分析时，每次将 8192 个样本点进行快速傅里叶变换(fast fourier transform, FFT)，然后将 1000 个以上的 FFT 结果进行平均处理以获得光顺的噪声频谱结果。

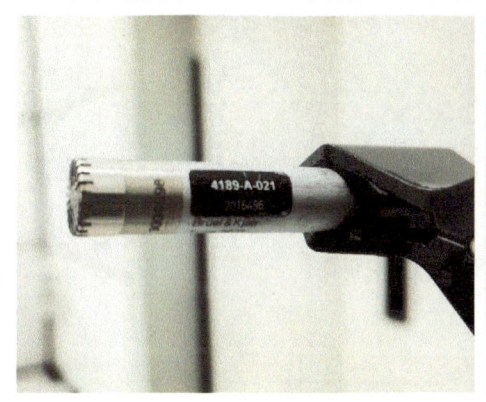

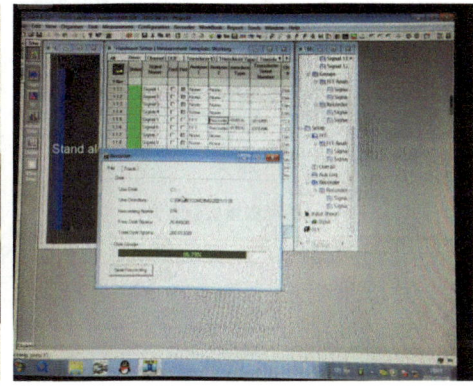

(a) 近/远场传声器设备　　　　　　　　(b) 数据采集、分析系统

图 6.51　主要的声学测量设备

2. 实验模型

实验所采用的简化起落架模型是 1/2 缩比的 LAGOON 项目(Landing Gear Noise Database for CAA Validation)的前起落架模型。该项目是由空客公司资助并由法国国家航空宇航公司、德国航空航天中心、南安普顿大学等机构参与研究，主要目标是为这一类前起落架模型建立一个庞大而准确的流场和声场实验数据库，并为非定常流场和远场噪声的数值模拟方法提供实验结果验证。该项目的实验模型为 1∶2.5 缩比的简化 A320 前起落架模型，主要包括轮胎、连接杆和支柱三个部件，同时在轮胎内侧开有一个浅腔。该项目在法国国家航空宇航公司 F2 风洞进行了详细的流场测量，并在 CEPRA19 风洞进行了声场和部分流场的测量，其实验布置如图 6.52(a)和(b)所示。

LAGOON 项目以一个简单起落架模型为研究对象，该模型的形状非常一般化，是为了便于数值方法的验证。该模型包括一个圆柱形支柱，一个轮轴和两个机轮，机轮部分是完全按照真实飞机起落架的机轮来设计的，两个机轮外侧是金属板，而内侧是两个圆柱形空腔(用于放置前起落架中的刹车装置)。

LAGOON 起落架模型是由 A320 的前起落架简化而来，考虑到风洞尺寸和堵塞度问题，比例是 1∶2.5，机轮直径为 0.3m。而此次课题实验所用的风洞尺寸为

1m×1m，较国外风洞来说更小一些，所以相应的实验模型也要进行缩小，因此在实验中使用的 LAGOON 起落架缩比模型为国际标模的 1/2，也就是 A320 起落架的 1/5，机轮直径为 0.15m，如图 6.53 所示。

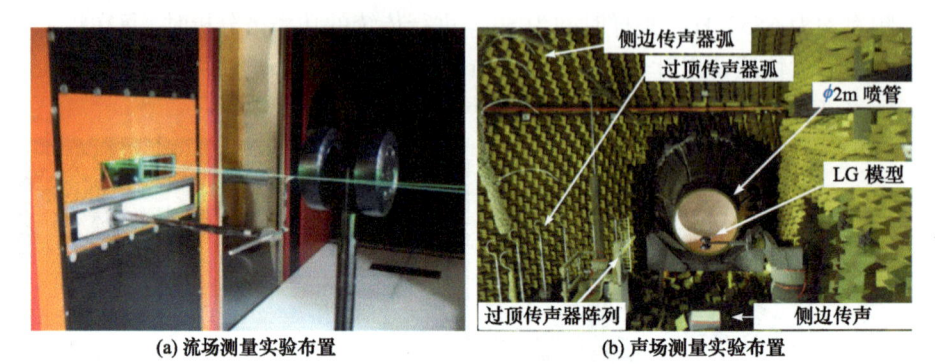

(a) 流场测量实验布置　　(b) 声场测量实验布置

图 6.52　LAGOON 项目实验布置

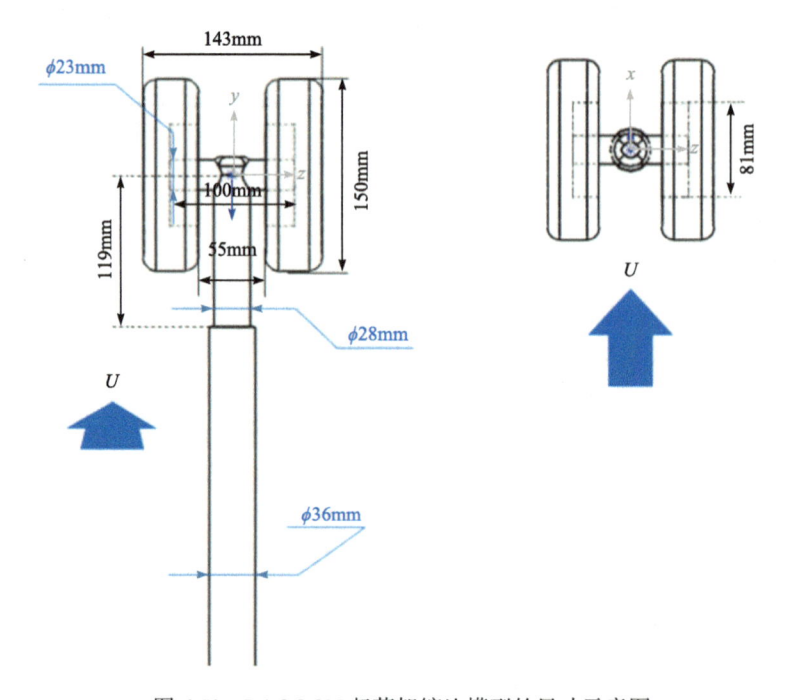

图 6.53　LAGOON 起落架缩比模型的尺寸示意图

6.7.3　简化前起落架噪声测量结果

1. 声场测量设备设置

测量点的坐标位置参考 LAGOON 项目以便进行流场结果验证，其中笛卡儿坐标系的原点位于起落架两轮中间位置，以风洞来流方向、沿两轮连接轴方向和沿起落架支柱方向分别为 x、y 和 z 方向。

远场噪声测量如图 6.54 所示，其中 Ψ 表示在起落架过顶平面内传声器方位与风洞来流的夹角，Φ 则表示起落架侧边平面与过顶平面的夹角，R_i 为传声器测点位置到模型中心的距离。实验中在起落架远场不同位置布置了四个传声器，其具体的编号和位置信息在表 6.7 中展示。其中，探头 M1 和 M2 位于起落架上游方向，而探头 M3 和 M4 则位于起落架正下方；另外，探头 M1 和 M3 用于测量起落架过顶噪声，而 M2 和 M4 则用于测量起落架侧边噪声。

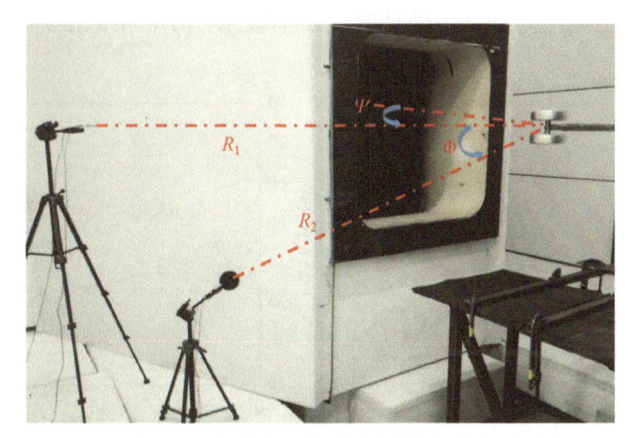

图 6.54 起落架远场噪声测量实验布置

表 6.7 远场传声器测点的编号及位置

探头编号	Ψ /(°)	Φ /(°)	R_i / m
M1	60	0	2.0
M2	60	35	1.5
M3	90	0	2.0
M4	90	35	1.5

2. 起落架噪声的频率相似准则验证

常见的噪声频率相似准则有两类，一个是斯特劳哈尔数相似，另一个是亥姆霍兹数相似。两个无量纲参数的定义分别为 $St = f \cdot D / U_\infty$ 和 $He = 2\pi f \cdot D / c_\infty$，其中 D 为模型的特征尺寸，对起落架而言一般取轮胎直径，U_∞ 为远前方速度，c_∞ 为远前方声速。比较两者区别可以发现这两个无量纲参数的主要区别在于噪声的频率是否会随着来流马赫数的变化而改变。

以过顶噪声的结果为例分析起落架噪声的频率相似准则，侧边噪声具有相同的性质不再具体展开。图6.55(a)和(b)所示分别为传声器M1和M3测量得到的在不同来流马赫数下起落架产生的远场过顶噪声频谱。不论是在起落架上游还是在正下方，起落架的过顶噪声主要为宽频噪声，且其宽频频谱的形状几乎不随马赫数变化而改变。将图的频谱分别按St相似和He相似的准则进行归一化处理，其结果分别如图6.56和图6.57所示。可以发现在一定的马赫数范围内，当采用He相似准则时，归一化后的噪声频谱重合得非常好，而采用St相似准则时，归一化的噪声频谱无法重合到一处。因此可以得出结论，针对本次实验的简化前起落架模型的噪声频谱进行归一化处理时，频率应采用He相似准则而不是St相似准则。

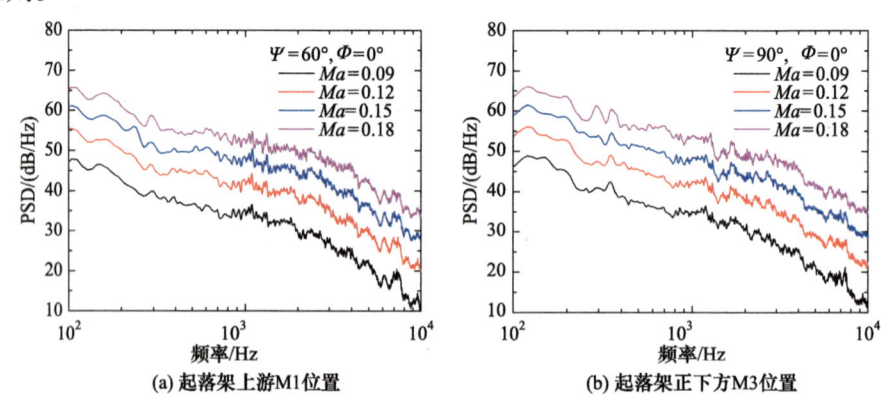

图6.55 不同马赫数下起落架过顶方向的噪声频谱

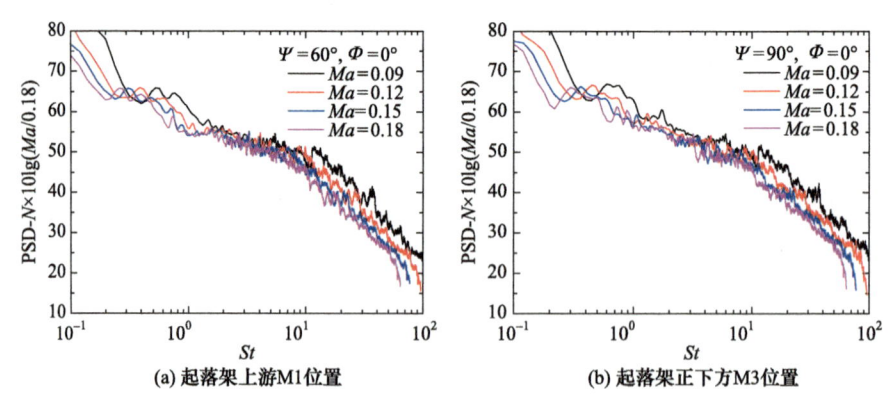

(a) 起落架上游M1位置　　(b) 起落架正下方M3位置

图6.56 过顶噪声以St相似的准则归一化后的噪声频谱

(a) 起落架上游M1位置　　(b) 起落架正下方M3位置

造成St相似准则在起落架噪声问题上不适用可能有两个方面的原因。第一个原因可能是由于该起落架主要的一类中、高频噪声源位于轮胎内侧的空腔区域，因此辐射到远场的噪声有相当一部分来自于空腔声共振现象，而空腔声共振诱导

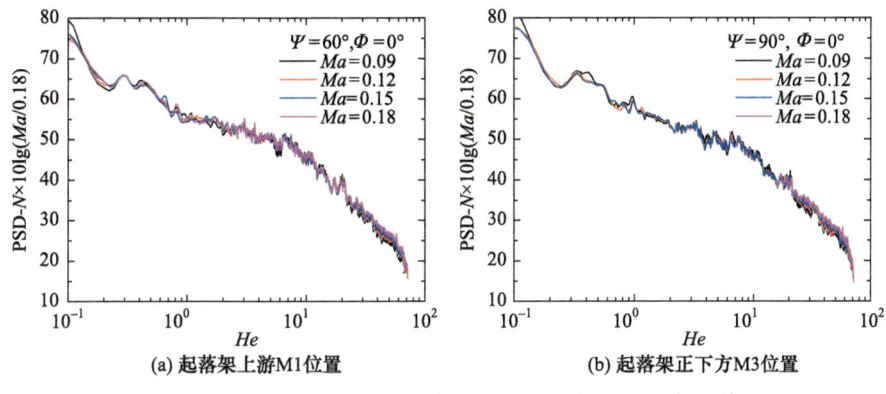

(a) 起落架上游M1位置　　(b) 起落架正下方M3位置

图 6.57　过顶噪声以 He 相似的准则归一化后的噪声频谱

的噪声的一大特点就是噪声频率与来流马赫数无关,即满足 He 相似的准则;另一个原因则可能是起落架各部件的相互干扰而导致起落架上没有明显的强涡脱落现象发生,从而不适合用 St 相似准则。

3. 起落架噪声的马赫数比例律验证

将不同马赫数下的远场气动噪声频谱进行归一化处理就需要知道适用于该模型的马赫数比例律。一般地,当模型附近的流动形态几乎不随马赫数变化而发生改变时,可以按照一定的马赫数比例因子 N 将远场噪声进行相互转换

$$\text{PSD}_p = \text{PSD}_m + N \times 10\lg\left(\frac{Ma_p}{Ma_m}\right) \tag{6.7.1}$$

其中,下标 m 和 p 分别代表噪声频谱转换前后的两个状态。

按照经典的声类比理论,对于单极子、偶极子和四极子声源辐射的噪声,其马赫数比例因子 N 分别为 4、6 和 8,或者说噪声强度正比于来流马赫数的 4 次方、6 次方和 8 次方。

当来流马赫数比较小的时候,四极子噪声通常可以忽略,此时起落架噪声主要为偶极子类型的噪声。按照声类比理论,将不同马赫数下的噪声频谱按方程(6.7.1)及 $N=6$ 归一化到某参考值(如 $Ma_{\text{ref}}=1$)后应该能重合得比较好。将起落架过顶噪声按 $N=6$ 归一化处理后的频谱如图 6.58 所示,发现仅在中低频范围内归一化频谱吻合得非常好,而在高频范围内,归一化频谱强度随 Ma 的增大而逐渐增高,表明高频部分 $N>6$。但是,当使用 $N=7$ 对噪声信号进行归一化处理时,其结果如图 6.59 所示,发现归一化后的频谱在高频区域吻合得非常好,但是在中低频区域随着马赫数增大而降低,这就证明高频部分的马赫数比例因子应该为 $N=7$。

造成高频噪声偏离传统的六次方关系的主要原因是高频噪声对应的声源不再

是紧致声源。在声类比理论中，声源满足紧致声源条件时，即声波的波长大于模型的特征尺寸，此时固体壁面的压力脉动辐射的噪声与马赫数满足六次方关系。但是当噪声频率很高时，其对应的波长要小于模型的特征尺寸，固体表面在声学上是非紧致的，表面压力脉动辐射声的效率明显降低，固体表面的主要作用是反射或散射起落架附近流场中的湍流噪声到远场，因此比例律偏离偶极子声源的六次方比例律。起落架模型的特征长度一般选轮胎直径，则临界频率为 $f_c = c/D = 2264 \text{Hz}$，非常接近实验观察到的临界频率，表明低/高频不同的马赫数比例律来自于声源的紧致/非紧致。

图 6.58　比例因子 $N=6$ 时起落架的归一化过顶噪声频谱，$Ma_{\text{ref}} = 1$

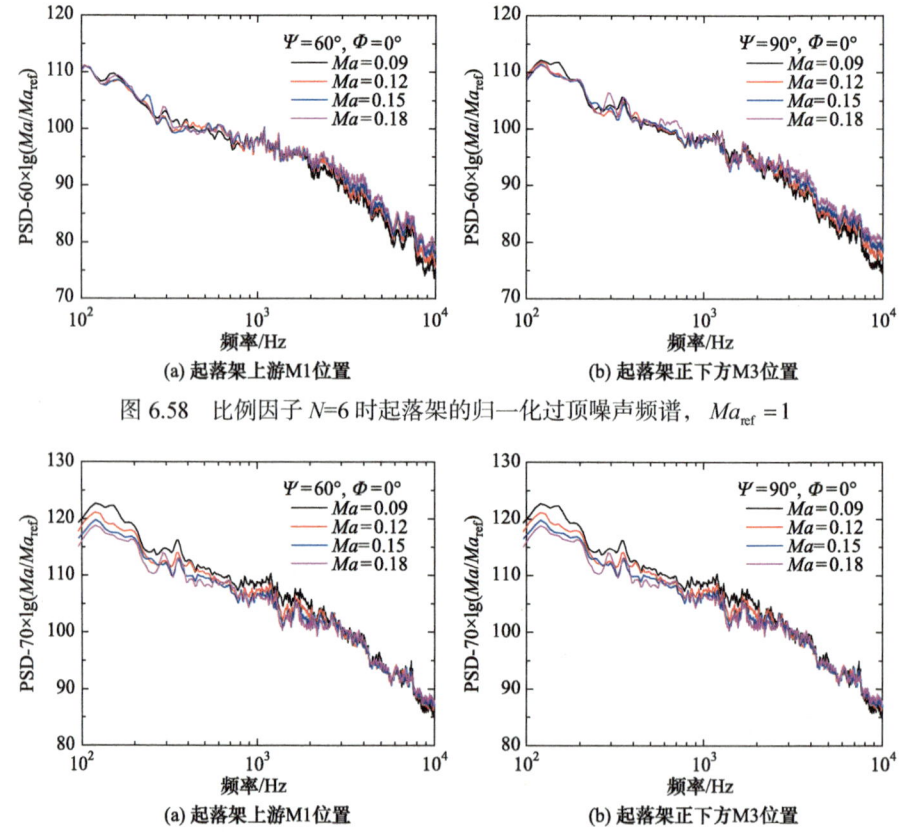

图 6.59　比例因子 $N=7$ 时起落架的归一化过顶噪声频谱，$Ma_{\text{ref}} = 1$

除宽频频谱外，噪声的其他特性如纯音噪声强度和总声压级等也会受声源紧致/非紧致的影响而表现出独特的马赫数比例律特性。在起落架过顶方向并不能捕捉到明显的纯音噪声，但是在其侧边方向 $\Phi = 35°$ 附近，传声器 M2 和 M4 却能捕捉到 2~3 个明显的纯音噪声，如图 6.60 所示。这几个纯音的中心频率分别为 $f_{T1} = 2112 \text{Hz}$、$f_{T2} = 3040 \text{Hz}$ 和 $f_{T1} = 7280 \text{Hz}$，并不随马赫数的变化而发生改变。

从下文对纯音噪声机理的分析可知这几个纯音噪声都产生于空腔声共振这一现象，但是其对应的纯音强度的马赫数比例律却与其频率大小密切相关。如图6.61所示，仅有第一个纯音满足六次方关系，另两个纯音满足七次方关系。考虑到仅有第一个纯音的主频小于临界频率，即 $f_{T1} < f_c$，而另两个则大于临界频率，即 $f_{T2,3} > f_c$，因此造成这种具有相同噪声产生机理却有着不同马赫数比例律特性的根本原因在于其对应的噪声源属于紧致声源或非紧致声源。

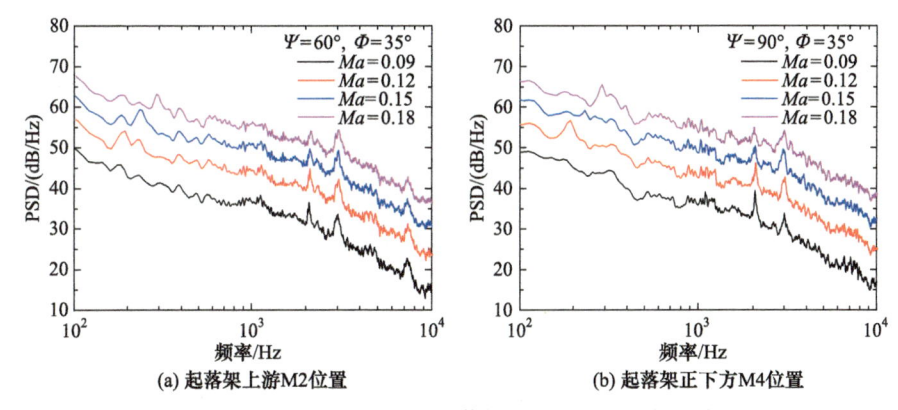

图6.60 不同马赫数下起落架侧边方向的噪声频谱

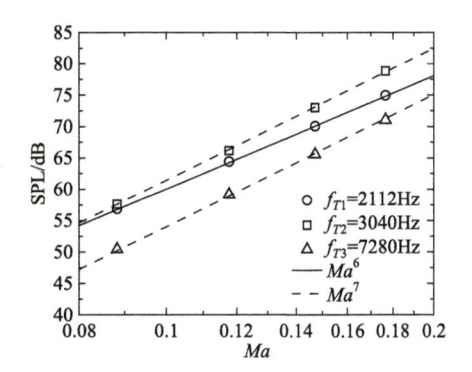

(a) 起落架上游M2位置　　(b) 起落架正下方M4位置

图6.61 起落架纯音强度随马赫数变化关系图

总的来说，对于该简化起落架模型，其远场噪声具有双段马赫数比例律特性，即存在一个临界频率 f_c 将整个频域分成两个子区，在 $f < f_c$ 的低频区间，宽频频谱和纯音强度均满足六次方关系，而在 $f > f_c$ 的高频区间，宽频频谱和纯音强度均满足七次方关系。

6.7.4 小结

起落架噪声作为现代大型飞机机体噪声在起降阶段的主要贡献成分，其噪声机理较为复杂，涉及钝体湍流涡脱落噪声、腔体部件空腔噪声以及起落架舱腔体与支柱柱体之间的非线性耦合噪声。本实验在北航 D5 气动声学风洞进行开口段气动噪声实验，对 1:5 缩比的 A320 前起落架简化模型进行了气动噪声实验，发现该模型远场噪声的频率满足亥姆霍兹数相似准则，而噪声强度则满足双段马赫数比例律特性，即低频范围内的噪声与马赫数的六次方成正比而高频范围内的噪声与马赫数的七次方成正比。以上的噪声归一化规律为风洞实验数据外推预测真实飞行时的噪声情况提供了转换关系式。

6.8 射流撞击壁面的磷光热成像测温实验

6.8.1 背景和意义

为了减少温室气体排放和抑制全球变暖，在开发可再生清洁能源的同时，发展高效的节能减排方法至关重要。巴黎协定的目标是将全球平均气温相较于前工业化时代的增长控制在 2℃ 以下。为了实现这一宏伟目标，提升现有工业设备、过程、系统等的效率具有重要意义，而温度参数的精确测量是快速改进和提高热量、能量等传输和利用效率的基础和关键。

自 20 世纪 90 年代以来，随着新型激光、电荷耦合器件(charge coupled device，CCD)相机、互补金属氧化物半导体(complementary metal oxide semiconductor，CMOS)相机等技术的进步，光学非接触式测量方法得到了迅速发展。如粒子图像测速(particle image velocimetry，PIV)技术，实现了高达上百万赫兹的时间分辨和从微米到数千公里的空间分辨，覆盖了二维到三维的全空间速度测量，已成为学术界和工业领域应用最为广泛的测速方法。磷光热成像测温技术(thermographic phosphor thermometry，TPT)是近年发展起来的一种基于磷光光学特性的非接触温度测量方法。相比于传统的测温手段，磷光热成像测温技术具有高精度、高分辨率、非接触、不易受环境影响、测量成本低、瞬态响应等优点，且能够适应高温、高压等恶劣环境，已被应用于燃烧、内燃机、燃气轮机等的内部温度测量。美国橡树岭国家实验室已经将磷光热成像测温的上限提升至 1700℃ 以上。此外，磷光热成像测温技术还可与其他非接触测量技术(如 PIV)相结合，实现多物理(如温度/速度)的耦合测量。磷光热成像测温给温度测量开辟了全新的方向，在过去 20 年间引发了一场测温技术的革命。

本实验的目的主要包括：

(1) 了解和掌握利用磷光热成像技术测量物体表面温度的基本原理、实验步骤和操作方法；

(2) 掌握热成像磷光涂层的制备方法和操作步骤，掌握磷光寿命法测温的标定过程和方法；

(3) 以射流撞击热壁面为实验对象，学会利用磷光热成像技术对壁面温度场进行定量测量，掌握磷光寿命法的数据处理流程。

6.8.2 实验原理

光致发光是一种常见的物理现象，被广泛用于工程实际。光致发光在形式上分为两类：荧光和磷光，磷光具有比荧光更长的发光寿命，通常可用于温度测量。基于光致磷光光学特性的温度测量技术，是近年来快速发展起来的一种新兴测温方法。它根据被激发磷光特性与环境热力参数的联系，建立起磷光信号与温度的定量关系。与传统依靠热辐射原理的光学测温技术不同，磷光热成像的测温原理依靠磷光的热猝灭效应进行温度测量：磷光发光强度随温度的升高而下降，衰减速率随温度的升高而加快，测量装置如图 6.62 所示。磷光热成像测温技术具有高精度、高分辨率、非接触、连续性、快响应等优点，可以实现二维/三维温度场的测量，应用范围广泛。

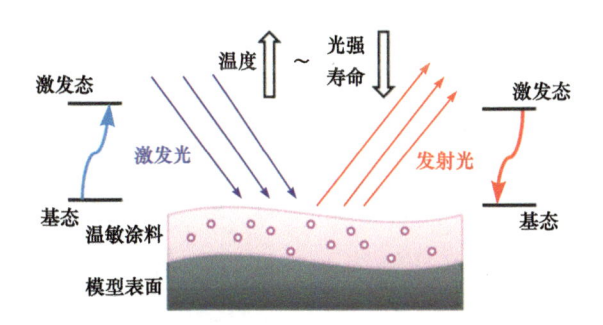

图 6.62 磷光热成像测温原理示意图

根据上述原理，磷光热成像测温技术大体可以分为基于发光强度和发光寿命两类方法。本实验主要采用磷光寿命法进行温度测量。寿命法是磷光测温技术中一种发展成熟、使用频率很高的方法，它根据磷光寿命随温度升高而缩短的原理进行温度测量。在一次激发过程中，磷光信号的强度随时间的衰减可以表达为(图 6.63(a))

$$I(t) = I_0 \exp\left(-\frac{t}{\tau}\right)$$

其中，I_0 为初始磷光强度，τ 为磷光寿命，与温度有关。图 6.63(b)给出了一些常见磷光材料发光寿命随温度的变化情况。通过对采集到的磷光强度信号进行拟合，即可获得磷光寿命，进而得到温度信息。

(a) 磷光衰减曲线随温度的变化

(b) 常见磷光材料寿命随温度的变化

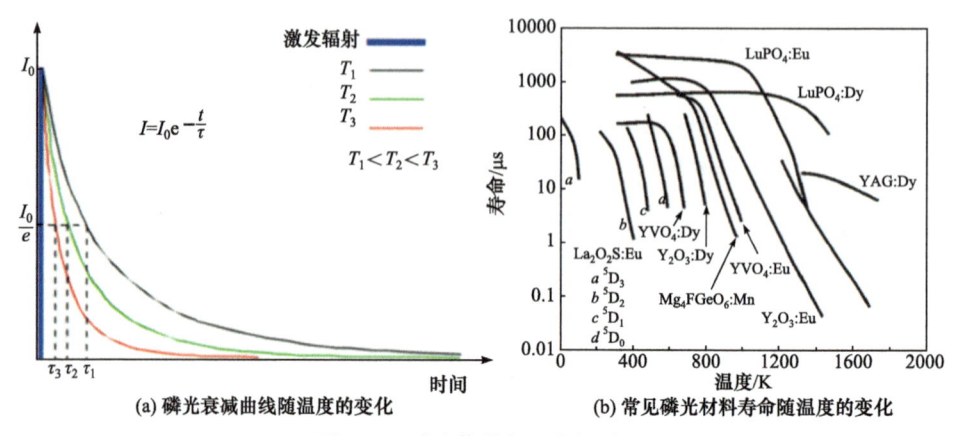

图 6.63　磷光信号与温度的关系

6.8.3　实验设备仪器和实验过程

1. 实验设备和测试仪器

主要实验设备和测试仪器见图 6.64，包括：①高能紫外光源(PrizmatixUHP-

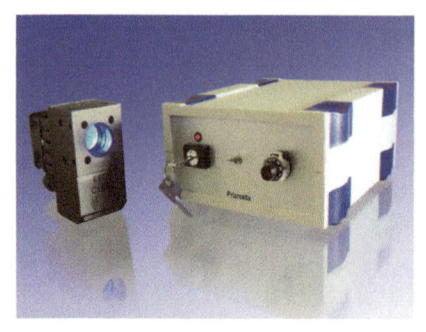

(a) UV-LED紫外激发光源

(b) CMOS高速相机

(c) 光谱仪

(d) 热电偶数据采集设备

图 6.64　主要实验设备和测试仪器

T-385-LA22)，波长(385±7)nm，功率6000mW；配备控制器(UHP-T-LCC-02)，可实现外部 TTL 输入和 D/A 模拟输入。②高速 CMOS 相机(Photron Fastcam, SA2/86K-M3)，相机配备 60mm 镜头(AF 60 mm/f2.8)，镜头安装带通滤光片(620-680nm，NP650)。③高精度光谱仪(复享科技 FX2000)，有效波段 200nm～1100nm。④热电偶(Omega GG-K-30)，最高温度 480℃，精度±0.1℃；热电偶数据采集器(FLUKE-2638A)。⑤恒温加热台(帆与航电子科技)，最高温度 500℃，控制精度±1℃。⑥信号发生器(Tektronix, AFG1062)。

2. 实验模型和实验装置

实验模型：15cm×15cm 铝板或不锈钢板。要求：模型表面平整光滑，保持表面干燥；在喷涂磷光涂层前，需使用丙酮溶剂进行表面清洗和处理，覆盖涂层后的模型如图 6.65(a)所示。实验装置如图 6.65(b)所示，包括 UV-LED 激光光源、高速相机、信号发生器、射流装置、恒温加热台。

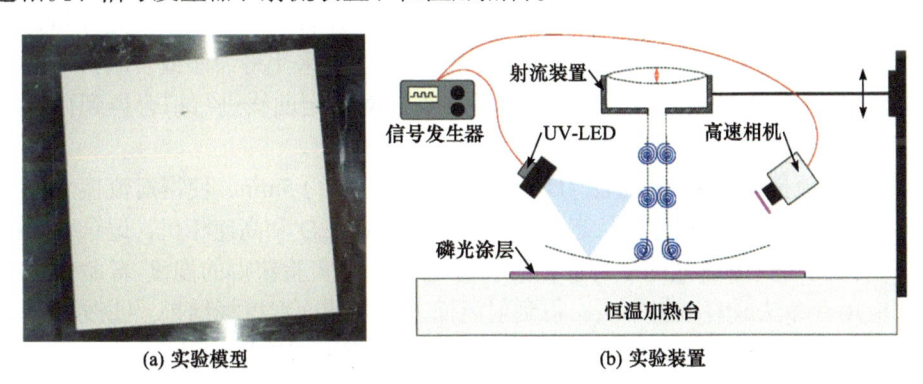

图 6.65 实验模型和实验装置

3. 实验过程和步骤

本实验采用 Mg$_4$FGeO$_6$:Mn(MFG)磷光材料作为温度敏感探针，实验内容包括磷光涂层标定实验和射流撞击热壁面实验两部分。

1) 实验准备

实验前需制备 MFG 磷光涂层，其制备流程如图 6.66 所示。①首先使用丙酮溶剂对实验平板进行表面清洗和处理，并干燥。②按照质量比 1∶3，将 MFG 和 HPC 黏结剂进行混合搅拌，形成悬浊液。③采用连接压气机的空气喷笔，将 HPC、MFG 悬浊液均匀喷涂至待测物体表面，形成磷光测温涂层。④将上述磷光涂层加热至 150℃约 3h，排出水分。

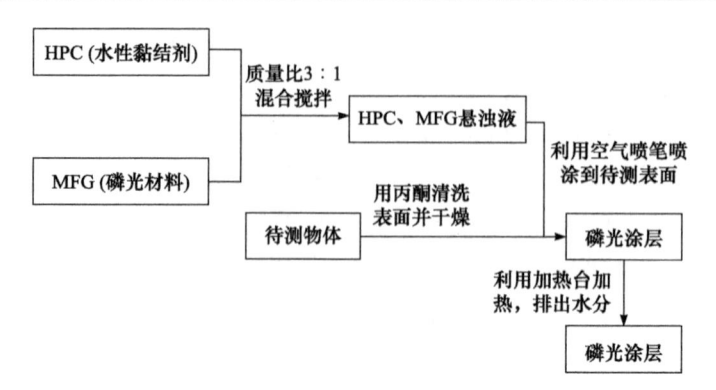

图 6.66 磷光涂层制备流程

2) 实验内容和实施步骤

(1) 磷光涂层标定实验：首先使用光谱仪采集 MFG 的发射光谱，确定其发射峰的波长位置。然后应用恒温加热台，在 30～100℃范围对 MFG 材料的发光寿命进行标定。具体步骤：①在某一恒定温度下，同步开启 UV-LED 激发光源和高速相机，采集磷光从激发到完全衰减的全寿命信息。②采用寿命法或衰减斜率法，建立温度-寿命的对应关系，并采用二阶多项式对标定曲线进行拟合得到标定函数。在选定的温度范围内，每隔 10℃标定一次。

(2) 射流撞击热壁面实验：①开启射流装置运行约 5min，使得对流换热过程和壁面温度场基本达到稳定状态。②同步开启 UV-LED 和高速相机，记录射流撞击下壁面涂层发射磷光的全寿命信息。③结合标定实验获得的温度-寿命标定函数，应用寿命法或衰减斜率法，得到射流撞击下的壁面温度场结果。④改变射流雷诺数或射流出口-壁面距离，获得不同参数下的壁面温度场结果。

3) 实验记录

(1) MFG 磷光材料发射光谱。

(2) 温度-寿命标定结果(表 6.8)。

表 6.8 温度-寿命标定结果

寿命	温度							
τ 或 $1/\tau$	30℃	40℃	50℃	60℃	70℃	80℃	90℃	100℃

(3) 射流撞击壁面温度场分布。
(4) 驻点区域温度随射流出口-壁面或雷诺数变化图。

4. 实验报告要求

1) 实验条件

(1) 磷光材料 $Mg_4FGeO_6:Mn(MFG)$，标定温度范围 30～100℃(每隔 10℃标定

一次);

(2) 射流撞击实验壁面温度 $T_{w0} = 60℃$,射流出口-壁面距离 $H = 30mm$、$45mm$ 和 $60mm$,射流雷诺数 $Re = 650$,射流出口直径 $D = 3mm$,射流激励频率 $f = 400Hz$,激励电压 $V_{pp} = 100V$。

2) 实验结果记录和分析

(1) 简要写出磷光测温技术的基本原理和衰减斜率法的处理思路;

(2) 做出 MFG 发光光谱曲线,确定发射峰的波长位置;

(3) 做出磷光信号从激发到完全衰减的全寿命曲线,做出 MFG 温度-寿命的对应关系表格和曲线,给出基于数据拟合的标定函数;

(4) 做出射流撞击下的壁面温度场云图,分析其分布规律和原因;

(5) 做出不同参数情况下的壁面温度场云图,并计算冷却系数,比较和分析不同参数下温度分布和冷却效果的差异。

6.8.4 典型实验结果和分析

(1) MFG 发光光谱曲线如图 6.67(a)所示,其发射峰波长约等于 660nm。

(2) MFG 温度-寿命的对应关系曲线如图 6.67(b)所示,基于数据拟合得到本实验温度-寿命的标定函数为 $T = -270(1/\tau)^2 + 2002(1/\tau) - 335$。

(a) MFG磷光光谱曲线

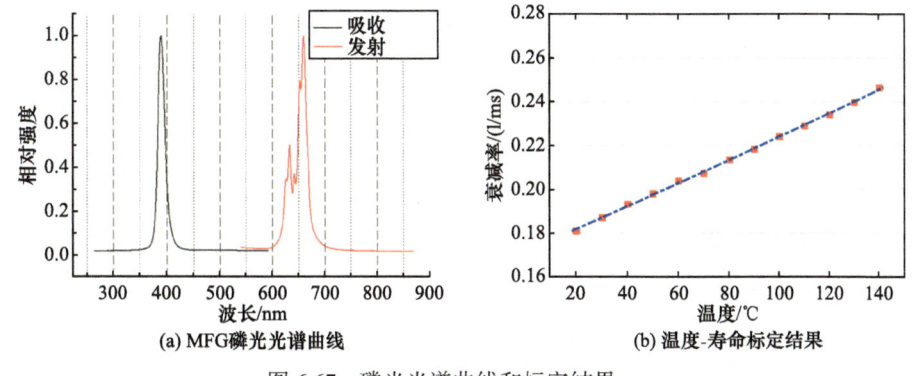

(b) 温度-寿命标定结果

图 6.67 磷光光谱曲线和标定结果

(3) 射流出口-壁面距离 $H = 30mm$、$45mm$ 和 $60mm$ 壁面温度场分布,如图 6.68 所示。由图可见,所有工况温度场在驻点附近均出现因射流冷却而产生的低温区。随着撞击射流沿径向扩展,壁面温度逐渐恢复到初始设定的壁面温度(T_{w0})。所有工况壁面温度均呈近似圆形分布,对应于圆形射流的轴对称撞击。随着射流出口-壁面距离的增加,驻点位置附近的低温区显著减小,表明射流的冷却效果逐渐减弱。特别地,$H = 30mm$ 工况驻点处的最大降温超过 $25℃$,冷却系数可达到理论最大值的 64%,表明本实验射流对热壁面具有良好的冷却效果。

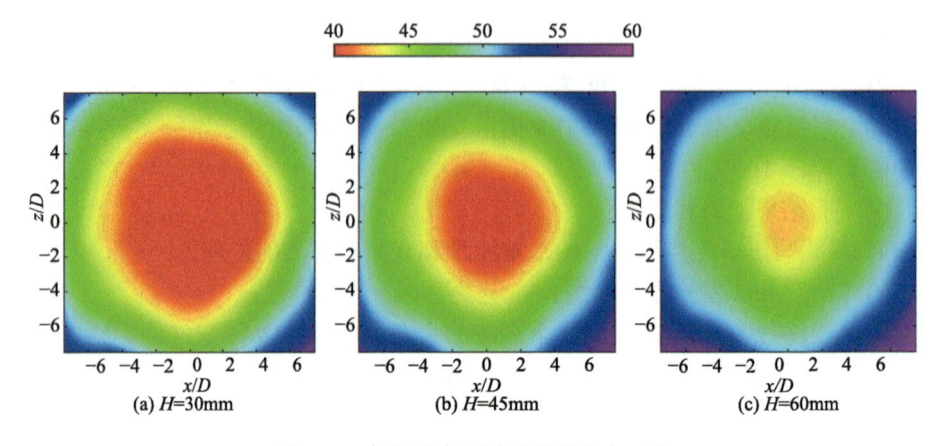

图 6.68　射流撞击下壁面温度分布云图

6.8.5　思考题

(1) 本实验能否得到射流撞击壁面的非定常传热效果？为什么？请结合具体数据给出原因。

(2) 本实验射流对热壁面具有良好冷却效果的原因是什么？可结合流体力学知识加以解释。

(3) 如何评估温度场测量的不确定性？你认为有哪些途径可以进一步提高温度测量的精度？

6.9　液滴冲击平板实验

6.9.1　背景和意义

液滴撞击壁面是个动态的、复杂的多物理场耦合过程，在工业领域、农业领域和实际生产生活中有大量的应用，如土壤侵蚀、农药喷洒、等离子体喷涂和喷墨打印等。此外，鉴于水滴具有良好的传热和输运特性，在内燃机燃油喷射、海水淡化、等离子喷涂、电子设备灭火等方面也表现出巨大的应用潜力，因此引起了科学家的广泛关注。

实验结果表明单液滴撞击干壁面会产生不同的现象：铺陈、快速飞溅、冠状溅射、回缩破碎、部分回弹和完全回弹，这主要跟液滴和壁面性质相关，其中液滴的主要参数是雷诺数和韦伯数，壁面性质则包括粗糙度、壁面形状、弹性、孔隙率和润湿性等。作为众多工程应用中的共性基础科学问题，液滴撞击壁面过程被人们广泛研究，大多研究集中在撞击过程中的复杂物理现象，包括气泡夹带、空化现象、液体薄层的形成、飞溅发生的物理机制以及最大铺展比的确定等。目前,这些复杂物理现象过程以及背后的物理机制和影响因素已经被人们广泛研究,并有较为深入和系统的认知。

大量液滴撞击干/湿壁面过程中的冲击力在航空航天、能源、化工等技术领域中扮演着重要角色:飞机在积水跑道上起降过程中机轮滑跑溅水冲击、飞机/导弹雨天高速飞行、汽轮机叶片侵蚀、雨滴撞击造成的土壤侵蚀等。在上述领域中,液滴撞击过程中的冲击力将作为设计材料和结构时的重要参考依据,成为工程师最关心的问题之一。然而,液滴撞击壁面作为一个复杂的多相流的问题,目前人们对于液滴撞击壁面过程中冲击力特性研究还较少,仍存在大量的认知空白。为简便起见,学者往往把流场中的液滴简化为直径单一的刚性球体,这不符合真实的运动状态。考虑到液滴撞击壁面作为一个基础的科学问题且在工程上具有广泛应用,正确认识液滴撞击行为并给出全面准确的描述和科学的物理解释,对流体动力学和实际工程应用具有巨大科学价值。因此研究冲击力的大小及其主要影响因素并对撞击力进行精确模化是十分必要的。

6.9.2 实验原理

撞击力的大小与撞击速度、液滴尺寸、液滴物理属性(密度、黏性、表面张力)相关,可表示如下

$$F = f(V, D, \rho, \mu, \sigma, t)$$

根据白金汉 π 定理无量纲化后得到

$$F^* = g(Re, We, t^*)$$

其中,$F^* = \dfrac{F}{\rho V^2 D^2}$、$t^* = \dfrac{Vt}{D}$ 分别代表无量纲撞击力和撞击时间,可见撞击力-时间曲线是雷诺数 Re 和韦伯数 We 的函数。雷诺数和韦伯数的表达式分别为 $Re = \dfrac{\rho VD}{\mu}$、$We = \dfrac{\rho V^2 D}{\sigma}$。我们可以通过采用不同液体来改变液滴的黏性、密度和表面张力等内在属性,调节下落高度改变液滴的撞击速度,不同内径的针头改变液滴的尺寸,从而控制雷诺数和韦伯数的大小。

6.9.3 实验设备仪器和实验过程

1. 实验设备仪器

液滴测力实验平台主要由四部分组成:可升降三轴移动平台、微量液滴控制系统、高速摄像系统和液滴冲击力测量系统,如图 6.69 所示,图 6.70 是实验原理图。

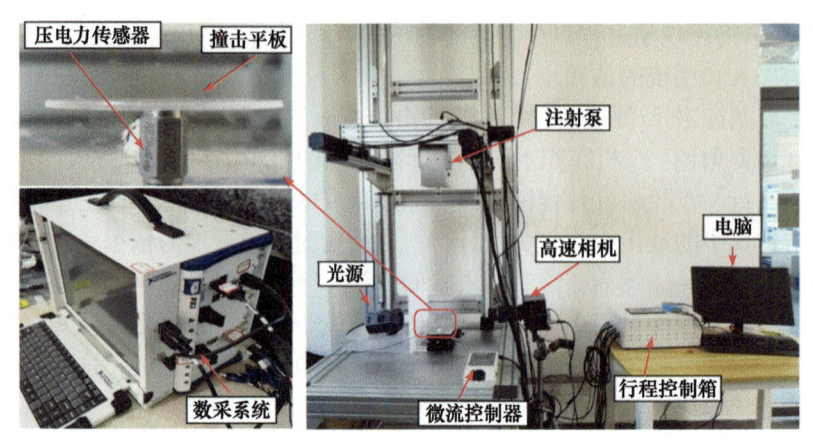

图 6.69 实验装置图

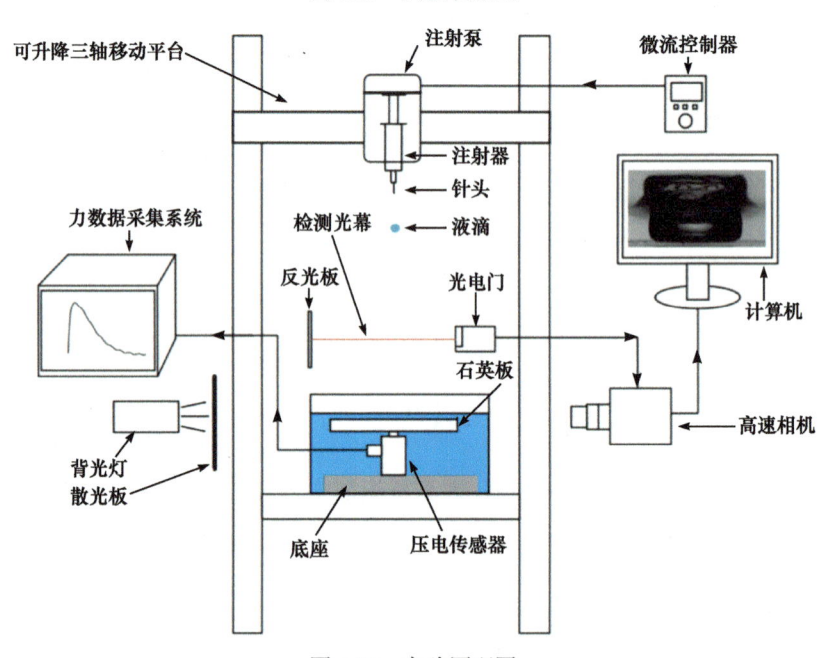

图 6.70 实验原理图

可升降三轴移动平台工作台面尺寸为 800mm×800mm，工作台距离地面的高度为 800mm，竖直方向最大移动高度为 1500mm，水平位置的移动范围为 300mm×300mm。实验中可通过调节平台高度来改变液滴速度，调节水平面的位置保证液滴恰好落于传感器中央区域。

微量液滴控制系统分为微流量控制器、注射泵、注射筒、针头等部分。选用不同内径的针头，来得到不同直径大小的液滴。执行单元缓慢地推动针筒，使得液滴形成的时间大于 10s，当液滴的重力大于液滴的表面张力时，液滴做自由落体运动撞击到壁面上。

高速摄像系统由高速相机(FASTCAM AX200)、光源、光电门(KEYENCE LV-N10)等部分组成。当液滴下落经过光电门时会触发高速相机拍照用来记录液滴撞击过程中的形态变化。

液滴冲击力测量系统的主要元件为微型压电石英力传感器(PCB 209C01)。压电力传感器可以在高静态压力下测量微小动态的压力变化，传感器量程为9.79N，分辨率为0.09mN-rms，最高响应频率为100kHz。数据采集仪采样率为204kHz，将放大后的模拟信号转变为电信号得到撞击力随时间的变化曲线。

2. 实验过程

在6.9.2节实验原理中我们已经说明液滴的无量纲撞击力随时间的变化主要与雷诺数和韦伯数这两个参数相关，因此我们需要知道液滴的密度 ρ、撞击速度 V、液滴直径 D、液滴的黏性系数 μ 以及表面张力 σ 等物理属性。为了获得较大的雷诺数和韦伯数变化范围，实验中我们采用蒸馏水、酒精、硅油和甘油这四种液体进行实验。下面简要介绍液滴属性的测量方法以及具体的实验步骤和相关的注意事项。

液滴直径的测量有质量法和图像法两种。质量法的计算公式为 $D = \sqrt[3]{\dfrac{M}{N\pi\rho}}$，其中 ρ 代表密度，N 表示液滴的数量(取100)，M 是总质量；由于液滴在下落过程中会发生变形，因此可能不是一个完美的球形，液滴的等效直径的表达式 $D = \sqrt[3]{D_h^2 D_v}$，D_h、D_v 分别表示液滴的水平和竖直方向的尺寸，可用图像法测量得到，这两种测量方法的相对误差在2%以内。为了方便实验操作和数据处理，我们采用第一种方法来测量液滴的直径。

液滴在下落过程中由于受到空气阻力，因此不能利用自由落体公式 $v = \sqrt{2g(H-D)}$ 直接计算下落速度，这会在后续实验处理中产生误差，因此我们采用图像法测速，简单来说就是通过液滴撞击壁面前相邻图像获得液滴质心下落的高度，采用 $V = \dfrac{\Delta h}{\Delta t}$ 进行计算，时间间隔 Δt 已知，与相机拍摄帧率有关。

液滴密度、黏性、表面张力分别采用密度计、NDJ-5S旋转黏度计和BZY-1型表面张力仪测量得到，这些参数均是温度的函数，也可通过查表/曲线得到。

实验具体步骤如下：

(1) 选择一种液体如蒸馏水，用温度传感器测量液滴的温度 T_0，测量密度 ρ、黏性系数 μ 和表面张力系数 σ(或查表得到)；

(2) 针管吸入一定量的液体，装上针头，固定在升降台上，移动调整针管位置，使液滴下落恰好撞击平板中央位置附近，记录液滴下落高度 h_0；

(3) 控制注射泵的推进速度，使液滴缓慢滴出(液滴形成时间大于 10s)测量出液滴的直径 D_0；

(4) 打开光源和高速相机，设置高速相机拍摄帧率为 20000fp/s，相机调焦直到能够清晰地分辨液滴轮廓，然后用直尺对图像进行标定；

(5) 待传感器信号稳定后，打开注射泵，记录液滴撞击过程中形态变化和力随时间的变化历程，同一工况重复三次，及时保存实验数据；

(6) 改变液滴下落高度、换用不同种类的液体或不同内径的针管重复上述实验步骤；

(7) 关闭灯源、相机，整理实验场地，将记录交给老师检查；

(8) 整理实验数据，写好实验报告，其中传感器测得力信号中会发生振荡现象，需要先对同一工况下的三组实验数据求平均然后采用平滑方法对信号进行处理。

6.9.4 典型实验结果和分析

1. 测力信号处理

D =3.18mm，V =2.35m/s 的 99%质量浓度的甘油液滴垂直撞击石英玻璃板过程中冲击力随时间变化的原始信号如图 6.71(a)所示，实验结果表明重复性良好，为了剔除原始信号中由系统振动引起的振荡信号，对同一工况下的三组实验数据求平均然后采用平滑方法(Savitzky-Golay 滤波器)进行处理，处理后的结果如图 6.71(b)所示。滤波后的信号特征基本保持不变，振荡信号被移除，更能反映冲击力随时间变化的实际情况。

2. 液滴形态变化和冲击力曲线特性

现有结果表明雷诺数 Re 是决定撞击力大小的关键因素，韦伯数 We 几乎对撞击力没有什么影响，当 $Re > Re_{cr} \approx 280$ 时，无量纲撞击力-时间曲线重合几乎不再随雷诺数变化，因此我们选取惯性区—典型工况分析液滴撞击力动力学特性。

图 6.72 给出了 D =2.94mm、V =2.35m/s(Re=6895，We=225)的水滴垂直撞击石英玻璃板过程中液滴形态变化的典型序列图像，从图中可以清晰地得到液滴的外部轮廓随时间的变化。液滴的撞击受到惯性力、黏性力和表面张力的共同作用，是个复杂的动力学耦合过程。在撞击的初始阶段，液滴撞击壁面后会产生水平方向的切向速度，接触区域周围会产生一层液体薄层，液滴形状像被壁面截断的球体，在惯性力的作用下液滴不断变形，质量逐渐转移到液体薄层里，液滴的高度降低，铺展半径增加；随着时间的增加，惯性力逐渐减小，液滴变形的后期，在

表面张力的作用下液体薄层出现周向不稳定性，而且在液体薄层的中心中表现出涟漪效应。在随后的时间里，液体片层在表面张力的作用下开始收缩，片层的高度逐渐增加，之后出现反复振荡直至静止在壁面上。

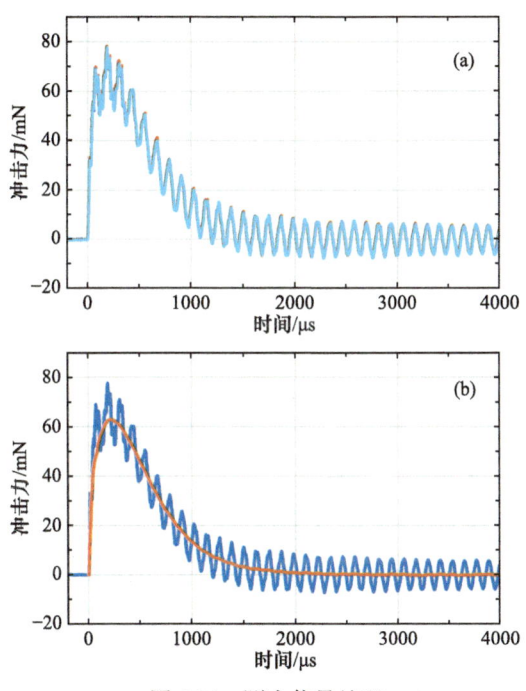

图 6.71　测力信号处理

(a) 原始信号；(b) 滤波处理

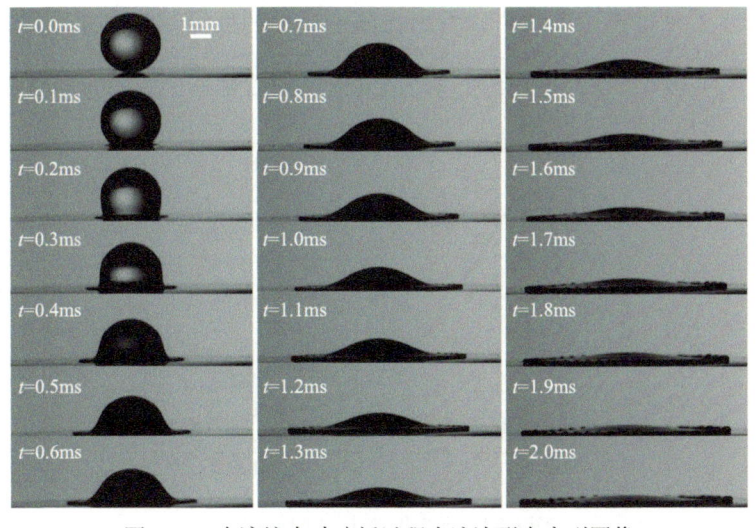

图 6.72　水滴撞击玻璃板过程中液滴形态序列图像

撞击过程中的铺展比 $\beta = \dfrac{d}{D}$ 和液滴无量纲高度 $h_{max}^* = \dfrac{h_{max}}{D}$ 随时间的发展如图 6.73 所示。在撞击的早期阶段，$r \sim \sqrt{VDt}$，$\beta \sim \sqrt{t^*}$，$h^* = 1 - t^*$，液滴近似以恒定速度 V_0 下降，就像没有撞击到平板一样，这主要是由于压力场和速度场的传播速度有限，此时扰动还未传播到液滴顶部；随着时间的推移压力扰动向上传播，惯性力逐渐减小，铺展速度降低，液滴下降速度减缓直到达到最小高度(边界层厚度 δ_v),中间过渡过程液滴高度变化可表示为 $h^* = \dfrac{A}{\left(t^* + t_0\right)^2}$ 的形式，在本实验中 $A = 0.48, t_0 = 0.31$。

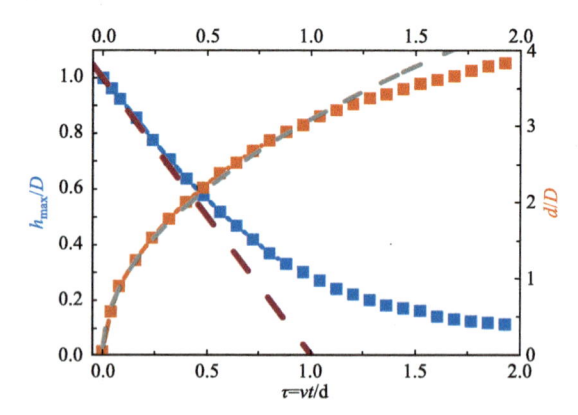

图 6.73　撞击过程中液滴铺展比和最大无量纲高度随时间的变化

液滴撞击过程的无量纲力随时间的变化以及不同时刻对应的液滴形态如图 6.74 所示，从冲击力曲线可以看出在撞击开始的极短时间内冲击力变化非常快，$F^* = \dfrac{3\sqrt{6}}{2}\sqrt{t^*}$：在 $t^* \approx 0.15$ 时达到最大值，随后是一个缓慢的衰退过程，到

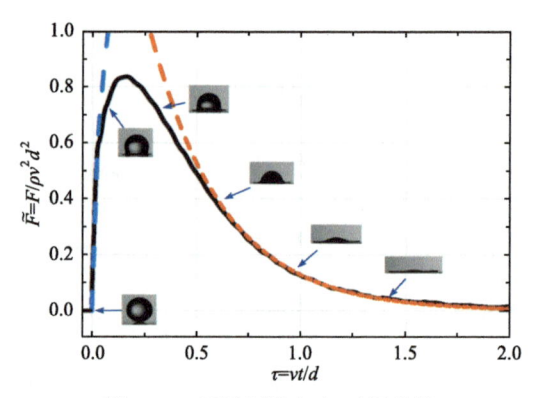

图 6.74　无量纲撞击力-时间曲线

$t^* \approx 2$ 时几乎衰减为零。在撞击的早期阶段，液滴撞击壁面后法向动量转变为切向动量，冲击力由零开始逐渐增加；当液滴侧壁几乎垂直于基板表面时，此时法向动量传递速率最快，冲击力达到最大值；随后液滴开始减速，冲击力逐渐减小，在撞击后期($t^* > 0.5$)冲击力近似呈指数规律衰减，当铺展比达到最大时，液滴的法向动量全部传递到壁面上，冲击力衰减为零。在随后的过程中虽发生回缩振荡现象，但撞击力没有明显变化。

6.9.5 思考题

(1) 如何定量控制雷诺数和韦伯数的大小，提前计算实验相关参数？
(2) 如何提高测力结果的精确度？本实验在测量中采取了哪些措施？
(3) 液滴在下落过程中会发生变形，形状是否会对撞击力产生影响？
(4) 绘制不同雷诺数和韦伯数工况下无量纲撞击力随时间的变化曲线，阐述其对峰值力、峰值时间、撞击时间等参数的影响规律。
(5) 分析撞击过程中力与形态变化之间的联系，阐述流动机理。

6.10 超疏水涂层圆球减阻实验

6.10.1 实验目的

(1) 探究附着超疏水表面的金属小球在水中自由下落过程对阻力的影响效果；
(2) 学习高速相机的使用；
(3) 学习图像处理技术。

6.10.2 实验原理

物体表面主要可分为亲水和疏水两大类。亲水表面与疏水表面的区别在于水滴与表面的接触角大小。亲水表面其接触角小于 90°。疏水表面是指接触角在 90°~120°的表面。如果表面具有微小或纳米粗糙度，并且疏水，从而使水接触角超过 150°，并在前进和后退接触角之间表现出较低的滞后，则称为超疏水表面。在超疏水表面上，水滴位于微小或纳米的粗糙度上，而不是表面本身。

超疏水表面减阻的机理：

层流运动时减阻机理一方面是滑移速度的存在，降低了摩擦阻力，另一方面是改善了压力损失而延迟分离，从而降低了压差阻力。

湍流运动时的减阻机理其实尚不明确，普遍认为超疏水表面的速度滑移抑制了壁面附近的速度脉动，进而减小了由于脉动动量输运的雷诺应力及湍动能的生产。

6.10.3 实验装置和实验方法

实验装置如图 6.75 所示。

图 6.75 实验装置图

1. 实验设备与仪器

(1) 高速相机(i-speed 713)：如图 6.76 所示。

图 6.76 i-speed 713 高速相机

(2) 有机玻璃水缸：如图 6.77 所示，高 1.5m、截面积 400mm×400mm，壁厚 20mm。

(3) 照明灯：如图 6.78 所示，3 个 LEDP260C，每个面积 500mm×400mm。

图 6.77　有机玻璃水缸 400mm×400mm×1500mm　　图 6.78　照明灯，3 个 LEDP260C 组合

(4) 1m 长不锈钢尺、打火机、细线。

(5) 超疏水材料 glaco soft99，如图 6.79 所示。

2. 实验模型

不锈钢球，如图 6.80 所示，直径分别为 30mm、40mm、50mm、60mm。

图 6.79　超疏水材料 glaco soft99　　图 6.80　不锈钢球

3. 实验方法

将亲水表面及超疏水表面的不锈钢球，分别在有限水域的水面以下做自由落

体运动，根据高速相机拍摄的小球下落过程，判断小球下落的快慢，从而判断超疏水表面对不锈钢球下落的减阻效果。

6.10.4 实验内容、步骤及注意事项

1. 准备工作

(1) 向有机玻璃缸中注满水，将高速相机固定在距离水缸合适的位置和高度并调整焦距、拍摄帧率设置约为 2000fp/s，同时调整好照明灯与水缸和高速相机的相对位置。

(2) 取不同直径的不锈钢球，根据到水面下一定高度的距离在小球上系好细线。

(3) 用清水和乙醇清洗干净并吹干拴好细线的不锈钢球。

(4) 准备好需要使用的超疏水材料。

2. 确定标尺

将一米长钢尺悬挂在注满水的有机玻璃缸中心，尺子起始位于不锈钢球的释放位置，调整好高速相机的焦距，拍摄此静止的标尺图片，保存在与高速相机相连的计算机中，作为之后小球下落的判断依据。

3. 亲水表面不锈钢球在水中下落过程

(1) 取某直径的不锈钢球，已经清洗干净并吹干；

(2) 将此不锈钢球固定在水缸中水面之下的某一高度；

(3) 将高速相机准备好；

(4) 待球和水静止后，用打火机烧断悬挂不锈钢球的细线，使不锈钢球在水中自由下落；

(5) 在细线烧断的同一瞬时开始记录小球在水中的自由下落过程。

4. 超疏水表面不锈钢球在水中的下落过程

(1) 将刚才的亲水表面不锈钢球从水缸中取出。

(2) 重新拴好细线并用清水和乙醇清洗干净并吹干小球。

(3) 用超疏水材料处理此球后吹干，重复四遍。在不锈钢球表面均匀附着约 $10\mu m$ 的疏水层。

(4) 用吸管吸取清水，在附有超疏水表面的不锈钢球上滴水，检验球的不同部位的超疏水性质。

(5) 将超疏水表面不锈钢球悬挂于水面下固定位置(同亲水球高度)。

(6) 用打火机烧断悬挂不锈钢球的细线；

(7) 同时，高速相机开始记录球在水中的自由下落过程。

5. 注意事项

(1) 用打火机烧断细绳时注意不要烫伤手指；

(2) 对不锈钢球进行超疏水处理时需要戴口罩。

6.10.5 实验数据记录和图像处理

(1) 分析高速相机拍摄的照片，计算各实验中不锈钢球的速度 U；

(2) 不锈钢球阻力系数的计算

$$C_D = \frac{8gM_{\text{eff}}}{\pi \rho D_S^2 U^2}$$

其中，$M_{\text{eff}} = m_S - \rho V_C$，$m_S$ 为不锈钢球的质量，V_C 为不锈钢球的体积。并绘制 C_D-D_S 图。

6.10.6 思考与讨论

(1) 如果将不锈钢球在水面以上不同高度释放，可能会出现何种效果？

(2) 如何判断超疏水层的厚度？

6.11 翼型地面效应风洞实验

6.11.1 背景和意义

飞机近地面飞行时，地面的存在导致其绕流结构发生变化，通常会引起升力增加、诱导阻力减小、低头力矩增加，其气动性能和操稳性能与高空飞行时显著不同，这种现象被称为地面效应。在飞机问世后不久，飞行员就从着陆过程中感受到地面效应的存在，且随着飞行高度降低，地面效应影响增大。

现代固定翼飞机的气动布局主要分为两大类，一类是运输机常用的大展弦比机翼，利用附着流产生升力，另一类是战斗机常用的小展弦比三角翼，主要利用前缘涡产生的涡升力。根据产生机理和对气动力的贡献不同，大展弦比机翼的地面效应又可细分为弦向地面效应和展向地面效应。不同气动布局航空机翼的地面效应分类见图 6.81。

根据飞行高度的变化，地面效应可以分为以下三类(图 6.82)：飞行高度恒定不变的情况称为静态地面效应，例如，常规飞机的起飞着陆过程中的地面滑跑阶段、地效飞行器近水面的巡航飞行；飞行高度连续变化(增加或减小)的情况称为动态地面效应,如常规飞机的起飞离地阶段和进近着陆阶段;飞机近地面飞行时飞行高度发生突然变化(增加或减小)的情况称为突变地面效应,如舰载机在航母上的起飞离舰和降落进舰过程。

图 6.81 地面效应的分类(基于固定翼飞机的气动布局)

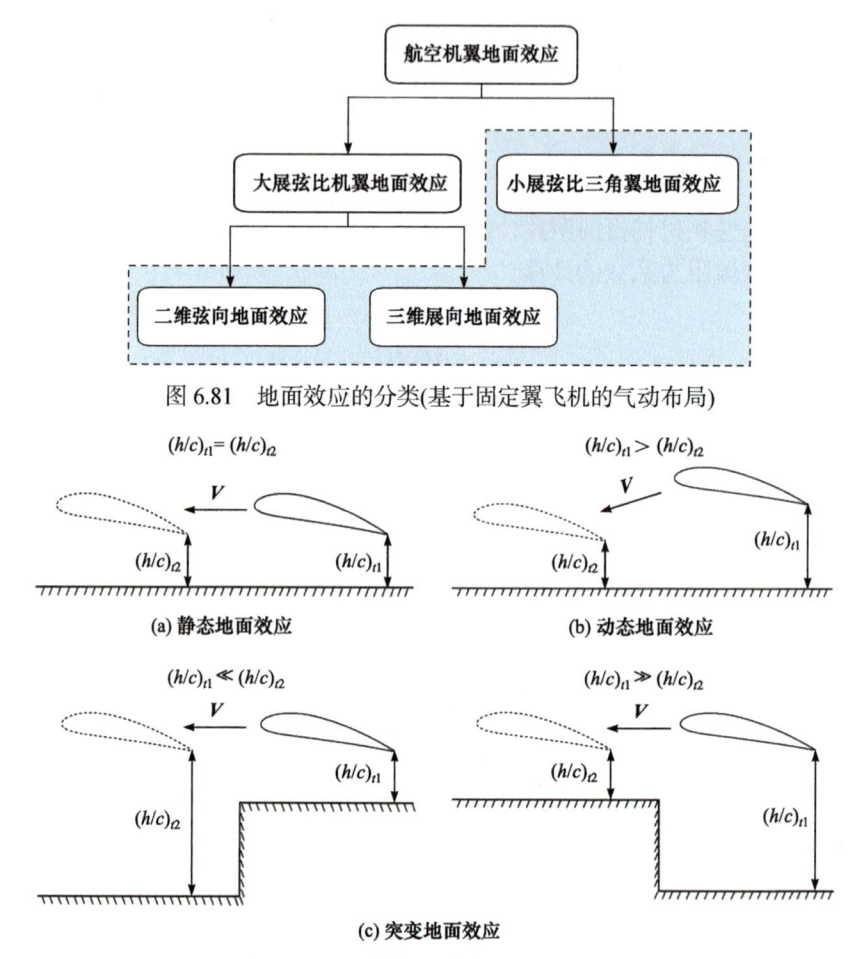

图 6.82 地面效应的分类(基于飞行方式)

在地面效应空气动力学中,弦向静态地面效应是动态、突变地面效应的研究基础,具有广泛的应用背景,因此,本实验针对二维翼型的静态地面效应开展。

6.11.2 实验原理

翼型的静态地面效应主要存在两个物理机制:阻塞作用和弯度效应。当单段翼近地面飞行时,由于阻塞作用,翼型与地面所形成通道内的气流减速,下翼面压力增加;同时在近地面时,绕过翼型的流线偏折程度减小,其作用效果与翼型的弯度减小类似，结果导致上翼面的吸力减小，下翼面的压力减小，称为弯度效应。

在地面效应下，翼型下表面的压力变化是由阻塞作用和弯度效应共同主导的，上表面的吸力变化是由弯度效应主导的。当翼型处于小到中等迎角时，阻塞作用更强，因此在地面效应下升力增加；当翼型处于大迎角时，翼型上表面的流动分离在地面效应下会加剧，导致升力减小。

6.11.3 实验设备仪器和实验过程

1. 地面的模拟

地面效应风洞实验中常采用两种方法模拟地面：运动皮带、镜像法和固定地板。

运动皮带：如图 6.83 所示，在飞行器近地面飞行过程中，地面是不动的，飞机以绝对速度向前飞行，而在风洞实验过程中，飞行器不动，在远前方施加相应速度的来流，为了保证地面边界条件与真实飞行的相似性，地面应当是一个无限长的、以自由流速度移动的地板，即运动皮带。该方法是目前为止风洞实验中最为精确的地面模拟方法。但是在实际应用中也存在如下问题：一是运动皮带速度有限，且其横向振动幅度随皮带线速度的增加成几何量级增大，引起模型周围气流的法向扰动，因此该方法只适用于小流速实验，为了克服这一问题，研究者开始将皮带替换为钢带；二是运动皮带结构复杂、研制困难、操作不便，且造价十分昂贵。目前世界上只有少数几个生产型风洞中安装了运动皮带，如空客的 DNW LLF 风洞、NASA 兰利中心的低速风洞，而我国现有风洞中尚无该设备。

图 6.83 DNW LLF 风洞的运动皮带

镜像法：即在风洞中以地面位置为镜面，在实验模型的镜像位置放置一个完全相同的模型。这样做在理论上能够保证镜面位置处的法向速度为零，但是不能够保证切向速度与前方来流速度相同，因此存在近似性，而且在实际操作中很难保证两模型的布置完全镜像。

固定地板：即在风洞中放置一块固定不同的地板，如图 6.84 所示。前方来流会在固定地板上形成边界层，减小有效飞行高度，特别是在飞行高度极小时，地板边界层和模型边界层发生掺混，使得实验结果偏离真实情况。最新研究结果表明，可以通过适当缩短板长来削弱边界层的厚度。图 6.85 展示了不同长度固定地板上边界层的发展情况，随着板长的缩短，边界层的影响显著改善。然而，研究发现，当板长过短时，弯度效应的模拟能力将会急剧下降，因此在本实验中，采用 $f0.3b0.6$ 长度的固定地板进行实验。

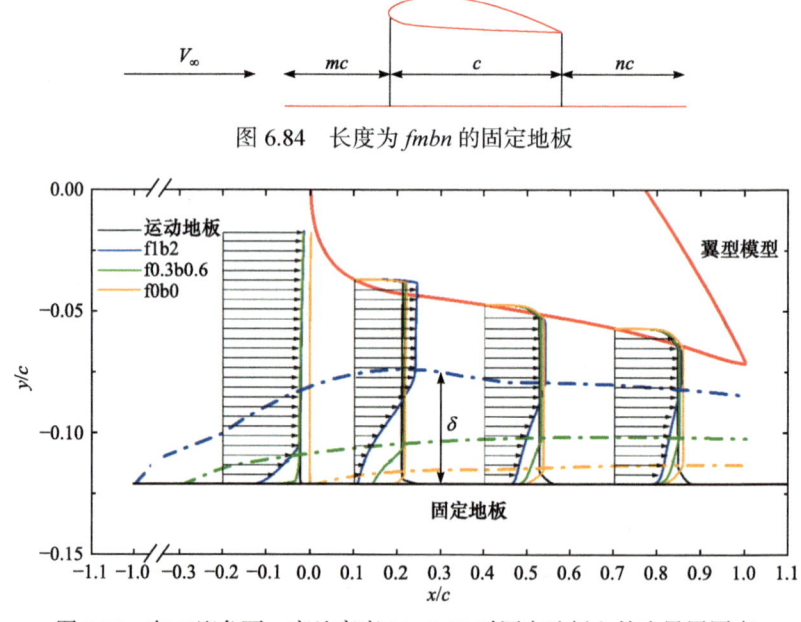

图 6.84　长度为 $fmbn$ 的固定地板

图 6.85　在 4°迎角下，离地高度 $h/c=0.05$ 时固定地板上的边界层厚度

2. 加装端板的 NACA4412 翼型

NACA4412 翼型是典型的平凸翼型，在地面效应下具有优越的气动性能，被广泛用于地面效应研究。本实验主要研究弦向地面效应，因此需要加装端板削弱三维效应，在实验中充分体现其二维特性。模型弦长 0.15m，展长 0.6m，沿弦向分布有 40 个测压孔。

3. 其他实验设置

在本实验中，来流速度设置为30m/s，基于翼型弦长的雷诺数 $Re=3.0\times10^5$，迎角设置为 4°和 8°，离地高度的参考点为翼型的尾缘点，本实验中，h/c=2.0 代表无界流场的情况，所选取的无量纲离地高度如表6.9所示。

表 6.9 无量纲离地高度

序号	1	2	3	4	5	6	7	8
离地高度 h/c	2.0	1.0	0.8	0.6	0.4	0.2	0.1	0.05

4. 实验过程

(1) 放置固定底板，将翼型迎角调整为 4°，离地高度设置为 h/c=2.0；
(2) 启动风洞，待流场稳定后导出升力系数和压力分布数据；
(3) 关闭风洞，降低离地高度，重启装置测量并导出新离地高度下的升力系数和压力系数，直至所有高度测量完毕；
(4) 将翼型迎角调整为 8°，重复上述实验步骤；
(5) 关闭风洞，整理实验场地；
(6) 整理实验数据，完成实验报告。

6.11.4 典型实验结果和分析

图 6.86 为 8°迎角下 NACA4412 翼型的升力系数随离地高度的变化曲线，当离地高度从 h/c=2.0 减小至 h/c=0.8 时，升力系数缓慢减小，当离地高度进一步减小时，升力系数迅速增大。当离地高度较高时，弯度效应的作用更强，此时，升力系数是由翼型上表面的吸力减少主导的。

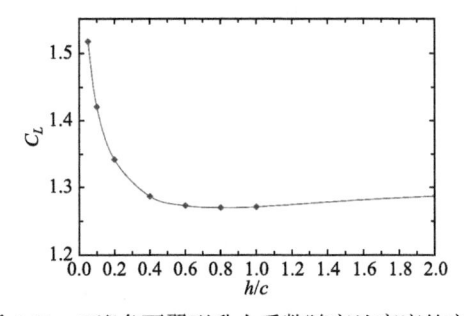

图 6.86 8°迎角下翼型升力系数随离地高度的变化

6.11.5 思考题

(1) 在地面效应风洞实验中，存在哪些地面边界的模拟方法？各有什么优缺点？

(2) 为何在研究翼型的静态地面效应时，需要在模型的两侧加装端板？

(3) 翼型的静态地面效应存在哪些物理机制？

6.12 机身滑水水槽拖曳实验

6.12.1 背景和意义

近年来，由于经济、技术的发展，国际之间往来日益密切，对飞机执行跨水域运输任务的需求更加迫切。对于一架飞机而言，是否具备跨水运行的资质是适航认证对飞机进行合格审定的重要考核指标之一，而跨水运行的资质中的重要一条是飞机是否具有水上迫降的能力，在迫降完成后是否能够给乘载人员等待救援留有足够的时间。

水上迫降可以分为无计划水上迫降和有计划水上迫降，在跨水运行中的水上迫降更多是有计划水上迫降，其根据飞机的运动特点分为四个过程：准备阶段、冲击阶段、滑水阶段以及漂浮阶段。其中冲击入水过程中飞机所受载荷和因此产生的姿态变化是迫降成功与否的关键。冲击入水过程可以分解为垂直入水和水平滑水，通过以往研究得到此二者对载荷的影响相当，在考虑水面环境的情况下，水平滑水对于是否成功迫降影响更大。

相对于整机或者机身的固定姿态滑水而言，大多数学者更多地倾向整机的自由滑水实验，如早期 NACA 通过一系列飞机模型实验来外推研究飞机迫降时的整机受力以及机身完整情况，又或者是 20 世纪 90 年代到现在，在中航工业特种飞行器研究所的拖曳水池内做的新舟 600 及 ARJ21-700 的模型实验。在自由迫降滑水实验中，能够更真实地模拟飞机迫降，更直观地观察到模型的整体运动形态变化，但是却没有办法对其某一时刻进行更为详细直观的分析，而固定姿态可以将其离散化，对特定时刻进行稳态化研究，进而对自由姿态实验进行补充分析。

本次实验则是采取高平尾飞机的简化机身进行实验研究，相比于飞机局部简化的平板和曲板实验研究，局部的细化研究能够更充分地研究局部产生的特定现象和问题，但是却没有办法反映出飞机各部分之间在滑水过程中的相互影响以及滑水过程中整体机身中的流动变化。另外，在之前的学者实验或数值计算的飞机迫降冲击过程中，飞机机翼并不发生触水，机身是飞机冲击、发生俯仰变化的重要部分，也是滑水的主要部位。当然，对于低平尾布局飞机以及新型布局的翼身融合体飞机，则不能简单地简化为机身来进行实验，而是需要保留平尾或整机进行。本实验的主要目的是测量模型不同迎角、弗劳德数以及浸没深度的升力，分析升力随迎角的变化趋势以及升力与速度大小的关系。

6.12.2 实验原理

滑水行为研究的最简理论模型为二维平板滑水，其势流理论脱胎于薄翼理论。二维势流中的平板滑水将问题进行了大量的简化，加入三维效应的影响后，实际情况中垂向受力和水平受力的构成将更为复杂。流线型的三维机身不仅有纵向的曲率还有展向的曲率，其三维效应的存在使绕流特性相比二维平板更加复杂，水动力引起的载荷大小更难以预估。本次实验进行机身的滑水行为的浅层研究，以实验室现有技术达到对此复杂问题形成宏观上的基础认知的目标，为该问题日后的定性和定量分析打好基础。

1. 实验过程中受力分析

将机身简化为平板受力分析，如图 6.87 所示。当平板以一定的角度划过平静水面时，平板会受到浸没部分的水动力以及空气部分对平板作用的气动力，相比于水动力，气动力极小，通常情况下可以忽略。水动力在作用平板时会产生"升力"(当机身不视为平板时，由于机身下表面曲率的存在，水流速加快，会产生向下的吸力)，同时也会产生使平板逆时针转动的力矩，除此之外平板还会因此受到阻力。平板受到的阻力除了压差阻力，其余大致可以分为三类：池壁效应(池壁的限制使船模兴起的波系遇到池壁反射回来，与原波系相互叠加干扰，兴波阻力发生变化)引起的阻力、浅水效应(水浅，水对船体的相对速度加大，以及船波变为浅水波等影

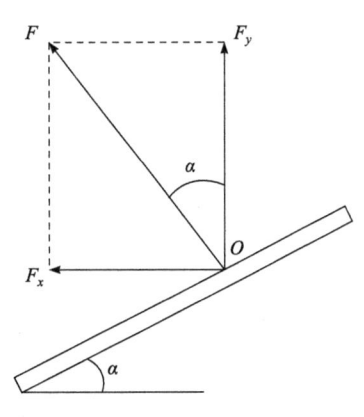

图 6.87 平板受力图

响，使船舶航行状态改变阻力增加等的作用)引起的阻力、阻塞效应(池底和池壁限制了绕船模的水流流动使回流速度增大，导致黏性阻力变化)引起的阻力以及由于表面粗糙度引起的摩擦阻力。在本次实验中，水深为 0.5m 左右，根据水深弗劳德数

$$Fr = v/\sqrt{gh}$$

当速度最大为 1m/s 时，计算得到其值为 0.447<0.5，所以由浅水效应引起的阻力可以忽略不计。

2. 实验数据的采集原理

本次实验的采集过程比较简单，通过直流稳压电源给天平供电，通过应变式天平将力转换为电信号，通过放大器将三分量天平得到的电信号放大后输出给采集装置-采集卡，通过采集卡采集得到电压，由 LabVIEW 编写的程序进行实时显示以及写入计算机文档，最后通过给定的天平的计算公式写出程序将电压换算成模型的受力。

6.12.3 实验设备仪器及实验过程

本实验在实验室的小型拖曳水槽中进行，该拖曳水槽是一座低速直流水槽，水槽实验段长 4m，截面尺寸为 0.7m×0.8m。该水槽的水温为(23±0.3)℃，运动黏性系数为 $\nu = 0.9347 \times 10^{-6} \text{m}^2/\text{s}$。

1. 实验设备仪器

1) 应变天平的结构及测力原理

本次实验采用的天平为二分量式应变天平，在使用时首先需要对天平进行预热处理。天平测力方式是末电压减去初电压，得到的电压差即为受力引起的压变电压，通过代入公式计算将电压信号转化为力信号。具体测量时，模型静止在水中时记录初电压，将滑水过程中流动充分发展阶段的电压平均值作为末电压，末电压减去初电压即可得到滑水运动导致的机身受力变化量，即不包含机身所受的静水浮力以及模型自身重量。

$$\Delta U = U_0 \times \frac{R_2 \times R_4 - R_1 \times R_3}{(R_1 + R_2)(R_3 + R_4)}$$

通过受力引起电桥两臂阻力的变化，进而将电流转化成电压差，再由输出端口输出到采集设备，通过给定的天平计算公式将电压差换算成力。

2) 拖车

拖车由小车、支架、动力部分组成，如图 6.88 所示。小车部分主要由框架、驱动轴、限位装置、传动齿轮和齿带、轴承等构成，动力则是以电机驱动沿拖曳水槽做水平方向的运动，同时包含减速箱、变频器。电机装载在小车上，拖车速度 V_0=0~0.9m/s(采用步进电机控制)。垂向运动由电动缸驱动，电动缸直接与支架进行连接，下方连接有天平。电动缸的作用为改变模型竖直方向的位移，推杆行程为 0~300mm，速度范围为 0~300mm/s。考虑单纯使用驱动轴可能在拖车高速运动时发生打滑现象，因此在滚轴上加弧形槽套筒，将点接触改为线接触。模型和天平之间由角度机构连接，角度机构由三个弧形切片组成，见图 6.89，上端连接天平，下端连接实验模型，作用是调节模型滑水时的姿态角，角度变化范围为-15°~45°。

第 6 章 进阶性实验

图 6.88 拖曳小车

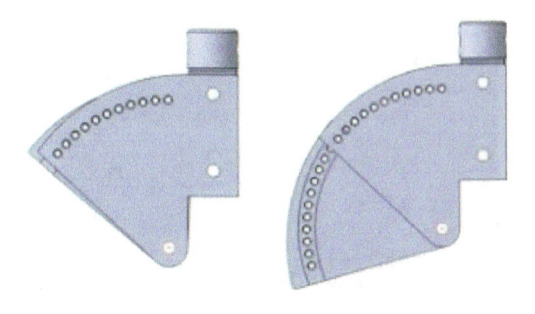

图 6.89 角度机构

3) 控制系统

动力控制系统由水平电机、电动缸和激光测距器组成。通过控制软件(图 6.90)对动力元件(图 6.91)进行操控，软件基本功能如下。

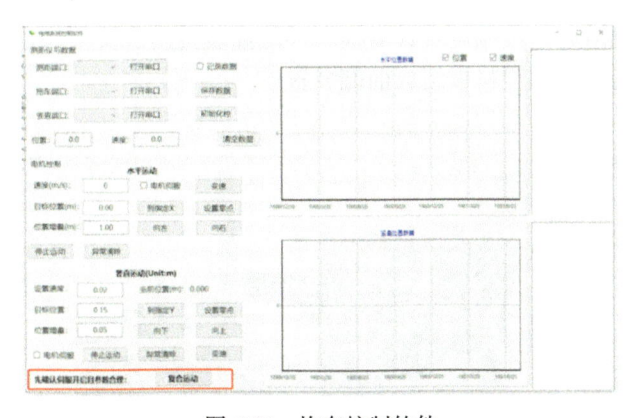

图 6.90 拖车控制软件

(1) 水平电机：设定坐标系后，可以实现设置起始点以及终止点，考虑到可能会打滑引起坐标系原点变动，原点位置每次都可以重新校正。电机移动时，可以选择手动启停(低速适用)，也可以选择预先设定规定位置启停(高速适用)，速度可控。

(2) 电动缸：电动缸移动时，可以选择手动启停，也可以选择预先设定规定位置启停，速度可控。水平电机和电动缸可以同步运动。

(3) 激光测距器：用于实时反馈水平拖车的位置信息，以便判断运动过程中系统的打滑程度。

图 6.91 中标号硬件依次如下：①电动缸伺服电机；②水平电机伺服电机；③电源变压器；④线路板(用以手动控制电动缸)；⑤断电开关；⑥急停开关；⑦触控开关。急停开关用以应对可能出现的控制软件失效等突发状况，由操作者按下开关，迅速断电电机抱死。

图 6.91 电控系统桌面硬件

4) 其余装置

(1) 防撞杆(图 6.92)：为了防止拖车在实验段两端减速打滑，外框两端各加装了一个机械防撞措施，接触位置针对拖车。防撞装置与总支架相连，由液压杆连接铝合金条和高强度厚塑料板组成前端装置。

图 6.92 防撞杆

(2) 激光测距器(图 6.93)：为了控制并监控拖车的水平位置，当拖车以高速运动时，可以通过实时的位置检测得知其是否发生打滑现象，从而影响速度。同时，激光测距器也承担了防撞措施的工作,当系统监测到拖车位置离水槽两端距离小于 0.8m 时,拖车会自动停止电机运行。

图 6.93 激光测距器

2. 实验过程

实验过程中的主要调节参数包括弗劳德数($Fr=v/\sqrt{gh}$,其中 v 为实验速度,h 为水面高度)、浸没深度以及俯仰角,整个实验研究过程中要求控制实验条件一致,采用控制变量法研究。

(1) 将平板安装到角度机构上并将角度调整至要求工作的角度。

(2) 给水槽注水至要求的水位(大致在 0.5m 左右),关闭水阀,并将出水口用橡胶塞密封。

(3) 给天平预热(1h 左右):打开天平供桥电源、放大器以及采集装置,打开天平电源的运行开关。

(4) 待天平预热后,通过伺服电机控制软件调整平板位置至要求的浸没长度并记录浸没长度 l_0,设置小车的运动速度以及运动距离;在 LabVIEW 程序面板上检查电源以及 X、Y、Mz 电压并设置采集时间(采集时间应略大于小车的运动时间,保证整个运动过程中的数据都被记录)。

(5) 水面完全平静后,控制拖车运动并记录数据,每工况重复 7 次。

(6) 实验完成后,整理实验台,断电放水。

(7) 实验数据记录与处理。

(8) 整理实验数据,绘制实验结果曲线图,完成实验报告。

注意事项:在操作过程中保持手部干燥,切忌沾水操作。

6.12.4 典型实验结果和分析

1. 弗劳德数和浸没深度对平板水动升力的影响

平板的水平速度 0.1~1.0m/s(间隔 0.1m/s)对应的弗劳德数(0.05831~0.58322)

和三个浸没深度(低、中、高水位)下的升力系数变化情况如图 6.94、图 6.95 所示，即涵盖 5°、10°、15°、20°四个俯仰角的实验结果。

图 6.94 5°(左)、10°(右)时升力系数随弗劳德数和浸没深度变化

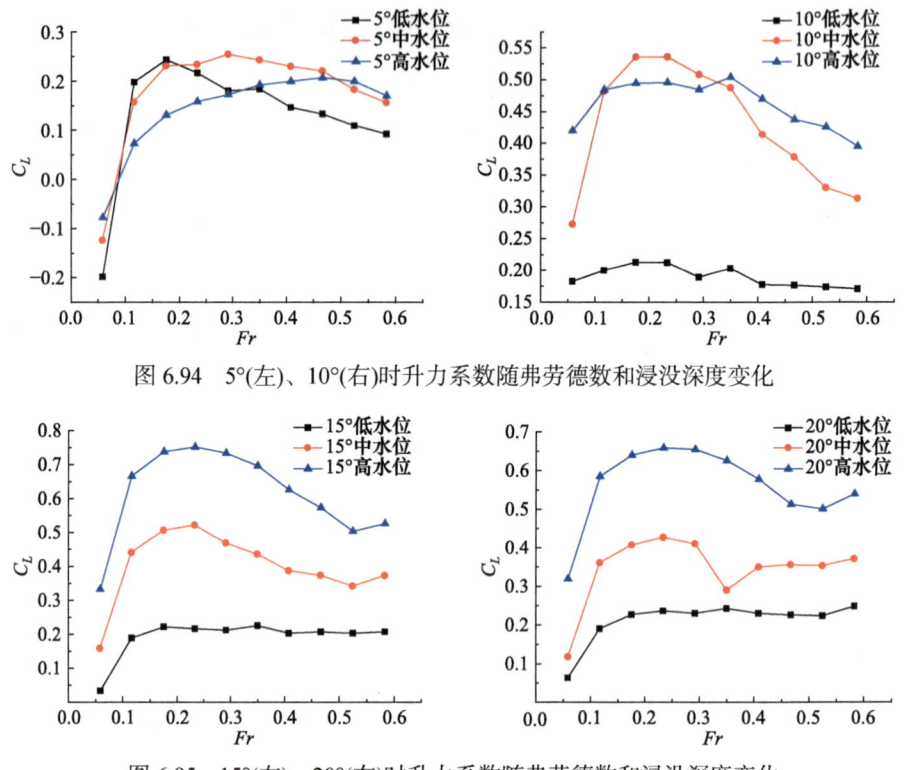

图 6.95 15°(左)、20°(右)时升力系数随弗劳德数和浸没深度变化

从上面各图中可以看出，升力系数随着弗劳德数的增大总体上先增大后减小，但在 15°和 20°下，随着弗劳德数的增大，升力系数先增大后减小，当弗劳德数超过一定值后，升力系数又开始增大。升力系数随着浸没深度的增大一般逐渐增大，这是由于浸没深度增大使得浸湿面积变大从而升力变大。但当俯仰角较小(5°和10°)时，在弗劳德数的中间一段范围内，升力系数随着浸没深度的增大并不单调递增，而是逐渐减小或者先增加后减小，这可能是三维效应和水槽的壁面效应引起的。

2. 弗劳德数和俯仰角对平板水动升力的影响

平板的水平速度 0.1～1.0m/s(间隔 0.1m/s)对应的弗劳德数(0.05831～0.58322)和四个俯仰角(5°、10°、15°、20°)下的升力系数变化情况如图 6.96、图 6.97、图 6.98 所示，即涵盖低、中、高水位三种浸没深度的实验结果。

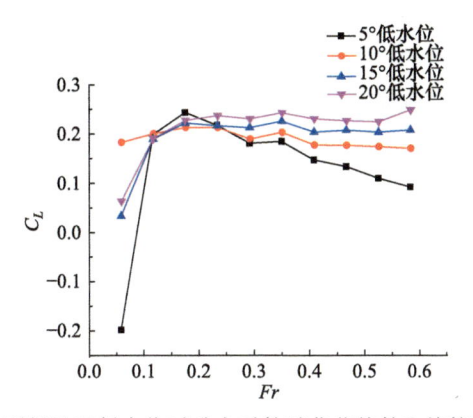

图 6.96　平板处于低水位时升力系数随弗劳德数和俯仰角的变化

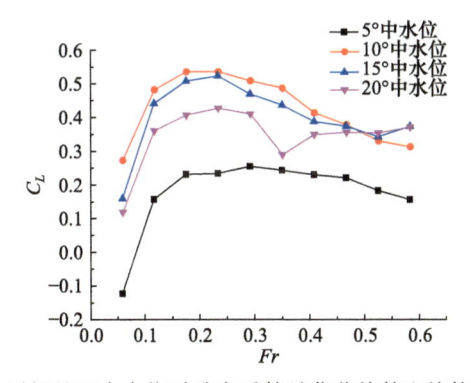

图 6.97　平板处于中水位时升力系数随弗劳德数和俯仰角的变化

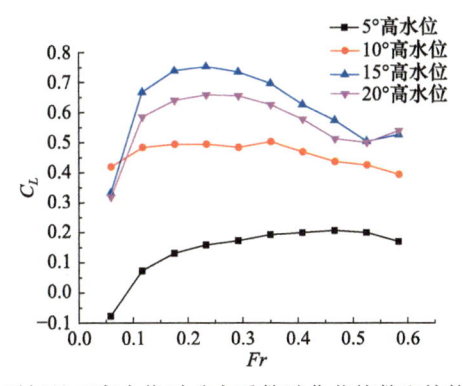

图 6.98　平板处于高水位时升力系数随弗劳德数和俯仰角的变化

从以上三张图中可以知道，升力系数随着弗劳德数的增大，先增大然后减小。随着俯仰角的增大，升力系数先增大到一定值然后开始减小，浸没深度越大，则越明显，这是由于角度抬升到一定程度后，流动开始出现分离，导致升力系数开始下降。

6.12.5 思考题

(1) 如何提高实验的精确度？本实验在测量中采取了哪些措施？
(2) 为了尽快使水面平静，可以采取哪些措施？
(3) 如何更高精度地保证浸没长度？
(4) 分析测得的力与速度的关系。

参 考 文 献

蔡涛. 2019. 基于磷光光学特性的高温热力参数非接触测量技术研究. 上海: 上海交通大学.

陈磊, 朱涛, 徐筠, 等. 2017. 荧光油流显示技术在高超声速风洞中的应用. 空气动力学学报, 35(6): 817-822.

陈庆民. 2021. 鸭式布局动态俯仰非定常气动力与涡系干扰研究. 北京: 北京航空航天大学.

邓学鋆, 刘谋佶, 吕志咏. 1987. 油流显示技术和油流谱分析原理. 空气动力学学报, 5(2): 122-131.

丁超. 2012. 油膜干涉法测量表面摩擦应力的实验研究. 南京: 南京航空航天大学.

樊会涛, 刘代军. 2003. 更远、更敏捷、更有效——发展中的红外近距格斗导弹. 航空兵器, 5: 28-32.

范洁川. 2002. 风洞试验手册. 北京: 航空工业出版社.

范洁川. 2002. 近代流动显示技术. 北京: 国防工业出版社.

付建民. 1993. 先进螺旋桨翼型研究. 北京: 北京航空航天大学.

韩政. 2013. 油膜干涉法测量壁面摩擦应力的实验方法. 北京: 北京航空航天大学.

居鸿宾, 钟芳源. 1996. 自由场气动声学相似理论与实验研究. 空气动力学学报, 14(1): 31-38.

阚梓. 2017. 船模拖曳水池阻塞效应及修正方法数值与试验研究. 哈尔滨: 哈尔滨工程大学.

李周复. 2010. 风洞特种试验技术. 北京: 航空工业出版社.

林春蕾, 王国军, 李灌华. 2010. 先进红外空空导弹的新技术发展及特点. 中国科技博览, 7: 166.

刘沛清. 2006. 空气螺旋桨理论及其应用. 北京: 北京航空航天大学出版社.

刘沛清. 2017. 流体力学通论. 北京: 科学出版社.

刘沛清. 2021. 空气动力学. 北京: 科学出版社.

马尔丹诺夫, 高尔谢宁, 等. 1959. 空气动力学实验指导书. 张桂联, 等译. 北京: 高等教育出版社.

闵亚能. 2011. 实验设计（DOE）应用指南. 北京: 机械工业出版社.

乔渭阳. 2010. 航空发动机气动声学. 北京: 北京航空航天大学出版社.

宋振峰. 2002. 国外先进空空导弹发展动态. 航空兵器, 4: 24-28.

唐狄毅, 李文兰, 乔渭阳. 1995. 飞机噪声基础. 西安: 西北工业大学出版社.

王雷. 2020. 非圆合成射流涡环演化机理及其与横流作用规律的实验研究. 北京: 北京航空航天大学.

王铁城. 1986. 空气动力学实验技术. 北京: 国防工业出版社.

吴迪, 冯立好, 王晋军. 2016. 压敏漆测压在低速射流撞击壁面的应用研究. 力学学报, 48(2): 318-326.

吴建福. 1998. 试验设计与分析及参数优化. 北京: 中国统计出版社.

吴望一. 2021. 流体力学. 2版. 北京: 北京大学出版社.

伍荣林, 王振羽. 1985. 风洞设计原理. 北京: 北京航空学院出版社.

杨通. 2019. 民用飞机螺旋桨气动噪声实验及预测研究. 北京: 北京航空航天大学.

易渊. 2020. 鸭式布局大迎角大振幅动态俯仰复杂涡系干扰研究. 北京: 北京航空航天大学.

查克斯. 1956. 实验空气动力学原理. 北京: 国防工业出版社.

张卫民, 郝璇, 陈大斌等. 2010. 大型客机气动噪声预测. 航空制造技术, 14: 66-69.

赵忠. 2007. 螺旋桨特性风洞实验技术研究. 西安: 西北工业大学.

Bragg M B, Soltani M R. 1990. Measured forces and moments on a delta wing during pitch-up. Journal of Aircraft, 27(3): 262-267.

Brübach J, Dreizler A, Janicka J. 2007. Gas compositional and pressure effects on thermographic phosphor thermometry. Measurement Science & Technology, 18: 764.

Brübach J, Pflitsch C, Dreizler A, et al. 2013. On surface temperature measurements with thermographic phosphors: A review. Progress in Energy and Combustion Science, 39(1), 37-60.

Cates M R. 2003. YAG: Dy and YAG: Tm fluorescence above 1400 C. Proceedings of the International Instrumentation Symposium, 49.

Chen X R, Deng X Y, Wang Y K, et al. 2002. Influence of nose perturbations on behaviors of asymmetric vortices over slender body. Acta Mechanica Sinica, 18(6): 581-593.

Comte-Bellot G, 1976. Hot-wire anemometry. Annual Review of Fluid Mechanics, 8: 209-231.

Deng X Y, Wang G, Chen X. R, et al. 2003. A physical model of asymmetric vortices flow structure in regular state over slender body at high angle of attack. Science China Press, 46(6): 561-573.

Dobrzynski W. 2010. Almost 40 years of airframe noise research: what did we achieve? Journal of Aircraft, 47(2): 353-367.

Douglas C Montgomery. 1991. Design and Analysis of Experiments. Hoboken: John Wiley & Sons, Inc.

Earnshaw P B, Lawford J A. 1964. Low-speed wind-tunnel experiments on a series of sharp-edged delta wings. ARC Reports and Memoranda No. 3424.

Ellington C P. 1984. The aerodynamics of hovering insect flight. IV. Aerodynamic mechanisms. Philosophical Transactions of the Royal Society of London. B, Biological Sciences, 305(1122): 79-113.

Ghoreyshi M, Korkis-Kanaan R, Jirasek A, et al. 2016. Simulation validation of static and forced motion flow physics of a canard configured TransCruiser. Aerospace Science and Technology, 48: 158-177.

Goldstein R J. 1996. Fluid Mechanics Measurements . Washington, DC: Taylor & Francis.

Gursul. 2005. Review of unsteady vortex flows over slender delta wings. Journal of Aircraft, 42(2) : 299-319.

Haider N, Shahzad A, Mumtaz Qadri M N, et al. 2021. Recent progress in flapping wings for micro aerial vehicle applications. Proceedings of the Institution of Mechanical Engineers, Part C: Journal of Mechanical Engineering Science, 235(2), 245-264.

Hayashibara S , Myose R , Miller L. 1997. The effect of a 70 deg swept canard on the leading-edge vortices of a 70 deg swept delta wing during dynamic pitching. 35th Aerospace Sciences Meeting and Exhibit.

Hermans C, Hegen S. 2018. DNW innovations in wind tunnel testing: new moving belt system for large lowspeed facility. CEAS Aeronautical Journal, 9: 283-290.

Iafrati A, Grizzi S, Siemann M H, et al. 2015. High-speed ditching of a flat plate: experimental data and uncertainty assessment. Journal of Fluids and Structures, 55: 501-525.

Lindken R, Rossi M, Grosse S, et al. 2009. Micro-particle image velocimetry (microPIV): recent developments, applications, and guidelines. Lab Chip, 9(17): 2551-2567.

Ma B F, Wang Z J, Gursul I. 2017. Symmetry breaking and instabilities of conical vortex pairs over slender delta wings. Journal of Fluid Mechanics, 832 : 41-72.

Marey E J. 1874. Animal mechanism: a treatise on terrestrial and aerial locomotion (Vol. 11). London: Henry S. King & Company.

Mendez M, Raiola M, Masullo A, et al. 2017. POD-based background removal for particle image velocimetry. Experimental Thermal and Fluid Science, 80: 181-192.

Mitchell B R, Klewicki J C, Korkolis Y P, et al. 2019. The transient force profile of low-speed droplet impact: Measurements and model. Journal of Fluid Mechanics, 867: 300-322.

Naughton J W, Sheplak M. 2002. Modern developments in shear-stress measurement. Progress in Aerospace Sciences, 38: 515-570.

Owen F K, Owen A K. 2008. Measurement and assessment of wind tunnel flow quality. Progress in Aerospace Sciences, 44(5): 315-348.

Pan C, Xue D, Xu Y, et al. 2015. Evaluating the accuracy performance of Lucas-Kanade algorithm in the circumstance of PIV application. Science China Physics, Mechanics & Astronomy, 58(10): 104704.

Payne F M. 1987. The structure ofleading edge vortex flows including vortex breakdown. Indiana: University of Notre Dame.

Philippi J, Lagrée P Y, Antkowiak A. 2016. Drop impact on a solid surface: short-time self-similarity. Journal of Fluid Mechanics, 795: 96-135.

Qu Q, Wang W, Liu P, et al. 2015. Airfoil aerodynamics in ground effect for wide range of angles of attack. AIAA Journal, 53(4): 1048-1061.

Sane S P. 2003. The aerodynamics of insect flight. Journal of Experimental Biology, 206(23): 4191-4208.

Santiago J G, Wereley S T, Meinhart C D, et al. 1998. A particle image velocimetry system for microfluidics[J]. Experiments in Fluids, 25(4): 316-319.

Shyy W, Aono H, Kang C. et al. 2013. An Introduction to Flapping Wing Aerodynamics (Vol. 37). Cambridge: Cambridge University Press.

Sinton D. 2004. Microscale flow visualization. Microfluidics and Nanofluidics, 1(1): 2-21.

Smith A M O. 1972. Aerodynamics of high-lift airfoil systems. Fluid Dynamics of Aircraft Stalling, AGARD CP 102, 10-1.

Soltani M R, Bragg M B. 1988. Experimental measurements on an oscillating 70-degree delta wing in subsonic flow. Journal of Aircraft, 27(3): 211-217.

Someya S. 2021. Particle-based temperature measurement coupled with velocity measurement. Measurement Science and Technology, 32(4), 042001.

Tropea C, Yarin A L, Foss J F. 2007. Springer Handbook of Experimental Fluid Mechanics. Berlin: Springer.

Tu C V, Wood D H. 1996. Wall pressure and shear stress measurements beneath an impinging jet. Experimental Thermal and Fluid Science, 13(4): 364-373.

Usherwood J R, Lehmann F O. 2008. Phasing of dragonfly wings can improve aerodynamic efficiency by removing swirl. Journal of the Royal Society Interface, 5(28), 1303-1307.

Wang J J, Feng L H. 2018. Flow Control Techniques and Applications. Cambridge: Cambridge University Press.

Weis-Fogh T. 1956. Biology and Physics of locust flight II. Flight performance of the desert locust (Schistocerca gregaria). Philosophical Transactions of the Royal Society of London. Series B, Biological Sciences, 239(667), 459-510.

Wereley S T, Meinhart C D. 2010. Recent advances in micro-particle image velocimetry. Annual Review of Fluid Mechanics, 42(1): 557-576.

Xu Y, Moon C, Wang J J, et al. 2019. An experimental study on the flow and heat transfer of an impinging synthetic jet. International Journal of Heat and Mass Transfer, 144, 118626.

Zagainov G I. 1993. High maneuverability. theory and practice. Space Programs and Technologies Conference and Exhibit, 4737.

Zehnder M. 2006. Root canal irrigants. J Endod, 32(5): 389-398.